UTB

UTB 3128

Eine Arbeitsgemeinschaft der Verlage

Böhlau Verlag · Köln · Weimar · Wien
Verlag Barbara Budrich · Opladen · Farmington Hills
facultas.wuv · Wien
Wilhelm Fink · München
A. Francke Verlag · Tübingen und Basel
Haupt Verlag · Bern · Stuttgart · Wien
Julius Klinkhardt Verlagsbuchhandlung · Bad Heilbrunn
Lucius & Lucius Verlagsgesellschaft · Stuttgart
Mohr Siebeck · Tübingen
Orell Füssli Verlag · Zürich
Ernst Reinhardt Verlag · München · Basel
Ferdinand Schöningh · Paderborn · München · Wien · Zürich
Eugen Ulmer Verlag · Stuttgart
UVK Verlagsgesellschaft · Konstanz
Vandenhoeck & Ruprecht · Göttingen
vdf Hochschulverlag AG an der ETH Zürich

Für Joana

Carsten Berkau

BWL-Crash-Kurs
Bilanzen

UVK Verlagsgesellschaft mbH

Zum Autor:
Prof. Dr. Carsten Berkau lehrt seit 1996 Controlling und Rechnungswesen an der Fachhochschule Osnabrück. Er hält zudem Accounting-Vorlesungen an ausländischen Hochschulen in Shanghai (China), Port Elizabeth und Grahamstown (Südafrika) und Seoul (Südkorea).

Bibliografische Information der Deutschen Nationalbibliothek
Die Deutsche Nationalbibliothek verzeichnet diese Publikation in der Deutschen Nationalbibliografie; detaillierte bibliografische Daten sind im Internet über http://dnb.d-nb.de abrufbar.

ISBN 978-3-8252-3128-6

Lektorat: Andrea Vogel, Zürich
Satz und Layout: PTP-Berlin Protago-TEX-Production GmbH, Berlin
Einbandgestaltung: Atelier Reichert, Stuttgart
Druck und Bindung: CPI – Ebner & Spiegel, Ulm

UVK Verlagsgesellschaft mbH
Schützenstr. 24 · 78462 Konstanz
Tel. 07531-9053-0 · Fax 07531-9053-98
www.uvk.de

Inhalt

Vorwort (Preface)

Rechnungswesen (Accounting) ist international! Das vorliegende Lehrbuch vermittelt internationale Rechnungslegung in dem Umfang, der an den meisten internationalen und ausländischen Hochschulen in dem Fach Financial Accounting gelehrt wird. Es bereitet auf eine rechnungswesenorientierte Vertiefungsvorlesung wie Management Accounting, Controlling, Finanzierung, Bilanzierung, Wirtschaftsprüfung etc. vor. Das Buch erscheint in der Reihe BWL-Crash-Kurs. Diese Reihe verfolgt das Ziel, die Grundlagen eines Fachs in der Betriebswirtschaft in kompakter Form und anschaulich zu vermitteln.

Im Band Bilanzen der BWL-Crash-Kurs-Reihe wird vermittelt, wie man einen handelsrechtlichen Jahresabschluss nach IFRSs und deutschem HGB aufstellt. Es wird in den ersten Kapiteln auf die Bilanzierung im Allgemeinen eingegangen und anschließend der Jahresabschluss Position für Position vorgestellt. Im Text finden sich zahlreiche Beispiele zur Erläuterung. Zusätzlich wird für jeden Sachverhalt ein Beispiel aus der durchgängigen Fallstudie Sunny AG behandelt, um ihn im Kontext mit einem realistischen Unternehmen zu vertiefen.

Die Sunny AG ist ein fiktiver Hardwareproduzent mit Sitz in Osnabrück. Sie produziert Personal Computer und Workstations. Weiter bietet sie ihren Kunden Serviceleistungen an. Ihren Firmennamen trägt die Sunny AG wegen ihres Energieversorgungskonzepts mit Solarstrom und -wärme. Für die Sunny AG Fallstudie existiert ein weiteres Lehrbuch von Seyfert [2008], das die Grundstudiumskenntnisse der Plankostenrechnung vermittelt. Die Daten der Fallstudie Sunny AG sind zwischen den Büchern abgestimmt.

Die Sunny AG wird in jedem Kapitel behandelt, so dass sich der Leser darin zu Hause fühlt. Nach Vorstellen von Bilanzierungsmethoden wird immer die Anwendung in der Sunny AG demonstriert, um den Inhalt zu vertiefen und in einem dem Leser bekannten Kontext zu zeigen.

Um das Erlernen der englischen Fachbegriffe (technical terms) zu erleichtern, sind im Text oft die Übersetzungen in Klammern angeführt. Teilweise werden die im Ausland üblichen Begriffe in den Text eingedeutscht, damit sich der Leser an die internationale Fachsprache gewöhnt. Fast alle Abbildungen sind in Englisch. Das Buch baut auf meinen Lehrerfahrungen in internationalen Studiengängen der Fachhochschule Osnabrück und als Gastprofessor im Ausland – in China, in den Niederlanden und in Südafrika auf. Auf der Website www.utb-mehr-wissen.de finden sich eine Übersetzungshilfe und Übungsaufgaben mit Lösungen zum Download. Ich empfehle, parallel zur Lektüre dieses Lehrbuchs das neue deutsche HGB und die internationalen Rechnungslegungsstandards zu lesen. Letztere sind auch im Internet in Englisch und Deutsch (z.B. IFRS-Portal.com) veröffentlicht.

Das Rechnungswesen ist die Sprache der Betriebswirtschaft. Ohne grundlegendes Verständnis seiner Zusammenhänge kann ein Betriebswirt im Unternehmen nicht mitreden. Auf der Welt existieren jedoch unterschiedliche Grammatiken für das Rechnungswesen. Die Standardisierung durch die Einführung der internationalen Rechnungslegungsstandards IFRSs ist eine begrüßenswerte und wichtige Vereinfachung für die Betriebswirtschaft und auch für das Studium des Rechnungswesens. Ich verzichte auf das Vergleichen der Rechnungslegungsstandards. Dafür will ich die Gemeinsamkeiten betonen.

Die Rechnungslegung wird aus Managersicht dargestellt. Das Rechnungswesen soll als Instrument (Sprache, Modell) aufgefasst werden, über das im Unternehmen auf der Ausführungs- und auf der Managementebene kommuniziert wird. In internationalen Unternehmen wird immer mehr ein integriertes Rechnungswesen praktiziert, bei dem mit Daten des Financial Accounting auch intern gesteuert wird. Dies ersetzt nicht die Kostenrechnung (Management Accounting), da dort das Unternehmen in Kostenstellen differenziert wird und Verrechnungen zwischen den Unternehmensbereichen zur Wirtschaftlichkeitskontrolle, zur Kalkulation und zur kurzfristigen Erfolgsrechnung und insbesondere zur Planung stattfinden.

Das Lehrbuch behandelt die internationale Rechnungslegung nach den internationalen Rechnungslegungsstandards IAS/IFRS in der Fassung zum Zeitpunkt der Drucklegung (September 2008). Das deutsche HGB wird entsprechend des Gesetzesentwurfs (BilMoG) zitiert.

Ich will mit dem Lehrbuch einen Beitrag zur Internationalisierung der Rechnungswesenausbildung leisten.

Port Elizabeth, im September 2008 — Carsten Berkau

1 **Einleitung** (Introduction)

1.1 **Aufbau** (Structure)

Für die Grundlagen der internationalen Bilanzierung wird anfangs ein einfaches Beispiel eines Taxi-Unternehmens eingeführt, um in die wesentlichen Bestandteile des handelsrechtlichen Jahresabschlusses (commercial financial statements) zu vermitteln. Um der Bedeutung des Accounting für die Unternehmensführung gerecht zu werden, wird das Thema der Bilanzanalyse (financial statement analysis) vor der vertieften Betrachtung der Bilanzpositionen behandelt. Es soll erreicht werden, dass der Leser bei der späteren detaillierten Behandlung von Bilanz- und anderen Jahresabschlusspositionen sich als Manager versteht.

Nach der Einführung in die Bilanzierung folgt ein Kapitel zur internationalen Buchhaltung. Anschließend werden die wesentlichen national und international Generally Accepted Accounting Standards – das deutsche HGB und die IFRSs eingeführt.

Im Hauptteil des Buchs wird sich an der Struktur der Bilanz ausgerichtet. Es werden alle Bilanzposten von oben nach unten behandelt. Dadurch entsteht eine klare Struktur für das Buch:

(1) Anlagevermögen (non-current assets)
(2) Umlaufvermögen (current assets)
(3) Eigenkapital (equity)
(4) Schulden (liabilities)

Bei der Betrachtung der detaillierten Jahresabschlusspositionen (financial statement items) wird – neben den erläuternden Beispielen im Text – die durchgängige Fallstudie Sunny AG verwendet, an der beispielhaft zuvor vermittelte Wissensinhalte demonstriert werden können. Es ist für das Vermitteln von Financial Accounting- und Managerial Accounting-Wissen erforderlich, ein durchgängiges Beispiel zu verwenden, da Übungsaufgaben immer nur einen kleinen Ausschnitt aus der Welt des Accounting zeigen können.

Neben den Struktur gebenden Kapiteln über die Bilanzposten werden Exkurse zu den weiteren Financial Statements in jeweils eigenständigen Kapiteln gemacht. Z. B. wird nach der Behandlung von non-current Assets, die die Position Investments enthalten, ein Kapitel zum Konzernabschluss und zu Joint Venture Accounting eingeschoben. Nach Behandeln des Bilanzpostens Cash and Cash Equivalents kommt ein Kapitel zur Kapitalflussrechnung (cash flow statement). Dem Kapitel zum Eigenkapital folgen die Kapitel Gewinn- und Verlustrechnung (income statement) und Eigenkapitalveränderungsrechnung (statement of changes in equity).

Es ergibt sich so die folgende Struktur für das Lehrbuch:

( ) Nationales und internationals Rechnungswesen nach HGB und IFRSs
( ) Bilanzanalyse
(7) Anlagevermögen
( ) Konzernabschluss
(9) Umlaufvermögen
( ) Kapitalflussrechnung
(11) Eigenkapital
( ) Gewinn- und Verlustrechnung
( ) Eigenkapitalveränderungsrechnung
(14) Schulden

1.2 Vereinfachungen und Konventionen (Simplifications and Conventions)

Unternehmenstypen (Entity Types)
Es werden grundsätzlich nur privatwirtschaftliche Unternehmen behandelt, die Kapitalgesellschaften sind und in Deutschland – und somit in der EU – ihren Sitz haben. Deutschen Rechtsformen spielen für das Lehrbuch eine untergeordnete Rolle. Öffentliche Betriebe oder Vereine werden nicht behandelt. Gemäß der IAS-Verordnung, Artikel 48, zweiter Absatz, wird eine Firma wie folgt definiert: „Companies or firms means companies or firms constituted under civil or commercial law, including cooperative societies, and other legal persons governed by public or private law, save for those which are non-profit-making."

In den Standards IAS/IFRS (Im Weiteren: IFRSs) wird für Unternehmen der allgemeine Begriff „entity" verwendet. Es zählen z. B. Kapitalgesellschaften, Kaufleute und Genossenschaften unter die EU-Verordnung. Non-Profit-Organisationen wie z. B. öffentliche Betriebe, Bildungseinrichtungen etc. werden nicht behandelt. Unbeschadet der rechtlichen Situation wird hier die Anwendung der IFRSs für den Einzel- und Konzernabschluss als relevant angenommen.

Steuerabschlüsse (Financial Statements for Taxation)
Es sollen keine nationalen steuerrechtlichen Fragen vertieft werden. Alle behandelten Unternehmen unterliegen zwar nationalen Steuergesetzen (EStG, UStG etc.). Diese werden für die Beispielrechnungen z.T. vereinfacht dargestellt. Der Umsatzsteuersatz (value added tax rate, VAT rate) wird pauschal mit 20 % angenommen, damit Rechnungen und Buchungssätze leichter nachvollziehbar sind. Für die Fallstudie gilt der Gesamtsteuersatz für eine Kapitalgesellschaft am Standort Osnabrück. Er beträgt gerundet 30,18 %. In den Berechnungen wird der nicht gerundete Wert i.H.v. 30,175 % verwendet.

Zitation von Gesetzestexten (Quotations of Law Texts)
Es wird sich bei allen Aussagen auf die IFRSs und das HGB, das für Geschäftsjahre ab 2009 in Kraft ist, bezogen. Die Standards werden mit Standard-Bezeichnung und Paragraph bezeichnet, z. B. IAS 1.68. Hier handelt es sich um den Standard IAS 1, von dem der Paragraph 68 zitiert wird.

Paragraphen in deutschen Steuergesetzen werden unter Angabe des jeweiligen Gesetzes und des Absatzes zitiert, z. B. § 6 Abs. 2 EStG. Die IFRSs werden englisch zitiert, da die internationalen Rechnungslegungsstandards nur in der englischsprachigen Version justiziabel sind.

Buchungssätze (Bookkeeping Entries)
Buchungssätze werden z. B. mit den Begriffen **DEBIT ENTRY** → GLOSSAR und **CREDIT ENTRY** → GLOSSAR für Soll und Haben, bzw. Per ... an ... bezeichnet. Wird z. B. ein Fahrzeug für ein Unternehmen angeschafft, das zu einem Bruttobetrag von 24.000 EUR gekauft wurde, wird der zugehörige **BUCHUNGSSATZ** → GLOSSAR wie folgt dargestellt:

```
DR Fahrzeuge ....................... 20.000,00 EUR
DR Vorsteuer .......................  4.000,00 EUR
CR Kasse/Bank ...................... 24.000,00 EUR
```

Auf das Einrücken des Credit Entries wird aus Platzgründen verzichtet. Die Konten werden ebenfalls grundsätzlich englischsprachig bezeichnet, so das der obige Buchungssatz lautet:

```
DR Motor Vehicles ................. 20.000,00 EUR
DR VAT ............................  4.000,00 EUR
CR Cash/Bank ...................... 24.000,00 EUR
```

Kontendarstellung (Presentation of Accounts)
Konten werden zum leichteren Verständnis in T-Kontenform dargestellt. Die Einträge darin sind in Englisch.

Währungseinheit (Curreny Unit)
Die Währung ist grundsätzlich der Euro.

Umsatzsteuer (Value Added Tax)
Es wird nur ein Umsatzsteuerkonto mit der Bezeichnung Value Added Tax (VAT account) geführt. Es nimmt auf der Sollseite die Vorsteuerbeträge auf und zeigt auf der Habenseite die USt-Schuld. Es wird kein reduzierter USt-Satz angenommen.

Gewerbesteuer (Trade Tax)
Die Gewerbesteuer wird ausgehend von einem Gewerbesteuerhebesatz h = 410 % für Osnabrück berechnet. Da von Kapitalgesellschaften ausgegangen wird, beträgt die Steuermeßzahl immer 3,5 %. Der gesamte Gewerbesteuersatz s_{Ge} = 14,35 %.

Körperschaftsteuer (Corporate Tax)
Die Körperschaftsteuer beträgt 15 % vom Vorsteuergewinn.

Einkommensteuer (Income Tax)
In Aufgaben wird grundsätzlich mit einem Gesamtsteuersatz von s = 30 % gerechnet, der Gewerbesteuer, Körperschaftsteuer und den Solidaritätszuschlag enthält.

Kapitalertragsteuer (Tax on Capital Returns)
Die Kapitalertragsteuer ist eine Einkommensteuerart. Sie beträgt 25 % des Kapitalertrags.

Solidaritätszuschlag (German Reunion Tax)
Der Solidaritätszuschlag beträgt 5,5 %.

Genauigkeit (Level of Precision)
Bei allen Rechnungen werden Eurobeträge und Prozentwerte auf zwei Nachkommastellen gerundet. Dies gilt auch für Zwischenergebnisse. Ausnahmen bilden die über Tabellenkalkulationsprogramme gerechneten Werte in den Financial Statements. Bei Nebenrechnungen (workings) im Text werden die Nachkommastellen, falls sie Null sind, weggelassen. Ebenso werden zur Übersichtlichkeit die Einheiten nur beim Endergebnis ausgewiesen.

Zahlungsfristen (Payment terms)
Zur Vereinfachung werden Steuern im nachfolgenden Geschäftsjahr gezahlt. I.d.R. finden keine unterjährigen Steuerzahlungen statt.

2 Rechnungslegung nach deutschem HGB (Financial Accounting along German Commercial Code)

Lernziele

Die Rechnungslegung in Deutschland wird durch das deutsche Handelsgesetzbuch (HGB) geregelt. Das Bilanzrechtsmodernisierungsgesetz (BilMoG) bestimmt, dass die Rechnungslegung in Deutschland für Geschäftsjahre, die nach 2009 beginnen, dem neuen Handelsgesetzbuch folgen muss. Der Konzernabschluss wird nach IFRSs erstellt, wenn Konzernunternehmen kapitalmarktorientiert sind.

Das Rechnungswesen wird in diesem Kapitel allgemeingültig vorgestellt und anschließend gemäß deutschem HGB spezifiziert. Im nachfolgenden Kapitel 3 wird in die internationale Rechnungslegung eingeführt.

Die Bestandteile des Einzelabschlusses nach deutschem HGB werden zusammenhängend an einfachen Beispielen beschrieben und ihre Aussagekraft für den Bilanzadressaten demonstriert. Ebenso werden die wichtigsten Positionen des handelsrechtlichen Jahresabschlusses vorgestellt sowie auf Besonderheiten der deutschen Rechnungslegung hingewiesen.

Es bestehen die folgenden Lernziele für Kapitel 2:

(1) Vermitteln von Überblickswissen über die Rechnungslegung → vgl. Abschnitt 2.1, S. 18
(2) Kennenlernen der rechtlichen Grundlagen für den handelsrechtlichen Jahresabschluss als Einzelabschluss → vgl. Abschnitt 2.1, S. 19
(3) Kennenlernen der Bestandteile des handelsrechtlichen Jahresabschlusses → vgl. Abschnitt 2.3, S. 25
(4) Vermitteln von Zusammenhängen zwischen den Bestanteilen des handelsrechtlichen Jahresabschlusses → vgl. Abschnitt 2.2, S. 21
(5) Erkennen der Aussagekraft der einzelnen Bestandteile des handelsrechtlichen Jahresabschlusses → vgl. Abschnitt 2.3, S. 25
(6) Darlegen der wesentlichen Regelungen nach deutschem HGB zur Rechnungslegung → vgl. Abschnitt 2.4, S. 27
(7) Vermitteln der Grundlagen der Rechnungslegung, so dass die nachfolgenden detaillierten Ausführungen zu einzelnen Jahresabschlusselementen und zu einzelnen Positionen davon verstanden werden können → vgl. Abschnitt 2.4, S. 28
(8) Kennenlernen der Besonderheiten eines Jahresabschlusses nach deutschem HGB im Vergleich zur internationalen Rechnungslegung → vgl. Abschnitt 2.6, S. 32

2.1 Übersicht über die Rechnungslegung (Overview on Financial Accounting)

Die Verpflichtung zur Rechnungslegung hängt in Deutschland von der Rechtsform des Unternehmens ab. Grundsätzlich lassen sich die Rechtsformen für privatwirtschaftliche Unternehmen in drei Kategorien einteilen: (1) Einzelunternehmen, (2) Personengesellschaften und (3) Kapitalgesellschaften.

(1) Einzelunternehmen → Glossar (Sole Proprietorship)
Einzelunternehmen sind Unternehmen, bei denen eine einzelne Person das Uternehmen besitzt. Das Unternehmen wird immer im Zusammenhang mit dieser Person gesehen: Gewinne werden über den persönlichen Einkommensteuersatz des Unternehmers versteuert. Der Inhaber haftet uneingeschränkt mit seinem gesamten Vermögen für das Unternehmen. Üblich ist diese Rechtsform für kleinere Unternehmen, z. B. bei Dienstleistern, wie Fotografen, Copy Shops, Werbeagenturen. So lange das Unternehmen nicht als Kaufmann eingestuft wird, besteht keine Rechnungslegungspflicht – die Besteuerung kann gem. § 4 Abs. 3 EStG nach der so genannten **4.3-Gewinnermittlung** → Glossar stattfinden. Eine 4.3-Gewinnermittlung bedeutet das Gegenüberstellen von Einnahmen und Ausgaben. Gilt der Unternehmer dagegen als Kaufmann, besteht **Buchführungspflicht** → Glossar über § 238 HGB.

(2) Personengesellschaften (Partnership)
Schließen sich für ein Unternehmen zwei oder mehrere Personen zu einer Gesellschaft zusammen, liegt eine Personengesellschaft vor. Die Unternehmer regeln i.d.R. per Vertrag die Aufgaben untereinander und die Verteilung des Gewinns. Die Haftung umfasst wie bei Einzelunternehmern das gesamte private Vermögen der Gesellschafter, d. h. die Gesellschafter sind persönlich und gesamtschuldnerisch haftbar. Häufig sind Freiberufler in Personengesellschaften organisiert. Als Freiberufler gelten Dienstleistungsbereiche, wie sie in § 18 EStG aufgeführt sind. Beispiele für **freiberufliche Tätigkeiten** → Glossar, die in Personengesellschaften organisiert sein können, sind: Rechtsanwälte, Ingenieure oder Ärzte, wenn sie eine Anwaltssozietät, ein Ingenieurbüro oder einer Gemeinschaftspraxis betreiben. So lange keine kaufmännische Tätigkeit ausgeübt wird, besteht keine Buchführungspflicht. Da Personengesellschaften allenfalls bei Überschreiten der Größenordnungskriterien nach § 11 PublG rechenschaftslegungspflichtig sind, werden in Deutschland auch mittelständische Produktionsunternehmen bevorzugt als Personengesellschaften geführt. Typische Formen von Personengesellschaften sind Kommanditgesellschaften oder Offene Handelsgesellschaften. Die Motivation für eine Personengesellschaft ist häufig, dass Unternehmensinformationen nicht durch den handelsrechtlichen Jahresabschluss publiziert werden müssen.

(3) Kapitalgesellschaften → Glossar (Limited Company)
Für eine Kapitalgesellschaft schließen sich mehrere Kapitalgeber zusammen und beschränken ihre Haftung auf das eingebrachte Kapital. Kapitalgesellschaften werden

international mit dem Attribut limited gekennzeichnet. Die Kapitalgesellschaft selbst haftet nur in Höhe ihres gesamten Eigenkapitals, das aus dem gezeichneten Kapital, den Rücklagen und dem Bilanzgewinn besteht. Häufig sind die Gesellschafter einer Kapitalgesellschaft nicht in das Management des Unternehmens eingebunden. Die Führung des Unternehmens wird der Geschäftsleitung oder dem Vorstand übertragen. Eine Kapitalgesellschaft ist juristisch eine Körperschaft und unterliegt der Körperschaftsteuer (KSt).

Kapitalgesellschaften gelten grundsätzlich als kaufmännisch und sind buchführungspflichtig. Die Rechnungslegungspflicht gewährleistet z. B. die Informationsversorgung der Anteilseigner. Kapitalgesellschaften müssen nach § 264 HGB einen Jahresabschluss aufstellen. Der Jahresabschluss wird im Handelsregister veröffentlicht, wenn davon keine Befreiung z. B. wegen der Größe der Gesellschaft besteht. Für Kapitalgesellschaften gelten umfangreiche Regelungen innerhalb des deutschen HGB, die über die Regelungen für sonstige Kaufleute hinausgehen und in den Paragraphen §§ 264ff. HGB dargestellt sind. Z. B. wird ein spezielles Bilanzgliederungsschema nach § 266 Abs. 2 und 3 HGB gefordert und die Gewinn- und Verlustrechnungsstruktur detailliert vorgeschrieben → vgl. § 275 Abs. 2 und 3 HGB. Der Jahresabschluss einer Kapitalgesellschaft, die nicht als klein im Sinne des § 267 HGB gilt, ist prüfungspflichtig nach § 316 Abs. 1 HGB, d. h. er muss von einem vereidigten Buchprüfer oder Buchprüfungsgesellschaft oder von einem Wirtschaftsprüfer oder einer Wirtschaftsprüfungsgesellschaft geprüft werden. Hat keine Prüfung stattgefunden, kann der Jahresabschluss nicht festgestellt werden, so dass auch keine Ausschüttung des Jahresergebnisses an die Anteilseigner möglich ist. Übliche Kapitalgesellschaften in Deutschland sind die Gesellschaft mit beschränkter Haftung (GmbH) und die Aktiengesellschaft (AG), für die jeweils eigene gesetzliche Regelungen gelten (GmbHG, AktG), die z. B. die Haftung und Gewinnverwendung regeln.

In Deutschland sind ebenfalls Mischformen der Rechtsformen üblich, z. B. die Kombination aus Kapital- und Personengesellschaft, bei der eine Rechtspersönlichkeit Gesellschafter ist (GmbH & Co. KG).

Die Notwendigkeit zur Rechnungslegung resultiert daraus, dass der Bilanzadressat, z. B. ein Aktionär, Gläubiger, Mitarbeiter etc. sonst keinen Einblick in die Lage des Unternehmens haben würde. Unter **Rechnungslegung** → Glossar versteht man das Aufstellen und Veröffentlichen des handelsrechtlichen Jahresabschlusses. Die Bestandteile des handelsrechtlichen Jahresabschlusses werden in §§ 242 Abs. 3 und 264 Abs. 1 HGB geregelt. Demnach besteht der Jahresabschluss aus: (1) Bilanz (balance sheet) (2) Gewinn- und Verlustrechnung (income statement) und (3) Anhang (notes).

Der für mittelgroße und große Kapitalgesellschaften geforderte **Lagebericht** → Glossar ist nach § 264 Abs. 1 HGB nicht Bestandteil des handelsrechtlichen Jahresabschlusses. Nimmt eine Kapitalgesellschaft am öffentlichen Wertpapierhandel teil, müssen ebenfalls eine Kapitalflussrechnung und ein Eigenkapitalspiegel erstellt werden.

Die Rechnungslegung gegenüber dem Fiskus erfordert einen Steuerabschluss. Das BilMoG hat die bisher enge Verknüpfung der beiden Abschlüsse gelockert, so dass künftig ein handelsrechtlicher und ein steuerrechtlicher Jahresabschluss zu erstellen sind.

Die Trennung zwischen Handels- und steuerrechtlichem Abschluss resultiert aus unterschiedlichen Zielsetzungen der beiden Rechnungslegungsinstrumente: Der Abschluss nach deutschem HGB dient nach § 264 Abs. 2 HGB dem Vermitteln eines den tatsächlichen Verhältnissen entsprechenden Bildes der Vermögens-, Finanz- und Ertragslage des Unternehmens. Neben der Einhaltung der Grundsätze ordnungsmäßiger Buchführung (GoB) wird diese Lagedarstellung durch den Abschlussprüfer geprüft und entsprechend des Prüfungsergebnisses bestätigt → vgl. § 322 HGB. Das deutsche HGB ist nach dem Gläubigerschutzprinzip gestaltet, so dass Ausweis- und Bewertungsregelungen zu Gunsten der Gläubiger gestaltet sind. So werden z. B. Gewinne und Verluste in § 252 Abs. 1 HGB unterschiedlich behandelt (Realisations- und Imparitätsprinzip). Weiter sieht das deutsche HGB Wahlrechte vor, die vom Bilanzierenden wahrgenommen werden können. Dagegen dient der Steuerabschluss der gerechten Steuerbemessung.

Es besteht die Möglichkeit, dass einem Aktivierungswahlrecht in der Handelsbilanz einem Verbot in der Steuerbilanz gegenübersteht. Diese ist z. B. bei Bilanzierungshilfen der Fall. Weiter besteht die Möglichkeit, dass die handelsrechtlichen Wahlrechte über die steuerrechtlichen hinausgehen, z. B. bei der Bewertung von Umlaufvermögen gem. von Verbrauchsfolgefiktionsverfahren. I.d.R. begründen solche Situationen, in denen das handelsrechtliche und steuerrechtliche Ergebnis unterschiedlich hoch sind, **LATENTE STEUERN** → GLOSSAR. Latente Steuern werden in Kapitel 12 → vgl. S. 303 behandelt.

Die Bilanzierung wird durch die **BILANZTHEORIE** → GLOSSAR fundiert. Allgemein haben die statische und dynamische Bilanztheorie Bedeutung erlangt. Die statische Bilanztheorie fragt, wie hoch das Vermögen zum Bilanzstichtag ist. Es wird bilanziert, um dem Bilanzadressaten Auskunft über das Unternehmensvermögen zu einem bestimmten Stichtag zu erteilen. Die Bilanzierung folgt jedoch primär der dynamischen Bilanztheorie nach SCHMALENBACH. Der Jahresabschluss wird nach dynamischer Bilanztheorieauffassung erstellt, um den Unternehmenserfolg beschreiben und erklären zu können. Es wird z. B. im Rahmen der Abschreibung nicht nach der Wertminderung des Vermögens, sondern nach der Belastung des Periodenerfolgs durch den Abschreibungsaufwand gefragt. Der Abschreibungsaufwand stellt die Periodisierung der Anschaffungsausgaben dar [vgl. zur Bilanztheorie z. B. COENENBERG, A. G., 2005].

Neben den bisher dargestellten handelsrechtlichen und steuerrechtlichen Jahresabschlüssen sind relevant:

(1) Konzernabschluss (Group Statement)
Im Konzernabschluss werden die Abschlüsse aller Konzerngesellschaften zusammengefasst dargestellt, als wäre der Konzern ein einzelnes Unternehmen.

(2) SONDERBILANZEN → GLOSSAR (Special Financial Statements)
Sonderbilanzen sind z. B. Eröffnungs-, Liquidations- oder Fusionsbilanzen.

(3) Zwischen-/Teilbilanzen (Intermediate Financial Statements, Segment Reporting)
Zwischenbilanzen → Glossar sind z. B. Quartals- oder Monatsabschlüsse, die als Abschluss darzustellen sind. Bei Börsennotierung können Zwischenabschlüsse durch die Börsenaufsicht vorgeschrieben werden. Die amerikanische SEC (Security Exchange Commission) fordert das Aufstellen und Veröffentlichen von Quartalsabschlüssen. **Teilbilanzen** → Glossar entstehen dadurch, dass ein Unternehmen eine **Segmentberichterstattung** → Glossar vorsieht, weil seine Tätigkeiten so heterogen sind, dass ein Zusammenfassen aller Betätigungsfelder einen Vergleich mit anderen Unternehmen derselben Branche stören würde.

(4) Planbilanz (Budgeted Financial Statements)
Für die Steuerung des Unternehmens entwickelt das Management häufig eine **Planbilanz** → Glossar. Diese baut auf dem **Business Plan** → Glossar auf und zeigt den Jahresabschluss, der sich bei Umsetzung der Pläne in der Zukunft ergibt. Eine Planbilanz dient der Antizipierung einer Beurteilung der Finanzlage eines Unternehmens durch Dritte. Häufig werden die Methoden der Bilanzanalyse auf die Planbilanz angewendet, um das Bild, das das Unternehmen zukünftig vermittelt, zu antizipieren. Die Planbilanz dient nicht der Rechnungslegung, sondern ist ein internes Managementinstrument.

Im Weiteren wird allein auf den Jahresabschluss als Einzelabschluss und in Kapitel 8 → vgl. S. 185 auf den Konzernabschluss Bezug genommen. Zum Studium von Sonderbilanzen wird auf die vertiefende Literatur verwiesen [z. B. Coenenberg, A.G. 2005].

2.2 Inhalte des handelsrechtlichen Jahresabschlusses (Content of Commercial Financial Statements)

Der § 264 Abs. 2 HGB nennt als Ziel für die Rechenschaftslegung das Vermitteln eines den tatsächlichen Verhältnissen entsprechenden Bildes der Vermögens-, Finanz- und Ertragslage eines Unternehmens. Alle über die Jahresabschlüsse dargestellten Informationen dienen der Erfüllung dieses Ziels. Berichtsrelevant sind das Vermögen, die Finanzierung des Unternehmens sowie die Erfolge, die während der Berichtsperiode erzielt wurden. Da die Informationen unterschiedliche Dimensionen haben, besteht der handelsrechtliche Jahresabschluss aus mehreren Bestandteilen. Zur Illustration ihrer Aussagen wird der Jahresabschluss eines einfachen Beispiels – des Taxiunternehmens Theo Kieling GmbH – studiert.

Beispiel T. Kieling GmbH (Case Study T. Kieling GmbH)

Theo Kieling hat zum 1.01.20X1 ein Taxiunternehmen gegründet. Er führt das Unternehmen in der Rechtsform einer Kapitalgesellschaft und zahlt 40.000,00 EUR ein. Er kauft bar ein Fahrzeug für 35.000,00 EUR, das er über fünf Jahre abschreibt. Er zahlt pro Jahr Löhne i.H.v. 25.000,00 EUR und erwirtschaftet einen Nettoumsatzerlös i.H.v. 50.000,00 EUR, den er bar von den Fahrgästen erhält.

Für das Beispiel wird keine Umsatzsteuer, jedoch Steuern vom Einkommen und Ertrag insgesamt i.H.v. 30 % berücksichtigt.

Zuerst werden die Zahlungsströme behandelt. Die Kapitalflussrechnung (cash flow statement) in Abbildung 2.1 zeigt die Veränderungen der Zahlungsmittel.

CFS for 20X1		
	Capital Input	40.000,00
add	Revenue	50.000,00
		90.000,00
less	Labour	(25.000,00)
less	Investment (car)	(35.000,00)
	Cash flow	*30.000,00*

Abbildung 2.1: Kapitalflussrechnung der T. Kieling GmbH für 20X1

Bei der Kapitalflussrechnung wird nur die Veränderung des Zahlungsmittelbestands berücksichtigt. Z. B. wird der Fahrzeugkauf mit dem kompletten Anschaffungsbetrag dargestellt, weil das Taxi bar gekauft wurde. Die Kapitalflussrechnung zeigt in Summe einen Zahlungsmittelzufluss i.H.v. 30.000,00 EUR, d. h. der Zahlungsmittelbestand steigt von Null auf 30.000,00 EUR.

Im nächsten Schritt wird der Periodenerfolg bestimmt. Die Gewinn- und Verlustrechnung zeigt den Erfolg einer Abrechnungsperiode, bei dem die Anschaffungskosten des Fahrzeugs jetzt periodisiert werden, d. h. sie werden auf die Dauer der Nutzung verteilt. Die Abschreibung beträgt 35.000/5 = **7.000,00 EUR/a**:

INCOME STATEMENT for 20X1		
	Revenue	50.000,00
less	Labour	(25.000,00)
less	Depreciation	(7.000,00)
	EBT	18.000,00
less	Taxes	(5.400,00)
	Profit for the period	*12.600,00*

Abbildung 2.2: Gewinn- und Verlustrechnung der T. Kieling GmbH für 20X1

Aus der Gewinn- und Verlustrechnung wird die Ertragslage eines Unternehmens erkennbar. Es wird deutlich, welche Erträge erwirtschaftet wurden und welche Aufwendungen diesen gegenüber gestanden haben.

Weiter muss Theo Kieling eine Bilanz (balance sheet) für den Zeitpunkt 31.12.20X1 aufstellen, die seine Vermögens- und Finanzlage zu diesem Zeitpunkt zeigt (Abbildung 2.3). Sein Unternehmen wird in der Rechtsform einer Kapitalgesellschaft geführt und ist daher buchführungspflichtig.

Die Bilanz zeigt auf der Aktivseite, für was die Mittel eines Unternehmens verwendet worden sind. Dort stehen die Buchwerte aller Vermögenswerte (assets) zum Zeitpunkt des Abschlussstichtags. Z. B. wird das Taxi von Theo Kieling nach Abschreibung für 20X1 mit 35.000 – 7.000 = **28.000,00 EUR** ausgewiesen. Ebenfalls ist der Bestand an Zahlungsmitteln der Betrag, der zum Zeitpunkt 31.12.20X1 vorhanden ist. Auf der Passivseite der Bilanz steht die Herkunft der Mittel eines Unternehmens. Insbesondere ist dort die Unterteilung zwischen Eigen- und Fremdkapital zu sehen. Das Unternehmen hat ein Eigenkapital i.H.v. 52.600,00 EUR, das aus dem gezeichneten

T. Kieling GmbH's B/S as at 31.12.20X1

A		C,L	
Non-current Assets	[EUR]	*SH's capital*	[EUR]
P,P,E	28.000	Issued capital	40.000
Int. assets		Other reserves	
Financial assets		Retained ear.	12.600
Current Assets		*Liabilities*	
Inventory		Int. bear. liab.	
A/R		A/P	
Prepaid exp.		Provisions	
Cash	30.000	Def. income	
		Tax liabilities	5.400
	58.000		*58.000*

Abbildung 2.3: Bilanz der T. Kieling GmbH zum 31.12.20X1

Kapital und dem Jahresüberschuss des ersten Geschäftsjahrs besteht. Das Fremdkapital enthält die Steuerschulden i.H.v. 5.400,00 EUR.

Im Weiteren wird das Folgejahr betrachtet. Theo Kieling fährt in 20X2 einen Nettoumsatz i.H.v. 48.000,00 EUR ein. Die Lohnkosten betragen wieder 25.000,00 EUR und das Taxi wird weiter mit 7.000,00 EUR/a abgeschrieben. In 20X2 ist der handelsrechtliche Jahresabschluss wie folgt zu zeigen:

CFS for 20X2

	Revenue	48.000,00
		48.000,00
less	Labour	(25.000,00)
less	Income tax paid	(5.400,00)
	Cash flow	*17.600,00*

Abbildung 2.4: Kapitalflussrechnung der T. Kieling GmbH für 20X2

Der Cash Flow beträgt jetzt 17.600,00 EUR, da der Bestand des Kontos Cash von 30.000,00 EUR auf 47.600,00 EUR ansteigt. Zu berücksichtigen ist, dass Theo Kieling in 20X2 die Steuern vom Einkommen und Ertrag für das Vorjahr i.H.v 5.400,00 EUR gezahlt hat.

Die Gewinn- und Verlustrechnung zeigt einen Erfolg, der in 20X2 etwas geringer als im Vorjahr ist:

INCOME STATEMENT for 20X2

	Revenue	48.000,00
less	Labour	(25.000,00)
less	Depreciation	(7.000,00)
	EBT	16.000,00
less	Taxes	(4.800,00)
	Profit for the period	*11.200,00*

Abbildung 2.5: Gewinn- und Verlustrechnung der T. Kieling GmbH für 20X2

Die Bilanz von Theo Kieling ist wie unten darzustellen:

T. Kieling GmbH's B/S as at 31.12.20X2

A		C,L	
Non-current Assets	[EUR]	*SH's capital*	[EUR]
P,P,E	21.000	Issued capital	40.000
Int. assets		Other reserves	
Financial assets		Retained ear.	23.800
Current Assets		*Liabilities*	
Inventory		Int. bear. liab.	
A/R		A/P	
Prepaid exp.		Provisions	
Cash	47.600	Def. income	
		Tax liabilities	4.800
	68.600		*68.600*

Abbildung 2.6: Bilanz der T. Kieling GmbH zum 31.12.20X2

Bei der Erstellung der Bilanz ist keine Gewinnverwendung berücksichtigt worden, d. h. Theo Kieling hat weder Gewinn aus seinem Unternehmen in die Rücklagen eingestellt noch an die Anteilseigner Gewinnanteile ausgezahlt. Da er der alleinige Gesellschafter ist, würde der Gewinn an ihn selbst ausgeschüttet.

Theo Kieling plant die Gewinnverwendung im Verhältnis 50:50. Dies bedeutet, dass er 50 % des Jahresüberschusses in die Gewinnrücklagen einstellt und 50 % ausschüttet. Die Bilanz kann gem. § 268 Abs. 1 HGB nach Verwendung des Ergebnisses aufgestellt werden. Hier wird ein Betrag von 23.800/2 = **11.900,00 EUR** in die Rücklagen und derselbe Betrag in die Verbindlichkeiten gegenüber Anteilseignern eingestellt:

T. Kieling GmbH's B/S as at 31.12.20X2

A		C,L	
Non-current Assets	[EUR]	*SH's capital*	[EUR]
P,P,E	21.000	Issued capital	40.000
Int. assets		Other reserves	11.900
Financial assets		Retained ear.	
Current Assets		*Liabilities*	
Inventory		Int. bear. liab.	
A/R		A/P	11.900
Prepaid exp.		Provisions	
Cash	47.600	Def. income	
		Tax liabilities	4.800
	68.600		*68.600*

Abbildung 2.7: Bilanz der T. Kieling GmbH zum 31.12.20X2

Theo Kieling erstellt ebenfalls eine Eigenkapitalveränderungsrechnung (statement of changes in equity). Darin ist die Verwendung des Jahresergebnisses zu sehen.

STATEMENT OF CHANGES IN EQUITY for 20X2	Issued Capital	Retained Earnings	Reserves	Total
as at 1.01.20X1	40.000			40.000
Profit for 20X1		12.600		12.600
as at 1.01.20X2	40.000	12.600	0	52.600
Profit for 20X2		11.200		11.200
Appropriation		(23.800)	11.900	(11.900)
as at 31.12.20X2	*40.000*	*0*	*11.900*	*51.900*

Abbildung 2.8: Eigenkapitalveränderungsrechnung der T. Kieling GmbH zum 31.12.20X2

Die Eigenkapitalveränderungsrechnung zeigt, dass im ersten Geschäftsjahr der Taxiunternehmer keinen Gewinn verwendet hat. Die Summe des Eigenkapitals beträgt daher zum Zeitpunkt 1.01.20X2 52.600,00 EUR. Im nächsten Geschäftsjahr wird im Konto Bilanzgewinn (retained earnings) der Gewinn des Geschäftsjahrs 20X2 addiert, so dass der Saldo 23.800,00 EUR beträgt. Die Ausschüttung von 11.900,00 EUR, die eine Sollbuchung im Eigenkapital bewirkt, vermindert es und führt auf einen Betrag i.H.v. 51.900,00 EUR.

Nach internationalen Rechnungslegungsstandards gehört die Eigenkapitalveränderungsrechnung immer zum Jahresabschluss. Nach deutschem HGB ist der Eigenkapitalspiegel nur für kapitalmarktorientierte Gesellschaften Pflicht.

Das Beispiel des Taxifahrers Theo Kieling zeigt im Überblick auf, welches die wichtigsten Jahresabschlussbestandteile sind. Ihre formalen Vorschriften wurden noch nicht betrachtet.

2.3 Elemente des Jahresabschlusses (Elements of Financial Statements)

Die Elemente eines handelsrechtlichen Jahresabschlusses sind die im Jahresabschluss darzustellenden Objekte. Es sind: (1) Vermögen, (2) Eigenkapital, (3) Schulden, (4) Erlös, (5) Aufwand, (6) Zahlungen und (7) Sonderpositionen.

(1) Vermögen (Assets)

VERMÖGENSWERTE → GLOSSAR eines Unternehmens sind seine Ressourcen. Vermögensgegenstände sind z. B. Grundstücke, Anlagen, Rechte, Vorräte, Forderungen und Bank- und Kassenbestände.

(2) Eigenkapital (Equity)

Das **EIGENKAPITAL** → GLOSSAR einer Kapitalgesellschaft steht dieser unbeschränkt zur Verfügung. Es kann nicht zurückgefordert werden. Es besteht aus dem gezeichnetem Kapital, den Rücklagen, dem Gewinn- oder Verlustvortrag und dem Jahresergebnis nach Steuern.

Das **GEZEICHNETE KAPITAL (ISSUED CAPITAL)** → GLOSSAR entspricht dem Nennwert der Unternehmensanteile multipliziert mit ihrer Anzahl. Schüttet eine Aktiengesellschaft 10.000 Aktien mit einem Nennwert von 5,00 EUR/Stk. aus, beträgt das gezeichnete

Kapital 50.000,00 EUR. Es wird nur durch eine Kapitalerhöhung oder -herabsetzung verändert. Das gezeichnete Kapital einer GmbH wird als Stammkapital, das einer Aktiengesellschaft als Grundkapital (issued share capital) bezeichnet. **RÜCKLAGEN (RESERVES)** → GLOSSAR sind ebenfalls Bestandteil des Eigenkapitals, die nach HGB z. B. aus dem versteuerten Gewinn (Gewinnrücklagen) oder aus der Ausschüttung von Aktien oberhalb des Nennwerts gebildet werden. Der **JAHRESÜBERSCHUSS (ANNUAL SURPLUS)** → GLOSSAR ist das Jahresergebnis eines Unternehmens nach Steuern. Es wird in der Gewinn- und Verlustrechnung bestimmt. Bei Aufstellung der Bilanz nach der Ergebnisverwendung können bereits Teile des Jahresüberschusses in die Rücklagen eingestellt worden sein oder als Verbindlichkeiten gegenüber den Anteilseignern gebucht worden sein. Dagegen ist eine Auszahlung an die Anteilseigner unwahrscheinlich, vor allem, wenn der Jahresabschluss prüfungspflichtig ist. Der verbleibende Betrag wird nach deutschem HGB als Bilanzgewinn ausgewiesen. Der **GEWINN- ODER VERLUSTVORTRAG (PROFIT/LOSS CARRIED FORWARD)** → GLOSSAR ist ein nicht verwendetes Ergebnis aus dem Vorjahr.

(3) Schulden (Liabilities)
Die **SCHULDEN** → GLOSSAR eines Unternehmens teilen sich in **RÜCKSTELLUNGEN (PROVISIONS)** → GLOSSAR und **VERBINDLICHKEITEN (LIABILITIES)** → GLOSSAR auf. Verbindlichkeiten werden mit dem diskontierten Erfüllungsbetrag ausgewiesen. Es sind z. B. Bankschulden, Anleihen, Verbindlichkeiten aus Lieferungen und Leistungen etc. Rückstellungen werden für unsichere Schulden gebildet, z. B. für Pensionsverpflichtungen. Rückstellungen sind unsicher, wenn die Höhe der Zahlungsverpflichtung, ihr Eintritt und/oder der Zeitpunkt und die Dauer der Zahlungen unbestimmt sind.

(4) Erlös (Revenue)
Die **ERLÖSE (REVENUE)** → GLOSSAR eines Unternehmens entstehen aus dem Verkauf von Leistungen. Es können sowohl Erzeugnisse als auch Dienstleistungen verkauft worden sein.

(5) Aufwand (Expenses)
AUFWAND → GLOSSAR resultiert aus dem Verzehr von Ressourcen. Aufwand entsteht z. B. durch das Beanspruchen einer Dienstleistung Dritter, durch den Verzehr von Vermögensgegenständen (Abschreibung) oder durch den Verbrauch von Vorratsvermögen.

(6) Zahlungen (Cash Flow)
Zahlungen sind der Zufluss (cash inflow) oder Abfluss (cash outflow) von Zahlungsmitteln. Zahlungen werden in der **KAPITALFLUSSRECHNUNG (CASH FLOW STATEMENT)** → GLOSSAR zusammengefasst dargestellt.

(7) Sonderpositionen (Special Items)
Die Sonderposten spielen vor allem im deutschen HGB eine Rolle. Es werden in der Bilanz **BILANZIERUNGSHILFEN** → GLOSSAR, wie ein Aktivposten für latente Steuern, Rechnungsabgrenzungsposten etc. gezeigt, die in Zusammenhang mit dem deutschen HGB zu erläutern sind.

2.4 **Bilanz nach deutschem HGB** (Balance Sheet along GCC)

Die Bilanz zählt nach §§ 242 und 264 Abs. 1 HGB zum Jahresabschluss. Sie zeigt auf der Aktivseite alle Vermögensgegenstände eines Unternehmens. Weiter sind Sonderposten für Bilanzierungshilfen auf der Aktiv- und Passivseite zu bilden. Auf der Passivseite stehen das Eigenkapital, die Rückstellungen, die Verbindlichkeiten und passivische Rechnungsabgrenzungsposten. Nach § 246 HGB gilt ein grundsätzliches Saldierungsverbot, so dass eine Verrechnung zwischen Posten der Aktiv- und Passivseite nicht gestattet ist.

Die Struktur der Bilanz wird in § 266 Abs. 2 und 3 HGB festgelegt. Das dort vorgeschriebene Gliederungsschema gilt für Kapitalgesellschaften. In § 267 HGB werden Größenklassen von Kapitalgesellschaften definiert, die die Unternehmen in kleine, mittelgroße und große Kapitalgesellschaften unterteilen. Die Kriterien für die Einteilung der Kapitalgesellschaften in Größenklassen sind die Bilanzsumme, die Mitarbeiterzahl und der Umsatz der Gesellschaft. Für kleine Kapitalgesellschaften gilt ein verkürztes **GLIEDERUNGSSCHEMA** → GLOSSAR der Bilanz. Die vollständige Gliederung der Bilanz ist in § 266 Abs. 2 und 3 HGB aufgeführt. Eine Umbenennung der Posten würde § 243 Abs. 3 HGB widersprechen, nach dem der Jahresabschluss klar und übersichtlich sein muss. Abbildung 2.9 zeigt die Jahresbilanz aus dem obigen Beispiel der Taxigesellschaft Theo Kieling GmbH zum 31.12.20X2.

Bilanz Theo Kieling GmbH zum 31.12.20X2			
Aktivseite			**Passivseite**
A. Anlagevermögen		**A. Eigenkapital**	
I. Immaterielle Vermögensgegenstände		I. Gezeichnetes Kapital	40.000
II. Sachanlagen	21.000	II. Kapitalrücklage	
III. Finanzanlagen		III. Gewinnrücklage	
		IV. Gewinnvortrag/ Verlustvortrag	12.600
B. Umlaufvermögen		V. Jahresüberschuß/ Jahresfehlbetrag	11.200
I. Vorräte			
II. Forderungen und sonstige Vermögensgegenstände		**B. Rückstellungen**	4.800
III. Wertpapiere			
IV. Schecks, Kassenbestand, Bundesbank- und Postgiroguthaben, Guthaben bei Kreditinstituten		**C. Verbindlichkeiten**	
		D. Rechnungsabgrenzungsposten	
Bundesbank und Postgiroguth. Guthaben bei Kreditinstituten	47.600		
C. Rechnungsabgrenzungsposten			
	68.600		**68.600**

Abbildung 2.9: HGB-Bilanz der Theo Kieling GmbH zum 31.12.20X2

Bei einer Bilanz nach deutschem HGB wird das Vermögen in Anlage- und Umlaufvermögen unterteilt. Nach § 247 Abs. 2 HGB ist das Anlagevermögen dazu bestimmt, dem Betrieb dauerhaft zu dienen. Aus der Sicht der Bilanzierung ist zu berücksichtigen, dass bei Abschreibungspflichtigkeit des Anlagevermögens es durch regelmäßige Abschreibungen zu tilgen ist. Die Abschreibungsmethode und die Dauer der Abschreibung werden im deutschen HGB nicht festgelegt. Über die Abschreibungen werden z. B. Sachanlagevermögensgegenstände an ihren wegen der Nutzung sinkenden Restbuchwert angepasst. Aus der Sicht des Accounting wird diese Darstellungsweise negiert. Damit wäre eine Bewertungsfunktion von Vermögen verknüpft. Abschreibungen stellen vielmehr die Allokation der Anschaffungsausgaben auf die Nutzungsdauer dar. Dies ändert sich auch bei Neubewertungen nicht, da die Abschreibungshöhe davon unberührt bleibt → vgl. Kapitel 7, S. 150. Die Abschreibung wird weitgehend durch das deutsche EStG, insb. § 6 EStG bestimmt. Nicht abschreibungspflichtig sind z. B. Grundstücke und Finanzinstrumente. Über § 253 Abs. 1 HGB gilt ein Anschaffungswertprinzip, nach dem Vermögensgegenstände maximal zu Anschaffungs-/Herstellungskosten abzüglich Abschreibungen zu bewerten sind. § 268 Abs. 2 HGB fordert das Aufstellen eines Anlagespiegels.

Im Gegensatz zum Anlagevermögen verbleibt das Umlaufvermögen i.d.R. kürzer als ein Jahr im Unternehmen und wird nicht abgeschrieben. Das Umlaufvermögen besteht aus Vorräten an Roh-, Hilfs- und Betriebsstoffen sowie Halb- und Fertigfabrikaten, aus Forderungen, Wertpapieren und der Position Kasse/Bank. Vorräte sind mit ihren historischen Anschaffungs- und Herstellungskosten nach § 255 Abs. 1 und 2 HGB zu bewerten.

Das Anlagevermögen und das Umlaufvermögen können durch außerplanmäßige Abschreibungen vermindert werden. Bei dauerhafter Wertminderung ist eine außerplanmäßige Abschreibung verpflichtend vorgeschrieben, während bei vorübergehender Wertminderung nach §§ 253 Abs. 2 und 3 HGB für das Anlagevermögen ein gemildertes und für das Umlaufvermögen ein strenges **Niederstwertprinzip** → Glossar gilt. Nach diesem ist selbst bei nur vorübergehender Wertminderung im Umlaufvermögen eine außerplanmäßige Abschreibung zwingend, während sie beim Anlagevermögen unterlassen werden kann. Für Kapitalgesellschaften ist die Ausnahmeregelung des § 279 Abs. 1 HGB beachtlich, nach dem eine außerplanmäßige Abschreibung nur dann zulässig ist, wenn es sich um Finanzanlagen handelt.

Neben den Posten für das Vermögen enthalten das Bilanzgliederungsschema in § 266 Abs. 2 HGB und die Vorschriften für besondere Positionen auf der Aktivseite der Bilanz → vgl. §§ 268 Abs. 3, 272 Abs. 1 und 274 Abs. 2 HGB einen nicht durch Eigenkapital gedeckten Fehlbetrag, für nach der Bruttomethode auszuweisende ausstehende Einlagen auf das gezeichnete Kapital und aktivische latente Steuern. § 250 Abs. 1 HGB regelt das Ausweisen von aktivischen Rechnungsabgrenzungsposten für zeitlich bestimmten Aufwand nach dem Bilanzstichtag, z. B. für im Voraus gezahlte Miete. Auch ein Agio bei einem Darlehn stellt Zinsaufwand für einen bestimmten Zeitraum nach dem Bilanzstichtag, nämlich für die Restlaufdauer des Darlehns, dar. Es wird daher nach § 250 Abs. 3 HGB ebenfalls als aktivischer Rechnungsabgrenzungsposten gezeigt.

Auf der Passivseite der Bilanz werden das Eigen- und Fremdkapital ausgewiesen. Das Eigenkapital wird nach § 272 HGB in das gezeichnete Kapital, die Kapitalrücklagen, die

Gewinnrücklagen, den Gewinn- oder Verlustvortrag und das Jahresergebnis unterteilt. Nach § 283 HGB ist das gezeichnete Kapital zum Nennbetrag auszuweisen. In die Rücklagen werden z. B. bei Gewinnverwendung Teile des Jahresüberschusses gebucht. Im Beispiel des Taxiunternehmens betrug der Jahresüberschuss im ersten Geschäftsjahr 12.600,00 EUR. Er wurde jedoch nicht verwendet und erscheint im Jahresabschluss zum 31.12.20X2 als Gewinnvortrag.

Bei Aufstellen des Jahresabschlusses unter teilweiser Verwendung des Jahresergebnisses werden die beiden Positionen Gewinn- oder Verlustvortrag und Jahresergebnis durch den Posten **Bilanzgewinn** → Glossar ersetzt → vgl. § 268 Abs. 1 HGB. Abbildung 2.10 zeigt die Bilanz der Taxigesellschaft Theo Kieling GmbH nach teilweiser Gewinnverwendung. Sie bezieht sich auf den Jahresüberschuss von 20X2 und den Gewinnvortrag aus 20X1. Der verwendbare Betrag war 23.800,00 EUR, von dem 8.000,00 EUR in die Gewinnrücklagen eingestellt wurden, weitere 8.000,00 EUR an die Anteilseigner ausgeschüttet werden sollen und daher als Verbindlichkeiten gebucht wurden, und von dem 7.800,00 EUR nicht verwendet werden. Diese werden als Bilanzgewinn gezeigt. Dass die Bilanz unter teilweiser Verwendung des Ergebnisses aufgestellt wurde, ist im Anhang zu erläutern.

T. Kieling GmbH's B/S zum 31.12.20X2			
Aktivseite			**Passivseite**
A. Anlagevermögen		**A. Eigenkapital**	
I. Immaterielle Vermögensgegenstände		I. Gezeichnetes Kapital	40.000
		II. Kapitalrücklage	
II. Sachanlagen	21.000	III. Gewinnrücklage	8.000
III. Finanzanlagen		IV. Bilanzgewinn /-verlust	7.800
B. Umlaufvermögen			
I. Vorräte			
II. Forderungen und sonstige Vermögensgegenstände		**B. Rückstellungen**	4.800
III. Wertpapiere			
IV. Schecks, Kassenbestand, Bundesbank- und Postgiroguthaben, Guthaben bei Kreditinstituten		**C. Verbindlichkeiten**	8.000
		D. Rechnungsabgrenzungsposten	
Bundesbank und Postgiroguth. Guthaben bei Kreditinstituten	47.600		
C. Rechnungsabgrenzungsposten			
	68.600		**68.600**

Abbildung 2.10: Bilanz der T. Kieling GmbH zum 31.12.20X1 nach teilweiser Gewinnverwendung

Schulden werden in der Bilanz nach deutschem HGB in Rückstellungen und Verbindlichkeiten unterschieden. Rückstellungen sind gem. § 249 HGB zu zeigen. Sie sind zu bilden für unsichere Verbindlichkeiten und Drohverluste. Unsichere Verbindlichkeiten sind Steuerrückstellungen, weil zum Zeitpunkt des Aufstellens des Jahresabschlusses die Besteuerung noch nicht sicher ist. Es liegt kein Steuerbescheid vor, der rechtskräftig ist. Nach IAS 12 dagegen ist für die Steuern vom Einkommen und Ertrag eine Verbindlichkeit auszuweisen, wie z. B. in Abbildung 2.3 → vgl. S. 23 geschehen. Weitere Rückstellungen werden z. B. für Pensionsverpflichtungen oder für unterlassene Instandhaltungsmaßnahmen gebildet. Eine Drohverlustrückstellung muss gebildet werden, wenn aus einem schwebenden Geschäft ein Verlust resultiert, z. B. im Fall eines nicht abgeschlossenen Auftrags zu einem vereinbarten Festpreis, bei dem die Aufwendungen die vereinbarten Nettoerlöse bereits übersteigen. Verbindlichkeiten sind im Gegensatz zu Rückstellungen sichere Schulden, z. B. Bankdarlehn, Schuldverschreibungen etc. Nach § 253 Abs. 1 HGB sind Verbindlichkeiten zum Rückzahlungsbetrag zu bewerten und mit dem Marktzinssatz zu diskontieren. § 268 Abs. 5 HGB fordert das Erstellen eines Verbindlichkeitsspiegels.

Ein Rechnungsabgrenzungsposten auf der Passivseite der Bilanz ist nach § 250 Abs. 2 HGB für Einnahmen vor dem Bilanzstichtag zu bilden, die Ertrag für einen bestimmten Zeitraum nach dem Bilanzstichtag darstellen, z. B. im Voraus erhaltene Miete.

2.5 Die Gewinn- und Verlustrechnung nach deutschem HGB (Income Statement along GCC)

Die Gewinn- und Verlustrechnung wird im deutschen HGB über § 275 Abs. 2 und 3 HGB strukturiert. Sie kann nach dem Gesamtkosten- oder dem Umsatzkostenverfahren aufgestellt werden. Die Verfahren werden in Kapitel 12 → vgl. S. 291 vorgestellt. Beim Gesamtkostenverfahren werden den Nettoumsatzerlösen alle Aufwendungen der Abrechnungsperiode gegenübergestellt. Im Gegensatz dazu werden beim Umsatzkostenverfahren den Nettoumsatzerlösen der Abrechnungsperiode nur die Anschaffungs- und Herstellungskosten der abgesetzten Produkte gegenüber gestellt. Abbildung 2.11 zeigt die Gewinn- und Verlustrechnung für das Taxiunternehmen Theo Kieling GmbH nach dem Gesamtkostenverfahren.

Gewinn- und Verlustrechnung der Theo Kieling Ges. für das Geschäftsjahr 20X1	
1. Umsatzerlöse	50.000
2. Erhöhung oder Verminderung des Bestands an fertigen und unfertigen Erzeugnissen	
3. andere aktivierte Eigenleistungen	
4. sonstige betrieblichen Erträge	
5. Materialaufwand	
(a) Aufwendungen für Roh-, Hilfs- und Betriebsstoffe und für bezogene Waren	
(b) Aufwendungen für bezogene Leistungen	
6. Personalaufwand	
(a) Löhne und Gehälter	25.000
(b) soziale Abgaben und und Aufwendungen für Altersversorgung und für Unterstützung	
7. Abschreibungen	
(a) auf immaterielle Vermögensgegenstände des Anlagevermögens und Sachanlagen sowie auf aktivierte Aufwendungen für die Ingangsetzung und Erweiterung des Geschäftsbetriebs	7.000
(b) auf Vermögensgegenstände des Umlaufvermögens, soweit diese die in der Kapitalgesellschaft üblichen Abschreibungen überschreiten	
8. sonstige betrieblichen Aufwendungen	
9. Erträge aus Beteiligungen	
10. Erträge aus anderen Wertpapieren und Ausleihungen des Finanzanlagevermögens	
11. sonstige Zinsen und ähnliche Erträge	
12. Abschreibungen auf Finanzanlagen und auf Wertpapiere des Umlaufvermögens	
13. Zinsen und ähnliche Aufwendungen	
14. Ergebnis aus gewöhnlicher Geschäftstätigkeit	**18.000**
15. außerordentliche Erträge	
16. außerordentliche Aufwendungen	
17. außerordentliches Ergebnis	
18. Steuern vom Einkommen und vom Ertrag	(5.400)
19. sonstige Steuern	
20. Jahresüberschuß/Jahresfehlbetrag	**12.600**

Abbildung 2.11: Gewinn- und Verlustrechnung der T. Kieling GmbH für 20X1 nach dem Gesamtkostenverfahren

2.6 Erleichterungen (Simplifications)

Das neue HGB befreit Unternehmen mit einem Jahresüberschuss unter 50.000,00 EUR und einem Umsatz von unter 500.000,00 EUR nach § 241a HGB von der Buchführungs- und Rechnungslegungspflicht.

Das deutsche HGB erlaubt Kapitalgesellschaften bestimmter Größenordnung Erleichterungen für das Aufstellen des Jahresabschlusses und seine Veröffentlichung. Die Größenklassen der Kapitalgesellschaften werden in § 267 Abs. 1 und 2 HGB definiert. Sie sind in Abbildung 2.12 wiedergegeben.

Kriterium	kleine KapGes	mittelgroße KapGes	große KapGes
Bilanzsumme [TEUR]	=< 4.840	> 4.840 =< 19.250	> 19.250
Umsatzerlös [TEUR]	=< 9.860	> 9.860 =< 38.500	> 38.500
Anzahl Mitarbeiter	=< 50	> 50 =< 250	> 250

Abbildung 2.12: Größenordnungskriterien für Kapitalgesellschaften

Für die Einordnung in eine der Größenklassen müssen mindestens zwei der drei angegebenen Kriterien an zwei aufeinander folgenden Bilanzstichtagen erfüllt werden. Wird von einer Kapitalgesellschaft jeweils ein Kriterium für eine kleine, eine mittelgroße und eine große Kapitalgesellschaft erfüllt, gilt sie als mittelgroße Kapitalgesellschaft. Kapitalmarktorientierte Kapitalgesellschaften sind immer große Kapitalgesellschaften → vgl. § 267 Abs. 3 HGB.

Zu den Erleichterungen für die Kapitalgesellschaften bestimmter Größenklassen zählen → vgl. §§ 266 Abs. 1, 274a, 276, 288 und 293 HGB:

(1) Kleine Kapitalgesellschaften sind von der Aufstellung des Anlagegitters befreit → vgl. § 268 Abs. 2 HGB. (2) Kleine Kapitalgesellschaften brauchen bestimmte Angaben im Anhang nicht zu machen, wie sie nach § 268 Abs. 4 HGB vorgeschrieben sind. (3) Es gelten Erleichterungen für Angaben über Verbindlichkeiten für kleine Kapitalgesellschaften → vgl. § 268 Abs. 5 HGB. (4) Wird für ein Darlehn ein Disagio als aktivischer Rechnungsabgrenzungsposten gem. § 250 Abs. 3 HGB ausgewiesen, so brauchen kleine Kapitalgesellschaften hierzu keine Erläuterungen im Anhang machen. (5) Kleine Kapitalgesellschaften können bestimmte Posten der Gewinn- und Verlustrechnung und der Bilanz weglassen, bzw. aggregiert darstellen. (6) Kleine und mittelgroße Kapitalgesellschaften brauchen bestimmte Anhangsangaben nicht zu machen → vgl. § 288 HGB.

(7) Nach § 293 Abs. 1 HGB sind Mutterunternehmen unter bestimmten Größenordnungskriterien, die für den Konzern gelten, von der Aufstellung des Konzernabschlusses nach § 290 HGB befreit. (8) Kleine Kapitalgesellschaften sind nicht prüfungspflichtig.

2.7 **Gläubigerschutz beim HGB-Abschluss** (Protection of Creditors in Regard to Financial Statements along GCC)

In diesem Kapitel wird auf inhaltliche Besonderheiten eingegangen, die für einen Jahresabschluss nach deutschem HGB gelten. In der Bilanzierung unterscheidet man Ansatz- und Formalvorschriften. Die **Ansatzvorschriften** → Glossar regeln, ob ein Posten in der Bilanz zu zeigen ist. Ein Beispiel für eine Ansatzvorschrift ist das in § 249 HGB geregelte Passivierungsgebot für Rückstellungen. Eine **Bewertungsvorschrift** → Glossar ist dagegen das in § 253 Abs. 1 HGB geregelte Anschaffungskostenprinzip.

Die Bewertung von Bilanzposten ist allgemein in § 252 Abs. 1 HGB geregelt. Insbesondere das Vorsichtsprinzip gem. Pos. 4 führt zu einer Bewertung von Bilanzpositionen zugunsten des **Gläubigerschutzes** → Glossar. Das **Vorsichtsprinzip** → Glossar umfasst das Realisations- und Imparitätsprinzip.

(1) Realisationsprinzip → Glossar
Nach dem Realisationsprinzip dürfen Erträge nur gezeigt werden, wenn sie zum Bilanzstichtag realisiert worden sind.

(2) Imparitätsprinzip → Glossar
Aufgrund des Imparitätsprinzips müssen Verluste ohne Realisierung bereits zum Abschlussstichtag berichtet werden. Nach § 249 Abs. 1 HGB ist für sie z. B. eine Drohverlustrückstellung auszuweisen.

Das Vorsichtsprinzip schützt die Gläubiger vor hohen Ausschüttungen an die Anteilseigner einer Kapitalgesellschaft. Je geringer die Ausschüttung an Anteilseigner ist, desto höher ist das verbleibende Eigenkapital. Das Eigenkapital übernimmt eine Sicherungsfunktion gegenüber einer eventuellen Zahlungsunfähigkeit und reduziert so die Insolvenzgefahr für die Gesellschaft. Aus der Sicht des **Risikomanagements** → Glossar wird von einer Deckungsfunktion des Eigenkapitals gesprochen. Je höher das übernommene Risiko eines Unternehmens ist, desto höher ist der Eigenkapitalbedarf. Weiter dient dem Gläubigerschutz die Pflicht zum Insolvenzantrag über § 64 GmbHG und § 92 AktG sowie die Haftungsbestimmungen des Gesellschafters nach § 130 HGB.

Das **Gesetz zur Kontrolle und Transparenz** → Glossar (KonTraG) verstärkt den Gläubigerschutz. Der Gesetzgeber hat durch das KonTraG von 1998 die Unternehmen verpflichtet, sich zum Schutz der Eigenkapitalgeber und Gläubiger mit Risiko zu befassen. Damit sollen insbesondere unvorhersehbare oder durch das Unternehmen falsch eingeschätzte Bilanzausweise vermieden werden. Das KonTraG schreibt vor, dass Unternehmen ein Frühwarn- und Überwachungssystem für bestandsgefährdende Risiken einrichten müssen. Es enthält wesentliche Änderungen im HGB und AktG hinsichtlich der (1) Einrichtung eines Überwachungssystems, (2) seiner Darstellung im Rahmen der Berichtspflicht und (3) bezogen auf die Prüfungspflicht.

So schreibt § 91 Abs. 2 AktG vor, dass der Vorstand geeignete Maßnahmen zu treffen, insbesondere ein Überwachungssystem einzurichten hat, damit den Fortbestand der Gesellschaft gefährdende Entwicklungen frühzeitig erkannt werden. Über § 93 Abs. 2 AktG sind Vorstandsmitglieder, die ihre Pflichten verletzen, der Gesellschaft gegenüber zu Schadenersatz verpflichtet. Über die Überwachungspflicht des Aufsichtsrats in § 111 Abs. 1 AktG ist dieser verpflichtet, die Einrichtung des Überwachungssystems durch den Vorstand sicherzustellen. Bei Kapitalgesellschaften, die GmbHs sind, ergibt sich eine entsprechende Regelung über die Sorgfaltspflicht der Geschäftsführung gem. § 43 Abs. 2 GmbHG. Eine Berichtspflicht über Risiken ist im deutschen HGB nur mittelbar über den Lagebericht vorgeschrieben. Im Lagebericht ist auf (alle) Risiken und zukünftigen Entwicklungen einzugehen. Es wird mithin nicht gefordert, über das Überwachungssystem für Risiken im handelsrechtlichen Jahresabschluss zu berichten. Berichtspflichtig sind nur die Risiken selbst. § 317 Abs. 4 HGB (Gegenstand und Umfang der Prüfung) verpflichtet den Abschlussprüfer prüfungspflichtiger Kapitalgesellschaften, die Einhaltung der Einrichtungspflicht für ein Überwachungssystem und die Berichtspflicht der Risiken im Lagebericht zu prüfen. Weiter ist im Prüfungsbericht → vgl. § 321 Abs. 4 HGB und im Bestätigungsvermerk → vgl. § 322 HGB auf existierende bestandsgefährdende Risiken einzugehen.

2.8 Beispiel für einen HGB-Abschluss (Muster Financial Statements along GCC)

Im Folgenden soll beispielhaft der Einzelabschluss einer deutschen Kapitalgesellschaft in der Rechtsform einer GmbH gezeigt werden. Es wird ein vollständiger Jahresabschluss gem. § 264 Abs. 1 HGB gezeigt. Das Unternehmen ist eine fiktive Werbeagentur mit dem Namen Homepage GmbH, die sich auf Webdesign spezialisiert hat. Das Unternehmen wird zum 1.01.20X2 mit einem Kapital i.H.v. 40.000,00 EUR gegründet. Aufgrund der Größenkriterien nach § 267 Abs. 1 HGB ist es als kleine Kapitalgesellschaft einzustufen und erstellt nach § 266 Abs. 1 HGB eine verkürzte Bilanz. Zugunsten einer besseren Nachvollziehbarkeit des Beispiels werden die Posten Rückstellungen und Verbindlichkeiten detaillierter angegeben als durch § 266 Abs. 1 HGB gefordert wird. In 2009 wäre die Homepage GmbH nicht rechenschaftslegungspflichtig.

Die Eröffnungsbilanz wird zum 1.01.20X2 erstellt und zeigt eine Sachgründung, bei der Vermögensgegenstände i.H.v. 36.000,00 EUR in das Unternehmen eingebracht werden. Sie wird in Abbildung 2.13 gezeigt.

Bilanz der HOMEPAGE GmbH zum 01. Jan. 20X2			
Aktivseite			**Passivseite**
A. Anlagevermögen		**A. Eigenkapital**	
I. Immaterielle Vermögensgegenstände		I. Gezeichnetes Kapital	40.000
II. Sachanlagen	36.000	II. Kapitalrücklage	
III. Finanzanlagen		III. Gewinnrücklage	
		IV. Gewinnvortrag/ Verlustvortrag	
B. Umlaufvermögen		V. Jahresüberschuß/ Jahresfehlbetrag	
I. Vorräte			
II. Forderungen und sonstige Vermögensgegenstände		**B. Rückstellungen**	
III. Wertpapiere		I. Rückst. für Pensionen	
IV. Schecks, Kassenbestand, Bundesbank- und Postgiroguthaben, Guthaben bei Kreditinstituten	4.000	II. Steuerrückstellungen	
Bundesbank und Postgiroguth. Guthaben bei Kreditinstituten		III. sonst. Rückstellungen	
		C. Verbindlichkeiten	
C. Rechnungsabgrenzungsposten		I. Anleihen	
		II. Verbindlichkeiten ggü Kredit-instituten	
		III. erh. Anzahlungen auf Best.	
		IV. Verbindlichkeiten aus der Annahme gez. Wechsel und der Ausstellung eig. Wechsel	
		VI. Verb. ggü verb. Unternehm.	
		VII. Verb. ggü Unternehmen, mit denen ein Beteil.-verh. besteht	
		VIII. sonst. Verbindlichkeiten	
		D. Rechnungsabgrenzungsposten	
	40.000		**40.000**

Abbildung 2.13: Eröffnungsbilanz der Homepage GmbH

Zum Ende des Geschäftsjahrs 20X2 erstellt das Unternehmen die in Abbildung 2.14 gezeigte Gewinn- und Verlustrechnung.

Zur Erläuterung wird die Besteuerung des Unternehmens vorgetragen. Das Unternehmen hat seinen Sitz in Dortmund und versteuert deshalb den Gewinn vor Steuer (earnings before taxes, EBT) i.H.v. 15.452,00 EUR nach der dort geltende Besteuerungsregeln. Die Gesamtsteuer für ein Unternehmen, das eine Kapitalgesellschaft ist, beinhaltet die Gewerbesteuer, die Körperschaftsteuer und den darauf entfallenden Solidaritätszuschlag. Die Besteuerung ist in Abbildung 2.15 abgebildet. Der Berechnung liegt der Gewerbesteuersatz von Dortmund i.H.v. 450 % zugrunde. Obwohl die Homepage GmbH in 20X2 betrachtet wird, werden die 2008 geltenden Steuergesetze berücksichtigt.

Es ist in diesem Kapitel davon auszugehen, dass eine Einheitsbilanz erstellt wird. Demnach entsprechen die Ansatz- und Bewertungsvorschriften für den dargestellten Jahresabschluss den Steuervorschriften nach deutschem EStG und EStR. Die Home-

Gewinn- und Verlustrechnung der HOMEPAGE GmbH, Dortmund für das Geschäftsjahr 20X2		
1.	Umsatzerlöse	260.253
2.	Erhöhung oder Verminderung des Bestands an fertigen und unfertigen Erzeugnissen	0
3.	andere aktivierte Eigenleistungen	0
4.	sonstige betrieblichen Erträge	0
5.	Materialaufwand	
	(a) Aufwendungen für Roh-, Hilfs- und Betriebsstoffe und für bezogene Waren	2.600
	(b) Aufwendungen für bezogene Leistungen	17.058
6.	Personalaufwand	
	(a) Löhne und Gehälter	173.950
	(b) soziale Abgaben und und Aufwendungen für Altersversorgung und für Unterstützung	29.466
7.	Abschreibungen	
	(a) auf immaterielle Vermögensgegenstände des Anlagevermögens und Sachanlagen sowie auf aktivierte Aufwendungen für die Ingangsetzung und Erweiterung des Geschäftsbetriebs	18.385
	(b) auf Vermögensgegenstände des Umlaufvermögens, soweit diese die in der Kapitalgesellschaft üblichen Abschreibungen überschreiten	0
8.	sonstige betrieblichen Aufwendungen	800
9.	Erträge aus Beteiligungen	0
10.	Erträge aus anderen Wertpapieren und Ausleihungen des Finanzanlagevermögens	0
11.	sonstige Zinsen und ähnliche Erträge	0
12.	Abschreibungen auf Finanzanlagen und auf Wertpapiere des Umlaufvermögens	142
13.	Zinsen und ähnliche Aufwendungen	2.400
14.	Ergebnis aus gewöhnlicher Geschäftstätigkeit	**15.452**
15.	außerordentliche Erträge	0
16	außerordentliche Aufwendungen	0
17.	außerordentliches Ergebnis	**0**
18.	Steuern vom Einkommen und vom Ertrag	4.879
19.	sonstige Steuern	0
20.	Jahresüberschuß/Jahresfehlbetrag	**10.573**

Abbildung 2.14: Gewinn- und Verlustrechnung der Homepage GmbH für 20X2

Gewinn vor Steuer	**15.452**	**EUR**
./. Gewerbesteuer (h_{DO} = 450%)	2.434	EUR
./. 15% Körperschaftsteuer	2.318	EUR
./. Solidaritätszuschlag 5,5%	127	EUR
= Jahresüberschuss	**10.573**	**EUR**
EE-Steuern	4.879	EUR

Abbildung 2.15: Steuerberechnung der Homepage GmbH

Bilanz der HOMEPAGE GmbH zum 31. Dez. 20X2			
Aktivseite			**Passivseite**
A. Anlagevermögen		**A. Eigenkapital**	
I. Immaterielle Vermögensgegenstände		I. Gezeichnetes Kapital	40.000
II. Sachanlagen	69.540	II. Kapitalrücklage	
III. Finanzanlagen		III. Gewinnrücklage	
		IV. Gewinnvortrag/ Verlustvortrag	
B. Umlaufvermögen		V. Jahresüberschuß/ Jahresfehlbetrag	10.573
I. Vorräte	900		
II. Forderungen und sonstige Vermögensgegenstände	35.200	**B. Rückstellungen**	
III. Wertpapiere	2.800	I. Rückst. für Pensionen	
IV. Schecks, Kassenbestand, Bundesbank- und Postgiroguthaben, Guthaben bei Kreditinstituten	7.812	II. Steuerrückstellungen	4.879
		III. sonst. Rückstellungen	
Bundesbank und Postgiroguth. Guthaben bei Kreditinstituten			
		C. Verbindlichkeiten	
C. Rechnungsabgrenzungsposten		I. Anleihen	
		II. Verbindlichkeiten ggü Kredit-instituten	60.000
		III. erh. Anzahlungen auf Best.	
		IV. Verbindlichkeiten aus der Annahme gez. Wechsel und der Ausstellung eig. Wechsel	
		VI. Verb. ggü verb. Unternehm.	
		VII. Verb. ggü Unternehmen, mit denen ein Beteil.-verh. besteht	
		VIII. sonst. Verbindlichkeiten	800
		D. Rechnungsabgrenzungsposten	
	116.252		**116.252**

Abbildung 2.16: Bilanz der Homepage GmbH zum 31.12.20X2

page überträgt die Steuern vom Einkommen und Ertrag (EE-Steuern) in die Bilanz als Steuerrückstellung. Es wird davon ausgegangen, dass die Gewerbesteuerrückstellung nicht Ergebnis mindernd ist. Der Jahresüberschuss wird im Eigenkapital gezeigt. Die Bilanz der Homepage zum Zeitpunkt 31.12.20X2 ist in Abbildung 2.16 wiedergegeben.

Der Anhang ist in Abbildung 2.17 aufgeführt. Er entspricht den Mindestangaben der darin aufgeführten Paragraphen des deutschen HGB.

Anhang

der HOMEPAGE GmbH, Dortmund, zum 31.12.20X2

Der Jahresabschluß der HOMEPAGE GmbH wird nach den handelsrechtlichen Vorschriften aufgestellt.

Angaben nach § 284 Abs. 2 Nr. 1 HGB
Die Bewertung von Vermögensgegenständen des Sachanlagevermögens findet zu Anschaffungs- bzw. Herstellungskosten abzgl. Abschreibungen statt. Die planmäßigen Abschreibungen wurden nach der geometrisch degressiven Methode anhand der erwarteten Nutzungsdauer der einzelnen Anlagen ermittelt. Die Festlegung der betriebsgewöhnlichen Nutzungsdauer steht im Einklang mit den steuerrechtlichen Vorschriften. Aktivierte Software wird über einen Zeitraum von 5 Jahren abgeschrieben. Von der Möglichkeit der sofortigen Absetzung geringwertiger Wirtschaftsgüter im Sinne des § 6 Abs. 2 EStG wird in vollem Umfang Gebrauch gemacht.
Die Bewertung der Wertpapiere im Umlaufvermögen erfolgt nach dem Niederswertprinzip zum Börsenwert bzw. zum –Anschaffungswert.

Angaben nach § 284 Abs. 2 Nr. 5 HGB
Die Herstellungskosten enthalten keine Fremdkapitalzinsen. Da überhaupt keine Bestandsänderungen von fertigen Erzeugnissen oder Halbfabrikaten im Geschäftsjahr stattgefunden hat und auch sonst keine aktivierten Eigenleistungen bewertet wurden, enthält der Jahresabschluß keine Vermögensgegenstände, die zu Herstellungskosten bewertet wurden.

Angaben nach § 285 Nr. 1 HGB
Der Gesamtbetrag der Verbindlichkeiten mit einer Restlaufzeit von mehr als fünf Jahren beträgt € 0. Der Gesamtbetrag der Verbindlichkeiten, die durch Pfandrechte oder ähnliche Rechte gesichert sind, beträgt € 0.

Angaben nach § 285 Nr. 8b HGB
Die Gewinn- und Verlustrechnung wurde nach dem Gesamtkostenverfahren gem. § 275 Abs. 2 durchgeführt.

Angaben nach § 285 Nr. 9c HGB
Dem Geschäftsführer der HOMEPAGE GmbH wurden keine Vorschüsse oder Kredite gewährt.

Angaben nach § 285 Nr. 10 HGB
Die Geschäftsführung der HOMEPAGE GmbH besteht aus dem Geschäftsführer Dipl.-Kfm. (FH) Rudi R., Dortmund - Geschäftsführer.

Angaben nach § 285 Nr. 11 HGB
Die HOMEPAGE GmbH hält keine Anteile an anderen Unternehmen, die größer sind als der fünfte Teil.

Angaben nach § 285 Nr. 13 HGB
Es werden von der HOMEPAGE GmbH keine derivativen Geschäftswerte abgeschrieben.

Angaben nach § 285 Nr. 14 HGB
Die HOMEPAGE GmbH ist nicht Konzerngesellschaft.

Abbildung 2.17: Anhang der Homepage GmbH zum Jahresabschluss zum 31.12.20X2

Zusammenfassung (Summary)

Der Jahresabschluss besteht aus einer Bilanz und einer Gewinn- und Verlustrechnung. Er wird für Kapitalgesellschaften um einen Anhang ergänzt, der nicht zum Jahresabschluss zählt.

Für kapitalmarktorientierte Unternehmen werden weitere Bestandteile des Jahresabschlusses vorgeschrieben: die Kapitalflussrechnung und eine Eigenkapitalveränderungsrechnung.

Unternehmen, die buchführungspflichtig sind, erstellen einen handelsrechtlichen Jahresabschluss. Der handelsrechtliche Jahresabschluss ist für Kaufleute vorgeschrieben, für Kapitalgesellschaften bestehen zusätzliche Regelungen. Das deutsche HGB regelt die Pflicht zu Erstellung von Jahresabschlüssen, Formalvorschriften, Ansatz- und Bewertungsvorschriften. Ebenfalls wird die Prüfung des Jahresabschlusses geregelt und Vorschriften zur Konzernrechnungslegung dargelegt.

Die Aufgabe des Jahresabschlusses ist, den Bilanzadressaten über die den tatsächlichen Verhältnissen entsprechende Vermögens-, Finanz- und Ertragslage zu informieren.

Nach deutschem Handelsgesetzbuch sind die Formalvorschriften zum Ausweis im Jahresabschluss von der Rechtsform und bei Kapitalgesellschaften zusätzlich von der Einordnung der Kapitalgesellschaft in Größenklassen abhängig. Mittelgroße und große Kapitalgesellschaften sind prüfungspflichtig. Der Jahresabschluss ist als Voraussetzung für seine Feststellung durch einen Abschlussprüfer zu prüfen.

Das deutsche Handelsgesetzbuch folgt dem Gläubigerschutz. Es wird tendenziell so bilanziert, dass das Risiko für den Gläubiger möglichst gering ist.

3 Internationale Rechnungslegungsstandards (International Accounting Standards)

Lernziele

Die internationalen Rechnungslegungsstandards folgen dem Ziel, die Rechnungslegung international zu vereinheitlichen, damit Vergleiche zwischen Unternehmen leichter möglich sind. Insbesondere soll für Unternehmen, die den Kapitalmarkt gem. des Wertpapierhandelsgesetzes in Anspruch nehmen, die Kapitalaufnahme im Ausland erleichtert werden. D. h. es soll für ausländische Investoren möglich sein, den Jahresabschluss nachvollziehen und vergleichen zu können.

In diesem Kapitel wird Orientierungswissen vermittelt, wie die internationalen Rechnungslegungsstandards IFRSs anzuwenden sind. Hierzu wird auf die internationale Rechnungslegung eingegangen und der Aufbau der Standards vorgestellt. Zur Verdeutlichung der Zielsetzung und der internationaler Rechnungslegung zugrunde liegenden Prinzipien wird das Rahmenwerk (framework) der IFRSs dargestellt. Das Kapitel 3 verfolgt die folgenden Lernziele:

(1) Vermitteln der Notwendigkeit einer internationalen Rechnungslegung → vgl. Abschnitt 3.1, S. 42
(2) Erkennen der Anwendungsbereiche der internationalen Rechnungslegungsvorschriften IAS/IFRS → vgl. Abschnitt 3.2, S. 42
(3) Einführung in die Struktur der internationalen Rechnungslegungsstandards IAS/IFRS → vgl. Abschnitt 3.2, S. 42
(4) Vermitteln von Orientierungswissen, wie die Standards anzuwenden sind → vgl. Abschnitt 3.2, S. 43
(5) Vermitteln der grundlegenden Prinzipien, die der internationalen Rechnungslegung nach IFRSs zugrunde liegen → vgl. Abschnitt 3.2, S. 46

3.1 Übersicht über die internationale Rechnungslegung in Europa (Overview on International Accounting in Europe)

Der Einzelabschluss eines Unternehmens muss grundsätzlich nach nationalen Rechnungslegungsvorschriften (generally accepted accounting principles, GAAPs) erstellt werden. Ein Unternehmen mit Sitz in Deutschland hat bei Verpflichtung zur Rechenschaftslegung über § 242 HGB den Einzelabschluss nach deutschem HGB aufzustellen. Eine alternative Darstellung nach IFRSs ist nach BilMoG nicht möglich.

Gem. der Vorschriften der EU wird der Konzernabschluss für kapitalmarktorientierte Konzerne nach internationaler Rechnungslegung IFRSs verpflichtend vorgeschrieben → vgl. § 292 Abs. 1 HGB. Ebenso ist möglich, dass ein Konzern einen befreienden Konzernabschluss nach IFRSs freiwillig vorlegt, z. B. wenn keine Kapitalmarktorientierung besteht. Den Kapitalmarkt beanspruchende Unternehmen sind solche, deren Eigenkapitaltitel, z. B. Aktien, oder Fremdkapitaltitel, z. B. Schuldverschreibungen, öffentlich an einer Börse gehandelt werden. Durch die Bilanzierung nach IFRSs eröffnet sich für ein Unternehmen die Chance, Kapitalgeber, z. B. Aktionäre, im Ausland zu gewinnen. Das Befreien von einem Konzernabschluss bedeutet, dass der internationale Konzernabschluss das Mutterunternehmen davon freistellt, einen Konzernabschluss nach deutschem HGB aufzustellen.

Somit erstellt ein Unternehmen wie die Daimler AG mit Sitz in Stuttgart den Einzelabschluss gemäß des deutschen HGB und den Konzernabschluss nach IAS/IFRS. Zusätzlich ist wegen der Listung an der NYSE (New York Stock Exchange) ein Konzernabschluss nach amerikanischen Rechnungslegungsvorschriften US-GAAP vorgeschrieben.

Neben der Konzernrechnungslegung besteht die Möglichkeit, den Einzelabschluss nach IAS/IFRS aufzustellen und zu veröffentlichen, über § 325 Abs. 2a HGB. Dieser internationale Abschluss für ein einzelnes Unternehmen entbindet jedoch nicht von der Rechnungslegungspflicht nach deutschem HGB, nur die Veröffentlichung des HGB-Abschlusses darf bei Veröffentlichung eines IAS/IFRS-Abschlusses ersetzt werden.

Die IFRSs sind auf den Konzernabschluss auf Grundlage der EU-Verordnung 1606/2002 vom 19.07.2002 anzuwenden. Der Konzernabschluss wird in Kapitel 8 → vgl. S. 185 behandelt. Für das Berechnen bei der Aufstellung des Konzernabschlusses werden die Einzelabschlüsse der einzubeziehenden Unternehmen auf die Rechnungslegungsvorschriften des Konzernabschlusses umgewandelt. Der dadurch entstehende Einzelabschluss der Konzerngesellschaften ist die **Handelsbilanz II** → Glossar. Dadurch werden alle Unternehmen, die Konzerngesellschaften sind, von der internationalen Rechnungslegung betroffen, da ihre Handelsbilanz II nach IAS/IFRS zu transformieren ist, wenn der Konzernabschluss nach diesen Standards aufgestellt wird. Im Weiteren wird die internationale Rechnungslegung auch für den Einzelabschluss behandelt.

3.2 Aufbau der IAS/IFRS (Structure of IAS/IFRS)

Die Bezeichnung für die Regelungen der internationalen Rechnungslegungsstandards ist IAS/IFRS, International Accounting Standards/International Financial Reporting Standards. Hier werden sie mit IFRSs abgekürzt. Das zweite s steht zur Kennzeichnung des Plurals, weil mehrere Standards in Kraft sind. Die Internationalen Rechnungslegungsvorschriften bestehen aus Standards, Interpretationen und dem Framework. Sie werden von dem internationalen, privatrechtlichen Standardsetter IASB (International Accounting Standards Board) mit Sitz in London herausgegeben. Zur näheren Information über das IASB, die Vorgehensweise zur Entwicklung und Veröffentlichung von Standards kann die Website www.IASB.org besucht werden.

Das Ziel des IASB ist „developing, in the public interest, a single set of high quality, understandable and enforceable global accounting standards that require transparent and comparable information in general purpose financial statements".

Vom IASB sind herausgegeben worden:

(1) Standards (Standards)
Sie regeln den Ansatz, die Bewertung, den Ausweis und die Erläuterung von Jahresabschluss-Positionen.

(2) Interpretationen (Interpretations)
Ergänzende Detailfragen werden in den Interpretationen behandelt.

(3) Rahmenwerk (Framework)
Das Framework zeigt übergreifende Anforderungen an Jahresabschlusselemente und Prinzipien der Jahresabschlusserstellung.

Neben den Standards existiert seit 2008 eine mittelstandsorientierte Fassung der Internationalen Rechnungslegungsstandards. Diese Standards stellen eine vereinfachte Version dar, die dazu dient, kleinen und mittelständischen Unternehmen den Umgang mit der Internationalen Rechnungslegung zu vereinfachen. Sie haben dafür einen wesentlich geringeren Umfang und sind speziell auf die Belange mittelständischer Unternehmen abgestimmt. Bei Regelungslücken der IFRSforSME verweist das IASB auf die Full-Standards. Die **Mittelstandsstandards** → Glossar wurden erst 2008 vom IASB endgültig veröffentlicht, so dass bisher noch keine Erfahrungen im Umgang mit ihnen vorliegen. Sie werden hier nicht behandelt.

3.2.1 **Standards** (Standards)

Jeder Standard ist einem Thema gewidmet und wird weiter in Paragraphen unterteilt. Die Standards wurden zunächst mit International Accounting Standard (IAS) und einer Nummer bezeichnet, z. B. IAS 1 Presentation. Diese Standards behalten ihre Bezeichnung bei. Seit der Version 2004 werden alle neuen Standards mit International Financial Reporting Standard (IFRS) und einer Nummer bezeichnet, z. B. IFRS 3 – Business Combinations (Unternehmenszusammenschlüsse). Die Nummernvergabe entspricht der Reihenfolge der Veröffentlichung der Standards. Teilweise sind Standards zurückgenommen worden, z. B. weil sie mit anderen zusammengefasst wurden. Dies ist der Grund, weshalb einige Nummern nicht (mehr) vergeben sind. Wollte man alle Standards in der Reihenfolge ihrer erstmaligen Veröffentlichung lesen, müsste man zuerst IAS 1 bis IAS 41 und anschließend IFRS 1 bis IFRS 8 lesen. Bis 2008 wurden die folgenden Standards veröffentlicht:

(1) alte Serie (First Series)

IAS 1 – Presentation
IAS 2 – Inventories
IAS 7 – Cash Flow Statements
IAS 8 – Net Profit or Loss for the Period, Fundamental Errors and Changes in Accounting Policies
IAS 10 – Events after the Balance Sheet Date
IAS 11 – Construction Contracts
IAS 12 – Income Taxes
IAS 16 – Property, Plant and Equipment
IAS 17 – Leases
IAS 18 – Revenue
IAS 19 – Employee Benefits
IAS 20 – Accounting for Government Grants and Disclosure of Government Assistance
IAS 21 – Effects of Changes in Foreign Exchange Rates
IAS 23 – Borrowing Costs
IAS 24 – Related Party Disclosures
IAS 26 – Accounting and Reporting by Retirement Benefit Plans
IAS 27 – Consolidated Financial Statements and Accounting for Investments in Subsidiaries
IAS 28 – Accounting for Investments in Associates
IAS 29 – Financial Reporting in Hyperinflationary Economies
IAS 31 – Financial Reporting of Interest in Joint Ventures
IAS 32 – Financial Instruments: Presentation
IAS 33 – Earnings per Share
IAS 34 – Interim Financial Reporting
IAS 36 – Impairment of Assets
IAS 37 – Provisions, Contingent Liabilities and Contingent Assets
IAS 38 – Intangible Assets
IAS 39 – Financial Instruments: Recognition and Measurement with the Addition of the Provisions on the Use of the Fair Value Option
IAS 40 – Investment Property
IAS 41 – Agriculture

(2) neue Serie (New Series)

IFRS 1 – First-Time Adoption of International Financial Reporting Standards
IFRS 2 – Share-Based Payment
IFRS 3 – Business Combinations
IFRS 4 – Insurance Contracts
IFRS 5 – Non-Current Assets Held for Sale and Discontinued Operations
IFRS 6 – Exploration for and Evaluation of Mineral Ressources

IFRS 7 – Financial Instruments: Disclosures
IFRS 8 – Operating Segments

3.2.2 **Interpretationen** (Interpretations)

Die Standards werden durch Interpretationen IFRICs bzw. SICs ergänzt, z. B. IFRIC 1 – Changes in Existing Decommissioning, Restoration and Simular Liabilities und SIC -32 Intangible assets – Web site costs.

Für Financial Statements, die nach IFRSs aufgestellt werden, muss nach IAS 1.14 die Übereinstimmung mit den IAS/IFRS erklärt werden. Die Übereinstimmung wird erfüllt, wenn der Abschluss mit keinem der Standards oder der Interpretationen zu den Standards in Widerspruch steht. Über IAS 1.14 sind die Standards und Interpretationen verbindlich – das Framework nicht. Es kann jedoch bei Bilanzierungsfragen Orientierungshilfe leisten.

3.2.3 **Rahmenwerk** (Framework)

Das Framework stellt die grundsätzlichen Prinzipien für die Erstellung von Financial Statements dar. Da bei den IFRSs weniger die Prinzipien, sondern einzelne Beispiele zur Anwendung der Standards und Interpretationen dargestellt werden, fehlt in den IFRSs ihre Erläuterung. Im Unterschied zum deutschen HGB werden die IAS/IFRS als Case Law beschrieben. Dies ist der Grund dafür, dass sie (1) umfangreicher und (2) leichter verständlich im Vergleich zu kontinentaleuropäischen Gesetzen sind.

Den Standards werden das Framework und das Vorwort (preface) zu dem Framework vorangestellt. Dort werden die Prinzipien der IAS/IFRS beschrieben. Das Preface ist die Einleitung zum Framework, indem z. B. organisatorische Fragestellungen der Entwicklung von Standards oder der Sprache geregelt werden. Das Preface hat den folgenden Inhalt: „The preface is issued to set out the objectives and due process of the International Accounting Standards Board and to explain the scope, authority and timing of application of IFRSs." Die Regelungen werden im Folgenden wiedergegeben:

(1) Objectives of the IASB
Die Ziele der IFRSs bestehen im Entwickeln von Standards, die qualitativ hochwertig, von allgemeinem Interesse, verständlich und justiziabel sind, um Bilanzadressaten beim Treffen ökonomischer Entscheidungen zu unterstützen. Weiter soll die Anwendung dieser Standards vorangetrieben werden und die aktive Zusammenarbeit mit nationalen Standardsettern gefördert werden, um konvergierende Lösungen zu entwickeln.

(2) Scope and Authority of IFRSs
Die Standards werden durch Entwicklung und Ausgabe verbreitet. Das IASB selbst besitzt keine Gesetzgebungsgewalt.

(3) Due Process
Der Due Process ist der Prozess der Entwicklung und Inkraftsetzung von Standards.

(4) Timing of Application of IFRS
Die IFRS sind anzuwenden, sobald sie gültig sind.

(5) Language
Die Sprache der IFRSs ist englisch. Auch wenn vom IASB Übersetzungen ausgegeben oder anerkannt werden, bleibt die rechtsverbindliche Sprache der Standards Englisch.

Das Framework ist im Vergleich zum Preface umfangreicher. Es befasst sich mit den der Vorbereitung und Darstellung von den Financial Statements unterliegenden Prinzipien: Eine Übersicht über die Regelungen im Framework ist in der Abbildung 3.1 gezeigt.

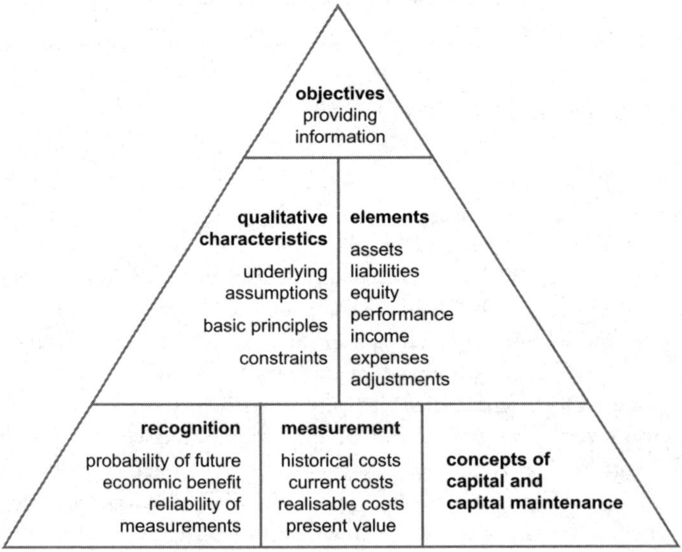

Abbildung 3.1: Regelungen des Framework

Im Einzelnen wird im Framework geregelt:

(1) Bilanzadressaten
Die Bilanzadressaten von Financial Statements sind die Investoren, Mitarbeiter, Fremdkapitalgeber, Zulieferer, Kunden, Verwaltungen und die Öffentlichkeit.

(2) Ziel der Financial Statements
Das Ziel besteht in der Informationsversorgung über die Finanzposition, die Ertragskraft und die Änderung der Finanzposition des Berichtsunternehmens.

(3) Zugrunde liegende Annahmen
Den IFRSs liegen die Annahmen der Periodenabgrenzung (accrual principle) und der Unternehmensfortführung (going concern) zugrunde. Gemäß des Accrual Principle wird ein Geschäftsvorfall unabhängig von seinem Zahlungsvorgang erfasst. Going Concern bedeutet, dass das Fortführen des Unternehmens für Ansatz und Bewertung vorausgesetzt wird, solange nicht die Liquidation des Unternehmens geplant oder beschlossen wurde.

(4) Qualitative Anforderungen an die Financial Statements
Qualitative Anforderungen an Financial Statements sind: (a) Verständlichkeit, (b) Relevanz, die als Materiality-Grundsatz formuliert wird, (c) Verlässlichkeit (reliability) der Informationen, wobei Informationen als verlässlich gelten, wenn sie keine Fehler enthalten und von verzerrenden Einflüssen frei sind, (d) Glaubwürdigkeit der Darstellung, d. h. der Bilanzierende muss alle Geschäftsvorfälle und Ereignisse, die zur Darstellung der Assets, Liabilities und Capital geführt haben, glaubwürdig vortragen, (e) wirtschaftliche Betrachtungsweise, nach der gilt: „Substance over form", (f) Neutralität, (g) Vorsicht, die gem. der IFRSs (im Unterschied zum deutschem HGB) bedeutet, dass sorgfältig bei Ermessensfragen vorzugehen ist, jedoch nicht das Prinzip des true and fair view verletzt werden darf, (h) Vollständigkeit und (i) Vergleichbarkeit, nach der z. B. Bewertungsmethoden und deren Wechsel in den Notes zu erläutern sind.

(5) Beschränkungen zugunsten von relevanten und verlässlichen Informationen
Das Framework nennt einige Einschränkungen, die in speziellen Situationen zu Abwägungen führen können. Diese sind: (1) Zeitnähe. Zeitnahe Berichterstattung kann im Gegensatz zur vollkommenen Relevanz und Verlässlichkeit stehen. Im Zweifel soll im Sinne des Bilanzadressaten entschieden werden. (2) Kosten-Nutzen-Abwägung. Grundsätzlich gilt, dass der aus den Informationen abzuleitende Nutzen die Kosten der Informationsbereitstellung übersteigen muss. (3) Alle Anforderungen an die Financial Statements müssen untereinander ausgewogen sein, d. h. es gibt kein overriding principle, das grundsätzlich Vorrang genießt. (4) Es gilt grundsätzlich das True and Fair View Principle, nach dem Jahresabschlusspositionen den tatsächlichen Wertansätzen zu entsprechen haben.

(6) Jahresabschlusselemente
Im Framework werden alle Elemente des Jahresabschlusses definiert. Diese sind Assets, Liabilities, Equity, Performance, Income, Expenses und Adjustments.

(7) Ansatzkriterien
Die Kriterien für die Erfassung von Abschlussposten (Elements) sind: (a) Es ist wahrscheinlich, dass ein mit dem Sachverhalt verbundener künftiger wirtschaftlicher Nutzen dem Unternehmen zufließt. (b) Anschaffungs- und/oder Herstellungskosten lassen sich verlässlich ermitteln.

(8) Die Bewertung von Elementen in den Financial Statements
Abschlussposten können nach den folgenden Grundlagen bewertet werden: (a) nach historischen Anschaffungs- oder Herstellungskosten, (b) nach dem Tageswert (Marktpreis), (c) nach dem Net Realisable Value, der bei einer möglichen Veräußerung zwischen vertragswilligen, wissenden und unabhängigen Parteien erzielbar wäre, abzüglich der Aufwendungen für die Abwicklung des Verkaufsgeschäfts, und (d) nach dem Barkapitalwert (present value). Das Barwertkonzept bezieht sich auf den Ertragswert (value in use) für einen Vermögenswert. Nach diesem ist das Vermögen mit den zum Barwert diskontierten zukünftigen Erträgen zu bewerten, die ihm zugeordnet werden können.

(9) Kapitalerhaltungskonzepte
Die IFRSs unterscheiden die finanzwirtschaftliche und die leistungswirtschaftliche Kapitalerhaltung. Gemäß finanzwirtschaftlicher Kapitalerhaltung muss nach Zahlungen von/an Anteilseignern das Eigenkapital zum Ende einer Periode dasjenige zu Beginn übersteigen. Bei leistungswirtschaftlicher Kapitalerhaltung muss gewährleistet werden, dass die Produktionskapazität und die dafür benötigten Ressourcen den Periodenanfangswert übersteigen. Üblicherweise wird die leistungswirtschaftliche Kapitalerhaltung an der Bilanzsumme festgemacht.

3.3 Aufbau eines Abschlusses nach IFRSs
(Structure of Financial Statements along IFRSs)

Der Aufbau von Financial Statements nach IFRSs wird durch das Framework und IAS 1 geregelt. Zum Teil wiederholen sich die Regelungen des Frameworks in IAS 1, da die Einhaltung des Frameworks nicht verbindlich im Sinne des IAS 1.14 ist. Die Struktur der Financial Statements ist in IAS 1.8 geregelt. Demnach besteht der Jahresabschluss aus: (1) Balance Sheet (Bilanz), (2) Income Statement (Gewinn- und Verlustrechnung), (3) Statement of Changes in Equity (Eigenkapitalveränderungsrechnung), (4) Cash Flow Statement (Kapitalflussrechnung) und (5) Notes (Erläuterungen).

Anders als im deutschen Sprachgebrauch werden die Bestandteile des handelsrechtlichen Jahresabschlusses selbst als Financial Statements (F/S) bezeichnet. Rechtsform- und größenabhängige Regelungen für Financial Statements gibt es nach IFRSs nicht, d. h. alle Unternehmen müssen denselben Formalvorschriften genügen, die in IAS 1 Presentation of Financial Statements geregelt sind. Eine Ausnahme hiervon besteht durch die Mittelstandstandards.

Die Financial Statements werden nach internationaler Rechnungslegung allein aufgestellt, um die Jahresabschlussadressaten, die an der Vermögens-, Finanz- und Ertragslage des berichtenden Unternehmens interessiert sind, mit Informationen zu versorgen → vgl. auch IAS 1.7. Eine **ZAHLUNGSBEMESSUNGSFUNKTION** → GLOSSAR, d. h. das Bestimmen der Höhe der Auszahlung an die Anteilseigner, wird von den IFRSs nicht unterstützt. Sie ist in der Regelungshoheit des jeweilig nationalen Gesellschaftsrechts. In Deutschland werden sie durch das deutsche AktG für Aktiengesellschaften mit Sitz in Deutschland und das GmbHG für GmbHs mit Sitz in Deutschland geregelt.

Ein Beispiel für einen vollständigen Jahresabschluss findet sich in Kapitel 6 → vgl. S. 123, das die Financial Statements der Sunny AG gem. der Vorschriften nach IAS 1 zeigt. Kapitel 6 beschreibt die Darstellung von Jahresabschlüssen nach IFRSs.

Zusammenfassung (Summary)

Die internationalen Rechnungslegungsstandards dienen der Vereinheitlichung von Jahresabschlüssen. Das IASB mit Sitz in London veröffentlicht Standards, Interpretationen zu den Standards und das Framework.

Das Framework beschreibt die der Rechnungslegung nach IFRSs zugrunde liegenden Prinzipien. Im Gegensatz zum deutschen Handelsgesetzbuch wird das Prinzip des True and Fair View verfolgt. Die Standards sind i.d.R. einem einzelnen Thema gewidmet und beschreiben die Vorschriften zur Rechnungslegung.

Per EU-Verordnung sind die IFRSs für den Kapitalmarkt beanspruchende Konzerne zur Erstellung des Konzernabschlusses anzuwenden. Der Jahresabschluss nach IFRSs besteht aus einer Bilanz, der Gewinn- und Verlustrechnung, der Kapitalflussrechnung, der Eigenkapitalveränderungsrechnung und den Notes.

4 Erstellen des Jahresabschlusses unter Berücksichtigung der Trial Balance und von Sammelbuchungen (Setting up Financial Statements under Consideration of Trial Balance and Books of Original Entry)

Lernziele (Learning Objectives)

Das Kapitel demonstriert die internationale Buchhaltung an der Fallstudie Sunny AG, Osnabrück. Es werden einzelne typische Geschäftsvorfälle beschrieben und nach internationalem Accounting gebucht. Anschließend wird daraus ein handelsrechtlicher Jahresabschluss entwickelt. Für die Erstellung des Jahresabschlusses werden die einzelnen Sach- und Erfolgskonten abgeschlossen und ihr Saldovortrag in die Trial Balance kopiert. Aus der Trial Balance werden der Rohertrag und der Periodenerfolg über das Trading Account und das Profit and Loss Account bestimmt. Nach Anpassung der Eigenkapitalkonten werden die Gewinn- und Verlustrechnung sowie die Bilanz aufgestellt.

Es wird somit der gesamte Prozess der Buchhaltung angefangen bei dem Buchen von Geschäftsvorfällen bis zum Erstellen des handelsrechtlichen Jahresabschlusses vorgeführt.

Ebenfalls wird auf Sammelbuchungen (books of original entry) eingegangen.

Im Einzelnen bestehen die folgenden Ziele für Kapitel 4:

(1) Einführen in die internationale Buchhaltung → Abschnitt 4.1, S. 52

(2) Wiederholen der wichtigsten Geschäftsvorfälle und ihrer Buchungssätze → vgl. Abschnitt 4.2, S. 57

(3) Kennenlernen der Buchhaltung aus der Sicht der internationalen Rechnungslegung → vgl. Abschnitt 4.2, S. 57

(4) Vertiefen der Kenntnisse der Doppik (double entry system) an Buchungsbeispielen → vgl. Abschnitt 4.2, S. 57

(5) Kennenlernen des Vorgehens beim Abschließen (balancing off) von Konten → vgl. Abschnitt 4.2.7, S. 67

(6) Erkennen des Zusammenhangs zwischen Sach- und Erfolgskonten → vgl. Abschnitt 4.1.1, S. 52

(7) Erlernen der Abschlusstechniken unter Verwendung der international üblichen Trial Balance → vgl. Abschnitt 4.2.7, S. 67

(8) Erkennen des Nutzens der Trial Balance für das Steuern eines Unternehmens → vgl. Abschnitt 4.2.7, S. 70
(9) Kennenlernen der Jahresabschlusserstellung nach internationaler Buchhaltung; insbesondere wird dargelegt, dass die Jahresabschlussbestandteile nicht zur Doppik zählen → vgl. Abschnitt 4.3.4, S. 76
(10) Kennenlernen des Umgangs mit den Books of Original Entry → vgl. Abschnitt 4.4, S. 78

4.1 Einführung in das Buchen von Business Activities (Introduction to Posting of Business Activities)

4.1.1 Übersicht (Overview)

Für die Betriebswirtschaft sind Geschäftsvorfälle relevant, die sich auf das Vermögen, auf die Finanz- und auf die Ertragslage eines Unternehmens auswirken. Jeder i.d.S. relevante Geschäftsvorfall wird in der Finanzbuchhaltung gebucht. Im Weiteren werden einige Geschäftsvorfälle exemplarisch gebucht und aus ihnen über die Trial Balance (T/B) der handelsrechtliche Jahresabschluss aufgestellt.

Für die Fallstudie Sunny AG wird ein stark vereinfachter Kontenrahmen verwendet. Ein Kontenrahmen repräsentiert alle Konten, die von einem Unternehmen in der Buchhaltung (bookkeeping) verwendet werden. Der Kontenrahmen ist eine Liste der im Unternehmen verwendeten Konten. Diese enthält sowohl **Bestandskonten** → Glossar als auch **Erfolgskonten** → Glossar. Der Kontenrahmen für die Fallstudie Sunny AG repräsentiert das **Hauptbuch (general ledger)** → Glossar und entspricht den Positionen der Bilanz und der Gewinn- und Verlustrechnung. Jedes Bestandskonto repräsentiert eine Bilanzposition und jedes Erfolgskonto einen Posten in der Gewinn- und Verlustrechnung. Die Bilanzposition Anlagevermögen (property, plant and equipment) wird zum Beispiel aus dem Konto Sachanlagen (P, P, E account) entwickelt. Es besteht eine 1:1-Beziehung zwischen den Bilanz- und Gewinn- und Verlustrechnungs-Positionen einerseits und den Konten des Hauptbuchs andererseits. In einem realen Unternehmen existieren pro Jahresabschlussposition mehr Konten, die zusammengefasst werden. Beispielsweise kann eine **Nebenbuchführung (subsidiary ledger)** → Glossar für alle Lieferanten (purchase ledger) geführt werden, in der für jeden Lieferanten ein eigenes Konto geführt wird. Die einzelnen Lieferantenkonten werden dann in einem **Abstimmkonto (reconciliation account)** → Glossar zusammengefasst. Existieren mehrere Konten pro Jahresabschlussposten, besteht eine 1:n-Beziehung zwischen Konten und Jahresabschlusspositionen. Die Datenstrukturen der Finanzbuchhaltung werden ausführlich behandelt in: Scheer, A.-W. [1998].

Für die Fallstudie werden keine Nummernbezeichnungen für Konten verwendet. In einem realen Unternehmen, das international tätig ist, ist es sinnvoll, einen standardisierten Kontenrahmen zu verwenden. Meistens wird der internationale Kontenrahmen (INT) eingesetzt.

Zum Bilanzstichtag werden alle Konten abgeschlossen und ihr Saldovortrag in die **Trial Balance** → Glossar überführt. Aus der Trial Balance wird zuerst das Gewinn- und Verlust-Konto (Profit & Loss account, P&L account) abgeleitet, aus dem die Erfolgsrechnung entwickelt wird. Das veränderte Eigenkapitalkonto, in der Regel das Bilanzgewinnkonto (retained earnings account, R/E account) und alle Salden derjenigen Konten, die zur Erfolgsbestimmung berücksichtigt wurden, werden in der Trial Balance geändert bzw. gelöscht. Die so angepasste Trial Balance wird als adjusted Trial Balance bezeichnet. Die in der adjusted Trial Balance verbleibenden Kontensalden entsprechen den Positionen der Bilanz und werden dorthin übertragen.

Hier wird nur eine kurze Zusammenfassung zur Buchhaltung gezeigt. Zur Vertiefung des Themas International Bookkeeping wird empfohlen: Wood, F./Sangster, A. [2007], Thomas, A. [2005] und Houzet, N./Rowlands, J./Riemer, M. [2007].

4.1.2 Buchungssätze und Kontenabschluss (Bookkeeping Entries and Balancing Off)

Die internationale Buchhaltung folgt der **Doppik (double entry system)** → Glossar. Die Buchhaltung stellt jeden Geschäftsvorfall durch eine oder mehrere **Sollbuchungen (debit entries, DR)** → Glossar und eine oder mehrere **Habenbuchungen (credit entries, CR)** → Glossar dar:

```
DR Account............. Betrag
CR Account............. Betrag
```

Ein Konto hat eine **Sollseite (debit side)** → Glossar und eine **Habenseite (credit side)** → Glossar. Die Bezeichnungen der Kontoseiten sind Ausdrücke (technical terms) der Fachsprache im Accounting. Man sollte sie wie Vokabeln lernen. Es hat nichts mit Haben oder Sollen zu tun.

D	Property, Plant, Equipment		C
20X1	[EUR]	20X1	[EUR]
	0,00		0,00

Abbildung 4.1: Sachanlagenkonto

Abbildung 4.1 zeigt ein T-Konto für Sachanlagen. Das Konto enthält Angaben über den Abrechnungszeitraum (accounting period), hier: 20X1, und über die Währungseinheit (currency) und evtl. Rundungsfaktoren (level of precision), hier: EUR, nicht gerundet.

Das Abschließen von Konten (balancing off) bedeutet das Bestimmen des Saldos für ein Konto. Es ist im Vergleich zur deutschen Buchhaltung [vgl. z. B. Schmolke, S./

DEITERMANN, M./RÜCKWART, D., 2008] unkompliziert, da die Trial Balance und die einzelnen Financial Statements gem. IAS 1.8 nicht zum Double Entry System zählen. Entsprechend braucht man nicht in die Trial Balance auszubuchen, so dass kein Abschlusskonto benötigt wird. Bestandskonten werden weitergeführt, Erfolgskonten werden dagegen im Rahmen der Erfolgsbestimmung über das Profit and Loss Account abgeschlossen.

Ein Konto wird abgeschlossen, indem der Saldo als Ausgleich der beiden Kontenseiten eingefügt wird und eine entsprechende Gegenbuchung als Saldovortrag unter der Kontensumme eingetragen wird. Saldo und Saldovortrag werden als Balance carried/down bzw. als Balance brought/down ausgewiesen. Balance carried/down und Balance brought/down repräsentieren quasi einen Buchungssatz, dessen Soll- und Habenbuchung im gleichen Konto stattfinden. Somit ändert der Kontenabschluss den Bestand des Kontos nicht. Konten können zu beliebigen Zeitpunkten abschlossen werden und ein Kontoabschluss kann beliebig oft stattfinden. Als Beispiel für das Abschließen eines Kontos wird das Konto Sachanlagen betrachtet. Es wird von den folgenden Buchungen ausgegangen:

(1) Kauf einer Sachanlage (property, plant and equipment) für netto 10.000,00 EUR

```
DR P, P, E  ........... 10.000,00 EUR
DR VAT  ................ 2.000,00 EUR
CR Bank  .............. 12.000,00 EUR
```

(2) Die Abschreibung (depreciation) des Sachanlagevermögens beträgt 1.000,00 EUR. Hier wird die zugehörige Habenbuchung direkt in das Sachanlagenkonto vorgenommen.

```
DR Depr.  ............. 1.000,00 EUR
CR P,P,E  ............. 1.000,00 EUR
```

Das Konto hat das in Abbildung 4.2 gezeigte Aussehen, nachdem es abgeschlossen wurde.

D	Property, Plant, Equipment		C
20X1	[EUR]	20X1	[EUR]
Acquis.	10.000,00	Deprec.	1.000,00
		Bal c/d	9.000,00
	10.000,00		10.000,00
Bal b/d	9.000,00		

Abbildung 4.2: Vermögenskonto nach Abschluss

Das Abschließen des Kontos entspricht dem **Buchungssatz** (Es handelt sich nicht um einen echten Buchungssatz.):

```
DR P, P, E (Bal b/d)  ......... 9.000,00 EUR
CR P, P, E (Bal c/d)  ......... 9.000,00 EUR
```

Man bezeichnet das Sachanlagenkonto als **DEBIT BALANCED** → GLOSSAR, weil der Saldovortrag (balance b/d) auf der Habenseite steht. Es weist für den nächsten Abrechnungszeitraum einen Saldovortrag i.H.v. 9.000,00 EUR auf, d. h. das Vermögen hat einen Buchwert von 9.000,00 EUR.

Der Saldovortrag wird zum Ende der Abrechnungsperiode (accounting period) in die Trial Balance übertragen und erscheint dort als Debit Entry. Dies ist keine Buchung, sondern ein Kopiervorgang. Die Trial Balance ist eine Liste aller Konto-Saldovorträge des Hauptbuchs. Der Name resultiert aus der Tatsache, dass bei Einhaltung der Doppik die Summe der Debit Entries mit der aller Credit Entries übereinstimmen muss. Man könnte die Trial Balance mit Überprüfungsbilanz oder Prüfungsbilanz übersetzen um der Tatsache Rechnung zu tragen, dass man Verstöße gegen die Doppik mit ihr prüfen kann. Trial Balance wird hier bewusst nicht übersetzt, u.a. auch um Verwirrung mit dem Begriff der Jahresabschluss**prüfung** zu verhindern. In Abbildung 4.3 beträgt die Summe der Debit- und Credit Entries 12.000,00 EUR. Das Übereinstimmen der Saldensummen ist jedoch kein Beweis für die Korrektheit der Buchungen.

Für das international Accounting hat die Trial Balance eine hohe Bedeutung, da viele Analysen und Berechnungen nicht von dem formalen Ausweis des Jahresabschlusses abhängen. Ebenfalls ist die Trial Balance im Unternehmen eher verfügbar als der Jahresabschluss. Im Unterschied zu einer in einem Lehrbuch dargestellten ist die Trial Balance eines realen Unternehmens umfangreicher. Jedes Hauptbuchkonto wird darin durch eine Zeile repräsentiert. Die Abbildung 4.3 zeigt die Trial Balance für das obige Beispiel.

Account	Total of DRs	Total of CRs
P,P,E	9.000,00	
VAT	2.000,00	
Bank		12.000,00
Depreciation	1.000,00	
Total	*12.000,00*	*12.000,00*

Abbildung 4.3: Trial Balance

4.1.3 Erfolgsbestimmung über die Trial Balance (Determination of Profit via Trial Balance)

Der Erfolg für eine Abrechnungsperiode kann aus der Trial Balance abgelesen werden. Dafür werden die Salden aller Erfolgskonten – das sind alle Aufwands- und Ertragskonten – in das Profit and Loss Account ausgebucht. Ausbuchen bedeutet, dass ein Eintrag im Erfolgskonto stattfindet und das Konto in der Trial Balance gelöscht wird, weil der Saldo anschließend Null ist. Die Gegenbuchung findet im P&L Account statt. Die Abbildung 4.4 zeigt das Vorgehen am Beispiel des Abschreibungskontos.

D		Depreciation	C
20X1	[EUR]	20X1	[EUR]
Deprec.	1.000,00	Bal c/d	1.000,00
	1.000,00		1.000,00
Bal b/d	1.000,00	P&L	1.000,00

Abbildung 4.4: Abschreibungskonto

Nach dem Abschluss ist das Abschreibungskonto zuerst debit balanced, da der Saldovortrag auf der Sollseite steht. Es handelt sich um ein Aufwandskonto und zeigt in Summe einen Aufwand i.H.v. 1.000,00 EUR. Das Ausbuchen findet über das P&L Account mit dem folgenden Buchungssatz statt:

```
DR P&L-Acc   ........... 1.000,00 EUR
CR Depr.    ............. 1.000,00 EUR
```

Mit der Habenbuchung i.H.v. 1.000,00 EUR ist das Konto Abschreibungen abgeschlossen, es weist jetzt einen Saldo von Null auf. Das Profit and Loss Account zeigt dagegen eine Sollbuchung für den Abschreibungsaufwand. Das Profit and Loss Account wird später über das variable Eigenkapitalkonto Bilanzgewinn (retained earnings) abgeschlossen. Die Trial Balance nach Ausbuchen der Abschreibungen wird als adjusted Trial Balance bezeichnet. Sie wird in Abbildung 4.5 gezeigt.

Account	Total of DRs	Total of CRs
P,P,E	9.000,00	
VAT	2.000,00	
Bank		12.000,00
~~Depreciation~~	0,00	0,00
Capital (R/E)	1.000,00	
Total	*12.000,00*	*12.000,00*

Abbildung 4.5: Angepasste (adjusted) Trial Balance

4.1.4 Ableiten der Bilanz aus der Adjusted Trial Balance (Deriving Balance Sheet from Adjusted Trial Balance)

Nach der Erfolgsbestimmung wird in der Trial Balance der Saldo des Eigenkapitalkontos Bilanzgewinn (retained earnings, R/E) an den Gewinn oder Verlust nach Steuern angepasst. Alle bereits bei der Erfolgsbestimmung berücksichtigten Konten weisen aufgrund der Gegenbuchungen zum Profit and Loss Account einen Saldo von Null auf und werden nicht mehr berücksichtigt. Es ist üblich, sie aus der Trial Balance zu löschen.

Alle verbleibenden Einträge beziehen sich auf Bestandskonten und repräsentieren Bilanzpositionen. Ihre Saldovorträge werden in die Bilanz kopiert. Die Bilanz gehört ebenfalls nicht zum Double Entry System.

Die Saldovorträge der Bestandskonten repräsentieren die Eröffnungsbestände für die nachfolgende Abrechnungsperiode. I.d.R. trägt der Saldovortrag (balance b/d) das Eröffnungsdatum und der Saldo (balance c/d) wird auf den Abschlusstag datiert.

4.2 Fallstudie Sunny AG (Case Study Sunny AG)

International Bookkeeping und das Erstellen des Jahresabschlusses werden an der Fallstudie Sunny AG demonstriert. Die Fallstudie hat den Vorteil, dass genügend viele Buchungssätze berücksichtigt werden können, um die Erfolgsbestimmung und die Bilanzableitung zu demonstrieren. Es wird zur Vereinfachung angenommen, dass die behandelten Geschäftsvorfälle ein vollständiges Geschäftsjahr repräsentieren.

Die Sunny AG ist ein fiktives Produktionsunternehmen, das in Osnabrück Computer montiert und Dienstleistungen im Bereich der Systemadministration anbietet. Die erste Buchung ist das Einlegen von Eigenkapital durch die Aktionäre der Sunny AG. Der Buchungssatz lautet:

```
DR Bank ........................... 600.000,00 EUR
CR Issued Capital ............ 600.000,00 EUR
```

Für die Sunny AG werden im Folgenden exemplarisch einige Geschäftsvorfälle demonstriert: (1) Anschaffung von Sachanlagevermögen → vgl. Abschnitt 4.2.1, (2) Einkauf von Material → vgl. Abschnitt 4.2.2, S. 58, (3) Lohnzahlung → vgl. Abschnitt 4.2.3, S. 61, (4) Umsatz → vgl. Abschnitt 4.2.4, S. 63, (5) Abgrenzungen → vgl. Abschnitt 4.2.5, S. 64 und (6) Abschreibungen → vgl. Abschnitt 4.2.6, S. 66. Nach den Buchungen wird der Jahresabschluss über die Trial Balance → vgl. Abschnitt 4.2.7, S. 67 abgeleitet.

4.2.1 Anschaffung von Sachanlagevermögen (Acquisition of Property, Plant and Equipment)

Die Sunny AG schafft am 4.01.20X1 zwei Firmenfahrzeuge an. Die Autos haben jeweils einen Bruttoeinkaufspreis von 24.000,00 EUR. Die Sunny AG bucht:

```
DR P, P, E at Cost .................  20.000,00 EUR
DR VAT ..............................   4.000,00 EUR
CR Bank .............................  24.000,00 EUR
```

Um deutlich zu machen, dass abschreibungspflichtiges Sachanlagevermögen angeschafft wurde, verwendet man den Begriff Akquisition. Im Gegensatz dazu werden Zugänge von außen zu den Vorräten als Einkauf (purchase) bezeichnet.

Die Sunny AG bucht die Anschaffung der Fahrzeuge als Sollbuchung im P, P, E at Cost Account. Dieses Bestandskonto ist gemäß des Kontenrahmens der Fallstudie dem Bilanzposten Property, Plant and Equipment zugeordnet. In einem realen Unternehmen würde in das Konto „13000 Motor Vehicle" des INT-Kontenrahmens gebucht werden, das ein Unterkonto des P, P, E Account ist.

Weiter wird für den Fahrzeugkauf die Vorsteuer in das VAT Account gebucht. Der in Deutschland üblichen Unterteilung in Vorsteuer- und Umsatzsteuerschuldkonto wird nicht gefolgt. International existiert ein gemeinsames Konto für Vorsteuerforderungen und Umsatzsteuerschuld, das im INT-Kontenrahmen die Nummer 154000 trägt. Um auszudrücken, dass das Konto ein Abstimmkonto über Vorsteuer und USt-Schuld ist, wird es teilweise als VAT Control Account bezeichnet. Der Begriff Control kennzeichnet Konten, die über Zuordnungen (allocation) bebucht werden. Hier würden der Saldo des Vorsteuer- und derjenige des USt-Schuldkontos in das VAT Control Account gebucht. Zur Vereinfachung wird das Konto hier nur VAT genannt. Die Vorsteuer wird auf die Sollseite gebucht, weil sie eine Forderung gegenüber den Finanzbehörden repräsentiert.

Die Habenbuchung ist im Konto Cash, das der Bilanzposition Cash and Cash Equivalents gem. IAS 1.68 entspricht. Reale Unternehmen besitzen mehrere Bankverbindungen, denen verschiedenen Bankkonten entsprechen.

Die Konten haben nach der Buchung der Fahrzeuganschaffung das folgende Aussehen:

D	P,P,E at Cost		C
20X1	[EUR]	20X1	[EUR]
01/04	20.000,00		
01/04	20.000,00		

Abbildung 4.6: Sachanlagenkonto (P, P, E at Cost Account)

D	VAT		C
20X1	[EUR]	20X1	[EUR]
01/04	4.000,00		
01/04	4.000,00		

Abbildung 4.7: VAT Account

D	Bank		C
20X1	[EUR]	20X1	[EUR]
OV	600.000,00	01/04	24.000,00
		01/04	24.000,00

Abbildung 4.8: Kassenkonto

Das Kassenkonto zeigt als Eröffnungswert (opening value) den Betrag i.H.v. 600.000,00 EUR, der bei der Ausschüttung der Aktien eingezahlt wurde. Weiter sind die Bruttopreise für die Fahrzeuge von jeweils 24.000,00 EUR als Habenbuchungen mit dem Datum vom 4.01.20X1 gezeigt.

4.2.2 Einkauf von Material (Purchases)

Die Sunny AG kauft am 5.01.20X1 Prozessoren ein. Später werden einige davon wieder an den Lieferanten zurückgeschickt. Der Lieferant gewährt einen Rabatt.

Die Sunny AG kauft bei ihrem Lieferanten Foppenkamp die folgenden Prozessoren für die Herstellung der Computer und Workstations ein:

(1) PR1|Prozessor 2,4 GHz, 250 Stk., Nettopreis: 100,00 EUR
(2) PR2|Dual Core Prozessor 3,6 GHz, 80 Stk., Nettopreis 2.000,00 EUR

Die Sunny AG erhält auf die Lieferung einen Rabatt von 4 % (discount received). Unter Berücksichtigung des Sofortrabatts beträgt der Einkaufspreis für die Prozessoren: (250 · 100 + 80 · 2.000) · (1–4 %) = **177.600,00 EUR**

Die Prozessoren sind Umlaufvermögen und werden auf das Purchase Account am 5.01.20X1 gebucht. Die Zahlung findet unmittelbar per Überweisung statt.

```
DR Purchases ......... 177.600,00 EUR
DR VAT ................  35.520,00 EUR
CR Bank ............... 213.120,00 EUR
```

Die Buchungen werden auf den Konten wie folgt gezeigt:

D	Purchases		C
20X1	[EUR]	20X1	[EUR]
01/05	177.600,00		

Abbildung 4.9: Einkaufskonto

D	VAT		C
20X1	[EUR]	20X1	[EUR]
01/04	4.000,00		
01/04	4.000,00		
01/05	35.520,00		

Abbildung 4.10: VAT Account

D	Bank		C
20X1	[EUR]	20X1	[EUR]
OV	600.000,00	01/04	24.000,00
		01/04	24.000,00
		01/05	213.120,00

Abbildung 4.11: Bankkonto

Nach dem Einkauf der Prozessoren stellt sich ein Transportschaden bei den kleinen (2,4 GHz) Prozessoren heraus. Daher sollen die PR1|Prozessoren 2,4 GHz an den Lieferanten Foppenkamp zurückgeschickt werden. Dafür muss ebenfalls das VAT Account gem. des deutschen UStG korrigiert werden, da bei Einkauf ein Vorsteuerabzug gebucht wurde, der jetzt rückgängig gemacht werden muss. Im Accounting ist es üblich, für Rücksendungen ein Returns Outwards Account (R.O. account) zu führen. Das R.O. Account zeigt die Rücksendungen als Habenbuchung. Sie repräsentieren quasi einen negativen Einkauf. Einige Unternehmen verzichten auf das R.O. Account und buchen die Rücksendungs-Habenbuchung sofort ins Einkaufskonto.

Da der Sunny AG nicht sofort die schadhaften Prozessoren durch Rückzahlung erstattet werden, wird das Kreditorenkonto bebucht. Die Rücksendung findet somit auf Rechnung (on credit) statt. Die Bezeichnung Accounts Payables (A/P) repräsentiert das Abstimmkonto für Kreditorenverbindlichkeiten. Hier wird der Namenszusatz im Konto geführt, um zu kennzeichnen, das ein Unterkonto

(Foppenkamp) der Kreditorenbuchhaltung (purchase ledger) bebucht wird. Die Prozessoren werden am 13.01.20X1 an den Lieferanten Foppenkamp zurückgeschickt. Sie werden zum reduzierten Preis wegen des gewährten Rabatts bewertet. Ihr Nettobetrag ist 96 % · 100 · 250 = **24.000,00 EUR**

```
DR A/P (Foppenkamp)  .......... 28.800,00 EUR
CR VAT ...........................  4.800,00 EUR
CR Returns outwards  .......... 24.000,00 EUR
```

Die Konten haben anschließend das folgende Aussehen:

D	A/P Foppenkamp		C
20X1	[EUR]	20X1	[EUR]
01/13	28.800,00		

Abbildung 4.12: Kreditorenkonto Foppenkamp

Das Kreditorenkonto ist debit balanced, d. h. es besteht eine Forderung gegenüber dem Lieferanten Foppenkamp. Der Saldo entsteht dadurch, dass der Lieferant Foppenkamp für seine Warenlieferung per Banküberweisung bereits bezahlt wurde und bei der Rücksendung eine Gutschrift vereinbart wurde.

D	VAT		C
20X1	[EUR]	20X1	[EUR]
01/04	4.000,00	01/13	4.800,00
01/04	4.000,00		
01/05	35.520,00		

Abbildung 4.13: VAT Account

Das VAT Account wird zum Zeitpunkt der Leistungs- oder Warenbewegung bebucht. Dies entspricht dem § 13 Abs. 1 UStG. Es wird beim Einkauf der Vorsteuerabzug als Forderung gebucht und entsprechend bei der Rücksendung die entstehende Umsatzsteuerschuld im Haben gezeigt. Das Bebuchen des VAT Account hängt nicht von Zahlungsvorgängen oder Abgrenzungsrechnungen ab.

Das Returns Outwards Account zeigt die Rücksendung auf der Habenseite.

D	R.O. Account		C
20X1	[EUR]	20X1	[EUR]
		01/13	24.000,00

Abbildung 4.14: Returns Outwards Account

Die Gutschrift vom Lieferanten Foppenkamp geht erst am 20.01.20X1 ein und wird gebucht wie folgt:

```
DR Bank ........................... 28.800,00 EUR
CR A/P (Foppenkamp)  .......... 28.800,00 EUR
```

D	A/P Foppenkamp		C
20X1	[EUR]	20X1	[EUR]
01/13	28.800,00	01/20	28.800,00

Abbildung 4.15: Kreditorenkonto

Die Gegenbuchung ist im Kassenkonto auf der Sollseite zu sehen.

D	Bank		C
20X1	[EUR]	20X1	[EUR]
OV	600.000,00	01/04	24.000,00
02/20	28.800,00	01/04	24.000,00
		01/05	213.120,00

Abbildung 4.16: Kassenkonto

4.2.3 **Lohnbuchhaltung** (Accounting for Labour)

Die Lohnzahlungen werden am Beispiel eines Service-Technikers Meisengeier dargestellt. Für die Lohnbuchhaltung sind die Lohnsteuer, die Sozialversicherungsbeiträge und die Krankenversicherung zu berücksichtigen. Der an Meisengeier ausgegebene Lohnzettel hat das in der Abbildung 4.17 gezeigte Aussehen.

W. Meisengeier

SALARY for 01/20*X1*

		15.01.20X1
Master Data:		
Tax Classification: *I*		
Marriage Status: *single*		
Children: *0*		
Church: *catholic*		
Gross Salary		3.100,00
Taxation		
Salary Tax	581,50	
Church Tax	52,33	
German Reunion Tax	31,98	
Total of Tax		*665,81*
Social Security		
Health Care Insurance	270,48	
Retirement Payments	308,45	
Unemployment Charge	43,40	
Total of Social Securities		622,33
Net Salary		*1.811,86*

Abbildung 4.17: Lohnzettel für Meisengeier

Meisengeier bekommt einen monatlichen Bruttolohn von 3.100,00 EUR. Dieser entspricht bei 13 Monatsgehältern einem Bruttojahreseinkommen von 40.300,00 EUR. Abhängig von seinem

Familienstatus fallen darauf Steuern und Sozialversicherungsbeiträge an. Zur Bestimmung der Lohnsteuer kann auf der Website des Bundesfinanzministeriums der bereitgestellte interaktive Abgabenrechner verwendet werden. Meisengeier hat die Steuerklasse I und zahlt 9 % Kirchensteuer in Niedersachsen.

Weiter wird zur Vereinfachung von einer gesetzlichen Kranken- und Pflegeversicherung ausgegangen, die Meisengeier und die Sunny AG jeweils hälftig tragen. Eine Unfallversicherung wird nicht berücksichtigt. Die Formel zur Berechnung des Nettolohns lautet:

$$S_N = S_G - (100\% + scr) \cdot itr - \frac{(rr + uer) \cdot S_G + HCI}{2}$$

(mit: S_N = Nettolohn (net salary), scr = Solidaritätszuschlag und Kirchensteuersatz (surcharges for German reunion tax and church tax), itr = Lohnsteuer (income tax rate), rr = Rentenversicherungssatz (retirement rate), uer = Arbeitslosenversicherungssatz (unemployment insurance rate), HCI = Kranken- und Pflegeversicherungssatz).

Es ergeben sich für Meisengeier die folgenden Beträge:

$$\begin{aligned} S_N &= 3.100 - [665,81 + ((0,199 + 0,028 + 0,155 + 0,0195) \cdot 3.100)/2] \\ &= 3.100 - (665,81 + 622,33) \\ &= \mathbf{1.811,86\ EUR} \end{aligned}$$

Die Lohnbuchhaltung berücksichtigt, dass die Zahlungen zu verschiedenen Zeitpunkten stattfinden, weshalb die Sozialversicherungsbeiträge und die Lohnsteuer zuerst auf ein Verbindlichkeitskonto gebucht werden:

(1) Bei Zahlung des Lohns am 15. Januar 20X1:

```
DR Labour ........................... 3.100,00 EUR
CR SSec Payables ..................     622,33 EUR
CR Tax Payables ...................     665,81 EUR
CR Bank ............................. 1.811,86 EUR
```

(2) bis zum Monatsende des Januar 20X1:
In Deutschland sind seit dem 1.01.2006 die Sozialversicherungsbeiträge grundsätzlich am Ende des Monats der Entgeltzahlung abzuführen.

```
DR Labour ...........................   622,33 EUR
CR SSec Payables ..................     622,33 EUR
DR SSec Payables .................. 1.244,66 EUR
CR Bank (→ SSec) ................. 1.244,66 EUR
DR Tax Payables ...................     665,81 EUR
CR Bank (→ Taxation) ...........     665,81 EUR
```

Für den Jahresabschluss der Sunny AG am Ende des Geschäftsjahrs 20X1 sind nur das Bankkonto und das Lohnkonto als Aufwandskonto relevant. Die Verbindlichkeitskonten sind zu diesem Zeitpunkt ausgeglichen.

D		Bank	C
20X1	[EUR]	20X1	[EUR]
OV	600.000,00	01/04	24.000,00
01/20	28.800,00	01/04	24.000,00
		01/05	213.120,00
		01/15	1.811,86
		01/31	1.910,47

Abbildung 4.18: Kassenkonto

D	Labour		C
20X1	[EUR]	20X1	[EUR]
01/15	3.100,00		
01/31	622,33		

Abbildung 4.19: Lohnkonto

Aus dem Lohnkonto lassen sich unmittelbar die Lohnkosten für den Service-Techniker Meisengeier ablesen, die aus dem Nettolohn zuzüglich der Sozialversicherungsbeiträge des Arbeitgebers Sunny AG bestehen: 3.100 + 622,33 = **3.722,33 EUR/m**.

4.2.4 **Umsatz** (Revenue)

Die Sunny AG hat der Sassenberg AG 30 PCs verkauft und installiert. Sie hat für den Auftrag 30 PCs und 23 Servicestunden fakturiert. Es wurden der Sassenberg AG Sonderkonditionen eingeräumt, so dass die Rechnung vom 16.01.20X1 die folgenden Positionen ausweist:

(1) 30 PCs zu jeweils 1.199,00 EUR (netto)	35.970,00 EUR
(2) 23 Servicestunden zu jeweils 69,00 EUR (netto)	1.587,00 EUR
(3) Umsatzsteuer	7.511,40 EUR
Summe:	**45.068,40 EUR**

Die Rechnung wird bei Leistungserstellung gebucht:

```
DR A/R Sassenberg ................. 45.068,40 EUR
CR VAT ............................. 7.511,40 EUR
CR Revenue ........................ 37.557,00 EUR
```

Die Konten haben anschließend das folgende Aussehen:

D	A/R SASSENBERG		C
20X1	[EUR]	20X1	[EUR]
01/16	45.068,40		

Abbildung 4.20: Debitorenkonto Sassenberg AG

D	VAT		C
20X1	[EUR]	20X1	[EUR]
01/04	4.000,00	01/13	4.800,00
01/04	4.000,00	01/16	7.511,40
01/05	35.520,00		

Abbildung 4.21: VAT Account

D	Revenue		C
20X1	[EUR]	20X1	[EUR]
		01/16	37.557,00

Abbildung 4.22: Umsatzerlöskonto

Der von der Sassenberg AG geschuldete Betrag i.H.v. 45.068,40 EUR geht am 24.01.20X1 auf das Bankkonto der Sunny AG ein und wird gebucht:

```
DR Cash ............................. 45.068,40 EUR
CR A/R Sassenberg ................... 45.068,40 EUR
```

Die Konten haben nun das folgende Aussehen:

D	Bank		C
20X1	[EUR]	20X1	[EUR]
OV	600.000,00	01/04	24.000,00
01/20	28.800,00	01/04	24.000,00
01/24	45.068,40	01/05	213.120,00
		01/15	1.811,86
		01/31	1.910,47

Abbildung 4.23: Kassenkonto

D	A/R SASSENBERG		C
20X1	[EUR]	20X1	[EUR]
01/16	45.068,40	01/24	45.068,40

Abbildung 4.24: Debitorenkonto Sassenberg AG

4.2.5 Abgrenzungen (Accruals/Deferrals)

Werden Aufwendungen für Leistungen gebucht, die erst in einer späteren Abrechnungsperiode stattfinden, müssen sie abgegrenzt werden. Dies resultiert aus dem **PRINZIP DER PERIODENABGRENZUNG (ACCRUAL PRINCIPLE)** → GLOSSAR, das im Framework → vgl. F.22 der Internationalen Rechnungslegungsstandards IFRSs dargestellt ist.

Sunny AG (Case Study Sunny AG)

Die Mitarbeiter der Sunny AG informieren sich regelmäßig über eine Fachzeitschrift über aktuelle technische Neuheiten auf dem Hardwaremarkt. Die Fachzeitschrift wird abonniert und am 20.01.20X1 im Voraus gezahlt. Das Abonnement beginnt zum 1.04.20X1 und läuft ein Jahr. Der Aufwand ist nur zu 75 % periodengerecht, die anderen 25 % werden für einen Aufwand des kommenden Geschäftsjahrs gezahlt. Es ist erforderlich, den Aufwand für die Fachzeitschrift i.H.v. 20 EUR/Monat (brutto) abzugrenzen. Der abgegrenzte Aufwand entspricht den Monaten Januar bis März 20X2.

Bei der Buchung der Zahlung für die Fachzeitschrift wird das Kassenkonto mit einer Habenbuchung belastet und zuerst der vollständige Aufwand als sonstiger Aufwand (other expenses) gebucht. Die Fachzeitschrift kostet 240,00 EUR/Jahr:

```
DR Other Expenses .............. 200,00 EUR
DR VAT .........................  40,00 EUR
CR Bank ........................ 240,00 EUR
```

Das Aufwandskonto nimmt den Aufwand für die Monate April bis Dezember des laufenden Geschäftsjahrs plus Januar bis März des Folgejahrs auf. Die Aufwandssituation wird also zeitlich verzerrt dargestellt, weil 25 % des Aufwands für das nächste Jahr bestimmt sind. In der Gewinn- und Verlustrechnung darf wegen des Prinzips der Periodenabgrenzung nicht der gesamte Nettoaufwand i.H.v. 200,00 EUR gezeigt werden, sondern nur die auf das aktuelle Geschäftsjahr entfallenden 150,00 EUR. Dafür müssen die Aufwendungen für die Monate Januar bis März des Folgejahrs in das nächste Geschäftsjahr übertragen werden. Dies entspricht dem Grundsatz der zeitlichen Abgrenzung nach IAS 1.25 und IAS 1.26 sowie § 252 Abs. 1 HGB.

Die Sunny AG bucht zum Jahresende:

```
DR Prepaid Expenses ........... 50,00 EUR
CR Other Expenses ............. 50,00 EUR
```

Das Konto Sonstiger Aufwand zeigt den Effekt: Der Saldo, der später in das Profit and Loss Account ausgebucht wird, beträgt 150,00 EUR. Dies entspricht dem Aufwand für das aktuelle Geschäftsjahr. Da das VAT Account nicht abgegrenzt wird, ist die Vorsteuer i.H.v. 40,00 EUR in 20X1 vollständig abzugsfähig.

Other Expenses

D			C
20X1	[EUR]	20X1	[EUR]
01/20	200,00	12/31	50,00

Abbildung 4.25: Konto sonstiger Aufwand

VAT

D			C
20X1	[EUR]	20X1	[EUR]
01/04	4.000,00	01/13	4.800,00
01/04	4.000,00	01/16	7.511,40
01/05	35.520,00		
01/20	40,00		

Abbildung 4.26: VAT Account

Bank

D			C
20X1	[EUR]	20X1	[EUR]
OV	600.000,00	01/04	24.000,00
01/20	28.800,00	01/04	24.000,00
01/24	45.068,40	01/05	213.120,00
		01/15	1.811,86
		01/20	240,00
		01/31	1.910,47

Abbildung 4.27: Kassenkonto

Prepaid Expenses

D			C
20X1	[EUR]	20X1	[EUR]
12/31	50,00		

Abbildung 4.28: Prepaid Expenses Account

Das Konto Prepaid Expenses ist ein Bestandskonto und repräsentiert Umlaufvermögen. Ein Asset ist dadurch definiert, dass ein zukünftig wirtschaftlicher Nutzen von ihm ausgeht und er verlässlich bewertbar ist. Anders als nach deutschem HGB wird nach IFRSs die Asset-Definition hier erfüllt, so dass keine Bilanzierungshilfe als aktivischer Rechnungsabgrenzungsposten gem. § 250 Abs. 1 HGB („Als Rechnungsabgrenzungsposten sind auf der Aktivseite Ausgaben vor dem Abschlussstichtag auszuweisen, soweit sie Aufwand für eine bestimmte Zeit nach diesem Tag darstellen.") zu bilden ist. Prepaid Expenses werden nach IFRSs als Bilanzposten im Umlaufvermögen gezeigt.

Zu Beginn von 20X2 wird der Posten prepaid Expenses wieder aufgelöst, indem gebucht wird:

```
DR Other Expenses ................. 50,00 EUR
CR Prepaid Expenses .............. 50,00 EUR
```

Dies führt zum Ausweis des Aufwands i.H.v. 50,00 EUR für die Monate Januar bis März im Geschäftsjahr 20X2. Die Abgrenzung gehört zu den Abschlussarbeiten.

4.2.6 Abschreibungen (Depreciation)

Für ihre Fahrzeuge wählt die Sunny AG die lineare Abschreibungsmethode, da das Unternehmen von gleich bleibendem Wertverlust ausgeht. Die Abschreibung beträgt 20 % des Anschaffungswertes, weil die Nutzungsdauer fünf Jahre umfasst. Die Sunny AG bucht zum Jahresende:

```
DR Depreciation ................... 4.000,00 EUR
CR Acc. Depr. ..................... 4.000,00 EUR
```

Wegen der Buchung zum Geschäftsjahresende ist das Datum des Buchungssatzes der 31.12.20X1. Viele Unternehmen verwenden für die Abschlussarbeiten eine Sonderperiode. Die Konten haben nach der Abschreibung das folgende Aussehen:

D	Depreciation		C
20X1	[EUR]	20X1	[EUR]
12/31	4.000,00		
12/31	4.000,00		

Abbildung 4.29: Abschreibungskonto

Das Sachanlagenkonto ändert sich nicht, da die Gegenbuchung der Abschreibung im accumulated Depreciation Account stattfindet. Accumulated Depreciation ist ein Sammelkonto, das alle Habenbuchungen der Abschreibungen aufnimmt. Der Wert des Vermögens ergibt sich deshalb aus dem P, P, E at Cost Account und dem Accumulated Depreciation Account. Man könnte auch alle Habenbuchungen im P, P, E Account zeigen, diese Vorgehensweise ist allerdings unübersichtlich und wird nur noch selten angewendet.

D	Acc. Depr.		C
20X1	[EUR]	20X1	[EUR]
		12/31	4.000,00
		12/31	4.000,00

Abbildung 4.30: Konto für kumulierte Abschreibungen

4.2.7 **Trial Balance** (Trial Balance)

Nach Buchung aller Geschäftsvorfälle werden die Konten abgeschlossen. Der Abschluss der Konten soll für alle Konten gezeigt werden, die von den Geschäftsvorfällen der Sunny AG betroffen sind. Wegen der folgenden Erfolgsermittlung werden die Aufwands- und Ertragskonten vor den Bestandskonten gezeigt. Es ergeben sich die folgenden Zustände der Konten zum 31.12.20X1:

(1) Umsatz

D	Revenue		C
20X1	[EUR]	20X1	[EUR]
Bal c/d	37.557,00	01/16	37.557,00
		Bal b/d	37.557,00

Abbildung 4.31: Umsatzkonto

(2) Einkauf

D	Purchases		C
20X1	[EUR]	20X1	[EUR]
01/05	177.600,00	Bal c/d	177.600,00
Bal b/d	177.600,00		

Abbildung 4.32: Einkaufskonto

(3) Returns Outwards Account

D	Returns outwards		C
20X1	[EUR]	20X1	[EUR]
Bal c/d	24.000,00	01/13	24.000,00
		Bal b/d	24.000,00

Abbildung 4.33: Rücksendungskonto

(4) Lohnkonto

D	Labour		C
20X1	[EUR]	20X1	[EUR]
01/15	3.100,00	Bal c/d	3.722,33
02/10	622,33		
	3.722,33		3.722,33
Bal b/d	3.722,33		

Abbildung 4.34: Lohnkonto

(5) Abschreibungen

D	Depreciation		C
20X1	[EUR]	20X1	[EUR]
12/31	4.000,00	Bal c/d	8.000,00
12/31	4.000,00		
	8.000,00		8.000,00
Bal b/d	8.000,00		

Abbildung 4.35: Abschreibungskonto

(6) Sonstiger Aufwand

D	Other Expenses		C
20X1	[EUR]	20X1	[EUR]
10/01	200,00	12/31	50,00
		Bal c/d	150,00
	200,00		200,00
Bal b/d	150,00		

Abbildung 4.36: Konto Sonstiger Aufwand

(7) Sachanlagen

D	P,P,E at Cost		C
20X1	[EUR]	20X1	[EUR]
01/04	20.000,00	Bal c/d	40.000,00
01/04	20.000,00		
	40.000,00		40.000,00
Bal b/d	40.000,00		

Abbildung 4.37: Sachanlagenkonto

(8) Kumulierte Abschreibungen

D	Acc. Depr.		C
20X1	[EUR]	20X1	[EUR]
Bal c/d	8.000,00	12/31	4.000,00
		12/31	4.000,00
	8.000,00		8.000,00
		Bal. b/d	8.000,00

Abbildung 4.38: Konto für kumulierte Abschreibungen

(9) Debitorenkonto A/R (Sassenberg AG)

D	A/R SASSENBERG		C
20X1	[EUR]	20X1	[EUR]
01/16	45.068,40	01/24	45.068,40

Abbildung 4.39: Forderungskonto

(10) VAT Account

D	VAT		C
20X1	[EUR]	20X1	[EUR]
01/04	4.000,00	01/13	4.800,00
01/04	4.000,00	01/16	7.511,40
01/05	35.520,00	Bal c/d	31.248,60
10/01	40,00		
	43.560,00		43.560,00
Bal b/d	31.248,60		

Abbildung 4.40: VAT Account

(11) Prepaid Expenses

D	Prepaid Expenses		C
20X1	[EUR]	20X1	[EUR]
12/31	50,00	Bal c/d	50,00
Bal b/d	50,00		

Abbildung 4.41: Vorauszahlungskonto

(12) Kassenkonto

D	Bank		C
20X1	[EUR]	20X1	[EUR]
OV	600.000,00	01/04	24.000,00
01/20	28.800,00	01/04	24.000,00
01/24	45.068,40	01/05	213.120,00
		01/15	1.811,86
		10/01	240,00
		01/31	1.910,47
		Bal c/d	408.786,07
	673.868,40		673.868,40
Bal b/d	408.786,07		

Abbildung 4.42: Kassenkonto

(13) Verbindlichkeiten gegenüber Kreditoren

D		A/P	C
20X1	[EUR]	20X1	[EUR]
01/13	28.800,00	01/20	28.800,00

Abbildung 4.43: Kreditorenkonto

(14) Eigenkapitalkonto

D		Issued Capital	C
20X1	[EUR]	20X1	[EUR]
Bal c/d	600.000,00	OV	600.000,00
		Bal b/d	600.000,00

Abbildung 4.44: Eigenkapitalkonto

Aus den abgeschlossenen Konten wird die Trial Balance entwickelt. Dazu werden die Saldovorträge (balance b/d) der Konten in die Trial Balance kopiert. Über die Trial Balance wird die Konsistenz mit der Doppik überprüft. Hier entspricht die Summe der Sollbuchungen der Summe der Habenbuchungen von 669.557,00 EUR. Für die Fallstudie Sunny AG hat die Trial Balance das Aussehen wie in Abbildung 4.45 gezeigt. Die Nummern vor den Konten entsprechen der Nummerierung im Text:

Sunny AG's TRIAL BALANCE as at 31.12.20X1

Account	Total of DRs	Total of CRs
1 Revenue		37.557,00
2 Purchases	177.600,00	
3 Returns outwards		24.000,00
4 Labour	3.722,33	
5 Depreciation	8.000,00	
6 Other expenses	150,00	
7 Motor vehicle	40.000,00	
8 Acc. Depr.		8.000,00
9 A/R	0,00	
10 VAT	31.248,60	
11 Prepaid expenses	50,00	
12 Bank	408.786,07	
13 A/P	0,00	
14 Capital		600.000,00
Total	*669.557,00*	*669.557,00*

Abbildung 4.45: Trial Balance der Sunny AG zum 31.12.20X1

4.3 Ableiten des Jahresabschlusses (Deriving Financial Statements)

Aus der Trial Balance wird der Jahresabschluss abgeleitet. Er besteht nach IAS 1.8 aus der Bilanz, der Gewinn- und Verlustrechnung, der Eigenkapitalveränderungsrechnung und der Kapitalflussrechnung. Für das Beispiel Sunny AG werden nur die Bilanz und die Gewinn- und Verlustrechnung beschrieben. Für den Jahresabschluss wird davon ausgegangen, dass außer den oben dargestellten Geschäftsvorfällen keine weiteren stattgefunden haben. Das Vorgehen zur Entwicklung des Jahresabschlusses folgt den Schritten: (1) Ableiten eines Trading Account → **vgl. Abschnitt 4.3.1**, (2) Aufstellen des Gewinn- und Verlustrechnungskontos → **vgl. Abschnitt 4.3.2, S. 74**, (3) Buchen des Erfolgs in das Kapitalkonto → **vgl. Abschnitt 4.3.3, S. 75**, (4) Anpassung der Trial Balance → **vgl. Abschnitt 4.3.4, S. 76**, (5) Ableiten der Bilanz → **vgl. Abschnitt 4.3.5, S. 77** und (6) Aufstellen der Gewinn- und Verlustrechnung → **vgl. Abschnitt 4.3.6, S. 74**.

4.3.1 Ableiten des Trading Account (Deriving of Trading Account)

Aus Vereinfachungsgründen wird die Sunny AG in diesem Kapitel als Handelsunternehmen angesehen. Für die oben dargestellten Buchungen sind die Produktionsschritte der Sunny AG noch nicht berücksichtigt worden. In den nachfolgenden Kapiteln wird die Erfolgsrechnung um die Bewertung von Produktionsvorgängen ergänzt.

Im Trading Account wird das Rohergebnis eines Handelsunternehmens bestimmt. Dazu werden den Verkäufen (sales) die Einkäufe (purchase) gegenübergestellt. Die Differenz stellt den Rohertrag (gross profit) dar. Das Trading Account ist einen Teil der Erfolgsrechnung, d. h. es gehört bereits zur Gewinn- und Verlustrechnung. Da für den Rohertrag der Materialeinsatz um Anfangs- und Endbestand korrigiert werden muss und ebenso Rücksendungen zu den Lieferanten und von den Kunden zu berücksichtigen sind, hat das Trading Account die in Abbildung 4.46 gezeigte Struktur. In das Trading Account werden keine originären Geschäftsvorfälle gebucht. Vielmehr werden Zuordnungen (allocation) in das Trading Account gebucht, die sich aus den bereits gebuchten Geschäftsvorfällen ableiten. Aus diesem Grund wird der Begriff Trading **Summary** Account oder Trading **Control** Account häufig verwendet. Da das Trading Account in der deutschen Buchhaltung so nicht verwendet wird, wird der Begriff nicht übersetzt.

D Trading	Account C
Opening Value (Inv.)	Closing Stock (Inv.)
Purchases	Sales
Returns Inwards	Returns Outwards
Gross Profit (c/d)	
Total	*Total*

Abbildung 4.46: Trading Account

Zuerst wird das Wesen des Rohertrags an einem einfachen Beispiel erläutert: Angenommen, die Heizung in einem Einfamiliehaus wird durch einen Heizungsbauer instand gesetzt und er verlangt für die Reparatur 500,00 EUR. In der Rechnung sollen 300,00 EUR Materialaufwand ausgewiesen sein. Der Rohertrag für die Reparatur beträgt somit 200,00 EUR. Der Heizungsbauer hat den ihm durch für den Kunden gekaufte Ware entstandenen Materialaufwand weitergeleitet. Hat er keinen Gewinnaufschlag für das Material genommen, bleiben ihm genau 200,00 EUR für die Deckung seines Aufwands und für seinen Gewinn. Aufwand entsteht ihm z. B. für Abschreibung des Montagefahrzeugs, Lohn für den Mitarbeiter, Werkzeug etc. Der Rohertrag ist eine wichtige Kennzahl für Handelsunternehmen oder solche Unternehmen, die hohe Fremdmaterialkosten haben, z. B. Dienstleistungsunternehmen oder auch Produktionsunternehmen mit geringer Fertigungstiefe. Der Rohertrag zeigt, wie viel des Umsatzerlöses zur Deckung des Aufwands für die Leistungserstellung und für den Gewinn verbleibt.

Sunny AG (Case Study Sunny AG)

Bei der Sunny AG beträgt der Saldo des Purchase Account 177.600,00 EUR. Er ist um die Rücksendung an den Lieferanten Foppenkamp zu korrigieren. Bei der Inventur wird ein Endbestand von 50 Stk. PR2|Dual Core Prozessoren 3,6 GHz. festgestellt.

Die Prozessoren sind nach IAS 2.11 („Trade discounts, rebates and other similar items are deducted in determining the costs of purchase.") zum Nettowert abzüglich Rabatten anzusetzen, hier 2.000,00 EUR · (1–4 %) = 1.920,00 EUR/Stk. Der Endbestand ist daher 1.920 · 50 = **96.000,00 EUR**. Das Trading Account zählt zum Double Entry System. Es weist für die Sunny AG einen negativen Wert aus: Gross Loss (GL) = 20.043,00 EUR. Der Klammerausdruck (c/d) zeigt, dass der Verlust durch Saldierung des Kontos ermittelt wurde (balancing figure).

D	Trading Account		C
20X1	[EUR]	20X1	[EUR]
Purchase	177.600,00	Revenue	37.557,00
		R.O.	24.000,00
		Cl.St.	96.000,00
		GL (c/d)	20.043,00
	177.600,00		177.600,00

Abbildung 4.47: Trading Account

Die Gegenbuchungen für das Trading Account stehen in den jeweiligen Erfolgskonten. Da in Höhe des Saldos gebucht wird, sind diese anschließend ausgeglichen (balanced off). Die Gegenbuchungen tragen den Verweis T/A für Trading Account. Z. B. lautet der Buchungssatz für das Ausbuchen des Einkaufskontos:

```
DR Trading Account ............... 177.600,00 EUR
CR Purchases ..................... 177.600,00 EUR
```

D	Purchases		C
20X1	[EUR]	20X1	[EUR]
01/05	177.600,00	Bal c/d	177.600,00
Bal b/d	177.600,00	T/A	177.600,00

Abbildung 4.48: Purchases Account der Sunny AG zum 31.12.20X1

Das Konto Purchases wird durch das Ausbuchen abgeschlossen, wie die doppelte Unterstreichung der letzten Zeile in Abbildung 4.48 anzeigt.

In der Fallstudie Sunny AG werden die anderen Konten wie folgt in das Trading Account ausgebucht.

D	Revenue		C
20X1	[EUR]	20X1	[EUR]
Bal c/d	37.557,00	01/16	37.557,00
T/A	37.557,00	Bal b/d	37.557,00

Abbildung 4.49: Umatzkonto

D	Returns outwards		C
20X1	[EUR]	20X1	[EUR]
Bal c/d	24.000,00	01/13	24.000,00
T/A	24.000,00	Bal b/d	24.000,00

Abbildung 4.50: Rücksendungskonto

Der Eintrag Closing Stock repräsentiert den Endbestand des Materials und erfordert eine Sollbuchung im Bestandskonto für Vorräte (inventory). Der Bestand wird später bei der Aufstellung der Bilanz berücksichtigt. Er wird nicht in das Trading Account ausgebucht. Die Sunny AG bucht während des Geschäftsjahrs keine Bestandsveränderungen des Materials außer den Einkäufen. Sie folgt dem periodic System: Der Endbestand des Lagers wird erst per Inventur (stock count) festgestellt und bei den Jahresabschlussarbeiten gebucht:

DR Inventories .... 96.000,00 EUR
CR Trading Account .... 96.000,00 EUR

In der Fallstudie Sunny AG wird das Vorratskonto zuerst bei der Inventur im Rahmen der Abschlussarbeiten verwendet, da bis zu diesem Zeitpunkt kein Anfangsbestand des Lagers berücksichtigt wurde. Das ist der Grund, weshalb das Konto Inventories in der Trial Balance in Abbildung 4.45 → vgl. S. 70 nicht erscheint. Beim periodic System werden Bestandsveränderungen im laufenden Geschäftsjahr nicht gebucht, sondern erst bei den Abschlussarbeiten. Deshalb gibt es keine Buchungen aus dem alten Geschäftsjahr, wohl aber aus den Abschlussarbeiten, die in die adjusted Trial Balance übertragen werden. Die Sunny AG hat im Beispiel erst zum Ende von 20X1 Vorräte als Bestand zu berücksichtigen. Das Konto Vorräte zeigt Abbildung 4.51:

D	Inventories		C
20X1	[EUR]	20X1	[EUR]
T/A	96.000,00	Bal c/d	96.000,00
Bal b/d	96.000,00		

Abbildung 4.51: Vorratskonto

4.3.2 Aufstellen des Gewinn- und Verlustkontos (Drawing up Profit and Loss Account)

Das Gewinn- und Verlustrechnungskonto ist das Fortsetzen des Trading Account. Darin werden alle weiteren Aufwands- und Ertragskonten des Unternehmens berücksichtigt. Den Übertrag aus dem Trading Account in das Profit and Loss Account zeigt der folgenden Buchungssatz:

```
DR P&L ............................... 20.043,00 EUR
CR Trading Account ............... 20.043,00 EUR
```

Anschließend werden alle Salden der noch nicht berücksichtigten Aufwands- und Ertragskonten in das Profit and Loss Account ausgebucht. Der Saldo stellt den Net Profit (Vorsteuergewinn) dar, der für die Fallstudie Sunny AG negativ ist, d. h. einen Verlust repräsentiert.

D	P&L Account		C
20X1	[EUR]	20X1	[EUR]
GL	20.043,00	NL (c/d)	31.915,33
Labour	3.722,33		
Depr.	8.000,00		
Other exp.	150,00		
	31.915,33		31.915,33

Abbildung 4.52: GuV-Konto

Die entsprechenden Gegenbuchungen werden in den korrespondierenden Aufwandskonten Löhne, Abschreibungen und sonstiger Aufwand als Habenbuchungen sichtbar. Sie führen zum Ausgleich dieser Aufwandskonten. Die Gegenbuchungen erkennt man an dem Verweis „P&L“:

D	Labour		C
20X1	[EUR]	20X1	[EUR]
01/15	3.100,00	Bal c/d	3.722,33
02/10	622,33		
	3.722,33		3.722,33
Bal b/d	3.722,33	P&L	3.722,33

Abbildung 4.53: Lohnkonto

D		Depreciation	C
20X1	[EUR]	20X1	[EUR]
12/31	4.000,00	Bal c/d	8.000,00
12/31	4.000,00		
	8.000,00		8.000,00
Bal b/d	8.000,00	P&L	8.000,00

Abbildung 4.54: Abschreibungskonto

D		Other Expenses	C
20X1	[EUR]	20X1	[EUR]
01/20	200,00	12/31	50,00
		Bal c/d	150,00
	200,00		200,00
Bal b/d	150,00	P&L	150,00

Abbildung 4.55: Konto für sonstigen Aufwand

Der Saldo der Aufwands- und Ertragskonten beträgt jetzt Null, so dass sie in der adjusted Trial Balance gelöscht werden.

Würde die Sunny AG den Rohertrag nicht bestimmen wollen, bräuchte kein Trading Account aufgestellt zu werden. Stattdessen würden alle Konten in das GuV-Konto ausgebucht. Es würde denselben Saldo, hier einen Verlust i.H.v. 31.915,33 EUR zeigen. An Stelle der Konten in Abbildung 4.47 → vgl. S. 72 und Abbildung 4.52 → vgl. S. 74 (Trading Account und GuV-Konto) hätte das folgende gesamte Profit and Loss Account dargestellt werden können:

D		P&L Account	C
20X1	[EUR]	20X1	[EUR]
Purchases	177.600,00	Revenue	37.557,00
Labour	3.722,33	Cl.St.	96.000,00
Depr.	8.000,00	R.O.	24.000,00
Other exp.	150,00	Net loss	31.915,33
	189.472,33		189.472,33

Abbildung 4.56: GuV-Konto

4.3.3 Buchen des Erfolgs in das Kapitalkonto (Crediting Capital Account for Profit)

Erfolg verändert das Eigenkapital (equity) des Unternehmens. Das Issued Capital ist das Grundkapital und beträgt für die Fallstudie Sunny AG 600.000,00 EUR. Das Unternehmen Sunny AG hat bisher keine Rücklagen gebildet und zeigt somit in der Bilanz keinen Bilanzposten für Rücklagen. Unter Retained Earnings kann man sich den Bilanzgewinn in der Bedeutung des § 268 Abs. 1 HGB vorstellen. Evtl. bestehende Gewinn- oder Verlustvorträge würden ebenfalls im Konto Retained Earnings gesammelt. Es ist zu berücksichtigen, dass in das Konto Retained Earnings normalerweise der Nachsteuergewinn gebucht wird. Die Sunny AG erwirtschaftet jedoch im Geschäftsjahr 20X1 ein Verlust, so dass direkt in das Konto Retained Earnings gebucht wird, da keine Steuern vom Einkommen und Ertrag zu berücksichtigen sind.

Bei der Übertragung des Verlusts in das Eigenkapital finden die Sollbuchung im Eigenkapitalkonto Retained Earnings und die Habenbuchung im P&L Account statt:

DR Retained Earnings .... 31.915,33 EUR
CR P&L Account .... 31.915,33 EUR

Der Buchungssatz repräsentiert das Buchen des Verlusts in das Eigenkapitalkonto Retained Earnings.

D		**Retained Earnings**	C
20X1	[EUR]	20X1	[EUR]
Net loss	31.915,33	OV	0,00
		Bal c/d	31.915,33
	31.915,33		31.915,33
Bal b/d	31.915,33		

Abbildung 4.57: Bilanzgewinnkonto

Da das Konto Retained Earnings ein Bestandskonto ist, ist es nicht ausgeglichen. Es ist in der Bilanz zu zeigen. Der Verlust bedeutet für das nächste Geschäftsjahr einen Verlustvortrag, da er nicht durch Auflösung von Rücklagen ausgeglichen werden kann (Die Sunny hat bisher keine auflösbaren Rücklagen gebildet). Nach deutschem HGB hätte die Buchung in das Konto Jahresüberschuss erfolgen müssen. Sie wäre im nächsten Geschäftsjahr 20X2 als Verlustvortrag auszuweisen.

4.3.4 **Anpassung der Trial Balance** (Adjustment of Trial Balance)

Die Trial Balance wird nach der Erfolgsermittlung angepasst und anschließend als adjusted Trial Balance gezeigt. Bei der Anpassung werden die Aufwands- und Ertragskonten gelöscht und die betroffenen Eigenkapitalkonten aktualisiert. Ebenfalls ist das Vorratskonto jetzt zu berücksichtigen, weil die Inventur zur Feststellung des Materialbestands nach der Aufstellung der pre-adjusted Trial Balance stattgefunden hat. Zusätzlich wäre bei einem Gewinn die Besteuerung durch einen Eintrag in das Konto Tax Liabilities zu buchen. Gemäß § 249 Abs. 1 HGB wäre dagegen eine Steuerrückstellung zu bilden. Nach der Erfolgsermittlung muss wieder die Summe aller Soll- und Habenbuchungen übereinstimmen.

SUNNY AG's ADJ. TRIAL BALANCE as at 31.12.20X1

Account	Total of DRs	Total of CRs
1 ~~Revenue~~		
2 ~~Purchases~~		
3 ~~Returns outwards~~		
4 ~~Labour~~		
5 ~~Depreciation~~		
6 ~~Other expenses~~		
7 Motor vehicle	40.000,00	
8 Acc. Depr.		8.000,00
9 A/R	0,00	
10 VAT	31.248,60	
11 Prepaid expenses	50,00	
12 Bank	408.786,07	
13 A/P	0,00	
14 Capital-Issued		600.000,00
15 Retained earnings	31.915,33	
16 Inventory	96.000,00	
Total	*608.000,00*	*608.000,00*

Abbildung 4.58: Adjusted Trial Balance der Sunny AG zum 31.12.20X1

Das Eigenkapital in der Position 14f. der adjusted Trial Balance ist in zwei Konten dargestellt. Das Grundkapital ändert sich nicht und weist daher weiter den Betrag i.H.v. 600.000,00 EUR für das Grundkapital aus. Das Konto Retained Earnings zeigt nur einen Eintrag auf der Sollseite, da die Sunny AG einen Verlust ausweist.

SUNNY AG's
B/S as at 31.12.20X1

A			C,L
Non-current Ass	[EUR]	***SH's capital***	[EUR]
P,P,E	32.000	Issued capital	600.000
Int. assets		Other reserves	
Financial assets		R/E	(31.915)
Current Assets		***Liabilities***	
Inventory	96.000	Int. bear. liab.	
A/R	31.249	A/P	
Prepaid exp.	50	Provisions	
Cash	408.786	Def. income	
		Tax liabilities	
	568.085		*568.085*

Abbildung 4.59: Bilanz der Sunny AG zum 31.12.20X1

4.3.5 **Ableiten der Bilanz** (Deriving of Balance Sheet)

Alle Konten, deren Saldo in der Adjusted Trial Balance dargestellt wird, sind Bestandskonten. Sie werden direkt in die Bilanz übertragen. Hierfür findet keine Buchung statt, da weder die Trial Balance noch die Bilanz zum Double Entry System gehören. Die Bilanz zum 31.12.20X1 der Sunny AG hat das in Abbildung 4.59 gezeigte Aussehen. In der Bilanz werden Positionen der Trial Balance zusammengefasst, hier die Positionen Sachanlagevermögen und kumulierte Abschreibungen zu

P, P, E. Die Vorsteuerforderung wird als Forderung unter A/R gezeigt. Umsatzsteuer zählt nicht zum Steuerausweis gem. IAS 12, der einen eigenen Bilanzposten erfordert, da die Umsatzsteuer keine Einkommensteuerart ist.

4.3.6 Ableiten der Gewinn- und Verlustrechnung (Deriving Income Statement)

Aus dem GuV-Konto wird die Gewinn und Verlustrechnung der Sunny AG abgeleitet. Sie wird in Abbildung 4.60 gezeigt.

Sunny AG's
INCOME STATEMENT for 20X1

	[EUR]
Revenue	37.557
Other income	0
Changes in inventory	0
Work capitalized	0
Raw Material used	57.600
Employee expense	3.722
Depreciation	8.000
Impairment of P,P,E	0
Other Expenses	150
Finance Costs	0
Profit before Taxes	(31.915)
Income Tax Expenses	0
Deferred Tax	0
Profit for the Period	*(31.915)*

Abbildung 4.60: Gewinn- und Verlustrechnung der Sunny AG für 20X1

Der gezeigte Materialaufwand ergibt sich durch Abzug des Endbestands und der Rücksendungen vom Einkaufsvolumen: 177.600 – 96.000 – 24.000 = **57.600,00 EUR**

4.4 Sammelbuchungen (Books of Original Entry)

4.4.1 Ziel von Sammelbuchungen (Purpose of Books of Original Entry)

Als Sammelbuchungen werden das Purchase und das Sales Journal eingeführt. Besondere Bedeutung wird auf die Books of Original Entry (BOE) gelegt, die mit dem Cash Book in Zusammenhang stehen. Sie stellen im Sinne der Doppik Konten dar. Ebenso wie die Buchhaltung zählen Books of Original Entry nicht zum Regelungsbereich der IFRSs, d. h. es gibt keinen Standard, der die Gestaltung der Buchhaltung regelt.

Books of Original Entry sind Listen zur Vorbereitung von Sammelbuchungen im Hauptbuch oder in den Nebenbüchern. Z. B. werden alle Einkäufe (purchase) im

Einkaufsjournal (purchase journal) gesammelt. Bei der Übertragung in die Konten werden eine Sollbuchung im Purchase Account und im VAT Account sowie mehrere Habenbuchungen in der Kreditorenbuchhaltung (purchase ledger) gebucht.

Books of Original Entry haben einen historischen Hintergrund. Stellt man sich die Buchhaltung auf Papierbögen vor, dann können nicht mehrere Buchhalter gleichzeitig Einträge vornehmen. Bei Verwenden der Books of Original Entry lassen sich gleichartige Geschäftsvorfälle zunächst sammeln und später in die Buchhaltung übertragen. Der Vorteil besteht in dem Entlasten des Hauptbuchs (general ledgers) und der Nebenbücher (subsidiary ledger) von Detailbuchungen.

Der Einsatz heutiger Enterprise Ressource Planning Systems (ERP-Systeme) macht Books of Original Entry obsolet. Dennoch zählt das Thema Books of Original Entry zum Grundwissen des International Financial Accounting. Das Vorgehen findet auch in den Konzepten zu EDV-technischen Anwendungssystemen Berücksichtigung.

4.4.2 Aufstellen des Jahresabschlusses unter Verwendung von Sammelbuchungen

(Setting up Financial Statements via Books of Original Entries)

Bei Verwendung von Books of Original Entry werden Jahresabschlüsse wie in Abbildung 4.61 gezeigt aufgestellt. Im Vergleich zum bisher Behandelten sind die Sammelbuchungen in der Reihenfolge vor den Buchungen im Hauptbuch und den Nebenbüchern angeordnet.

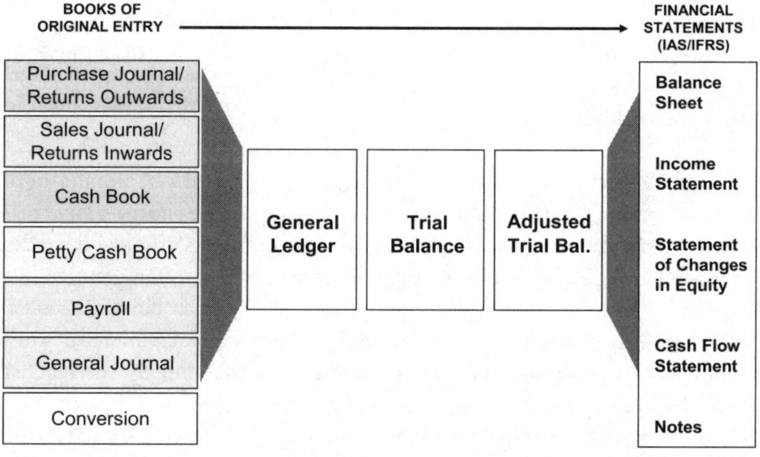

Abbildung 4.61: Zusammenhang zwischen Books of Original Entry und Buchhaltung bei der Jahresabschlusserstellung

Im ersten Schritt der Buchhaltung werden die Geschäftsvorfälle in den Books of Original Entry erfasst. Die zu verwendenden neun Books of Original Entry sind:

(1) Purchase Journal
Das Purchase Journal erfasst Einkäufe auf Rechnung. Das Purchase Journal bereitet die Kreditorenbuchhaltung (purchase ledger) vor.

(2) Returns Outwards Journal
Das Returns Outwards Journal erfasst alle stattfindenden Rücksendungen vorhergehender Lieferungen an die Kreditoren. Teilweise wird statt eines separaten Return Outwards Journal eine Habenbuchung im Purchase Journal vorgenommen. Durch die Rücksendung wird ein Einkauf storniert. Returns Outwards führen i.d.R. zu einer Gutschrift oder Reduktion der Verbindlichkeiten gegenüber dem Lieferanten.

(3) Sales Journal
Das Sales Journal sammelt alle Verkäufe auf Rechnung. Das Sales Journal bereitet die Debitorenbuchhaltung (sales ledger) vor.

(4) Returns Inwards Journal
Das Returns Inwards Journal erfasst alle Rücksendungen von Kunden an das Unternehmen, die sich auf vorangegangene Verkäufe beziehen und die i.d.R. zu einer Gutschrift oder einer Reduktion von Forderungen aus Lieferungen und Leistungen führen.

(5) Cash Book
Das Cash Book erfasst Vorgänge, die zu Zahlungsein- oder ausgängen auf den Konten stattfinden, die zur Bilanzposition Cash and Cash Equivalents führen. Ein Bareinkauf (purchase on cash) wird z. B. nicht im Purchase Journal erfasst, sondern immer im Cash Book. Im Unterschied zu den anderen Books of Original Entry gehört das Cash Book zur Doppik. Es zählt als Konto.

(6) Petty Cash Book
Das Petty Cash Book (PCB) bezieht seine Bezeichnung von der Portokasse. Es dient zur Dezentralisierung von Barausgaben. Damit werden betragsmäßig kleine und tendenziell wenig wichtige Geschäftsvorfälle nicht einzeln im Hauptbuch gebucht. Vielmehr wird einem Mitarbeiter (petty cashier) ein Betrag als Petty Cash Float vorgestreckt, mit dem Ausgaben zu bestreiten sind. Später werden dem Petty Cashier bei Vorlage der Belege (voucher) die Zahlungen erstattet, so dass anschließend das Petty Cash Book wieder den ursprünglichen Betrag (petty cash float) als Saldovortrag ausweist. Das oben beschriebene Verfahren wird als das Imprest System bezeichnet. Das nach Aufwandsarten differenzierte Aufzeichnen von Ausgaben im Petty Cash Book erlaubt später das Buchen auf die Aufwandskonten. Das Petty Cash Book ist wie das Cash Book ein Bestandskonto.

(7) Payroll
Die Payroll repräsentiert die Vorbereitung für die Lohnbuchhaltung. Die Löhne und Gehälter werden darin gesammelt und durch eine einzige Buchung ins Hauptbuch und die Mitarbeiterkonten in der Lohnbuchhaltung gebucht.

(8) (General) Journal
Das General Journal erfasst alle Geschäftsvorfälle, die nicht in den anderen Books of Original Entry aufgezeichnet werden. Z. B. werden darin Anschaffungen von Sachanlagen, die nicht bar gezahlt werden, gezeigt.

(9) Book of Conversion
Produktionsunternehmen verwenden das Book of Conversion, um den Produktionsfortschritt und Bestandsveränderungen aufzuzeichnen.

Nach Aufzeichnung der Geschäftsvorfälle werden die Salden der Books of Original Entries in die Buchführung übertragen. In vielen Unternehmen findet die Übertragung monatlich, wöchentlich, teilweise auch täglich statt. Die Aufzeichnungen der Books of Original Entry zählen zu den Buchungsunterlagen (bookkeeping records). Die Übertragungen aus den Books of Original Entry in die Buchhaltung führen zu Sammeleinträgen im Hauptbuch und den Nebenbüchern. Z. B. ist der Buchungssatz für die Berücksichtigung von Einkäufen eines Zeitraums:

```
DR Purchases ..................
DR VAT ........................
CR Creditors (A/P) ..........
```

Für eine Offene-Posten-Buchhaltung (open items accounting) müssen statt eines Eintrags im Kreditorenkonto (Hauptbuch) einzelne Einträge in den Konten der Kreditorenbuchhaltung vorgenommen werden. Es wird dabei für jeden Geschäftsvorfall eine Habenbuchung durchgeführt.

Nach den Buchungen im Haupt- und in den Nebenbüchern wird die Trial Balance aufgestellt. Notwendige Abschlussarbeiten (adjustment) werden auf der Grundlage der entwickelten Trial Balance vorgenommen. Insbesondere werden Abschreibungen (depreciation) und Abgrenzungen (accruals) gebucht, die zur adjusted Trial Balance führen. Aus der Adjusted Trial Balance wird der Jahresabschluss wie oben gezeigt abgeleitet.

4.4.3 Verwendung der Sammelbuchungen
(Operating Books of Original Entry)

Alle Books of Original Entry haben die in Abbildung 4.62 wiedergegebene Listen-Struktur:

BOOK OF ORIGINAL ENTRY

Date	Details	Folio	Money
			Total

Abbildung 4.62: Allgemeine Struktur der Books of Original Entry

In der Spalte Date wird das Datum aufgezeichnet. Die Spalte Details nimmt Hinweise auf den Geschäftsvorfall auf. Sie wird oft auch Narrative genannt. Meistens findet dort eine Beschreibung des Geschäftsvorfalls statt, z. B. werden im Purchase Journal das Material und die Beschaffungsmenge gezeigt. Folio ist ein Hinweis auf einen korrespondierenden Eintrag, oftmals die Kontonummer des Gegenkontos (contra account) und Money ist die Betragsspalte.

Bei Anwendung der Books of Original Entry werden die Geschäftsvorfälle klassifiziert, um sie den einzelnen Typen von Books of Original Entry zuordnen zu können wie in der Abbildung 4.63 gezeigt. So wird ein Einkauf auf Rechnung (purchase on credit) in das Purchase Journal eingetragen. Von dort wird er später in das Purchase Account des Hauptbuchs und in die Konten der Kreditorenbuchhaltung übertragen.

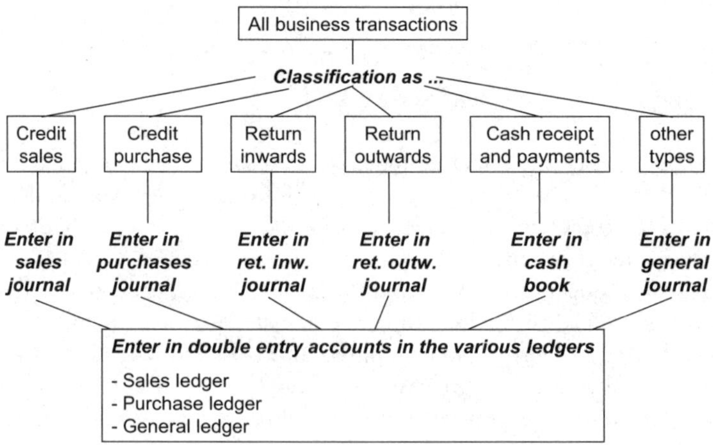

Abbildung 4.63: Anwendung der Books of Original Entry nach Wood/Sangster

Das nachfolgende Beispiel der Homepage GmbH soll die Zuordnung zu den Books of Original Entry zeigen. Die Homepage GmbH hat die unten dargestellten Geschäftsvorfälle im Januar 20X2 zu berücksichtigen. Für das Beispiel wird die Umsatzsteuer vernachlässigt.

01/01:
Die Anteilseigner starten die Geschäftstätigkeit, indem sie einen Betrag von 15.000,00 EUR einzahlen. Er wird als Erhöhung des gezeichneten Kapitals gebucht. Das Gegenkonto ist das Bankkonto.

01/03:
Es wird ein Firmenfahrzeug VW Passat für 14.000,00 EUR auf Rechnung gekauft. Später wird das Auto per Überweisung bezahlt.

01/06:
Es wird bei IKEA Büromaterial auf Rechnung gekauft.

01/14:
Der IKEA geschuldete Betrag wird per Überweisung gezahlt.

01/15:
Die Homepage GmbH bestellt beim Lieferanten VOSS 10 kg Hochglanzpapier. Das Papier kostet 730,00 EUR

01/17:
Die Homepage GmbH schickt 5 kg des Papiers, das sie zwei Tage zuvor bekommen hat, zurück und zahlt die Restmenge per Überweisung

01/25:
Die Homepage GmbH nimmt bei ihrer Hausbank ein Darlehn i.H.v. 40.000,00 EUR auf.

01/31:
Jeder der vier Anteilseigner der Homepage GmbH zahlt einen Betrag von 2.000,00 EUR in das Kapitalkonto ein.

Zur Vereinfachung werden die Geschäftsvorfälle über das Datum identifiziert. Sie werden wie in Abbildung 4.64 den Books of Original Entry zugeordnet.

Sales book
nil

Purchase journal
[01/06|*Office equipment bought for 415 EUR*]; [01/15|*Paper 730 EUR*];

Return inwards journal
nil

Return outwards journal
[*01/17a*|*Paper send back for 365 EUR*];

Cash book
[01/01|*Capital paid in 15,000*]; [*01/03*|*Station car paid 14,000 EUR*]; [01/14|*Office equipment paid 415 EUR*]; [01/17b|*Paper paid 365 EUR*]; [*01/25*|*Bank loan 40,000 EUR*]; 4 x [01/31|*Capital input 2,000 EUR*];

General journal
[01/03|*Station car - creditors*]

Abbildung 4.64: Books of Original Entry der Homepage GmbH

Die Books of Original Entry enthalten z. B. die Einträge für das Kaufen des Büromaterials und des Papiers. Das Büromaterial wird am 6.01.20X2 auf Rechnung gekauft. Würde es bar bezahlt werden, dann wäre der Geschäftsvorfall im Cash Book gezeigt worden. Ebenso wird Papier am 15.01.20X2 auf Rechnung gekauft/bestellt und erscheint im Purchase Journal.

Später, wenn die Kreditorenverbindlichkeiten durch Zahlung ausgeglichen werden, wird das Cash Book im Haben bebucht. Für das Büromaterial findet dies am 14.01.20X2, für das Papier am 17.01.20X2 statt. Das Hochglanzpapier, das an den Lieferanten zurückgeschickt wird, führt zu einem Eintrag im Returns Outwards Journal. Die folgenden Abbildungen zeigen das Purchase Journal, das Returns Outwards Journal und das Cash Book der Homepage GmbH.

HPG's PURCHASE JOURNAL

Date	Details	Folio	Money
06.01.20X2	Office equipment	0106	415,00
15.01.20X2	Paper 10 kg	0115	730,00

Abbildung 4.65: Purchase Journal der Homepage GmbH

HPG's RETURNS OUTWARDS JOURNAL

Date	Details	Folio	Money
17.01.20X2	Paper back to Voss	0117a	365,00

Abbildung 4.66: Returns Outwards Journal der Homepage GmbH

HPG's CASH BOOK

Date	Details	Folio	Money
01.01.20X2	Capital paid in	0101	15.000,00
01.03.20X2	Station car paid	0103	(14.000,00)
14.01.20X2	Office equipment	0104	(415,00)
17.01.20X2	Paper paid	0117b	(365,00)
25.01.20X2	Bank loan paid in	0125	40.000,00
31.01.20X2	Capital input R.	0131a	2.000,00
31.01.20X2	Capital input I.	0131b	2.000,00
31.01.20X2	Capital input K.	0131c	2.000,00
31.01.20X2	Capital input M.	0131d	2.000,00
31.01.20X2	Balance c/d		(48.220,00)
			(63.000,00)
01.02.20X2	Balance b/d		48.220,00

Abbildung 4.67: Cash Book der Homepage GmbH

Die dargestellten Geschäftsvorfälle sind anschließend in das Hauptbuch zu buchen. Die o. g. Beschaffungen und die Rücksendung führen zu den folgenden Einträgen im Hauptbuch und in den Nebenbüchern:

(1) Für die Übertragung des Purchase Journal in das Hauptbuch und die Kreditorenbuchhaltung:

```
DR Purchase Account .............. 1.145,00 EUR
CR A/P – IKEA .....................   415,00 EUR
CR A/P – VOSS .....................   730,00 EUR
```

(2) Für die Übertragung des Returns Outwards Journal in das Hauptbuch und die entsprechende Entlastung des Kreditorenkontos VOSS:

```
DR A/P – VOSS ..................... 365,00 EUR
CR R.O. Account ................... 365,00 EUR
```

(3) Für die Zahlung der Verbindlichkeiten gegenüber den Kreditoren IKEA und VOSS: Es wird deutlich, dass das Cash Book ein Konto im System der Doppik darstellt. Es ist nicht erforderlich, das Cash Book in ein Cash Account zu übertragen.

```
DR A/P: IKEA ...................... 415,00 EUR
CR Cash Book ...................... 415,00 EUR

DR A/P VOSS ....................... 365,00 EUR
CR Cash Book ...................... 365,00 EUR
```

4.4.4 Beispiel für die Anwendung von Sammelbuchungen bei der Sunny AG
(Operating Books of Original Entry for Case Study Sunny AG)

Im Weiteren wird die Anwendung der Books of Original Entry an der Fallstudie Sunny AG demonstriert. Dafür werden die folgenden Books of Original Entry gezeigt: (1) Das Purchase Journal, (2) das Cash Book → vgl. S. 88 und (3) das Petty Cash Book → vgl. S. 89.

Die Geschäftsvorfälle für die Books of Original Entry beziehen sich auf den Zeitraum Januar 20X2. Die Saldovorträge der Bestandskonten der Sunny AG können aus der adjusted Trial Balance zum Ende von 20X1 abgelesen werden. Sie wird in Abbildung 4.58 → vgl. S. 77 gezeigt. In dem Beispiel werden Zahlen im DR(CR) dargestellt, das bedeutet Credit Entries sind negativ. Sie werden in Klammern dargestellt.

(1) Purchase Journal
Es werden die folgenden Geschäftsvorfälle im Januar 20X2 betrachtet. Alle Materialnummern und Beschaffungspreise (Standardpreise) beziehen sich auf die Materialstammdaten der Fallstudie Sunny AG:

(1) Beschaffung von 200 CD-Laufwerken CD1 – CD RW/DVD ROM auf Rechnung von Lieferant Wang für 79,90 EUR/Stk. brutto am 04.01.20X2.
(2) Beschaffung von 150 CD-Laufwerken CD2 – CD RW/DVD ROM auf Rechnung von Lieferant Wang für 99,90 EUR/Stk. brutto am 04.01.20X2.
(3) Beschaffung von 300 Einbaukits EK1 – Einbaukit Computer auf Rechnung von Lieferant Foppenkamp für 52,00 EUR/Stk. brutto am 04.01.20X2.

(4) Beschaffung von 200 Einbaukits EK2 – Einbaukit Workstation auf Rechnung von Lieferant Foppenkamp für 72,00 EUR/Stk. brutto am 04.01.20X2.
(5) Beschaffung von 700 Festplatten FP1 – Festplatte 160 GB auf Rechnung von Lieferant Compuparts für 125,00 EUR/Stk. brutto am 04.01.20X2.
(6) Beschaffung von 180 Festplatten FP2 – Festplatte 250 GB auf Rechnung von Lieferant Wang für 245,00 EUR/Stk. brutto am 04.01.20X2.
(7) Beschaffung von 20 Netzteilen NT1 – Netzteil auf Rechnung von Lieferant Wang für 34,00 EUR/Stk. am 05.01.20X2.
(8) Beschaffung von 150 Motherboards MB1 – Mainboard auf Rechnung von Lieferant Foppenkamp für 115,00 EUR/Stk. am 05.01.20X2.
(9) Rücksendung aller (200 Stk.) Einbaukits EK2 – Einbaukit Workstation an Lieferant Foppenkamp am 10.01.20X2 wegen Fehlerhaftigkeit. Der Lieferant Foppenkamp bietet eine Gutschrift für die Einbaukits an.
(10) Beschaffung von 100 Speicherchips SC2 – Speicherchips 1.024 MB von Lieferant Foppenkamp auf Rechnung für 165,00 EUR/Stk. am 11.01.20X2.
(11) Beschaffung von 50 Netzteilen NT1 Netzteil von Lieferant Wang auf Rechnung für 33,50 EUR/Stk. am 12.01.20X2.

Alle Geschäftsvorfälle betreffen das Purchase Journal, da es sich um Einkäufe auf Rechnung (purchase on credit) handelt.

DR(CR) *Page: 412*

Sunny AG's PURCHASE JOURNAL - I/20X2

Date	Supplier	Narrative	Gross amount	VAT	Net amount
20X2-01-04	Wang	(1) 200 · CD1	15.980,00	2.663,33	13.316,67
20X2-01-04	Wang	(2) 150 · CD1	14.985,00	2.497,50	12.487,50
20X2-01-04	Foppenkamp	(3) 300 · EK1	15.600,00	2.600,00	13.000,00
20X2-01-04	Foppenkamp	(4) 200 · EK2	14.400,00	2.400,00	12.000,00
20X2-01-04	CompuParts	(5) 700 · FP1	87.500,00	14.583,33	72.916,67
20X2-01-04	Wang	(6) 180 · FP2	44.100,00	7.350,00	36.750,00
20X2-01-05	Wang	(7) 20 · NT1	680,00	113,33	566,67
20X2-01-05	Foppenkamp	(8) 150 · MB1	17.250,00	2.875,00	14.375,00
20X2-01-10	Foppenkamp	(9) 200 · EK1 **R**	(14.400,00)	(2.400,00)	(12.000,00)
20X2-01-11	Foppenkamp	(10) 100 · SC2	16.500,00	2.750,00	13.750,00
20X2-01-12	Wang	(11) 50 · NT1	1.675,00	279,17	1.395,83
			214.270,00	*35.711,67*	*178.558,33*

Abbildung 4.68: Einkaufsjournal der Sunny AG für I/20X2

Die Rücksendung von Einbaukits EK2 an den Lieferanten Foppenkamp wird nicht in ein Returns Outwards Journal gebucht, sondern es wird im Purchase Journal eine Negativbuchung mit der Bemerkung „R" (retour) gebucht. Dies entspricht einem Credit Entry im Purchase Journal bzw. später im Purchase Account. Der Kauf der Einbaukits ist in Zeile (4), die Rücksendung in Zeile (9) in Abbildung 4.68 dargestellt.

Nach dem Eintrag im Purchase Journal werden die Einkäufe im General Ledger gebucht, weil das Purchase Journal (PJ) nicht zum Double Entry System zählt. Die Buchungen führen zu Sollbuchungen in den Konten Einkauf und VAT Account. Die Referenz lautet PJ. Im Purchase Ledger werden die Kreditorenverbindlichkeitskonten der Lieferanten Wang, Compuparts und Foppenkamp im Haben bebucht:

D	Purchase account		C
20X2	[EUR]	20X2	[EUR]
02/28 PJ	178.558,33		

Abbildung 4.69: Purchase Account der Sunny AG zum 31.01.20X2

D	VAT Account		C
20X2	[EUR]	20X2	[EUR]
Bal b/d	31.248,60		
02/28 PJ	35.711,67		

Abbildung 4.70: VAT Account der Sunny AG zum 31.01.20X2

In Abbildung 4.70 fällt auf, dass die Vorsteuerforderung aus dem Vormonat i.H.v. 31.248,60 EUR noch besteht. Es ist zu diesem Zeitpunkt noch keine Zahlung von den Finanzbehörden an die Sunny AG erfolgt.

Zugunsten einer Offenen-Posten-Buchhaltung werden die Geschäftsvorfälle einzeln in der Kreditorenbuchhaltung gebucht. Dies wird in Abbildung 4.71, Abbildung 4.72 und Abbildung 4.73 dargestellt. Der Geschäftsvorfall (9), der die Rücksendung enthält, führt bei dem Lieferanten Foppenkamp zu einer Sollbuchung, da die Rücksendung der Ware eine Forderung gegenüber dem Lieferanten Foppenkamp begründet.

D	A/P Foppenkamp		C
20X2	[EUR]	20X2	[EUR]
01/10 (9)	14.400,00	01/04 (3)	15.600,00
		01/04 (4)	14.400,00
		01/05 (8)	17.250,00
		01/11 (10)	16.500,00

Abbildung 4.71: Kreditorenbuchhaltung – A/P Foppenkamp

D	A/P CompuParts		C
20X2		20X2	
		01/04 (5)	87.500,00

Abbildung 4.72: Kreditorenbuchhaltung – A/P Compuparts

D	A/P Wang		C
20X2		20X2	
		01/04 (1)	15.980,00
		01/04 (2)	14.985,00
		01/04 (6)	44.100,00
		01/05 (7)	680,00
		01/12 (11)	1.675,00

Abbildung 4.73: Kreditorenbuchhaltung – A/P Wang

(2) Cash Book der Sunny AG

Für alle Zahlungen der Sunny AG wird das Bankkonto 113100 verwendet, das dem internationalen Kontenrahmen INT entspricht. Neben dem Bankkonto hat die Sunny AG noch ein Kassenkonto, das hier mit Cash bezeichnet wird.

Das Cash Book der Sunny AG ist in Abbildung 4.74 dargestellt. Aus graphischen Gründen ist das Cash Book nicht im T-Konto-Format gezeigt; es hat das DR(CR) Format, so dass alle Debit Entries positiv, alle Credit Entries negativ gezeigt werden. Zur Hervorhebung der negativen Werte sind sie im internationalen Format, d. h. in Klammern, gezeigt. Das Cash Book repräsentiert in Unternehmen häufig drei Konten: Das Kassenkonto (Cash), das Bankkonto (Bank) und das Rabattkonto (Discount). Damit werden Buchungen zwischen diesen Konten, z. B. diejenige der Sunny AG, die am 3.01.20X2 stattfindet, komplett im Cash Book gezeigt.

DR(CR) *Page: 273*

Sunny AG's CASH BOOK for 20X2

Date	Details	Discount	Cash	Bank
20X2-01-01	Balance b/d		0,00	408.786,07
20X2-01-03	Withdrawl			(2.000,00)
20X2-01-03	Withdrawl		2.000,00	
20X2-01-03	Petty Cash Book		(2.000,00)	
20X2-01-04	Motor Vehicle			(1.256,00)
20X2-01-15	Employee Meisengeier			(1.811,86)
20X2-01-20	Payment by Customer		1.438,80	
20X2-01-24	Rent by Transfer			(3.000,00)
20X2-01-25	Payment for VAT			31.248,60
20X2-01-28	Suppl. Wang			(77.420,00)
20X2-01-28	Suppl. CompuParts	(4.375,00)		(83.125,00)
20X2-01-31	SSec Meisengeier			(1.910,47)
	Bal. c/d	4.375,00	(1.438,80)	(269.511,34)
	Total	**4.375,00**	**3.438,80**	**440.034,67**

Abbildung 4.74: Cash Book der Sunny AG für I/20X2

Das Cash Book wird zeilenweise erläutert:

1.01.20X2: Die Saldovorträge für die Spalten Cash und Bank stimmen jeweils mit der adjusted Trial Balance in Abbildung 4.58 → vgl. S. 77 überein.

3.01.20X2: Es werden 2.000,00 EUR vom Bankkonto abgehoben (withdrawl). Dies führt zu einer Sollbuchung in der Cash-Spalte und zu einer Habenbuchung in der Bank-Spalte.

3.01.20X2: Bei der Sunny AG gibt es eine Portokasse (petty cash book). Auf dieses Petty Cash Book werden 2.000,00 EUR gebucht. Das Petty Cash Book wird unten erläutert. Der Buchungssatz ist:

```
DR PCB ................................ 2.000,00 EUR
CR Cash Book ....................... 2.000,00 EUR
```

401.20X2: Für das Firmenfahrzeug wird eine Zahlung für Reparatur i.H.v. 1.256,00 EUR vom Bankkonto überwiesen.

15.01.20X2: Der Nettolohn für Januar 20X2 wird an Herrn Meisengeier überwiesen, er beträgt 1.811,86 EUR.

20.01.20X2: Ein Kunde zahlt für den Barverkauf eines Computers 1.438,80 EUR.

24.01.20X2: Die Sunny AG überweist die Miete i.H.v. 3.000,00 EUR

25.01.20X2: Die Sunny AG hat gegenüber dem Finanzamt Osnabrück die Vorsteuer für den Januar 20X1 erklärt und erhält den Betrag der Vorsteuerforderung i.H.v. 31.248,60 EUR auf ihr Bankkonto gutgeschrieben.

28.01.20X2: Die Sunny hat aus den Einkäufen/Bestellungen bei dem Lieferanten Wang eine Verbindlichkeit i.H.v. 77.420,00 EUR. Dies ist der Saldo des Kreditorenkontos Wang. Die Schuld wird durch Überweisen des Betrags an Wang beglichen, indem eine Sollbuchung im A/P-Konto Wang und eine Habenbuchung in der Bank-Spalte des Cash Book gebucht werden. Jetzt ist das Kreditorenkonto ausgeglichen.

20.01.20X2: Die Sunny hat aus den Einkäufen/Bestellungen bei dem Lieferanten Compuparts eine Verbindlichkeit i.H.v. 87.500,00 EUR. Compuparts gewährt der Sunny AG einen Rabatt (discount received) von 5 % auf den geschuldeten Betrag. Die Zahlung und der gewährte Rabatt werden durch zwei Habenbuchungen im Cash Book deutlich. In der Discountspalte wird der absolute Betrag des Rabatts i.H.v. 4.375,00 EUR und in der Bankspalte der überwiesene Restbetrag i.H.v. 83.125,00 EUR als Habenbuchung gebucht. Die zugehörige Sollbuchung i.H.v. 87.500,00 EUR führt zum Ausgleich des Lieferantenkontos Compuparts, siehe Abbildung 4.75:

D	A/P CompuParts		C
20X2		20X2	
01/28 Bank	83.125,00	01/04 (5)	87.500,00
01/28 Disc	4.375,00		
	87.500,00		87.500,00

Abbildung 4.75: Kreditorenkonto A/P Compuparts

Im Unterschied zu einem Sofortrabatt zeigt das Purchase Account noch 87.500,00/1,2 = 72.916,67 EUR als Balance b/d auf der Sollseite und die Vorsteuer ist höher. Nach IAS 2.11 bzw. → § 255 Abs. 1 HGB und deutschem UStG ist der Rabatt von den Anschaffungskosten abzuziehen bzw. eine Korrektur der Vorsteuerforderung zu buchen:

```
DR Discount received  .............. 3.645,83 EUR
CR Purchase Account ................ 3.645,83 EUR

DR Discount received  ..............   729,17 EUR
CR VAT .............................   729,17 EUR
```

Das Purchase Account zeigt jetzt den Wert, der sich bei Buchung eines Sofortrabatts ebenfalls ergeben hätte: 95 % · 87,500 : 120 % = 72.916,67 – 3.645,83 = **69.270,84 EUR**. Der Betrag 72.916,67 EUR ist der Nettowert von 700 Stück des Materials FP1 aus dem Purchase Journal, Zeile (5).

31.01.20X2: Für den Mitarbeiter Meisengeier werden die Sozialversicherungsbeiträge und die Steuern i.H.v. 1.910,47 EUR überwiesen.

(3) Petty Cash Book

Das Petty Cash Book (PCB) wird bei der Sunny AG im Bereich des Service verwendet. Dafür wird dem Mitarbeiter Meisengeier der Abteilung das Führen einer „Portokasse" übertragen. Meisengeier ist somit Petty Cashier. Er erhält zu Beginn des Monats Januar (3.01.20X2) einen Betrag i.H.v. 2.000,00 EUR als Petty Cash Float. Die Abhebung dieses Betrags und seine Übertragung in das Petty Cash Book waren bereits im Cash Book zu sehen.

Alle Ausgaben der Abteilung werden im Petty Cash Book den Aufwandsarten zugeordnet, damit sie am Monatsende als Aufwand gebucht werden können. Alle Zahlungen, für die Meisengeier

Belege vorlegt, werden erstattet, so dass am nächsten Monatsersten der Saldo auf dem Petty Cash Book wieder 2.000,00 EUR beträgt. Die Erstattung findet bei der Sunny AG am 1.02.20X2 statt.

Da das Petty Cash Book ein Konto im Double Entry System darstellt, werden darin alle Buchungen im Zusammenhang mit anderen Konten bereits als Soll- oder Habenbuchungen gezeigt. Sie machen entsprechende Buchungen in den jeweiligen Gegenkonten notwendig. Später werden die Aufwendungen, die im Petty Cash Book bereits als Habenbuchung zu sehen sind, zu Sollbuchungen in den Aufwandkonten führen.

Die folgende Abbildung 4.76 zeigt das Petty Cash Book der Sunny AG für den Service-Bereich:

Page: 19

Sunny AG's PETTY CASH BOOK for I/20X2

Receipts	Date	Details	Gross amount	VAT	Net amount	Deko Exp.	Office Exp.
2.000,00	20X2-01-03	Cash					
	20X2-01-04	McDeko	12,00	2,00	10,00 =	10,00 +	
	20X2-01-15	McOffice	200,00	33,33	166,67 =	+	166,67
	20X2-01-17	McOffice	204,00	34,00	170,00 =	+	170,00
	20X2-01-23	McOffice	300,00	50,00	250,00 =	+	250,00
				119,33		***10,00***	***586,67***
		Bal. c/d	1.284,00				
2.000,00			*2.000,00*				
1.284,00		Bal. b/d					
716,00	20X2-02-01	Cash					

Abbildung 4.76: Petty Cash Book der Sunny AG für I/20X2

Dem Petty Cashier Meisengeier wurden 2.000,00 EUR zur Verfügung gestellt. Hierzu wurde ihm der Betrag in bar ausgezahlt. Der Buchungssatz am 3.01.20X2 lautet:

```
DR PCB (Pg. 19) ................... 2.000,00 EUR
CR Cash Book (Cash Column) ..... 2.000,00 EUR
```

Die Sollbuchung ist im Cash Book in Abbildung 4.74 zu sehen.

Die Habenbuchung ist im Petty Cash Book in Abbildung 4.76 in der Spalte Receipts sichtbar.

Meisengeier hat im Januar mehrere Auszahlungen vorgenommen: Er hat Dekorationsmaterial für den Verkaufsraum gekauft und Büromaterial in bar bei McOFFICE eingekauft. Die Auszahlungen betragen in Summe 716,00 EUR und werden am 1.03.20X1 gegen Vorlage der Belege erstattet:

```
DR PCB (Pg. 20) ................... 716,00 EUR
CR Cash Book (Cash Column) ..... 716,00 EUR
```

Das Ziel des Führens eines Petty Cash Book ist, dass auch Ausgaben, die von dem Petty Cashier verwaltet werden, aufwandsgerecht in der Gewinn- und Verlustrechnung gezeigt werden. Die von Meisengeier gezahlten Beträge werden auf das VAT Account und die Aufwandkonten gebucht:

```
DR VAT ............................. 119,33 EUR
CR PCB (Pg. 19) ................... 119,33 EUR

DR Deko Expenses ..................  10,00 EUR
CR PCB (Pg. 19) ...................  10,00 EUR

DR Office Expenses ............... 586,67 EUR
CR PCB (Pg. 19) ................... 586,67 EUR
```

Zusammenfassung (Summary)

Die Erstellung von Financial Statements aus Geschäftsvorfällen erfordert das zahlenmäßige Erfassen in Buchungssätzen und das Buchen auf die entsprechenden Konten. Die Buchhaltung findet international ebenfalls nach der Doppik (double entry system) statt.

Beim Kontenabschluss werden Saldo und Saldovortrag als Bestandteile eines einzigen Buchungssatzes aufgefasst. International wird der Saldo eines Kontos als Balance carried down dargestellt. Der Saldovortrag eines Kontos wird als Balance brought down bezeichnet und in die Trial Balance übertragen.

Die Trial Balance stellt eine Saldenliste aller Konten eines Unternehmens dar. Durch Vergleich der Summen auf der Debit und Credit Side lässt sich das Einhalten der Doppik prüfen. Buchungsfehler führen i.d.R. zu einem Unterschied zwischen der Summe der Debit und Credit Entries. Das Übereinstimmen der beiden Summen garantiert jedoch nicht die Fehlerfreiheit der Buchungen, da sich Buchungsfehler evtl. kompensieren können.

Nach Aufstellen der Trial Balance wird der Erfolg eines Unternehmens durch Gegenüberstellen von Aufwand und Ertrag bestimmt. Dafür werden alle Erfolgskonten in das Profit and Loss Account ausgebucht. Dieser Vorgang ist eine Buchung im Sinne der Doppik. Der Saldo eines ausgebuchten Kontos ist anschließend Null. Das Profit and Loss Account ist bereits ein Income Statement in Kontenform. Im Gegensatz zum Income Statement enthält es jedoch für jedes Konto eine einzelne Position. Für die Aufstellung des Income Statements werden einzelne Positionen aus dem Profit and Loss Account zusammengefasst. Statt eines einzelnen Profit and Loss Account wird häufig ein Trading Account verwendet, um den Rohertrag aus Handelsgeschäften zu bestimmen. Das Trading Account liefert den Rohertrag als Zwischenergebnis bei der Erfolgsbestimmung. Der Rohertrag wird in das Profit and Loss Account übertragen und den weiteren Aufwendungen und evtl. Erträgen gegenüber gestellt.

Nach der Erfolgsbestimmung wird das Eigenkapital geändert. Üblicherweise wird dazu das Retained Earnings Account gem. des Gewinns bzw. Verlusts angepasst und gem. IAS 1.68 die anfallenden Unternehmenssteuern in dem Konto Tax Liabilities gem. IAS 12 ausgewiesen. Anders als nach deutschem HGB → vgl. § 249 HGB sind die Unternehmenssteuern nicht als Rückstellung zu zeigen, sondern stellen Verbindlichkeiten dar.

Die Trial Balance wird an die Änderungen aufgrund der Erfolgsbestimmung, der Eigenkapitalveränderung sowie des Steuerausweises angepasst. Sie wird anschließend als adjusted Trial Balance gezeigt.

Alle Positionen der adjusted Trial Balance repräsentieren Saldovorträge der Bestandskonten und fließen in die Bilanz ein. Die Bilanz erhält man durch Kopieren und Zusammenfassen der Positionen der adjusted Trial Balance.

Die Books of Original Entry sind für eine EDV-gestützte Buchhaltung weniger bedeutsam. Dennoch wird z. B. das Petty Cash Book mit den zugehörigen Vorteilen, wie Delegation der Ausgabenverantwortung, auch von modernen EDV-Anwendungssystemen in der Betriebswirtschaft unterstützt.

Die Books of Original Entry stellen Sammelbuchungen dar und entlasten damit das Hauptbuch von einzelnen Geschäftsvorfällen. Die verwendeten Books of Original Entry sind das Purchase Journal, das Sales Journal, Payroll und General Journal. Ebenfalls sind das Cash Book und das Petty Cash Book Books of Original entry. Letztere haben gleichzeitig Kontoeigenschaften. Im Gegensatz dazu wird der Saldo der anderen Books of Original Entry in die entsprechend zugeordneten Konten gebucht, z. B. Einträge aus dem Purchase Journal ins Purchase Account und in die Konten der Kreditorenbuchhaltung (purchase ledger).

Aufgaben (Exercises)

Aufgabe 1: Trial Balance (Exercise on Trial Balance)

Sie sind Taxiunternehmer und eröffnen Ihr Unternehmen am 1.01.20X1. Sie zahlen 50.000,00 EUR in das Kapitalkonto in bar ein. Weiter kaufen Sie ein Auto für 48.000,00 EUR (brutto) und zahlen per Banktransfer. Berücksichtigen Sie eine VAT-rate i.H.v. 20 %.

Berücksichtigen Sie lineare Abschreibung für das Fahrzeug bei einer Nutzungsdauer von acht Jahren. Während 20X1 haben Sie weitere Ausgaben i.H.v. insgesamt 30,000 EUR (keine VAT zu berücksichtigen). Nehmen Sie an, Sie würden die Ausgaben bar zahlen. Der Netto-Umsatz betrage 42.000,00 EUR. Sie erhalten ihn bar. Erstellen Sie die Trial Balance vor Adjustments und leiten Sie über die adjusted Trial Balance den Jahresabschluss ab.

Aufgabe 2: Aufstellen des Jahresabschlusses
(Exercise on Deriving Financial Statements)

Zeigen Sie die Asset-, Capital- und Liability Accounts für die folgenden Geschäftsvorfälle der Homepage GmbH, Dortmund, gem. internationaler Buchhaltung für das Geschäftsjahr 20X1:

(1) 1.01.20X1: Geschäftseröffnung mit Zahlung von 60.000,00 EUR in das Bankkonto.
(2) 2.01.20X1: Einkauf von Papier für 1.200,00 EUR und Zahlung per Überweisung. Der Betrag enthält 20 % USt.
(3) 3.01.20X1: Kauf eines Mac-Computers von Mars AG für 1.500,00 EUR netto auf Rechnung.
(4) 5.01.20X1: Kauf eines Geschäftsfahrzeugs von der Posemeyer AG, das per Scheck bezahlt wird. Der Preis beträgt 24.000,00 EUR (USt enthalten).
(5) 14.01.20X1: Zahlung von 1.000,00 EUR, die der Mars AG geschuldet werden, per Scheck und Zahlung des restlichen Betrags in bar. Es ist jedoch nur ein Konto für Cash/Bank zu berücksichtigen.
(6) 15.01.20X1: Verkauf von Websites für 4.200,00 EUR (Nettoverkaufserlös) an Schulze Brammelkamp auf Rechnung.
(7) 24.01.20X1: Eingang des Betrags von Schulze Brammelkamp per Scheck.

Erstellen Sie anschließend die Bilanz zum Periodenabschluss von I/20X1. Die Besteuerung des Unternehmens beträgt 30 %.

Aufgabe 3: Gewinn- und Verlustrechnung (Exercise on Profit and Loss Statement)

Verwenden Sie die unten angegebene Trial Balance. Bestimmen Sie den Periodengewinn nach Steuern und erstellen Sie eine Balance Sheet und Income Statement nach Steuern aber vor Gewinnverwendung. Den Gesamtsteuersatz für die Unternehmensbesteuerung können Sie mit 30 % annehmen.

TRIAL BALANCE

Account	Total of Debit Entries	Total of Credit Entries
Sales		100.000,00
Purchases	45.000,00	
Building rent account	3.000,00	
Labour	26.000,00	
Energy expenses	13.000,00	
Other expenses	1.000,00	
Debtors	80.000,00	
Creditors		15.000,00
Loans		35.000,00
Cash	32.000,00	
Capital		
Subscribed cap.		40.000,00
Retained earnings		10.000,00
Total	*200.000,00*	*200.000,00*

Abbildung 4.77: Trial Balance

Aufgabe 4: Sammelbuchungen (Exercise on Books of Original Entry)

Buchen Sie die folgenden Geschäftsvorfälle unter Berücksichtigung der Books of Original Entry. Nehmen Sie die entsprechenden Einträge im Hauptbuch und in der Kreditorenbuchhaltung (purchase ledger) vor. Schließen Sie alle Konten ab und stellen Sie die Trial Balance auf.

Nehmen Sie an, es gäbe kein Umlaufvermögen, insbesondere keinen Anfangsbestand für Vorräte. Alle Bilanzposten, die nicht benannt werden, haben den Wert Null.

(1) Einkauf von 200 Digital Cameras von dem Lieferanten Steinbeck für 110,00 EUR/Stk., netto, auf Rechnung.
(2) Einkauf von 500 Camcorders ebenfalls von Steinbeck für 200,00 EUR/Stk., netto, auf Rechnung.
(3) Zahlung des an Steinbeck geschuldeten Betrags per Überweisung.
(4) Barverkauf von 10 Digital Cameras für 200,00 EUR/Stk., brutto.
(5) Einkauf von 100 Druckern für 35,00 EUR/Stk., netto, auf Rechnung. Der Lieferant Paltenkamp gewährt einen Sofortrabatt von 5 %.
(6) Barverkauf von 34 Camcorders für 289,00 EUR/Stk., brutto.
(7) Barverkauf von 46 Druckern für 69,00 EUR/Stk., brutto.

Aufgabe 5: Einkaufsjournal und Kassenbuch
(Exercise on Purchase Journal and Cash Book)

Sie haben eine Eröffnungsbilanz für 20X1 mit dem folgenden Buchungssatz gebucht:

```
DR Bank ............................ 100.000,00 EUR
CR Issued Capital ................. 100.000,00 EUR
```

Buchen Sie alle unten stehenden Geschäftsvorfälle unter Verwendung des Purchase Journal und des Cash Book. Erstellen Sie ebenfalls eine Trial Balance. Der Umsatzsteuersatz betrage 20 %.

(1) Materialeinkauf auf Rechnung im Januar: 100 Stück A für 120,00 EUR/Stk., 200 Stück B für 240,00 EUR/Stk. und 250 Stück C für 60,00 EUR/Stk. (Alles Bruttowerte). A und B werden von dem Lieferanten Merzig und C von dem Lieferanten Neuenkirchen geliefert.
(2) Im Februar zahlen Sie alle Materiallieferungen per Überweisung. Der Lieferant Neuenkirchen gewährt ein Rabatt i.H.v. 5 % des Warenwerts.
(3) Im März erwirtschaften Sie mit dem Kunden Lengerich einen Bruttoumsatz i.H.v. 24.000,00 EUR. Er zahlt bar.
(4) Sie schicken im April alle 200 Stück B zu dem Lieferanten Merzig zurück. Sie erhalten eine Gutschrift, keine Zahlung von ihm. Vergessen Sie nicht die Vorsteuerforderung anzupassen.

Aufgabe 6: Trial Balance (Exercise on Trial Balance)

Ihnen liegt die Trial Balance wie unten abgebildet vor mit einigen noch fehlenden Einträgen. Ebenso haben Sie das Purchase Journal und das Cash Book. Komplettieren Sie die Books of Original Entry und machen Sie die zugehörigen Buchungen im Hauptbuch und in der Kreditorenbuchhaltung. Vervollständigen Sie die Trial Balance, wo Sie Fragezeichen vorfinden und leiten Sie daraus die adjusted Trial Balance ab. Die Zahlung im Cash Book des Lieferanten Telgte ist für den Betrag, den das Unternehmen ihm wegen des ersten Eintrags im Purchase Journal schuldet.

Sie müssen einen Umsatzsteuersatz von 20 % berücksichtigen. Sie zahlen jedoch weder die Umsatzsteuer noch erhalten Sie eine Erstattung für die Vorsteuerforderung. Sie müssen entsprechend Verbindlichkeiten und Forderungen aus Vorsteuer ausweisen.

Hinweis: Die Habenbuchung für die Umsatzsteuer resultiert aus den Verkäufen auf Rechnung abzüglich der Rücksendungen. Sie müssen das VAT Account jedoch mit den Informationen aus dem Purchase Journal und des Cash Books vervollständigen. ((300,000.00 – 18,000.00) · 20 % = 56,400.00 EUR)

TRIAL BALANCE

Account	Total of Debit Entries	Total of Credit Entries
Sales		300.000,00
Purchases	???	???
Returns inwards	18.000,00	
Building Rent	3.680,00	
Labour	20.000,00	
Services	???	???
Energy expenses	17.500,00	
Other expenses	44.500,00	
Inventories (OV)	98.000,00	
Debtors	291.400,00	
Creditors	???	???
VAT	???	*56.400,00*
Loans		34.000,00
Cash	???	???
Bank	???	???
Capital		
Subscribed cap.		100.000,00
Retaines Earnings		23.020,00
Total		

Abbildung 4.78: Trial Balance

Purchase Journal	Net amount	VAT
Supplier Telgte	20.000,00	4.000,00
Supplier Bawinkel	45.000,00	9.000,00
Supplier Klusor	30.000,00	6.000,00
Supplier Papenburg	78.000,00	15.600,00

Abbildung 4.79: Purchase Journal

DR(CR)

Cash Book	Cash	Bank
Opening Value	340,00	20.000,00
Service McDiener	(120,00)	
Payment Supplier Telgte		(24.000,00)
Withdrawl	2.000,00	(2.000,00)
Service McKnecht		(600,00)

Abbildung 4.80: Cash Book

Aufgabe 7: Petty Cash Book (Exercise on Petty Cash Book)

Sie sind der Petty Cashier. Sie haben von Ihrem Vorgesetzten ein Petty Cash Float von 1.000,00 EUR erhalten. Sie zahlen während der Abrechnungsperiode Januar 20X5 die folgenden Ausgaben. Berücksichtigen Sie einen einheitlichen Umsatzsteuersatz von 20 %, allerdings sollen Postwertzeichen umsatzsteuerfrei sein. Alle Werte sind brutto angegeben.

(1) 02 Jan 20X6: Tanken mit dem Firmenfahrzeug 50,00 EUR
(2) 02 Jan 20X6: Papier für 10,00 EUR
(3) 02 Jan 20X6: Postwertzeichen 1,00 EUR
(4) 06 Jan 20X6: Reinigungskosten 15,00 EUR
(5) 10 Jan 20X6: Kaffee und Kaltgetränke 20,00 EUR
(6) 11 Jan 20X6: Reisekosten 300,00 EUR
(7) 15 Jan 20X6: Postwertzeichen 5,00 EUR
(8) 16 Jan 20X6: Tanken mit dem Firmenfahrzeug 60,00 EUR
(9) 20 Jan 20X6: Autowaschen für das Firmenfahrzeug 10,00 EUR
(10) 21 Jan 20X6: Blumen fürs Büro 25,00 EUR
(11) 21 Jan 20X6: Kuchen und Kekse 12,00 EUR
(12) 22 Jan 20X6: Reinigungskosten 20,00 EUR
(13) 23 Jan 20X6: Reisekosten 60,00 EUR
(14) 27 Jan 20X6: Tanken mit dem Firmenfahrzeug 30,00 EUR
(15) 31 Jan 20X6: Erstattung aller obigen Beträge

Erstellen Sie das Petty Cash Book. Verwenden Sie die Aufwandsspalten: Office Expenses, Cleaning, Postage und Travel Expenses. Zeigen Sie eine weitere Spalte für die Vorsteuer. Schließen Sie das Petty Cash Book ab und nehmen Sie alle Einträge im Hauptbuch vor.

5 Bilanzanalyse (Financial Statement Analysis)

Lernziele

Die Bilanzanalyse wird vor die Detailbehandlung der Jahresabschlusspositionen gestellt, um das Nutzen von Daten des handelsrechtlichen Jahresabschlusses zur Bewertung und/oder Steuerung von Unternehmen zu betonen.

Die Bilanz zeigt eine nach Kategorien aufgeschlüsselte Übersicht über das Vermögen und stellt diesem das Kapital, das durch Eigen- und Fremdkapitalgeber zur Verfügung gestellt wird, gegenüber. Die Gewinn- und Verlustrechnung zeigt den Erfolg des Unternehmens und stellt die Aufwands- und Ertragspositionen dar, die das Einkommen des Unternehmens beeinflussen. Die Kapitalflussrechnung stellt die Zahlungsströme des Unternehmens in nach Kategorien geordneter Struktur zur Verfügung.

Häufig sind benötigte entscheidungsrelevante Informationen aus dem handelsrechtlichen Jahresabschluss nicht direkt abzulesen. Viele Informationsbedarfe können deshalb nur über den Vergleich von Jahresabschlüssen mit z. B. branchenähnlichen Unternehmen, durch Vergleiche von Größen zu unterschiedlichen Zeitpunkten oder durch das Aufstellen von Kennzahlen gedeckt werden.

Das Untersuchen von Jahresabschlüssen zum Ableiten von entscheidungsrelevanten Informationen wird als Bilanzanalyse (financial statement analysis) bezeichnet. Bei einer Bilanzanalyse werden die Informationen aus den einzelnen Jahresabschlusspositionen miteinander verglichen und/oder zueinander ins Verhältnis gesetzt. Erst das Berechnen und Interpretieren von Beziehungen zwischen Jahresabschlusspositionen erlaubt eine tief gehende Untersuchung der Lage eines Unternehmens.

Flynn/Koornhof [2005] beschreiben das Wesen der Bilanzanalyse als das Wissen darüber, nach was man sucht und wie man es interpretiert, sobald man es gefunden hat.

In diesem Kapitel werden die Methoden zur Bilanzanalyse dargestellt. Es werden die Horizontalanalyse, die Vertikalanalyse und die Kennzahlenanalyse vorgestellt. Es ist zu berücksichtigen, dass hier nur ein Überblick über die Bilanzanalysetechniken gezeigt werden kann. Bilanzanalysten verwenden detaillierte Kennzahlen, deren gemeinsame Interpretation erst ein aufschlussreiches Gesamtbild über die Situation des untersuchten Unternehmens vermittelt.

Die Berechnung der wichtigsten Bilanzanalyseergebnisse wird am Beispiel der Sunny AG demonstriert, um zu zeigen, wie die Berechnungsvorschriften anzuwenden sind. Die Interpretation der Zahlen für ein fiktives Unternehmen macht jedoch keinen Sinn und wird daher nicht verfolgt.

In diesem Kapitel 5 werden die folgenden Lernziele angestrebt:

(1) Erkennen der Notwendigkeit zur Bilanzanalyse um als Unternehmensexterner Jahresabschlussinformationen interpretieren zu können → vgl. Abschnitt 5.1, S. 98
(2) Kennenlernen der Voraussetzungen für die Bilanzanalyse und der grundsätzlichen Methoden beim Erstellen einer Bilanzanalyse → vgl. Abschnitt 5.1, S. 98
(3) Erkennen der Grenzen der Aussagefähigkeit einer Bilanzanalyse → vgl. Abschnitt 5.1, S. 101
(4) Vertiefte Kenntnisse über die Instrumente der Bilanzanalyse, insbesondere über die Horizontal-, Vertikalanalyse und über die Bestimmung und Interpretation von Kennzahlen und Kennzahlensystemen → vgl. Abschnitt 5.4, S. 105
(5) Vermitteln der Fähigkeiten eine detaillierte Bilanzanalyse einschließlich einer aussagekräftigen Interpretation von Kennzahlen aufzustellen → vgl. Abschnitt 5.4, S. 105

5.1 Grundlagen der Bilanzanalyse (Basics of Financial Statement Analysis)

Eine Bilanzanalyse baut auf dem Jahresabschluss auf, den ein Unternehmen erstellt hat. Der deutsche Begriff Jahresabschlussanalyse ist zutreffender als Bilanzanalyse, da alle Bestandteile des handelsrechtlichen Jahresabschlusses untersucht werden, nicht nur die Bilanz.

Das Vorgehen bei einer Bilanzanalyse folgt den Schritten: (1) Bestimmen des Informationsbedarfs und Auswahl von Untersuchungsmethoden, (2) Vergleich der entwickelten Informationen im Rahmen von Zeitreihen, mit anderen Unternehmen, mit **BENCHMARKS** → GLOSSAR und mit den Zielen des Unternehmens, (3) Bewertung, ob eine Kennzahl für ein Unternehmen gut oder schlecht ist, ob sie den Erwartungen entspricht und (4) Vorhersage von zukünftigen Entwicklungen.

Bevor die Bilanzanalyse beginnt, muss zuerst der Bestätigungsvermerk des Abschlussprüfers (auditor) kontrolliert werden. Erst wenn er uneingeschränkt erteilt worden ist, können die Jahresabschlussinformationen ausgewertet werden.

Es wäre sinnlos, die Zahlen aus dem Jahresabschluss eines Unternehmens zu untersuchen, wenn sie falsch oder manipuliert sind. Der Bilanzanalyst prüft jedoch den Jahresabschluss nicht auf Fehler oder Bilanzierungsverstöße, sondern verlässt sich dazu auf das Ergebnis der Prüfung des Jahresabschlusses, die über § 316 HGB für prüfungspflichtige Kapitalgesellschaften vorgeschrieben ist. Prüfungspflichtig sind Kapitalgesellschaften, die nach § 267 HGB als nicht klein eingestuft werden. Sie müssen durch einen Abschlussprüfer geprüft werden. Abschlussprüfer kann bei mittelgroßen Kapitalgesellschaften ein vereidigter Buchprüfer oder eine Buchprüfungsgesellschaft sein, bei großen Kapitalgesellschaften muss der Jahresabschluss durch einen Wirtschaftsprüfer oder eine Wirtschaftsprüfungsgesellschaft geprüft werden. Der Abschlussprüfer wertet die Zahlen des Jahresabschlusses nicht, er stellt nur fest, ob der Jahresabschluss den Grundsätzen ordnungsmäßiger Buchführung entspricht und ein den tatsächlichen Verhältnissen entsprechendes Bild der Vermögens-, Finanz- und Ertragslage vermittelt. Das Prüfungsergebnis wird in einem **BESTÄTIGUNGSVERMERK** → GLOSSAR festgehalten. Der Bestätigungsvermerk kann auch eingeschränkt werden, in einem solchen Fall ist im Prüfungsbericht die Begründung darzulegen. Dasselbe gilt für den Vermerk über das Versagen des Bestätigungsvermerks. Die Prüfung des Jahresabschlusses ist die Voraussetzung für die Feststellung des Jahresabschlusses.

Die Bilanzanalyse basiert auf der Methode des Vergleichs. Absolute Zahlen z. B. über das Jahresergebnis sind dagegen wenig aussagekräftig. I.d.R. ist es wenig zweckdienlich, Informationen von Unternehmen miteinander zu vergleichen, wenn diese einer unterschiedlichen Branche angehören. Wird z. B. das langfristige Fremdkapital von Microsoft mit demjenigen von General Electric für das Geschäftsjahr 2006 verglichen, fällt auf, dass Microsoft kein langfristiges Fremdkapital ausweist, dagegen General Electric 64,39 % des Gesamtkapitals als langfristiges Fremdkapital darstellt. Die Situation wird relativiert, sobald man berücksichtigt, dass Apple Computer ebenfalls kein langfristiges Fremdkapital in der Bilanz gezeigt hat [vgl. MEGGINSON/SMART/LUCEY 2008].

Ein Vergleich erfordert häufig das Bilden neuer Kennzahlen aus den Jahresabschlussinformationen. Das Beispiel aus WOOD/SANGSTER [2007] macht die Notwendigkeit zur Bildung von Relativzahlen (ratios) deutlich. Es werden vier Unternehmen gezeigt, für die der Rohertrag und die Nettoumsatz in Abbildung 5.1 dargestellt sind. Die Frage lautet: Welches der Unternehmen hat eine höhere Leistung erbracht?

Company	Gross Profit	Sales
A	200.000,00	848.000,00
B	300.000,00	1.252.000,00
C	500.000,00	1.927.500,00
D	350.000,00	1.468.400,00

Abbildung 5.1: Vergleichsgrößen von Unternehmen

Die Größen Rohertrag (gross profit) und Umsatz (sales) können direkt der Gewinn- und Verlustrechnung entnommen werden. Eine Bewertung der Unternehmen nach den absoluten Größen fällt jedoch schwer, wie das Beispiel in Abbildung 5.1 demonstriert. Setzt man dagegen die beiden Größen zueinander ins Verhältnis, erhält man die Brutto-Umsatzrendite (gross margin), die die Leistung des Unternehmens misst, seine Produkte erfolgreich am Markt zu verkaufen:

(1) Unternehmen A: 23,58 %
(2) Unternehmen B: 23,96 %
(3) Unternehmen C: 25,94 %
(4) Unternehmen D: 23,84 %

Offenbar liegen die **LEISTUNGSKENNZAHLEN** → GLOSSAR der Unternehmen relativ dicht beieinander, Unternehmen C ist nach diesem Vergleich dasjenige Unternehmen, dass den höchsten Rohertrag pro 100,00 EUR Umsatz erzielt hat.

Im Weiteren sollen einige typische Bilanzanalyse-Fragestellungen dargelegt werden und Kennzahlen vorgestellt werden, mit denen die Informationsbedarfe der Bilanzadressaten zu decken sind.

Sunny AG (Case Study Sunny AG)

Nach Vorstellen der Kennzahlen werden jeweils die Kennzahlausprägungen für die Sunny AG im Geschäftsjahr 20X2 dargestellt. Es gilt zu berücksichtigen, dass die Sunny AG ein fiktives Unternehmen ist. Die Darstellung dient hier allein der Erläuterung der Berechnung. Eine Interpretation des Bilanzanalyseergebnisses findet deshalb nicht statt. Der Jahresabschluss der Sunny AG ist in den folgenden Abbildungen wiedergegeben.

SUNNY AG's BALANCE SHEET as at 31.12.20X2

Non-current assets		
Property, plant and equipment	2.738.000,00	2.952.000,00
Investment property		
Intangible assets		
Financial assets		
Investment accounted [...]		
Total of non-current assets	*2.738.000,00*	*2.952.000,00*
Current assets		
Inventories		
Trade and other receivables	1.002.000,00	1.002.000,00
Cash and cash equivalents	796.658,94	149.600,00
Prepaid expenses		
Total of current assets	*1.798.658,94*	*1.151.600,00*
Total assets	***4.536.658,94***	***4.103.600,00***
Liabilities		
[...] Interest bearing liabilities	289.478,70	294.900,00
Trade and other payables	2.786.021,80	2.652.715,23
Provisions		
Liabilities and assets [...] IAS 12	251.122,78	251.025,83
Deferred tax liabilities [...] IAS 12		
Deferred income		
Total of liabilities	*3.326.623,28*	*3.198.641,06*
Capital		
Issued capital	600.000,00	600.000,00
Other reserves	610.035,67	304.958,94
Retained earnings		
Total of shareholder's equity	*1.210.035,67*	*904.958,94*
Total equity and liabilities	***4.536.658,94***	***4.103.600,00***

Abbildung 5.2: Bilanz der Sunny AG zum 31.12.20X2

Sunny AG's INCOME STATEMENT for 20X2

	20X2 [EUR]	20X1 [EUR]
Revenue	8.350.000,00	8.350.000,00
Other income		
Changes in inventory of finished goods and work in progress		
Work performed by the entity and capitalized		
Total	*8.350.000,00*	*8.350.000,00*
Raw material and consumables used	(3.000.000,00)	(3.000.000,00)
Employee benefits expense	(3.680.000,00)	(3.680.000,00)
Depreciation and amortisation expense	(214.000,00)	(214.000,00)
Impairment of property, plant and equipment		
Other expenses	(605.200,00)	(605.200,00)
Finance costs	(18.578,70)	(18.900,00)
Share of profit of associates		
Profit before taxation	832.221,30	831.900,00
Income tax expenses	(251.122,78)	(251.025,83)
Deferred tax income/expense		
Profit for the period	***581.098,52***	***580.874,18***

Abbildung 5.3: Gewinn- und Verlustrechnung der Sunny AG für 20X2

Die Beurteilung eines Unternehmens richtet sich an seinen Formalzielen aus. Unternehmen verfolgen (a) Maximierungsziele, wie Erfolg, Rentabilität, Unternehmenswert und (b) Erfüllungsziele, z. B. das Sicherstellen von Liquidität. Entsprechend existieren Leistungs- und Liquiditätskennziffern.

Die Bilanzanalyse unterliegt jedoch auch methodischen Begrenzungen: (1) Die Bilanzanalyse ist kein Forecast-Instrument. Sie erlaubt allein das Untersuchen von Vergangenheitsdaten. (2) Das Prinzip der Bilanzanalyse baut auf Vergleichsanalysen. Ein Vergleich von Unternehmen unterschiedlicher Branche ist wenig aussagekräftig. Bilanzieren Unternehmen unterschiedlich, z. B. nach unterschiedlichen Rechnungslegungsstandards, ist das Vergleichen von Kennzahlen ohne Sinn. Es lassen sich keine vernünftigen Vergleiche zwischen Unternehmen ziehen, wenn ein Unternehmen nach deutschem Handelsgesetzbuch und das andere nach dem niederländischen Wetboek van Koophandel bilanziert. Die Bilanzanalyse erfordert die Herstellung der Vergleichbarkeit, z. B. durch eine Strukturbilanz. Unternehmen unterschiedlicher Branche lassen sich i.d.R. nicht vergleichen. (3) Neben dem Bestimmen von Kennzahlen ist es geboten, die Hintergründe der Kennzahlausprägungen zu untersuchen, z. B. sie mit dem Trend der jeweiligen Branche und der nationalen Wirtschaftslage zu verknüpfen.

Die Bilanzanalyse besteht neben der Formalprüfung gem. des Bestätigungsvermerks aus einer **Horizontalanalyse** → Glossar, der **Vertikalanalyse** → Glossar und eine **Kennzahlanalyse** → Glossar. Zuvor findet oft eine Formalanalyse statt. Bei der Formalprüfung werden Besonderheiten der Rechnungslegung normalisiert. Dies ist insbesondere bei einem Jahresabschluss, der nach deutschem Handelsgesetzbuch erstellt wurde, notwendig um den Effekt von Wahlrechten, die der Bilanzierende ausgeschöpft hat, rückgängig zu machen. Im Weiteren wird von einem IFRS-Abschluss ausgegangen, so dass eine

Standardisierung der Rechnungslegung bereits vorausgesetzt wird. Die Formalanalyse zur Ermittlung der Strukturbilanz wird hier nicht behandelt [vgl. zur Strukturbilanz: KÜTING/WEBER [2006].

5.2 Horizontalanalyse (Horizontal Analysis)

Die Horizontalanalyse ermittelt zeitliche Trends von absoluten Jahresabschlusspositionen und Kennzahlen. Der Jahresabschluss nach IFRSs erfordert grundsätzlich eine Vergleichsspalte, in der die Vorjahreswerte darzustellen sind. Die Vergleichbarkeit von Jahresabschlusspositionen ist eines der wesentlichen Ziele der IFRSs → vgl. F.39ff. Durch die Regelungen in IAS 8.41ff. wird gefordert, dass Vorjahresinformationen dargestellt werden.

Die Horizontalanalyse ist nur sinnvoll, wenn z. B. Branchentrends bei Zeitvergleichen mitberücksichtigt werden. Die Horizontalanalyse wird auch **PROZENTVERÄNDERUNGSANALYSE (PERCENTAGE CHANGE ANALYSIS)** → GLOSSAR genannt [vgl. BRIGHAM/EHRHARDT 2007]

Sunny AG (Case Study Sunny AG)

Die Horizontalanalyse der Sunny AG zeigt, dass das fiktive Unternehmen über fünf Jahre konstante Umsätze und relativ konstante Jahresüberschüsse realisiert. Die Horizontalanalyse ist in Abbildung 5.4 gezeigt.

	20X1	20X2	20X3	20X4	20X5	20X6
Sales	8.350.000,00	8.350.000,00	8.350.000,00	8.350.000,00	8.350.000,00	8.350.000,00
Annual Surplus	580.874,00	581.098,52	581.337,00	581.590,51	581.859,99	582.146,44
EPS	4,60	4,60	4,83	4,85	4,83	4,03

Abbildung 5.4: Horizontalanalyse der Sunny AG

Bezieht man alle Zahlen auf das Vergleichsjahr 20X1, werden die Zahlen für den Jahrsüberschuss und die Earnings per Share aussagekräftiger. Es ergibt sich die in Abbildung 5.5 gezeigte Situation für die Sunny AG:

	20X1	20X2	20X3	20X4	20X5	20X6
Sales	100,00%	100,00%	100,00%	100,00%	100,00%	100,00%
Annual Surplus	100,00%	100,04%	100,08%	100,12%	100,17%	100,22%
EPS	100,00%	100,00%	105,00%	105,43%	105,00%	87,61%

Abbildung 5.5: Prozentual-Horizontalanalyse der Sunny AG

Die Fallstudie der Sunny AG wurde hinsichtlich des Umsatzes und der meisten Aufwandsarten mit über die Geschäftsjahre konstanten Werten entwickelt, um Fragestellungen der Bilanzierung besser darstellen zu können. Die moderate Steigung des Jahresüberschusses wird bei der Sunny AG nur durch den marginalen Rückgang des Zinsanteils des Annuitätendarlehns bewirkt. Die Kennzahl Earnings per Share verringert sich in 20X5, weil die Sunny in diesem Abrechnungszeitraum

Vorzugsaktien ausgeschüttet hat, die zu einer Vorzugsdividende führen und somit den Zähler (net profit attributable to shareholders) der EPS reduzieren. Die Ausschüttung der Stammaktien wirkt sich auf die Kennzahl Earnings per Share noch nicht aus, da diese erst zum 31.12.20X5 ausgeschüttet wurden. Deshalb ist der Zähler in 20X5 nicht verändert worden, da die Anzahl der gewichteten Aktien weiterhin 120.000 Stk. beträgt. In 20X6 wird der Effekt jedoch erkennbar, da jetzt 144.000 Aktien berücksichtigt werden. Zur Berechnung der Earnings per Share wird z. B. verwiesen auf: STAINBANK/OAKES [2005].

Eine Horizontalanalyse wird häufig zwischen zwei Bilanzstichtagen durchgeführt, dies ist an der Bilanz der Sunny AG dargestellt.

SUNNY AG's BALANCE SHEET as at 31.12.20X2

	20X2-20X1	(20X2-20X1) /20X1
	[EUR]	[%]
Non-current assets		
Property, plant and equipment	(214.000,00)	-7,25%
Investment property		
Intangible assets		
Financial assets		
Investment accounted [...]		
Total of non-current assets	(214.000,00)	-7,25%
Current assets		
Inventories		
Trade and other receivables	0,00	0,00%
Cash and cash equivalents	647.058,94	432,53%
Prepaid expenses		
Total of current assets	*647.058,94*	56,19%
Total assets	***433.058,94***	10,55%
Liabilities		
[...] Interest bearing liabilities	(5.421,30)	-1,84%
Trade and other payables	133.306,57	5,03%
Provisions		
Liabilities and assets [...] IAS 12	96,95	0,04%
Deferred tax liabilities [...] IAS 12		
Deferred income		
Total of liabilities	*127.982,22*	4,00%
Capital		
Issued capital	0,00	0,00%
Other reserves	305.076,72	100,04%
Retained earnings		
Total of shareholder's equity	*305.076,72*	33,71%
Total equity and liabilities	***433.058,94***	10,55%

Abbildung 5.6: Horizontalanalyse für die Bilanz der Sunny AG zum 31.12.20X2

5.3 **Vertikalanalyse** (Vertical Analysis)

Bei einer Vertikalanalyse wird die Bilanz und die Gewinn- und Verlustrechnung auf einen Referenzwert bezogen.

Sunny AG (Case Study Sunny AG)

In der Bilanz der Sunny AG wird sich auf die Bilanzsumme bezogen, in der Gewinn- und Verlustrechnung auf den Umsatz. Die Abbildung 5.7 und Abbildung 5.8 zeigen die Vertikalanalyse der Sunny AG für den Abschluss 20X2.

SUNNY AG's BALANCE SHEET as at 31.12.20X2

	20X2	20X1
	[%]	[%]
Non-current assets		
Property, plant and equipment	60,35%	71,94%
Investment property		
Intangible assets		
Financial assets		
Investment accounted [...]		
Total of non-current assets	*60,35%*	*71,94%*
Current assets		
Inventories		
Trade and other receivables	22,09%	24,42%
Cash and cash equivalents	17,56%	3,65%
Prepaid expenses		
Total of current assets	*39,65%*	*28,06%*
Total assets	*100,00%*	*100,00%*
Liabilities		
[...] Interest bearing liabilities	6,38%	7,19%
Trade and other payables	61,41%	64,64%
Provisions		
Liabilities and assets [...] IAS 12	5,54%	6,12%
Deferred tax liabilities [...] IAS 12		
Deferred income		
Total of liabilities	*73,33%*	*77,95%*
Capital		
Issued capital	13,23%	14,62%
Other reserves	13,45%	7,43%
Retained earnings		
Total of shareholder's equity	*26,67%*	*22,05%*
Total equity and liabilities	*100,00%*	*100,00%*

Abbildung 5.7: Vertikalanalyse der Bilanz der Sunny AG zum 31.12.20X2

Sunny AG's INCOME STATEMENT for 20X2

	20X2 [%]	20X1 [%]
Revenue	100,00%	100,00%
Other income		
Changes in inventory of finished goods and work in progress		
Work performed by the entity and capitalized		
Total	*100,00%*	*100,00%*
Raw material and consumables used	35,93%	35,93%
Employee benefits expense	44,07%	44,07%
Depreciation and amortisation expense	2,56%	2,56%
Impairment of property, plant and equipment		
Other expenses	7,25%	7,25%
Finance costs	**0,22%**	**0,23%**
Share of profit of associates		
Profit before taxation	*9,97%*	*9,96%*
Income tax expenses	3,01%	3,01%
Deferred tax income/expense		
Profit for the period	*6,96%*	*6,96%*

Abbildung 5.8: Vertikalanalyse der Gewinn- und Verlustrechnung der Sunny AG für 20X2

Aus der Vertikalanalyse wird deutlich, dass die Sunny AG einen relativ hohen Personal- und Materialaufwand hat. Dies ist für ein Produktionsunternehmen nicht ungewöhnlich. Die Abschreibungen sind vergleichsweise gering, da der Produktionsprozess der Sunny AG wenig anlagenintensiv ist. Die Zinskosten sind sehr niedrig. Dies liegt an der Finanzierung über die Lieferantenkredite.

5.4 Kennzahlenanalyse (Ratio Analysis)

5.4.1 Leistungskennzahlen (Performance Measures)

Kennzahlen sind nach Reichmann/Lachnit [2006] Zahlen, die quantitativ erfassbare Sachverhalte in konzentrierter Form darstellen.

Für die Beurteilung der Leistung kann grundsätzlich das Vorsteuerergebnis betrachtet werden. Es lässt allerdings keine Vergleiche zu, wenn unterschiedlich große Unternehmen analysiert werden. Es ist deshalb üblich, den Erfolg eines Unternehmens auf den Input zu beziehen, so dass ein Ergiebigkeitsmaß entsteht. Ergiebigkeitsmaße sind z. B. der Kapitalumschlag und alle Return-Kennzahlen.

Der **Kapitalumschlag (fixed asset turnover)** → Glossar bezieht den Nettoverkaufserlös auf das zur Verfügung stehende Vermögen. Er ist auch das Verhältnis aus Nettoumsatzrentabilität durch das Sachanlagevermögen (P, P, E). Beteiligungen werden darin z. B. nicht berücksichtigt. Die Kennzahl drückt aus, wie viel Nettoumsatz pro 1 Euro

Investition erwirtschaftet wurde. Dies erlaubt z. B. Rückschlüsse auf das Asset Management eines Unternehmens. Als weitere Kennzahl wird die **Lagerumschlagshäufigkeit (Inventory turnover)** → Glossar betrachtet. Sie stellt den Umsatz bezogen auf den Lagerbestand – i.d.R. zum Ende der Abrechnungsperiode – dar. Die Kennzahl gibt an, wie häufig das Lager während einer Periode verkauft wird, d. h. wie oft es quasi komplett aufgefüllt werden müsste. Die Kennzahl wird in der Logistik verwendet, um zu bestimmen, wie hoch Lagerbestände sein müssen, damit das Unternehmen bei möglichst geringen Lagerhaltungskosten die Lieferbereitschaft sicherstellen kann. Im Handel wird der Lagerumschlag auf einzelne Produkte/Produktgruppen bezogen, um Ladenhüter und Schnelldreher zu identifizieren. Auf das Gesamtunternehmen bezogen wird die Lagerumschlagshäufigkeit als Leistungskennzahl angesehen – dabei wird unterstellt, dass die Lagerhaltung optimiert ist.

Der **Return on Capital Employed (ROCE)** → Glossar ist der Vorsteuergewinn (net profit) dividiert durch das eingesetzte Kapital. Das eingesetzte Kapital ist das gesamte Eigen- und das langfristige Fremdkapital. Da kurzfristige Schulden, z. B. aus Lieferantenkrediten, i.d.R. nicht zinspflichtig sind, werden sie nicht in die Kennzahl einbezogen. Der ROCE unterscheidet sich von der Gesamtkapitalrentabilität, da für die **Gesamtkapitalrentabilität** → Glossar der Gewinn vor Zinsen zu verwenden ist und im Nenner das gesamte Kapital – einschließlich des kurzfristigen Fremdkapitals – zu berücksichtigen ist. Beide Kennzahlen geben an, wie gut ein Unternehmen seine Ressourcen einsetzt um erfolgreich zu sein. Der Return on Assets (ROA) ist eine ähnliche Performance-Kennzahl wie die Gesamtkapitalrentabilität, es wird aber der Vorsteuergewinn (EBT) auf die Summe des Vermögens bezogen. Bei vollständiger Eigenkapitalfinanzierung gilt deshalb ROE = ROA. Grundsätzlich kann die Summe des Vermögens zu Beginn, zum Ende der Abrechnungsperiode oder der gewichtete Mittelwert berücksichtigt werden. In der Praxis wird oft der einfache, d. h. ungewichtete, Mittelwert des Vermögens berechnet, der sich aus der halbierten Summe der Anfangs- und Endwerte ergibt. Ähnlich wird bei Kapitalgrößen im Nenner vorgegangen. Weiter wird bei Gesamtkapitalrenditemaßen der Gewinn vor Zinsen (EBIT) im Zähler verwendet. Da die Zinsen steuerlich abzugsfähig (taxable) sind, wird der Zinsaufwand mit dem Faktor (100 % – Gesamtsteuersatz) multipliziert, wenn die Kennzahl nach Steuern berechnet wird. Dieser Faktor wird als Tax Shield bezeichnet. Die Gesamtkapitalrentabilität misst die Leistungsfähigkeit eines Unternehmens unabhängig von der Finanzierung.

Der allgemeine Nachteil von Return-Kennzahlen ist, dass die berechnete Performance von der Altersstruktur der eingesetzten Anlagen abhängt. Je höher der Abschreibungsgrad der eingesetzten Anlagen ist, desto höher wird der relative Return.

Die Eigenkapitalrentabilität wird durch den Return on Owners' Equity (ROOE) bzw. durch den Return on Shareholders' Funds (ROSF) dargestellt. Die Eigenkapitalrentabilität zeigt, wie viel Gewinn pro durch den Eigenkapitalgeber bereitgestelltes Kapital das Unternehmen erwirtschaftet hat. Der Begriff Return on Equity (ROE) für die **Eigenkapitalrentabilität** → Glossar ist ebenfalls üblich. Im Zähler ist bei Eigenkapitalmaßen das dem Anteilseigner zustehende Ergebnis zu berücksichtigen, d. h.

Dividenden an Vorzugsaktionären werden abgezogen, aber die Gewinnverwendungsentscheidung wird nicht berücksichtigt. Die Kennzahl ist daher von der erklärten Dividende unabhängig.

Weitere Return-Kennzahlen werden auf den Umsatz bezogen. Die **BRUTTO-UMSATZRENDITE (GROSS PROFIT AS PERCENTAGE OF SALES)** → GLOSSAR ist der Rohertrag dividiert durch die Umsatzerlöse. Die Netto-Umsatzrendite (net profit as percentage of sales) zeigt im Zähler das Vorsteuerergebnis. Beide Werte geben an, wie viel Rohertrag bzw. Gewinn das Unternehmen pro Umsatzeinheit erwirtschaftet hat. Eine hohe Umsatzrentabilität ist ein Zeichen für innovative Produkte, die von dem Unternehmen hergestellt werden. Weiter berücksichtigt die Kennzahl, wie gut der Vermarktungsprozess des Unternehmens funktioniert.

Wichtige Leistungskennzahlen sind Earnings per Share und Economic Value Added. Die Kennzahl Earnings per Share (EPS) repräsentiert den bei 100 %-iger Ausschüttung den Stammaktionären zustehenden Gewinn nach Steuern dividiert durch die Anzahl der ausstehenden Aktien. EPS wird als Performance-Kennzahl verwendet, weil sie unabhängig von der Entscheidung des Managements hinsichtlich der Dividende ist. Der Economic Value Added ist der Wertzuwachs des Unternehmens aufgrund des erzielten Ergebnisses. Der EVA wird bestimmt, indem der Net Operating Profit After Taxes (NOPAT) um die Differenz aus Vermögen und kurzfristigen Schulden, multipliziert mit den **MITTLEREN GEWICHTETEN KAPITALKOSTEN (WEIGHTED AVERAGE COST OF CAPITAL, WACC)** → GLOSSAR vermindert wird. Die beschriebene Differenz stellt die Verzinsung des Eigenkapitals dar. Sie repräsentiert die Opportunitätskosten der Eigenkapitalgeber, die dadurch entstehen, dass sie das Kapital nicht für eine alternative Investition verwenden. Im EVA-Konzept wird das Risiko durch die Renditeerwartung des Anteilseigners und durch die evtl. über ein Rating bestimmten Fremdkapitalkosten berücksichtigt.

Sunny AG (Case Study Sunny AG)

Der Kapitalumschlag der Sunny AG beträgt in 20X2:

$$8.350.00/0{,}5 \cdot (2.738.000 + 2.952.000) = \mathbf{2{,}93}$$

Würde man bei dem Beispiel der Sunny AG den Kapitalumschlag als Funktion der Zeit darstellen, ergäbe sich für die Fallstudie eine exponentielle Steigerung des Kapitalumschlags. Dies ist zu erwarten, da sich offensichtlich trotz Alterung der Ressourcen keine Leistungsreduktion ergibt. In einem realen Unternehmen würde dagegen die Leistung abnehmen und/oder sich z. B. der Aufwand für Instandhaltung erhöhen.

Die Lagerumschlagshäufigkeit der Sunny AG ist nicht zu bestimmen, da der Lagerbestand der Sunny AG zum Geschäftsjahresende Null beträgt. Verwendet man den mittleren Lagerbestand für das Material während eines Geschäftsjahres, ergibt der Inventory Turnover:

$$8.350.000/0{,}5 \cdot 7.499.200 = \mathbf{2{,}23}$$

Bei der Berechnung des ROCE wird der Vorsteuergewinn auf das zinspflichtige Kapital bezogen. Obwohl die nächste Tilgung des Bankdarlehns für die Sunny AG als kurzfristiges Fremdkapital gilt, werden sie dennoch als langfristige Schulden berücksichtigt, weil sie zinspflichtig sind. Der Return on Capital Employed (ROCE) beträgt in 20X2:

$$832.221{,}30/0{,}5 \cdot [(4.536.658{,}94 - 2.786.021{,}80 - 251.122{,}78) + (4.103.600 - 2.652.715{,}23 - 251.025{,}83)] = \mathbf{61{,}66\ \%}$$

Der Return on Asset (ROA) ist:

$$(832.221{,}30 + 18.578{,}70)/0{,}5 \cdot (4.536.658{,}94 + 4.103.600) = \mathbf{19{,}69\ \%}$$

Der Return on Shareholders' Fund (ROSF) beträgt:

$$832.221{,}30/0{,}5 \cdot (1.210.035{,}67 + 904.958{,}94) = \mathbf{78{,}70\ \%}$$

Der Wert für die Eigenkapitalrentabilität ist hoch und resultiert aus der hohen Verschuldung der Sunny AG über Lieferantenkredite.

Die Brutto-Umsatzrendite (gross profit as percentage of sales) beträgt:

$$5.350.000/8.350.000 = \mathbf{64{,}07\ \%}$$

Die Netto-Umsatzrendite der Sunny AG beträgt:

$$832.221{,}30/8.350.000 = \mathbf{9{,}97\ \%}$$

Die Earnings per Share der Sunny AG sind in 20X2 gering. Die EPS i.H.v. 4,60 EUR/share bedeuten unter Negierung der Zinseszinsrechnung, dass ein Aktionär ca. fünf Jahre warten müsste, damit sich sein Investment amortisiert hat, vorausgesetzt die Gesellschaft schüttet in jedem Geschäftsjahr den Gewinn voll aus. Die Kennzahl EPS wird in den Notes dargestellt und erläutert. Die ebenfalls in IAS 33 geregelten diluted EPS ergeben sich, wenn alle Optionen hinsichtlich Eigen- und Fremdkapitaltiteln gleichzeitig ausgeübt werden. Dadurch wird der Nenner als auch der Zähler beeinflusst, wenn z. B. Optionen in Aktien gewandelt oder Schuldtitel oder Vorzugsaktien mit einem Agio eingezogen werden [vgl. zu diluted EPS den Standard IAS 33.30ff. und z.B KIESO/WEYGANDT/WARFIELD 2007].

Die undiluted EPS der Sunny AG betragen, weil die Einstellungen in die gesetzliche Gewinnrücklage nach § 150 AktG nicht zur Ausschüttung an die Stammaktionäre zur Verfügung steht:

$$(581.098{,}52 - 29.054{,}93)/120.000 = \mathbf{4{,}60\ EUR/share}$$

Zur Bestimmung des Economic Value Added (EVA) der Sunny AG werden zuerst die gewichteten Kapitalkosten (WACC) bestimmt. Die Renditeerwartung der Sunny AG soll mit 15 % angenommen werden. Die WACC sind das gewichtete Mittel der zinspflichtigen Fremdkapitalkosten, die mit 6,3 % verzinst werden und den mit 15 % verzinsten Eigenkapitalkosten, die Opportunitätskosten darstellen. Die gewichteten Kapitalkosten betragen in 20X2:

$$[(6{,}3\ \% \cdot 289.478{,}7 + 15\ \% \cdot 0{,}5 \cdot (1.210.035{,}67 + 904.958{,}94)]/0{,}5 \cdot (1.499.514{,}37 + 1.194.437{,}64) = \mathbf{13{,}13\ \%}$$

Der EVA der Sunny beträgt unter Berücksichtigung der bestimmten gewichteten Kapitalkosten:

$$581.098{,}52 - 13{,}13\ \% \cdot 0{,}5 \cdot [(4536.658{,}94 - 3.326.623{,}28) + (4.103.600 - 3.198.641{,}06)] = \mathbf{442.249{,}12\ EUR}$$

5.4.2 Liquiditätskennzahlen (Liquidity Ratios)

Die wichtigste Liquiditätskennzahl ist die **Liquidität 3. Grades (current ratio)** → Glossar, die das Verhältnis aus kurzfristigem Vermögen und kurzfristigen Verbindlichkeiten darstellt. Die Kennzahl drückt aus, wie die kurzfristigen Schulden abbaufähig sind. Eine Liquidität von 100 % bedeutet, dass die kurzfristigen Schulden durch das Umlaufvermögen, z. B. Forderungen und Cash, vollständig gedeckt sind. Da die Kennzahl im Nenner auch die Vorräte umfasst, ist es sinnvoll, diese aus dem kurzfristigen Vermögen zu isolieren. Dies wird durch die **Liquidität 2. Grades (acid test ratio)** → Glossar umgesetzt. Sie bezieht das kurzfristige und um Vorräte verminderte Vermögen auf das kurzfristige Fremdkapital. Damit werden im Zähler die Zahlungsmittel und Forderungen berücksichtigt. Werden dagegen nur die Zahlungsmittel durch die kurzfristigen Verbindlichkeiten dividiert, ergibt sich die Liquidität 1. Grades (cash ratio).

Die Effizienz des Forderungsmanagement und des Schuldenmanagements wird über die Kennzahl **Debtors' Collection Days** → Glossar oder: Days Sales Outstanding (DSO) und Creditors' Collection Days bestimmt. Die Kennzahl drücken die Forderungen multipliziert mit 365 und dividiert durch den Nettoumsatz bzw. die Verbindlichkeiten multipliziert mit 365 und dividiert durch die Einkäufe auf Rechnung aus.

Sunny AG (Case Study Sunny AG)

Die Current Ratio der Sunny AG beträgt

1.798.658,94/3.326.623,28 = **54,07 %**

Die Acid Test Ratio der Sunny AG unterschiedet sich nicht von der Current Ratio, da die Sunny AG keine Vorräte in der Bilanz ausweist. Bei der Sunny AG werden Vorräte während des Geschäftsjahrs vollständig aufgebraucht. Die Acid Test Ratio der Sunny ist:

1.798.658,94/3.326.623,28 = **54,07 %**

Bei der Sunny AG sind die Debtors' bzw. Creditors' Collection Days für 20X2:

1.002.000 · 365/90 % · 8.350.000 = **48,67 d**

2.786.021,80 · 365/60 % · 3.000.000 = **564,93 d**

5.4.3 Kapitalstrukturkennzahlen (Capital Structure Ratios)

Die im häufigsten verwendete Kennzahl zum Ausdrücken der Kapitalstruktur ist **Gearing** → Glossar. Sie repräsentiert das zinspflichtige Kapitel durch das Gesamtkapital dividiert. Als zinspflichtiges Kapital gelten langfristige Schulden und einziehbare Vorzugsaktien (redeemable preference shares). Die Debt Ratio dividiert dagegen alle Schulden durch die Bilanzsumme. Der **Verschuldungsgrad (debt to equity)** → Glossar zeigt die Schulden im Verhältnis zum Eigenkapital.

Die Verschuldung eines Unternehmens wirkt sich auf die Eigenkapitalrentabilität eines Unternehmens aus: Je höher seine Verschuldung ist, desto mehr steigt die Eigenkapitalrentabilität, wenn die Gesamtkapitalrentabilität die Fremdkapitalzinsen übersteigt. Durch die Verschuldung steigt jedoch auch das Risiko, denn bei einem Verlust sinkt entsprechend des Verschuldungsgrads die Eigenkapitalrentabilität proportional zur Verschuldung des Unternehmens, so lange man keine Steuern berücksichtigt. Dieser Effekt wird als **Leverage Effekt** → Glossar bezeichnet [vgl. zur Kapitalstrukturtheorie nach Modigliani und Miller z. B. Perridon/Steiner 2007 und Correia 2007].

Eine weitere Kennzahl aus der Sicht der Finanzierung ist das Working Capital. Es stellt das Kapital dar, das benötigt wird, um die Produktion eines Unternehmens z. B. durch Bereitstellen von Umlaufvermögen, wie Vorratsbestände, Werkzeuge etc. zu gewährleisten. Das Working Capital umfasst ebenfalls Material, Löhne und Gemeinkosten für in der Produktion befindliche Bestände, den so genannten Work in Progress (WIP).

Als weitere Finanzierungskennzahl wird die **Zinsdeckung (interest cover)** → Glossar dargestellt. Sie gibt an, wie oft der erwirtschaftete Nettogewinn vor Steuern und Zinsen ausreicht, um die Zinslast des Unternehmens zu tragen. Die Kennzahl zeigt, wie effizient das Unternehmen das Fremdkapital einsetzt.

Sunny AG (Case Study Sunny AG)

Gearing der Sunny AG beträgt für 20X2:

289.478,70/4.536.658,94 = **6,38 %**

Die Debt Ratio der Sunny AG zum 31.12.20X2 beträgt:

3.326.623,28/4.536.658,94 = **73,33 %**

Der Verschuldungsgrad (debt to equity) der Sunny AG beträgt:

3.326.623,28/1.210.035,67 = **2,75**

Die Kennzahl Gearing ist sehr niedrig, weil die Sunny AG einen hohen Anteil an Kreditorenverbindlichkeiten hat.

Das Working Capital der Sunny AG zum Ende von 20X2 ist negativ. Dies resultiert aus der Möglichkeit der Sunny AG, die Materialaufwendungen erst mit einem Zahlungsziel von einem Jahr bei den Lieferanten bezahlen zu können. Das absolute Working Capital beträgt:

1.798.658,94 – (2.786.021,80 + 251.122,78) = **–1.238.485,64 EUR**

Die Zinsdeckung der Sunny AG für 20X2 beträgt:

(832.221,30 + 18.578,70)/18.578,70 = **45,79**

Die Zinsdeckung der Sunny AG ist sehr hoch, weil offensichtlich die Finanzierung des Unternehmens hauptsächlich über Lieferantenkredite stattfindet.

5.4.4 Marktkennzahlen (Market Value Ratios)

Die am meisten verwendete Kennzahl ist das **Kurs-Gewinn-Verhältnis (Price/Earnings Ratio, P/E)** → Glossar. Die Kennzahl bezieht den Börsenkurs (share price) einer Aktie auf die Earnings per Share. Damit wird ausgedrückt, wie hoch die Gewinnerwartung der Anteilseigner ist. Ist die P/E hoch, bedeutet dies, dass die Aktionäre bereit sind, einen hohen Preis für eine Aktie zu zahlen, deren mögliche maximale Ausschüttung gering ist.

Die Dividend Yield drückt aus, wie hoch die Dividende in Bezug auf den Marktpreis der Aktie ist. Earnings Yield bezieht die EPS auf den Börsenkurs. Häufig wird der Börsenkurs einer Aktie durch ihren Buchwert (book value per share) dividiert, um auszudrücken, wie viel die potentiellen Aktionäre bereit sind für den Erwerb einer Aktie in Bezug auf den Buchwert zu zahlen. Diese Kennzahl wird Market/Book Ratio (M/B) genannt [vgl. zu Marktkennzahlen insbesondere Brigham/Ehrhardt, 2007]

Sunny AG (Case Study Sunny AG)

Es wird angenommen, dass der Aktienkurs der Sunny AG am 31.12.20X2 einen Wert von 14,50 EUR/Aktie hat. Die Price/Earnings-Ratio beträgt:

14,50/4,60 = **3,15**

Die Dividend Yield der Sunny AG beträgt:

(276.021,80/120.000)/14.50 = **15,86 %**

Die Earnings Yield der Sunny AG beträgt:

4,60/14,50 = **31,72 %**

Die Market/Book Ratio der Sunny AG erfordert das Bestimmen des Buchwerts der Aktien. Er ist das gesamte Eigenkapital, das in der Bilanz ausgewiesen wird, dividiert durch die Anzahl der Aktien. Für das Geschäftsjahr 20X2 ergibt sich für die Sunny AG ein Buchwert je Aktie von:

1.210.035,67/120.000 = **10,08 EUR/Stk.**

Aus dem berechneten Buchwert pro Aktie ergibt sich die Kennzahl Market/Book für die Sunny AG zu:

14,50/10,08 = **1,44**

Die Market/Book Ratio drückt aus, dass der potentielle Aktionär bereit ist, für eine Sunny AG-Aktie 144 % ihres Buchwerts zu zahlen. Der Buchwert ist das Produkt aus Bilanzkurs und Nennbetrag.

Zusammenfassung (Summary)

Die Bilanzanalyse (= Jahresabschlussanalyse) bewertet die Zielerreichung von Unternehmen auf der Grundlage der durch den handelsrechtlichen Jahresabschluss veröffentlichten Zahlen. Die Bilanzanalyse sollte auf dem geprüften Jahresabschluss basieren.

Bestandteile der Bilanzanalyse sind die Horizontalanalyse, die Vertikalanalyse und die Kennzahlanalyse. Die Kennzahlen der Bilanzanalyse orientieren sich an den Zielen von Unternehmen wie Unternehmenswertsteigerung und Liquidität.

Isolierte Kennzahlen sind wenig aussagekräftig. Es ist geboten, Kennzahlen zwischen Unternehmen oder mit dem Trend z. B. einer Branche zu vergleichen, um entscheidungsrelevante Aussagen ableiten zu können. In der Regel ergibt sich erst durch Untersuchung mehrerer Kennzahlen und durch Kombination der Erkenntnisse daraus ein aufschlussreiches Gesamtbild über die Situation des Unternehmens.

Die wichtigsten Kennzahlen (ratios) für die Bilanzanalyse sind:

Fixed Asset Turnover = Sales/(fixed Assets)
Inventory Turnover = Sales/(Inventory)
ROCE = Net Profit/((Equity) + (long-term Liabilities))
ROA = Net Profit + Interest/((Equity) + (Liabilities))
ROSF = Net Profit (Equity)
Gross Profit as Percentage of Sales = Gross Profit/Sales
Net Profit as Percentage of Sales = Net Profit/Sales
EPS = Net Profit for SHs/Amt. Shares
EVA = NOPAT – WACC · ((Assets) – (current Liabilities))
Current Ratio = (current Assets)/(current Liabilities)
Acid Test Ratio = ((current Assets) – (Inventories))/(current Liabilities)
Debtors' Collection Days = (A/R) · 365/Sales on credit
Creditors' Collection Days = (A/P) · 365/Purchases on credit
Gearing = (Interest bearing Liabilities)/(Assets)
Debt Ratio = (Liabilities)/(Assets)
Debt Equity Ratio = (Liabilities)/(Equity)
Working Capital = (current Assets) – ((A/P) + Tax Liabilities)
Interest Cover = EBIT/Interest
P/E = Share Price/EPS
DY = Dividend/(Share Price · Amt. Shares)
EY = EPS/Share Price
M/B = Share Price/((Equity)/Amt. Shares)

Aufgabe (Exercise)

Bilanzanalyse (Exercise on Financial Statement Analysis)

Brooks Ltd. ist in der Sportschuhbranche tätig. Sie werden gebeten, eine Bilanzanalyse für das Unternehmen zu erstellen und im Besonderen die Nutzung des Umlaufvermögens und des Fremdkapitals zu beurteilen. Die vereinfachten Bestandteile des handelsrechtlichen Jahresabschlusses sind Ihnen gegeben.

Brooks Ltd's BALANCE SHEET as at 31.08.20X6

Item	Note	20X6	20X5
		[EUR]	[EUR]
Assets			
Tangible fixed assets		945.000	864.000
Inventory		2.092.500	1.485.000
A/R		1.218.000	999.000
Cash at Bank		297.000	479.250
Total asstes		*4.552.500*	*3.827.250*
Equity and liabilities			
Ordinary SHs' equity	1	1.636.500	1.512.000
Redeem. Pref. Shares	2	270.000	270.000
Long-term liabilities		742.500	742.500
A/P		486.000	432.000
Short-term loans		1.417.500	870.750
Total of equity and liab.		*4.552.500*	*3.827.250*

Abbildung 5.9: Bilanz der Brooks Ltd. zum 31.08.20X6

Notes:

(1) Das gezeichnete Kapital der Brooks Ltd. besteht aus 675.000 Aktien mit einem Nennwert von 1,00 EUR/Stk. Der Marktwert beträgt am 31.08.20X6 4,70 EUR/Stk.

(2) Die Vorzugsaktien werden am 1.09.20X9 eingezogen.

Brooks Ltd.'s INCOME STATEMENT
FOR THE YEAR ENDED 31.08.20X6

	20X6	20X5
Sales (all on credit)	8.535.000	7.425.000
less: Cost of sales	(6.399.000)	(5.494.500)
Gross profit	2.136.000	1.930.500
less: operating exp.	(1.263.600)	(1.107.000)
less: depreciation	(81.000)	(67.500)
EBIT	791.400	756.000
less: interest	(243.000)	(148.500)
EBT	548.400	607.500
less: Taxation	(243.000)	(216.000)
EAT	305.400	391.500
less: extraord. loss	(108.000)	
	197.400	391.500
less: dividends pref	(32.400)	(32.400)
less: dividends ord.	(40.500)	(40.500)
Net acc. profit for year	124.500	318.600
R/E at beginning of year	837.000	518.400
R/E at end of year	961.500	837.000

Abbildung 5.10: Gewinn- und Verlustrechnung der Brooks Ltd. für 20X6

(1) Bestimmen Sie die Kennzahlen zur Beurteilung der Liquidität und der Güte des Anlagenmanagements.
(2) Bestimmen Sie die Kennzahlen zur Beurteilung des Einsatzes des Fremdkapitals.
(3) Bestimmen Sie den Erfolg und die Dividend Yield der Brooks Ltd. Erläutern Sie jeweils Ihr Ergebnis.

Als Branchendurchschnittswerte sind gegeben: Current ratio = 2; Acid test = 1; Inventory turnover = 6; Debtors' Collection Days = 40; Debt ratio = 59 % und Interest cover = 6.

Die Aufgabe ist in Anlehnung an: Flynn/Koornhof [2005] (Die Zahlen wurden modifiziert).

6 Darstellung des Jahresabschlusses nach IFRSs (Presentation of Financial Statements along IFRSs)

Lernziele

IAS 1 legt Mindestvorschriften für den Jahresabschluss (financial statements) fest. Sie werden der Detail-Darstellung der einzelnen Bilanzpositionen vorangestellt, um einen Überblick über die Formalvorschriften der Bilanzierung nach IFRSs zu geben. Ab diesem Kapitel 6 werden alle Jahresabschlüsse gemäß der Formalvorschriften ausgewiesen.

§§ 266 und 275 HGB schreiben für Kapitalgesellschaften eine detaillierte Gliederungsstruktur zur Gliederung der Bilanz und der Gewinn- und Verlustrechnung vor.

Das Kapitel 6 verfolgt die Ziele:

(1) Kennenlernen der wesentlichen Ausweisvorschriften nach IAS 1 → vgl. Abschnitt 6.1, S. 115

(2) Kennenlernen der Ausweisvorschriften bezogen auf die Bestandteile des handelsrechtlichen Jahresabschlusses → vgl. Abschnitt 6.2, S. 117

6.1 Allgemeine Ausweisvorschriften (Common Presentation Requirements)

Der Jahresabschluss wird aufgestellt, um den Bilanzadressaten Informationen zu liefern. Um diesen Zweck leichter zu erfüllen und insbesondere um Jahresabschlüsse vergleichen zu können, unterliegt der Jahresabschluss formalen Vorschriften.

IAS 1.7 definiert die Ziele des Jahresabschlusses als Bereitstellung von entscheidungsrelevanten Informationen: „Financial statements are a structured financial representation of the financial position of and the transactions undertaken by an enterprise. The objective of general purpose financial statements is to provide information about the financial position, performance and cash flows of an enterprise that is useful to a wide range of users in making economic decisions. Financial statements also show the results of management's stewardship of the resources entrusted to them. To meet these objective, financial statements provide information about an entity's: (a) assets, (b) liabilities, (c) equity, (d) income and expenses, including gains and losses, other changes in equity, and (f) cash flows."

Mit Kenntnis der o. g. Abschlussinformationen soll der Bilanzadressat unter Berücksichtigung der zusätzlich darzustellenden Anhangsangaben (notes) künftige Zahlungsströme (cash flows) des Unternehmens abschätzen können. Grundsätzlich ist diese Form der Informationsversorgung beschränkt, da der handelsrechtliche Jahresabschluss vergangenheitsorientiert ist und keine Prognosemethoden enthält.

Aus den Financial Statements lassen sich jedoch Erfolgspotenziale ableiten, die auf zukünftige Geschäftsentwicklungen hinweisen. Nach IAS 1.7 wird die **INFORMATIONSVERSORGUNGSFUNKTION** → GLOSSAR des handelsrechtlichen Jahresabschlusses betont. Der Adressatenkreis für den handelsrechtlichen Jahresabschluss wird weit gefasst, um nicht einzelne Gruppen zu bevorzugen oder zu benachteiligen. Anders als nach deutschem HGB wird bei den IFRSs nicht der Schutz von Gläubigern gefordert, sondern das Ziel ist die Bereitstellung von Informationen nach dem True and Fair View Principle für alle Adressaten.

Der Jahresabschluss ist nach IAS 1.49 und § 242 HGB mindestens jährlich aufzustellen. Eine weitere Rechenschaftslegung wird von börsennotierten Unternehmen durch Quartals- und Segmentberichterstattung erfüllt → vgl. S. 21.

IAS 1.8 und §§ 242 Abs. 3 und 264 Abs. 2 HGB legen die Bestandteile des Jahresabschlusses (set of financial statements) fest, wie in Abbildung 6.1 gezeigt.

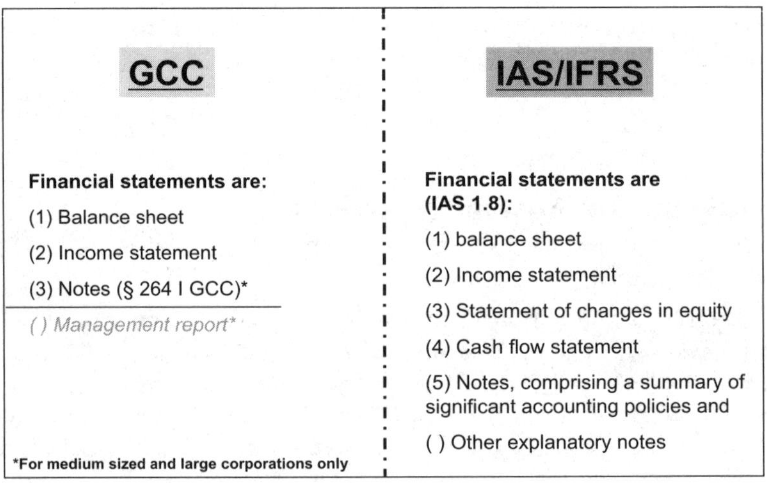

Abbildung 6.1: Übersicht über die Financial Statements nach HGB und IFRSs

Die Inhalte der Financial Statements sind:

(1) Bilanz (balance sheet)
Die Bilanz gibt einen Überblick über die Vermögenslage und die Kapitalherkunft.

(2) Gewinn- und Verlustrechnung (income statement)
Die Gewinn- und Verlustrechnung zeigt die Ertragskraft eines Unternehmens. Der Erfolg eines Unternehmens wird durch Umsatzerlöse (revenue) größer und durch Aufwand (expense) geschmälert.

(3) Kapitalflussrechnung (cash flow statement)
Die Kapitalflussrechnung zeigt alle Zahlungsströme (cash flow) eines Unternehmens.

(4) Eigenkapitalveränderungsrechnung (statement of changes in equity)
Die Eigenkapitalveränderungsrechnung zeigt Änderungen des Eigenkapitals (shareholders' equity).

(5) Anhang (notes)
Die Notes geben weitere Informationen zum Jahresabschluss, die in seinen Bestandteilen sonst nicht enthalten sind. Z. B. werden die Bilanzierungsmethoden (accounting policy) oder weitere ergänzende Aufstellungen (other statements) wie ein Anlagespiegel (register of fixed assets) dargestellt. Da die Notes nach IFRSs umfangreicher als der Anhang nach deutschem HGB sind, wird im Weiteren der Begriff Notes nicht mit Anhang übersetzt.

Im Unterschied zu dem deutschen HGB (German Civil Code = GCC) gibt es nach IFRSs keine rechtsform- und größenklassenspezifischen Regelungen. Die Financial Statements für den Konzernabschluss nach § 297 Abs. 1 HGB erfordern ebenfalls eine Kapitalflussrechnung und einen Eigenkapitalspiegel.

IAS 1.44 und IAS 1.46 fordern, dass alle Jahresabschlussbestandteile eindeutig zu kennzeichnen sind. Insbesondere ist der Name des berichtenden Unternehmens (reporting entity) als Unternehmen oder Konzern unterscheidbar deutlich zu machen. Es müssen der Abschlussstichtag, die Abrechnungsperiode, die Berichtswährung (reporting currency) und der Rundungsfaktor (level of rounding) angegeben werden.

Aus dem Grundsatz der Vergleichbarkeit von Abschlüssen leitet sich die Forderung nach einer Vergleichsspalte ab, in der die Vorjahreswerte zu zeigen sind. Liegt kein Vergleichszeitraum vor (z. B. bei einer Neugründung), ist darüber in den Notes zu berichten.

6.2 **Bilanzausweis** (Presentation of Balance Sheet)

Das Balance Sheet wird zum **Bilanzstichtag (balance sheet date)** → Glossar aufgestellt. Die Bilanz zeigt auf der Aktivseite (asset side) das Vermögen eines Unternehmens – auf der Passivseite (equity and liabilities side) das Eigen- und Fremdkapital. Die Passivseite wird auch als Claims Side bezeichnet, da sie Ansprüche der Eigen- und Fremdkapitalgeber repräsentiert.

Der Bilanzausweis wird in IAS 1.68 nur als Mindestausweis vorgeschrieben: „As a minimum, the face of the balance sheet shall include line items that present the following amounts to the extent that they are not presented in accordance with paragraph 68A“:

(a) property, plant, and equipment
(b) investment property
(c) intangible assets
(d) financial assets [. . .]
(e) investments accounted for using the equity method
(f) biological assets
(g) inventories
(h) trade and other receivables
(i) cash and cash equivalents
(j) trade and other payables
(k) provisions
(l) financial liabilities [. . .]
(m) liabilities and assets for current tax, as defined in IAS 12
(n) deferred tax liabilities and deferred tax assets
(o) minority interest, presented within equity
(p) issued capital and reserves attributable to equity holders of the parent

Formal wird keine Reihenfolge für die Positionen vorgeschrieben. Es wird darauf explizit in IAS 1.71 hingewiesen.

Auf der Asset Side befindet sich das gesamte aktivierungspflichtige Vermögen des Unternehmens mit seinen Buchwerten. Vermögen ist zu zeigen, wenn die Aktivierungskriterien (recognition criteria) erfüllt werden. Es wird gemäß IAS 1.51 nach non-current und current Assets differenziert. Non-current Assets ist Vermögen, das länger als zwölf Monate im Unternehmen bleiben sollen. Kurzfristig ist alles Vermögen, das weniger lang im Unternehmen bleibt, und jede Form von Cash and Cash Equivalents → **Genaues vgl. IAS 1.57**. Die IFRSs kennen keine Bilanzierungshilfen.

Auf der Passivseite der Bilanz werden das Eigenkapital und die Schulden gezeigt. Rückstellungen (provisions) werden nach IFRSs unter Schulden eingeordnet.

Das Eigenkapital besteht aus dem gezeichneten Kapital (issued capital), den Rücklagen (reserves) und dem Bilanzgewinn (retained earnings, retained income). Werden z. B. mehrere Aktiengattungen ausgewiesen, ist für sie jeweils ein einzelner Posten zu zeigen. Eine Vorschrift dafür besteht nach IAS 1 nicht. Es ergibt sich aber aus IAS 1.83 die Notwendigkeit zur Aufschlüsselung, weil so das Eigenkapital aus der Sicht der Entscheidungsfundierung besser beurteilt werden kann. Die Rücklagen (reserves) werden nicht detailliert dargestellt. Sie verändern sich durch Transaktionen des Unternehmens. Z. B. werden Gewinnrücklagen aus Gewinnen des oder der vergangenen Geschäftsjahre gebildet, wenn das Unternehmen sie thesauriert. Es ergibt sich aus der Forderung nach Übersichtlichkeit, die Rücklagen nach ihren Kategorien differenziert zu zeigen. Allerdings kann der Bilanzierende eine entsprechende Aufstellung auch in den Notes darstellen. Die Position Bilanzgewinn ist eine Sammelposition für Erfolge des aktuellen und der vorherigen Abrechnungsperioden. Der Bilanzgewinn besteht aus noch nicht verwendeten Gewinnen. Es ist international üblich, den Jahresabschluss nach der Gewinnverwendung aufzustellen. Diese ist in den Notes zu erläutern. Das Eigenkapital eines Unternehmens stellt rechnerisch den Wert dar, der bei einer Liquidation den Anteilseignern zusteht. Hierfür wird angenommen, dass alle Assets zu ihren Buchwerten veräußert würden und Schulden zu dem mit dem Marktzins diskontierten Rückzahlungsbetrag abgelöst würden. Dies ist nur erfüllt, wenn die Annahme des Going Concern getroffen wird. Ist z. B. davon wegen einer bevorstehenden Liquidierung nicht auszugehen, bedarf es eines entsprechenden Vermerks in den Notes. In einem solchen Fall muss eine Liquidationsbilanz erstellt werden, die das Vermögen zu den niedrigeren Wertansätzen zeigt, die sich voraussichtlich bei Liquidation erzielen lassen.

Die Schulden (liability) enthalten sichere und solche Schulden, deren Eintritt oder Höhe noch unbestimmt sind. Letztere sind Rückstellungen (provision). Beim Schuldausweis werden zinspflichtige und z. B. Schulden aus Lieferungen und Leistungen unterschieden. Die Unterscheidung ist sinnvoll, da z. B. für Rentabilitätskalküle nach zinspflichtigem und zinsfreiem Kapital differenziert wird, z. B. für die Berechnung des Cash Flow Return on Investment (CFROI) [vgl. zum CFROI: Männel 2001]. Nach IAS 1.68 und IAS 12.12 sind ausstehende Steuerschulden als spezielle Steuerschuld zu zeigen. Die IFRSs regeln nicht die Höhe der Unternehmenssteuern, aber ihren Ausweis im Jahresabschluss über IAS 12. Wie auf der Aktivseite gibt es auf der Passivseite ebenfalls keine Bilanzierungshilfen, d. h. keinen Sonderposten mit Rücklageanteil oder passivische Rechnungsabgrenzungen.

Sunny AG (Case Study Sunny AG)

Die Abbildung 6.2 zeigt die bisher verwendete vereinfachte Bilanz der Sunny AG zum Bilanzstichtag 31.12.20X2 in T-Kontenform. Zur Darstellung wurde das Geschäftsjahr 20X2 gewählt, um die Vergleichsspalte für das Geschäftsjahr 20X1 zeigen zu können. Die Bilanz wird zunächst in eine IAS 1-konforme Darstellung überführt.

Sunny AG's Balance Sheet as at 31.12.20X2

A			C,L
N-cur Assets	[EUR]	***SH's capital***	[EUR]
P,P,E	2.738.000	Issued capital	600.000
Int, assets		Reserves	610.036
Fin, assets		Retained ear.	0
cur Assets		***Liabilities***	
Inventory		Int. bear. liab.	289.479
Receivables	1.002.000	Payables	2.786.022
Prepaid exp.		Provisions	
Cash	796.659	Def. income	
		Tax liabilities	251.123
	4.536.659		4.536.659

Abbildung 6.2: Bilanz der Sunny AG zum 31.12.20X2 (vereinfachte Struktur)

Die Sunny AG hat unter non-current Assets den Posten P, P, E angegeben. Das Sachanlagevermögen zeigt den Wert 2.738.000,00 EUR. Dies ist der Buchwert des gesamten Sachanlagevermögens zum Bilanzstichtag 31.12.20X2. Der Wert ist ebenfalls im Anlagespiegel der Sunny AG zu sehen, den sie in den Notes zeigt.

Sunny AG's REGISTER OF FIXED ASSETS as at 31.12.20X2

Plant	Date of Acqu.	Usfl Life	Cost / Valuation	Acc. Depr.	Carrying Amount
1100 (Mgt)	20X1	10	50.000,00	(10.000,00)	40.000,00
2100 (Stck)	20X1	10	100.000,00	(20.000,00)	80.000,00
3100 (OBld)	20X1	25	2.500.000,00	(200.000,00)	2.300.000,00
3110 (Sol)	20X1	8	240.000,00	(60.000,00)	180.000,00
4100 (Asbl)	20X1	4	56.000,00	(28.000,00)	28.000,00
4200 (Cnfg)	20X1	4	60.000,00	(30.000,00)	30.000,00
4300 (Srvc)	20X1	4	160.000,00	(80.000,00)	80.000,00
total			*3.166.000,00*	*(428.000,00)*	*2.738.000,00*

Abbildung 6.3: Anlagespiegel der Sunny AG zum 31.12.20X2

Die Sunny AG weist als Umlaufvermögen keine Vorräte aus, da das Vorratsvermögen im Geschäftsjahr aufgebraucht wurde und der Endbestand Null beträgt. Die Sunny AG hat Forderungen aus dem Verkauf von Produkten und Dienstleistungen an Debitoren. Die Position Cash and Cash Equivalents zeigt den Kassenbestand der Sunny AG zum Bilanzstichtag. Abgrenzungsposten oder Bilanzierungshilfen werden nicht dargestellt.

Die Sunny AG hat ein gezeichnetes Kapital i.H.v. 600.000,00 EUR, das aus der Ausschüttung von Aktien resultiert. Die Rücklagen der Sunny AG resultieren aus der Gewinnverwendung der Geschäftsjahre 20X1 und 20X2. Die Rücklagen zeigen, dass die Sunny AG den Jahresabschluss unter Gewinnverwendung aufgestellt hat. Die Gewinnverwendung folgt den Regelungen des deutschen AktG, insb. §§ 58 und 150 AktG. Es wurden jeweils 52.5 % des Ergebnisses in die Rücklagen eingestellt, die verbleibenden 47,5 % in Verbindlichkeiten gebucht. Die Position Retained Earnings ist Null, weil der Gewinn von 20X1 und 20X2 jeweils vollständig verwendet wurden. Die Gewinnverwendung der Sunny AG wird in Kapitel 11 → vgl. S. 277 behandelt.

Die Schulden der Sunny AG zeigen als erste Position zinspflichtige Verbindlichkeiten, z. B. gegenüber Kreditinstituten (interest bearing liabilities). Darin ist eine Verbindlichkeit gezeigt, die aus dem Darlehn resultiert, das zu Beginn von 20X1 in Höhe von 300.000,00 EUR aufgenommen wurde. Nach IAS 1.60 ist geboten, die Tilgung für das nächste Geschäftsjahr 20X3 zu isolieren und als kurzfristige Schuld darzustellen. Die ausgewiesene Verbindlichkeit in Höhe von 289.478,70 EUR enthält noch den kurzfristigen Anteil i.H.v. 5.762,84 EUR. In Abbildung 6.6 → vgl. S. 123 ist der Betrag für die kurzfristigen Schulden herausgerechnet worden. In den weiteren Kapiteln des Buchs wird aus didaktischen Gründen der Betrag für die Bankschulden zusammengefasst dargestellt. Der Tilgungsplan des Darlehns ist in Abbildung 6.4 gezeigt.

Sunny AG's BANK LOAN PAYMENT PLANNING

	Carrying Amount [EUR]	Interest [EUR]	Pay off [EUR]	Annual Paym. (8 %) [EUR]
20X1	300.000,00	18.900,00	5.100,00	24.000,00
20X2	294.900,00	18.578,70	5.421,30	24.000,00
20X3	289.478,70	18.237,16	5.762,84	24.000,00

Abbildung 6.4: Tilgungsplan des Darlehns der Sunny AG

Die Sunny AG hat weiter kurzfristige Verbindlichkeiten gegenüber Lieferanten, Anteilseignern und Finanzbehörden. Sie resultieren aus Materialaufwendungen einschließlich der darauf entfallenden Vorsteuer gegenüber den Lieferanten, aus der Dividende und aus den Umsatzsteuerverbindlichkeiten gegenüber den Finanzbehörden. Die Einkommensteuerschulden als Gesamtbetrag für die Unternehmensbesteuerung werden nach IAS 12 unter Schulden ausgewiesen. Sie betragen zum Bilanzstichtag 251.122,87 EUR und resultieren aus dem Geschäftsjahr 20X2.

Die Bilanz der Sunny AG wird in Abbildung 6.5 in dem Format gezeigt, wie es den Regelungen des IAS 1 entspricht. Das Format wurde aus dem Appendix zu IAS 1 entnommen. Die Bilanz zeigt rechts die Vergleichsspalte zum vorherigen Bilanzstichtag.

SUNNY AG's BALANCE SHEET as at 31.12.20X2

	20X2 [EUR]	**20X1** [EUR]
Non-current assets		
Property, plant and equipment	2.738.000,00	2.952.000,00
Investment property		
Intangible assets		
Financial assets		
Investment accounted [...]		
Total of non-current assets	*2.738.000,00*	*2.952.000,00*
Current assets		
Inventories		
Trade and other receivables	1.002.000,00	1.002.000,00
Cash and cash equivalents	796.658,94	149.600,00
Prepaid expenses		
Total of current assets	*1.798.658,94*	*1.151.600,00*
Total assets	***4.536.658,94***	***4.103.600,00***
Liabilities		
[...] Interest bearing liabilities	283.715,86	289.478,16
Trade and other payables	2.791.784,64	2.658.137,07
Provisions		
Liabilities and assets [...] IAS 12	251.122,78	251.025,83
Deferred tax liabilities [...] IAS 12		
Deferred income		
Total of liabilities	*3.326.623,28*	*3.198.641,06*
Capital		
Issued capital	600.000,00	600.000,00
Other reserves	610.035,67	304.958,94
Retained earnings		
Total of shareholder's equity	*1.210.035,67*	*904.958,94*
Total equity and liabilities	***4.536.658,94***	***4.103.600,00***

Abbildung 6.5: Bilanz der Sunny AG zum 31.12.20X2

6.3 Ausweis der Gewinn- und Verlustrechnung (Presentation of Income Statement)

Die Gewinn- und Verlustrechnung wird – ebenso wie die im Folgenden beschriebenen Jahresabschlusselemente – für ein Jahr, aufgestellt. Die Gewinn- und Verlustrechnung weist den Periodenerfolg des Unternehmens durch Vergleichen von Umsatzerlösen und Aufwendungen aus.

Solange für ein Produktionsunternehmen die Menge der hergestellten Erzeugnisse mit der Absatzmenge übereinstimmt, ergeben sich keine Veränderungen von Beständen an Fertigerzeugnissen. Sind dagegen die o. g. Mengen unterschiedlich, muss der Erfolg entweder an die Aufwendungen oder an die Erlöse angepasst werden. Entsprechend gibt es für die Gewinn- und Verlustrechnung zwei Formate: (1) Gesamtkostenverfahren und (2) Umsatzkostenverfahren.

(1) Gesamtkostenverfahren (Nature of Expense Method)
Es werden alle Aufwendungen aus der Buchhaltung übernommen. Bestandserhöhungen werden zu Anschaffungs- und Herstellungskosten bewertet im Haben gebucht. Es werden Aufwendungen, die für die Herstellung der noch auf Lager befindlichen Erzeugnisse angefallen sind, zu den Umsatzerlösen gezählt. Bei den Aufwendungen wird derselbe Betrag für das Anschaffen und Herstellen der Erzeugnisse wieder subtrahiert. Das Aufbauen von Beständen wird somit erfolgsneutral in der Gewinn- und Verlustrechnung behandelt.

(2) Umsatzkostenverfahren (Cost of Sales Method)
Es werden nur solche Aufwendungen berücksichtigt, die für die Herstellung der verkauften Produkte angefallen sind. Ein Aufwand für ein hergestelltes Erzeugnis, das noch nicht verkauft wurde, wird erst in der Periode berücksichtigt, in der das Produkt verkauft wird. Das Umsatzkostenverfahren erfordert, dass bereits bei der Buchung von Aufwandsarten eine Zuordnung zu Erzeugnissen stattfindet. Technisch werden dafür Ergebnisobjekte gebildet, denen Aufwendungen und Erlöse zugeordnet werden. Für die Erfolgsbestimmung in Kapitel 4 → vgl. S. 74 wurde nach dem Gesamtkostenverfahren gebucht. Es wurden alle Aufwendungen in die Trial Balance oder in das Gewinn- und Verlustrechnungskonto übernommen. Das Umsatzkostenverfahren wird in Kapitel 12 → vgl. S. 291 behandelt.

Das Income Statement wird formal in IAS 1 festgelegt. Die Mindestinformation des Income Statement beschreibt IAS 1.81: „As a minimum, the face of the income statement shall include line items that present the following amounts for the period:

(a) revenue;
(b) finance costs;
(c) share of the profit or loss of associates and joint ventures accounted for using the equity method;
(d) tax expense;

(e) a single amount comprising the total of (i) the post-tax profit or loss of discontinued operations and (ii) the post-tax gain or loss recognised on the measurement to fair value less costs to sell or on the disposal of the assets or disposal group(s) constituting the discontinued operation; and
(f) profit or loss."

Das Income Statement kann nach IAS 1.83 um weitere Überschriften ergänzt werden. Die Struktur des Income Statement nach der Nature of Expense Method ist in IAS 1.91 dargestellt. Für die Cost of Sales Method wird die Struktur nach IAS 1.92 beschrieben.

Sunny AG (Case Study Sunny AG)

Die Gewinn- und Verlustrechnung ist in Abbildung 6.6 für die Sunny AG gemäß IAS 1.81 wiedergegeben:

Sunny AG's INCOME STATEMENT for 20X2

	20X2 [EUR]	20X1 [EUR]
Revenue	8.350.000,00	8.350.000,00
Other income		
Changes in inventory of finished goods and work in progress		
Work performed by the entity and capitalized		
Total	8.350.000,00	8.350.000,00
Raw material and consumables used	(3.000.000,00)	(3.000.000,00)
Employee benefits expense	(3.680.000,00)	(3.680.000,00)
Depreciation and amortisation expense	(214.000,00)	(214.000,00)
Impairment of property, plant and equipment		
Other expenses	(605.200,00)	(605.200,00)
Finance costs	(18.578,70)	(18.900,00)
Share of profit of associates		
Profit before taxation	832.221,30	831.900,00
Income tax expenses	(251.122,78)	(251.025,83)
Deferred tax income/expense		
Profit for the period	***581.098,52***	***580.874,18***

Abbildung 6.6: Gewinn- und Verlustrechnung der Sunny AG für 20X2

Die Sunny AG hat im Geschäftsjahr 20X2 Umsätze in Höhe von 8.350.000,00 EUR erwirtschaftet. Sie resultieren aus dem Verkauf von PCs und Workstations. Außerdem bestehen Umsätze aus Dienstleistungen in Form von Serviceleistungen.

Da die Produktionsmenge der Verkaufsmenge entspricht und keine selbst erstellten Leistungen aktiviert wurden, sind keine Bestandsveränderungen oder aktivierte Eigenleistungen in der Gewinn- und Verlustrechnung zu berücksichtigen. Aktivierte Eigenleistungen wären bei der Sunny AG z. B. entstanden, wenn sie einen selbst hergestellten PC in der Buchhaltung einsetzen würde.

Die Aufwendungen, die für die Leistungserstellung angefallen sind, bestehen aus Material-, Lohnaufwand und aus Abschreibungen. Sonstige Kosten sind z. B. Reinigungskosten. Die Finanzierungskosten bestehen aus den Zinsen für das Bankdarlehn.

Die Sunny weist in 20X2 ein Vorsteuerergebnis (EBT) i.H.v. 832.221,30 EUR aus. Bei einem Gesamtsteuersatz i.H.v. 30,18 % für Osnabrück betragen die Unternehmenssteuern 251.122,78 EUR.

Der Jahresüberschuss ist die Differenz und beträgt hier 832.221,30 · (1 – 30,18 %) = **581.098,52 EUR**. Der Jahresüberschuss wird bei der Gewinnverwendung der Sunny AG zu 52,5 % in die Rücklagen eingestellt und zu 47,5 % als Verbindlichkeiten gegenüber den Anteilseignern ausgewiesen.

6.4 Ausweis der Kapitalflussrechnung (Presentation of Cash Flow Statement)

Die Kapitalflussrechnung zählt nach IAS 1.8 zum Jahresabschluss (set of financial statements). Sie zeigt die zusammengefassten Zahlungen des Unternehmens nach Cash Flow Typen. Die Kategorien sind Zahlungen aus operativer Tätigkeit, Zahlungen aus Investitionstätigkeit und Zahlungen aus Finanzierung. Die Kapitalflussrechnung kann direkt aus den Ein- und Auszahlungen abgeleitet werden. Ebenso ist eine derivative Ermittlung möglich, bei der das Cash Flow Statement aus der Gewinn- und Verlustrechnung abgeleitet wird. Diese Methode wird häufig zur Bestimmung des Cash Flow aus operativer Tätigkeit verwendet. Der Periodenerfolg nach Steuern wird dazu um Vorgänge korrigiert, die nicht zu Zahlungen geführt haben, z. B. Abschreibungen oder Einstellungen in Rückstellungen. Die Ausweisvorschriften in IAS 1.102 enthalten nur den Verweis auf IAS 7.

Sunny AG (Case Study Sunny AG)

Die Kapitalflussrechnung der Sunny AG enthält alle Zahlungen des Geschäftsjahrs 20X2.

Der Cash Flow aus operativer Tätigkeit enthält die Ein- und Auszahlungen für die gezahlten Bruttoumsatzerlöse und den Materialaufwand. Die Sunny AG verkauft ihre Leistungen zu 10 % auf Rechnung. Gleichzeitig werden die Materialaufwendungen nur zu 60 % gezahlt. Die fälligen Zahlungen für die Umsatzsteuerschuld werden erst im nachfolgenden Geschäftsjahr beglichen. Weiter wurden Löhne und sonstige Aufwendungen von der Sunny AG gezahlt.

Der Cash Flow aus Investitionstätigkeit enthält in 20X2 nur die noch fällige Restzahlung aus den Investitionen in 20X1. Entsprechend ist kein Zugang im Anlagespiegel zu sehen, wohl aber ein Cash Flow aus Investitionstätigkeit.

Bei dem Cash Flow aus Finanzierungstätigkeit für 20X2 sieht man die Annuität für das Bankdarlehn und die Dividendenausschüttung für das Geschäftsjahr 20X1. In der Vergleichsspalte für 20X1 sind die Ausschüttung der Aktien und die Aufnahme des Bankdarlehns als Außenfinanzierungszahlung ausgewiesen.

Die Differenz aus Einzahlungen und Auszahlungen gibt den Cash Flow für das Geschäftsjahr an. In 20X1 betrug der Cash Flow 149.600,00 EUR. In 20X2 ist der Cash Flow 647.058,94 EUR. Der Betrag von 149.600,00 EUR entspricht dem Kassenbestand von 20X1, da zu Beginn der Geschäftstätigkeit kein Kassenbestand vorhanden war. Der Kassenbestand für 20X2, der in der Bilanz auszuweisen ist, beträgt die Summe der Cash Flows aus 20X1 und 20X2, mithin 796.658,94 EUR. Die Beträge sind in der Bilanz in Abbildung 6.6 → vgl. S. 123 unter der Position Cash and Cash Equivalents ausgewiesen. Die Kapitalflussrechnung hat für die Sunny AG das in Abbildung 6.7 gezeigte Format.

Sunny AG's CASH FLOW STATEMENT for 20X2

	20X1	20X2
	[EUR]	[EUR]
CF from operating activities		
Proceeds	9.018.000,00	10.020.000,00
Materials	(2.160.000,00)	(3.600.000,00)
Departments	(4.285.200,00)	(4.285.200,00)
VAT		(436.800,00)
Taxation		(251.025,83)
	2.572.800,00	1.446.974,18
CF from investing activities		
Investment	(3.299.200,00)	(500.000,00)
	(3.299.200,00)	(500.000,00)
CF from financing activities		
Issue of Shares	600.000,00	
Bank Loan	300.000,00	
Interest and Pay off	(24.000,00)	(24.000,00)
Dividend to SHs		(275.915,23)
	876.000,00	(299.915,23)
Total cash flow:	***149.600,00***	**647.058,94**

Abbildung 6.7: Kapitalflussrechnung der Sunny AG für 20X2

6.5 Ausweis der Eigenkapitalveränderungsrechnung (Presentation of Statement of Changes in Equity)

Die IFRSs schreiben in IAS 1.8 das Erstellen einer Eigenkapitalveränderungsrechnung vor. Diese zeigt alle Veränderungen des Eigenkapitals. Das Eigenkapital hat die Positionen (1) gezeichnetes Kapital, (2) Rücklagen und (3) Bilanzgewinn.

Änderungen des Grundkapitals einer AG resultieren aus Kapitalheraufsetzungen oder -herabsetzungen durch das Ausschüttung oder Einziehen von Aktien. Die Rücklagen verändern sich z. B. bei Einstellungen oder Auflösung in die Kapital- oder die Gewinnrücklagen. In die Kapitalrücklage werden Einstellungen z. B. bei der Ausschüttung von Unternehmensanteilen oberhalb ihres Nennbetrags vorgenommen. Einstellungen in die Gewinnrücklagen entstehen durch die Gewinnverwendung. Die Auflösung von Rücklagen kann begrenzt sein, z. B. durch § 150 AktG für den Fall, dass die Summe aus gesetzlicher Gewinnrücklage und Kapitalrücklage nicht 10 % oder einen satzungsmäßig bestimmten höheren Betrag ausmacht. Die Veränderung des Kontos Bilanzgewinn resultiert aus der Buchung des Jahresüberschusses aus dem GuV-Konto in die Bilanz oder aus Gewinnverwendungsbuchungen.

Da die langfristige Veränderung von Eigenkapital für die Unternehmensbeurteilung wesentlich ist, wird ihr ein eigenes Statement gewidmet. Die Eigenkapitalveränderungsrechnung kann leicht aus den anderen Bestandteilen des Jahresabschlusses abgeleitet werden. Sie stellt dem Bilanzadressaten keine neuen Informationen bereit, erleichtert aber den Überblick über die Veränderungen des Eigenkapitals.

Sunny AG (Case Study Sunny AG)

Die Sunny AG hat in den Geschäftsjahren 20X1 und 20X2 das Eigenkapital durch Aktienausschüttung und durch Gewinnverwendungen gemehrt. Die Eigenkapitalveränderungsrechnung der Sunny AG zeigt Abbildung 6.8:

Sunny AG's STATEMENT OF CHANGES IN EQUITY for 20X2

	Issued Capital	Earnings Reserves	Retained Earnings	Total Shareholders' Equity
Equity as at 1.01.20X1	0,00	0,00	0,00	0,00
Issue of ord. shares	600.000,00			600.000,00
Profit 20X1			580.874,18	580.874,18
Appropriation of profit		304.958,94	(580.874,18)	(275.915,23)
Equity as at 31.12.20X1	*600.000,00*	*304.958,94*	*0,00*	*904.958,94*
Profit 20X2			581.098,52	581.098,52
Appropriation of profit		305.076,72	(581.098,52)	(276.021,80)
Equity as at 31.12.20X2	*600.000,00*	*610.035,67*	*0,00*	*1.210.035,67*

Abbildung 6.8: Eigenkapitalveränderungsrechnung der Sunny AG für 20X2

Das Eigenkapital zu Beginn von 20X1 betrug Null. Die Sunny AG hat 600.000,00 EUR als Eigenkapitalmehrung ausgewiesen. Der Betrag resultiert aus der Ausschüttung der Stammaktien (ordinary share issue) bei der Unternehmensgründung. Die Jahresüberschüsse in 20X1 und 20X2 mit Beträgen von 580.874,18 EUR und 581.098,52 EUR wurden zunächst als Eigenkapitalmehrung in das Konto Bilanzgewinn (retained earnings) gebucht. In beiden Geschäftsjahren wurden in Übereinstimmung mit den Regelungen im deutschen Aktiengesetz davon 52,5 % in die Rücklagen eingestellt. Entsprechend wurde die gesetzliche Gewinnrücklage um 5 % des Jahresergebnisses und die sonstigen Gewinnrücklagen um 47,5 % des Jahresergebnisses erhöht. In Abbildung 6.8 sind die beiden Rücklagen zu Gewinnrücklagen (earnings reserves) zusammengefasst dargestellt. Dies bedingt eine detaillierte Erläuterung der Zusammensetzung der Rücklagen in den Notes. Das Einstellen in die Rücklagen entspricht z. B. in 20X2 der folgenden Buchung:

```
DR Retained Earnings ............ 305.076,72 EUR
CR Legal Earnings Reserves .....   29.054,92 EUR
CR Other Earnings Reserves ..... 276.021,80 EUR
```

Entsprechend der Verwendung des Jahresüberschusses werden insgesamt 305.076,72 EUR in die Rücklagen eingestellt. Der restliche Betrag wird bei vollständiger Gewinnverwendung als Dividende an die Anteilseigner erklärt und in die Verbindlichkeiten gebucht. Der Buchungssatz lautet:

```
DR Retained Earnings ............ 276.021,80 EUR
CR A/P .......................... 276.021,80 EUR
```

Die Buchung in das Verbindlichkeitskonto ist eine Eigenkapitalminderung, weil von einem Eigenkapitalkonto (R/E) in ein Verbindlichkeitskonto (A/P) gebucht wird.

6.6 Darstellung der Notes (Presentations of Notes)

Die Notes nehmen gem. IAS 1.103 Angaben über die Bilanzierungsgrundlagen und weitere Informationen, die nicht in den anderen Statements aufgeführt werden, auf.

Da die Notes i.d.R. unternehmensindividuell sind, werden sie an der Sunny Fallstudie gezeigt.

Sunny AG (Case Study Sunny AG)

Die Sunny trägt in den Notes zu den Bilanzierungsgrundlagen vor. Sie erläutert z. B.:

„Der vorliegende Jahresabschluss der Sunny AG ist als Einzelabschluss nach internationalen Rechnungslegungsstandards IFRSs erstellt worden.

...

Die Bewertung des Sachanlagevermögens und die Abschreibung finden konsistent zu IAS 16.60 statt. Land wird nicht abgeschrieben. Für das Bürogebäude wird eine Nutzungsdauer von 50 Jahren angenommen. Für Maschinen wird eine Nutzungsdauer von vier Jahren angenommen. Das Sachanlagevermögen in den Bereichen Lager und Büros wird davon abweichend mit einer Nutzungsdauer von zehn Jahren angenommen. Die Nutzungsdauer der Solarenergieanlage beträgt acht Jahre.

Die Sachanlagen weisen die folgenden Werte zum Ende von 20X2 auf:

Sunny AG's REGISTER OF FIXED ASSETS as at 31.12.20X2

Plant	Date of Acqu.	Usfl Life	Cost / Valuation	Acc. Depr.	Carrying Amount
1100 (Mgt)	20X1	10	50.000,00	(10.000,00)	40.000,00
2100 (Stck)	20X1	10	100.000,00	(20.000,00)	80.000,00
3100 (OBld)	20X1	25	2.500.000,00	(200.000,00)	2.300.000,00
3110 (Sol)	20X1	8	240.000,00	(60.000,00)	180.000,00
4100 (Asbl)	20X1	4	56.000,00	(28.000,00)	28.000,00
4200 (Cnfg)	20X1	4	60.000,00	(30.000,00)	30.000,00
4300 (Srvc)	20X1	4	160.000,00	(80.000,00)	80.000,00
total			*3.166.000,00*	*(428.000,00)*	*2.738.000,00*

Abbildung 6.9: Anlagespiegel der Sunny AG

Die Überleitungsrechnung des Sachanlagevermögens ist im Reconciliation Statement of Fixed Assets dargestellt. Darin sind die Anlagen für Lager, Solarenergie, Montage, Konfiguration und für den Servicebereich zur Position Plant zusammengefasst.

Die Abbildung 6.10 zeigt die Überleitungsrechnung für das Sachanlagevermögen."

Sunny AG's RECONCILIATION OF CARRYING AMOUNTS

	Building	Office	Plant
CA at beginning of year	2.400.000,00	45.000,00	507.000,00
Acquisitions			
Disposals			
Depreciations	(100.000,00)	(5.000,00)	(109.000,00)
Revaluations			
CA at end of year	2.300.000,00	40.000,00	398.000,00

Abbildung 6.10: Überleitungsrechnung für das Anlagevermögen der Sunny AG für 20X2

Zusammenfassung (Summary)

Der Jahresabschluss nach IFRSs besteht aus der Bilanz, der Gewinn- und Verlustrechnung, der Kapitalflussrechnung und der Eigenkapitalveränderungsrechnung. Die Formalvorschriften werden in IAS 1 dargestellt.

IAS 1.68 regelt den Mindestinhalt der Bilanz. Im Unterschied zum deutschen HGB werden nach IFRSs nur Bilanzpositionen inhaltlich vorgeschrieben. Ein Gliederungsschema oder die Benennung der Bilanzpositionen werden nicht geregelt.

IAS 1.81 schreibt vor, welche Aufwands- und Ertragspositionen in der Gewinn- und Verlustrechnung zu zeigen sind. Sie kann nach dem Gesamt- oder dem Umsatzkostenverfahren aufgestellt werden.

Die Kapitalflussrechnung wird formal nicht geregelt, inhaltlich wird sie in IAS 7 behandelt. Dort wird vorgeschrieben, dass die Zahlungsströme nach operativer Tätigkeit, nach Investitionstätigkeit und Finanzierungstätigkeit zu strukturieren sind.

Die Eigenkapitalveränderungsrechnung wird über IAS 1.96 geregelt. Der Standard schreibt die Mindestinhalte vor.

Die Notes nach IAS 1.103 stellen Erläuterungen zum handelsrechtlichen Jahresabschluss dar. Darin werden z. B. die Jahresabschlusspolitik und zugrunde liegende Methoden sowie Parameter für die Berechnungen dargestellt. Sie enthalten Detaildarstellungen zu Jahresabschlusspositionen, wie den Anlagenspiegel auf Gruppenebene, Überleitungsrechnungen und weitere Übersichten.

Aufgaben (Exercises)

Aufgabe 1: Darstellung der Gewinn- und Verlustrechnung

(Exercise on Income Statement Presentation)

Mossie Ltd. zeigt die Salden der Erfolgskonten, die aus der adjusted Trial Balance übernommen wurden, zum Ende des Geschäftsjahrs 20X5.

Account	Amount
Revenue	600.000,00
Cost of sales	200.000,00
Other expenses	200.000,00
Profit on disposal of MV (taxable profit 5.000 EUR)	5.000,00
Profit on disposal of land (not taxable)	40.000,00
Loss due to hail damage to inventory (tax deductable)	9.000,00
Impairment of goodwill (not tax deductable)	5.000,00
Loss resulting from expropriation of land (not tax deductable)	15.000,00
Payment received from a supplier for breach of contract (not taxable)	4.000,00
Provision for doubtful debts written back (taxable)	8.000,00
Investment (as cost) in liquidated subsidiary written off	12.000,00
Loss on long-term construction contract (tax deductable)	20.000,00
Income tax expense	60.000,00

Abbildung 6.11: Salden aus der Trial Balance von Mossie Ltd.

Weitere Informationen:

(1) Nehmen Sie an, alle Informationen sind wichtig für den Ausweis.
(2) Nehmen Sie einen Gesamtsteuersatz von 30 % an.
(3) Die folgenden Positionen sind in Other Expenses enthalten:

Leasingzahlungen (Büro)	20.000,00 EUR
Abschreibung Maschinen	10.000,00 EUR
Abschreibung Fahrzeuge	15.000,00 EUR
Abschreibung Ausstattung	15.000,00 EUR
Vergütung des Wirtschaftsprüfers	40.000,00 EUR

(4) Das Land, das enteignet wurde, hatte Anschaffungskosten i.H.v. 70.000,00 EUR.
(5) Die Steuern betragen: (600.000 – 200.000 – 200.000) · 30 % = 60.000,00 EUR.

Erstellen Sie eine Gewinn- und Verlustrechnung und die zugehörigen Notes für Mossie Ltd. Verwenden Sie die verfügbare Informationen. Es sind keine Vergleichsinformationen und Angaben zur Bilanzierungsgrundlage gefordert.

Die Aufgabe ist in Anlehnung an Oppermann [2007].

Aufgabe 2: Jahresabschlusserstellung (Exercise on Setting up Financial Statements)

Ihnen liegt die Eröffnungsbilanz vor (→ vgl. Abbildung 6.12 auf S. 130).

Erstellen Sie nach IAS 1 den Jahresabschluss zum 31.12.20X6: Bilanz unter vollständiger Gewinnverwendung, Gewinn- und Verlustrechnung, Eigenkapitalveränderungsrechnung und Kapitalflussrechnung.

Sie müssen nur die Eröffnungswerte und die unten stehenden Informationen berücksichtigen. Die Umsatzsteuer beträgt 20 %, der Gesamtsteuersatz 30 %. Verwenden Sie monatsgenaue Abschreibung.

(1) Anschaffung einer Maschine für 120.000,00 EUR (brutto) am 1.04.20X6. Die Maschine wird hälftig in 20X6 und 20X7 bezahlt. Der Transport kostet 1.020,00 EUR (brutto). Der Transport wird sofort bar bezahlt. Verwenden Sie lineare Abschreibung. Die Nutzungsdauer beträgt acht Jahre. Buchen Sie Transport in P,P,E.
(2) Umsatz i.H.v. 300.000,00 EUR (brutto). Ihr Kunde zahlt hälftig bar in 20X6 und die andere Hälfte im nächsten Jahr.
(3) Das Unternehmen zahlt Lohnkosten i.H.v. 50.000,00 EUR per Überweisung. (Berücksichtigen Sie keine Lohnsteuern oder Sozialversicherungszahlungen)
(4) Materialeinkauf i.H.v. 200.000,00 EUR (brutto). Buchen Sie in das Vorrätekonto. Das Unternehmen erhält einen Rabatt von 10 %. Es wird bar gezahlt.
(5) Die Strootberg AG bildet eine Rückstellung von 10.000,00 EUR.
(6) Zum Ende der Abrechnungsperiode beträgt der Endbestand des Materials 12.000,00 EUR.
(7) Das Unternehmen entschließt sich, eine Dividende in Hälfte des Bilanzgewinns auszuschütten.

Strootberg AG's BALANCE SHEET as at 1.0120X6

Non-current assets	[EUR]	**[EUR]**
Property, plant and equipment	130.000,00	
Investment property		
Intangible assets		
Financial assets		
Total of non-current assets		**130.000,00**
Current assets		
Inventories	20.000,00	
Trade and other receivables		
Cash and cash equivalents	15.000,00	
Prepaid expenses		
Total of current assets		**35.000,00**
Total assets		**165.000,00**
Liabilities		
[...] Interest bearing liabilities	40.000,00	
Trade and other payables	5.000,00	
Provisions		
Liabilities and assets [...] IAS 12		
Deferred tax liabilities [...] IAS 12		
Deferred income		
Total of liabilities		**45.000,00**
Capital		
Issued capital	100.000,00	
Other reserves	10.000,00	
Retained earnings	10.000,00	
Total of shareholder's equity		**120.000,00**
Total equity and liabilities		**165.000,00**

Abbildung 6.12: Eröffnungsbilanz

7 **Sachanlagen** (Non-current Assets)

Lernziele

Mit diesem Kapitel 7 beginnt die detaillierte Darstellung von Bilanzpositionen. Es wird zuerst das Sachanlagevermögen behandelt. In Kapitel 9 → vgl. S. 211 folgt das Umlaufvermögen, in Kapitel 11 → vgl. S. 269 das Eigenkapital und in Kapitel 14 → vgl. S. 319 das Fremdkapital. Das Ziel dieser Kapitel ist eine möglichst umfassende Darstellung von Regelungen, die auf die o. g. Bilanzbereiche anzuwenden sind. Im Vergleich zu den vorherigen Kapiteln wird mit Kapitel 7 der Detaillierungsgrad der Darstellungen erhöht.

In Kapitel 7 werden zuerst die Regelungen zum Ausweis von Sachanlagen behandelt. Unter Sachanlagen versteht man sowohl die in IAS 16 geregelten Property, Plant, and Equipment (P, P, E) als auch immaterielles Vermögen, Beteiligungen und Finanzinstrumente. Die Ausweisvorschriften regeln, unter welchen Bedingungen Vermögen in der Bilanz unter der Überschrift fixed (= non-current) Assets zu zeigen ist. Es wird ebenfalls auf Besonderheiten eingegangen, z. B. auf den Ausweis von wesentlichen Ersatzteilen (major spare parts) im Anlagevermögen und die Darstellung von Leasingverhältnissen nach IAS 17, für den Fall, dass Finanzierungsleasing vorliegt und der Leasingnehmer das geleaste Vermögen bilanziert.

Nachfolgend wird die Bewertung von Sachanlagen behandelt. Es werden die Wertansätze bei der Erstbewertung vorgestellt und im Rahmen der Folgebewertung auf planmäßige Abschreibungen, auf außerplanmäßige Abschreibungen und auf Neubewertungen eingegangen. Ebenso sind Bewertungsbesonderheiten darzustellen: der Austausch von Teilen von Sachanlagen, Bewertung bei Tauschgeschäften, Bewertung bei verspäteten Zahlungen, die Zinsanteile enthalten, das Ändern von Schätzungen der Nutzungsdauer und das Ausscheiden von Anlagen. Es wird gezeigt, wie in den Notes Sachanlagen bei Folgebewertungen auszuweisen und zu erläutern sind.

Die Lernziele des Kapitels 7 sind:

(1) Kennenlernen der wichtigsten Positionen des Sachanlagevermögens (fixed assets): Property, Plant, and Equipment (P, P, E), Investment Property, Intangible Assets, Investments, Financial Instruments → vgl. Abschnitt 7.1, S. 133
(2) Kennenlernen der Ansatzvorschriften für das Sachanlagevermögen → vgl. Abschnitt 7.1.1, S. 135
(3) Vermitteln über die Kenntnisse zum Ausweis von weiteren Sachanlagevermögen in der Bilanz → vgl. Abschnitt 7.1.3, S. 142

(4) Kennenlernen der Regelungen zu Leasing und deren grundsätzlichen Buchungssätze → vgl. Abschnitt 7.1.2, S. 157
(5) Vermitteln von Kenntnissen bei der Bilanzierung von Ersatzteilen, die Sachanlagevermögen darstellen → vgl. Abschnitt 7.1.1, S. 136
(6) Verstehen der wesentlichen Bewertungsvorschriften nach dem Cost und Fair Value Model → vgl. Abschnitt 7.2, S. 147
(7) Verstehen der Buchungen beim Austausch von Sachanlagen (replacements) → vgl. Abschnitt 7.2.4, S. 159
(8) Kennenlernen der bei der Folgebewertung anzuwendenden Methoden für planmäßige Abschreibungen und Unterscheiden Können zwischen den Abschreibungsdeterminanten. Wissen darüber, wann die wichtigsten Abschreibungsmethoden anzuwenden sind → vgl. Abschnitt 7.2.4, S. 150
(9) Kennenlernen der Notwendigkeiten zum Ausweisen eines Impairment loss nach IAS 36 → vgl. Abschnitt 7.2.5, S. 160
(10) Kennenlernen von Methoden zur Neubewertung und Rückgängigmachen von Impairment losses → vgl. Abschnitt 7.2.6, S. 162
(11) Kenntnisse über die Behandlung von Ausscheiden von Anlagevermögen → vgl. Abschnitt 7.2.8, S. 180
(12) Kenntnisse über das Ausweisen von fixed Assets, die nicht zu Property, Plant, and Equipment zählen → vgl. Abschnitt 7.2.7, S. 177

7.1 Ausweis von Anlagevermögen (Recognition of Fixed Assets)

Eine **Ansatzvorschrift** → Glossar regelt, ob Vermögen in der Bilanz gezeigt wird. Das Bewerten von Vermögen wird erst in Abschnitt 7.2 → vgl. S. 145 behandelt.

Ein Asset ist eine Ressource, die aufgrund von Ereignissen der Vergangenheit, z. B. Kauf, Schenkung, in der Verfügungsmacht des Unternehmens steht und von der erwartet wird, dass sie einen wirtschaftlichen Nutzen stiftet. Asset wird mit „Vermögenswert“ übersetzt. Der Ausdruck Vermögensgegenstand entspricht dagegen der Darstellung im deutschen HGB. F.49 definiert den Vermögenswert: „An asset is a resource controlled by the enterprise as a result of past events and from which future economic benefits are expected to flow to the enterprise.“

Für den Bilanzausweis schreibt IAS 1.51 eine Gliederung nach current/non-current oder nach Liquidität vor. Üblich ist eine Aufteilung der Assets nach ihrer Kurz- und Langfristigkeit. Abbildung 7.1 zeigt eine Gliederung für die Aktivseite der Bilanz gem. IFRSs.

BALANCE SHEET as at 31.12.20XX

	20XX [EUR]
Non-Current Assets	
Property, Plant and Equipment	
Investment Property	
Intangible Assets	
Financial Assets	
Investment Accounted [...]	
Total of non-current Assets	**0,00**
Current assets	
Inventories	
Trade and Other Receivables	
Securities	
Cash and Cash Equivalents	
Prepaid Expenses	
Total of Current Assets	**0,00**
Total of Assets	**0,00**

...

Abbildung 7.1: Gliederung der Aktivseite der Bilanz

Für die Unterteilung nach current und non-current gelten die Unterscheidungskriterien gem. IAS 1.57. Vereinfacht gilt, dass alle Assets, die länger als ein Jahr im Unternehmen bleiben und nicht Cash and Cash Equivalents darstellen, als Anlagevermögen zu zeigen sind. Gemäß des IAS 1.68 muss die Bilanz als non-current Asset zeigen: (1) Property, Plant, and Equipment (Sachanlagen), (2) Investment Property (als Finanzinvestition gehaltene Immobilien) → vgl. S. 134, (3) Intangible assets (Immaterielle Vermögenswerte) → vgl. S. 134, (4) Financial assets (Finanzielle Vermögenswerte) → vgl. S. 135 und (5) Investments at Equity (Nach der Equity-Methode bewertete Finanzanlagen) → vgl. S. 135.

IAS 1 regelt nur den Mindestausweis für die Bilanzposten. Die Regelungen für das Anlagevermögen beziehen sich auf: (a) den Ansatz: Es ist geregelt, ob ein Asset auszuweisen ist (Bilanzierung des Grundes nach); (b) den Ausweis: Es wird geregelt, wo der Asset darzustellen ist, und (c) die Bewertung: Es wird geregelt, mit welchem Wert ein Asset auszuweisen ist (Bilanzierung der Höhe nach).

(1) Sachanlagevermögen (Property, Plant, and Equipment)
Das **SACHANLAGEVERMÖGEN** → GLOSSAR umfasst z. B. Immobilien, wie unbebaute Grundstücke, Grundstücke und Gebäude, Maschinen und technische Anlagen, Schiffe, Flugzeuge, Kraftfahrzeuge, Betriebs- und Geschäftsausstattung. Dem Sachanlagevermögen ist IAS 16 gewidmet. Dieser Standard regelt die Kriterien der Aktivierung → vgl. IAS 16.7ff., die Erstbewertung → vgl. IAS 16.15ff. und die Folgebewertung → vgl. IAS 16.29ff., insbesondere regelmäßige Abschreibungen.

Ähnlich wie nach § 268 Abs. 2 HGB für das Anlagevermögen muss für Property, Plant, and Equipment nach IAS 16.73 ein **ANLAGESPIEGEL (REGISTER OF FIXED ASSETS)** → GLOSSAR erstellt werden. Er ist jedoch nur auf Gruppenebene darzustellen. Diese in den Anhang aufzunehmenden Darstellungen enthalten Informationen über die Bewertungsgrundlage, die Abschreibungsmethode, die Nutzungsdauer, die kumulierten Abschreibungen sowie eine **ÜBERLEITUNGSRECHNUNG (RECONCILIATION OF CARRYING AMOUNTS)** → GLOSSAR, mit der ausgehend von den Eröffnungswerten die Abschlussbilanzwerte berechnet werden. Beispiele für Gruppen von Property, Plant, and Equipment sind in IAS 16.37 genannt.

(2) Als Finanzinstrumente gehaltene Immobilien (Investment Property)
Investment Property sind Immobilien (land and building), die als Finanzinvestitionen gehalten werden. Erwirbt ein Unternehmen eine Immobilie in der Absicht, diese zu vermieten und/oder einen Wertsteigerungsgewinn (capital appreciation) zu erzielen, wird Investment Property ausgewiesen. IAS 40 definiert und regelt die Bewertung von Investment Property. IAS 40.5: „Investment property is property (land or a building – or part of a building – or both) held (by the owner or by the lessee under a finance lease) to earn rentals or for capital appreciation or both, rather than for: (a) use in the production or supply of goods or services or for administrative purposes; or (b) sale in the ordinary course of business." Wird dagegen ein Gebäude selbst genutzt (owner occupied property), gilt es als Property, Plant, and Equipment gem. IAS 16.

(3) Immaterielles Vermögen (Intangible Assets)
Intangible Assets sind nicht-physische Vermögensgegenstände, die nicht monetär sind. Kassenbestand gilt ebenfalls als nicht physisch, dennoch werden monetäre Vermögensgegenstände nach IFRSs grundsätzlich nicht zu den intangible Assets gezählt, sondern sind current Assets.

Immaterielle Vermögensgegenstände werden in IAS 38 behandelt. Dort wird definiert → IAS 38.8: „Intangible asset is an identifiable non-monetary asset without physical substance. " Zu Intangibles zählen z. B. Forschungsaufwand, Patente, Rechte, aktivische latente Steuern, Ansprüche aus Leasingverhältnissen, Finanzinstrumente, abgeleiteter Goodwill, Anpassungsaufwand für Software, Website Costs etc. Die Aktivierung von intangible Assets setzt ihre Identifizierbarkeit → IAS 38.12 voraus [vgl. z. B. PELLENS, 2008]. Ebenfalls wird unter immaterielles Vermögen **GOODWILL** → GLOSSAR dargestellt. Goodwill ist ein Firmenwert, der sich nicht in Sachanlagepositionen (P, P, E) widerspiegelt. Ein Zahnarzt erwirbt z. B. eine Praxis, für die er einen höheren Kaufpreis gezahlt hat als die Summe des Sachanlagevermögens (Gebäude, Zahnarztstuhl, Bohrer, Wartezimmerausstattung etc.). Er erwirbt zusammen mit der Praxis den Patientenstamm, der einen Nutzen für ihn darstellt, aber nicht aktivierungsfähig ist. Es besteht ein Aktivierungsverbot für Kundenlisten, Marktanteile etc. nach IAS 38.16. Da eine Zahlung für die Praxis stattgefunden hat, wird ein derivativer Geschäftswert ausgewiesen, der auch nach deutschem HGB aktiviert werden kann. – Würde der Zahnarzt dagegen die Praxis neu aufbauen und anschließend feststellen, dass sich der Wert seiner Praxis wegen seines guten Rufs erhöht hat, darf er nicht Goodwill aktivieren, weil er dann diesen immateriellen Geschäftswert selbst geschaffen hat.

(4) Finanzinstrumente (Financial Instruments)
FINANCIAL ASSETS → GLOSSAR werden gehalten, um Gewinn zu erzielen. I.d.R. hält ein Unternehmen finanzielle Vermögenswerte, wenn es einen Zahlungsmittelüberschuss hat, den es nicht für die Finanzierung der gewöhnlichen Geschäftstätigkeit benötigt. Income aus Financial Assets kann in Form von Zinsen, Dividenden, Wertsteigerung oder Mieteinnahmen erzielt werden. Finanzinstrumente sind Cash, vertragliche Rechte auf Zahlung oder auf ein anderes Finanzinstrument oder Eigenkapitalinstrumente, z. B. Aktien, eines anderen Unternehmens. Finanzinstrumente werden in IAS 32, IAS 39 und IFRS 7 geregelt.

(5) Beteiligungen (Investments)
BETEILIGUNGEN → GLOSSAR werden nach IAS 27 und IFRS 3 als Erwerb von Unternehmen oder Teilen von Unternehmen, z. B. Aktien dargestellt. Eine Beteiligung liegt vor, wenn von einem Unternehmen so viele Anteile gehalten werden, dass ein wesentlicher Einfluss daraus abgeleitet werden kann. Bei 20 % der Anteile kann von einem solchen Einfluss ausgegangen werden. Wird sogar die Kontrolle ausgeübt, besteht ein Mutter-Tochter-Verhältnis, das einen Konzern begründet. Die Beteiligung an einem Tochterunternehmen wird im Einzelabschluss des Mutterunternehmens als Beteiligung ausgewiesen.

Beteiligungen, die zwischen 20 und 50 % liegen, werden nach der **EQUITY-METHODE** → GLOSSAR bewertet. Sie zählen zum Anlagevermögen. Der Buchwert einer solchen Beteiligung steigt proportional zur Eigenkapitalveränderung des Unternehmens, an dem die Beteiligung gehalten wird. Die genannten Anteilswerte sind Richtwerte; weder HGB noch die IFRSs schreiben konkrete Grenzwerte für Beteiligungsverhältnisse oder Konzerne vor.

7.1.1 Ansatz von Anlagevermögen (Recognition of Property, Plant, and Equipment)

Das Ansetzen von Sachanlagen bedeutet, dass sie in der Bilanz gezeigt werden. Im deutschsprachigen Raum wird hierzu häufig der Begriff Aktivieren verwendet. International spricht man von Recognising. IAS 16.7 bestimmt die Recognition Criteria ähnlich wie im Framework: „The cost of an item of property, plant and equipment shall be recognised as an asset if, and only if: (a) it is probable that future economic benefits associated with the item will flow to the entity; and (b) the cost of the item can be measured reliably. “

Demnach muss mehr wahrscheinlich als unwahrscheinlich sein, dass der Asset einen zukünftigen wirtschaftlichen Nutzen für das Unternehmen stiftet, und er muss verlässlich bewertet werden können. Umgekehrt bedeutet dies auch: Ein Asset, der keinen zukünftigen wirtschaftlichen Nutzen mehr verspricht, muss nach IFRSs ausgebucht werden. Besitzt ein Unternehmen z. B. eine Sondermaschine für die Herstellung eines speziellen Produkts und dieses Produkt wird nicht mehr hergestellt oder darf es nicht, kann sie weder zur Produktion verwendet werden, noch ist ein Veräußerungserlös zu erwarten. Die Sondermaschine muss nach IAS 16.7 ausgebucht werden. Einen Erinnerungswert (1-Euro-Wert) in der Buchhaltung gibt es nach IFRSs nicht. Hierauf wird in Zusammenhang mit Neubewertungen eingegangen.

Erfüllt eine Sachanlage die Ansatzkriterien wird sie in das Konto P, P, E gebucht. In der Regel führt ein Unternehmen eine **Anlagenbuchhaltung** → Glossar, d. h. für jeden Vermögensgegenstand wird ein einzelnes Konto geführt. Der Buchungssatz ist für eine Maschine, die zu einem Preis von 120.000,00 EUR angeschafft wurde:

```
DR P, P, E at Cost ..............  100.000,00 EUR
DR VAT ...........................  20.000,00 EUR
CR Bank ......................... 120.000,00 EUR
```

Assets werden nach IAS 1.51 in current Assets und non-current Assets unterteilt. § 247 Abs. 2 HGB sieht eine Einteilung in Anlage- und Umlaufvermögen vor.

Ein Abgrenzungsproblem besteht häufig für Ersatzteile. Von Property, Plant, and Equipment werden nach IAS 16.8 Ersatzteile, die nicht bedeutsame Ersatzteile (major spare parts) sind, und Wartungsgeräte als Vorräte (inventories) abgegrenzt. Vorräte werden unter current Assets gezeigt. Bedeutende Ersatzteile werden unter Property, Plant, and Equipment gebucht. Hierzu ein Beispiel: Wenn die Lufthansa AG ein Flugzeug vom Typ Airbus A340-600 (vierstrahlig) mit insgesamt 6 Triebwerken kauft und die Triebwerke in regelmäßigen Zeitabschnitten austauscht, gelten die Triebwerke als wesentliche Ersatzteile (major spare parts). Da sie eine kürzere Lebensdauer als das Flugzeug haben, werden alle sechs Triebwerke einzeln angesetzt und später getrennt vom Flugzeug abgeschrieben. Relevant ist IAS 16.43ff., der für jeden Teil eines Assets mit bedeutendem Anschaffungswert getrennte Abschreibung fordert.

Angenommen das Flugzeug koste 2.000.000,00 EUR netto und die Ersatztriebwerke jeweils 250,000.00 EUR. Der Buchungssatz würde dann zwei Konten für Property, Plant, and Equipment at Cost berücksichtigen, eins für den Flugzeugrumpf und ein weiteres für die sechs Triebwerke:

```
DR P, P, E Airframe at Cost ......... 1,000,000.00 EUR
DR P, P, E Engine at Cost ........... 1,500,000.00 EUR
DR VAT ..............................   500,000.00 EUR
CR Bank ............................. 3,000,000.00 EUR
```

Die dargestellte Buchung umfasst den Anlagenzugang und bereitet durch die zwei Konten bereits das getrennte Abschreiben von Flugzeug und Triebwerken und das Ersetzen der Triebwerke vor. Die getrennte Abschreibung ist hier aufgrund der unterschiedlichen Laufdauer von Flugzeug und Triebwerk geboten. Ein Asset wird zu dem Zeitpunkt aktiviert, wie er die Ansatzvorschriften erfüllt. Seine Abschreibung beginnt nach IAS 16.55 erst, wenn der Asset sich in gebrauchsfähigem Zustand befindet.

7.1.2 **Leasing** (Leasing)

Für geleastes Vermögen ist nach IAS 17 zu prüfen, ob finance Leasing oder operating Leasing vorliegt. Bei **FINANZIERUNGSLEASING (FINANCE LEASING)** → GLOSSAR muss der Asset bei dem Leasingnehmer (lessee) aktiviert werden, bei **OPERATING LEASING** → GLOSSAR aktiviert der Leasinggeber (lessor). Leasing wird in IAS 17.4 definiert: „A lease is an agreement whereby the lessor conveys to the lessee in return for a payment or series of payments the right to use an asset for an agreed period of time."

Für Leasingverhältnisse ist für die Unterscheidung zwischen operating Leasing und finance Leasing zu prüfen, ob Chancen und Risiken auf den Leasingnehmer übertragen werden. IAS 17.8 bestimmt: „A lease is classified as a finance lease if it transfers substantially all the risks and rewards incidental to ownership. A lease is classified as an operating lease if it does not transfer substantially all the risks and rewards incidental to ownership." Weiter ist relevant, wie lange und zu welchen Konditionen das Leasingobjekt gemietet wird. Hierzu werden 2 Tests durchgeführt: (1) Laufzeittest und (2) Barwerttest:

(1) LAUFZEITTEST (LEASE TERM TEST) → GLOSSAR
Es wird geprüft, ob der Leasingnehmer den Leasinggegenstand den überwiegenden Teil der Laufdauer mietet. Ist der Lease term test positiv, liegt Finanzierungsleasing vor.

Dies ist insbesondere auch der Fall, wenn der Asset so speziell ist, dass er nur von einem bestimmten Leasingnehmer genutzt werden kann, z. B. ein Braunkohlebagger. Der Lease Term Test kann entfallen, wenn feststeht, dass der Asset nachfolgend nicht mehr von einem anderen Leasingnehmer oder Käufer zu nutzen ist, weil z. B. das Nutzenpotential während der Laufdauer verbraucht wurde.

(2) BARWERTTEST (PRESENT VALUE TEST) → GLOSSAR
Es wird geprüft, ob der Leasingvertrag so gestaltet ist, dass der Leasingnehmer einen angemessenen Kaufpreis für den Leasinggegenstand zahlt. Hierfür wird der Barwert (present value) bestimmt, d. h. es werden alle zukünftigen Zahlungen mit dem marktüblichen Zinssatz diskontiert. Ist der Present value test positiv, liegt ein „angemessenes" Finanzierungsgeschäft vor. Der Barwert der Leasingraten entspricht dem Wert des Leasingobjekts. Dies bedeutet insbesondere, dass der Leasingnehmer einen marktüblichen Zinssatz für die Finanzierung des Asset bezahlt. Würde jemand im Vergleich dazu bei einem Autovermieter jeden Tag ein Auto mieten, wäre der Barwert der Mietzahlungen höher als der Wert des Autos plus eines marktüblichen Finanzierungsaufwands.

Vermögen wird beim Leasingnehmer (lessee) bilanziert, wenn Finanzierungsleasing vorliegt. In einem solchen Fall gehen alle Chancen und Risiken auf den Leasingnehmer über. Bei operating leasing bilanziert der Leasinggeber (lessor) den Vermögenswert. Viele Unternehmen versuchen die Vermögenswerte „off balance sheet" zu halten, indem sie Leasingverträge bewusst als operating leasing eingehen. Dies hat z. B. Auswirkungen auf die Gesamtkapitalrentabilität.

Die Buchungen bei einem Leasingkontrakt illustriert das folgende Beispiel: Ein Fahrzeug vom Typ Mercedes-Benz E320, für den Geschäftsführer der Fürstenau GmbH soll für die Dauer von 5 Jahren geleast werden. Es hat einen Preis von 70,000.00 EUR. Das Fahrzeug wird am 1.01.20X1 angeschafft. Es sollen Leasingraten jährlich i.H.v. 19.000,00 EUR bezahlt werden. Der Zinssatz beträgt 10 % – die Laufdauer des Leasingkontrakts und die Nutzungsdauer des Fahrzeugs sind fünf Jahre. Die Umsatzsteuer ist zu ignorieren. Aufgrund des Lease Term Test wird das Leasingverhältnis als finance Leasing eingestuft und das Auto wird nach IAS 17 aktiviert. IAS 17.20 legt den Wertansatz fest: „At the commencement of the lease term, lessees shall recognise finance leases as assets and liabilities in their balance sheets at amounts equal to the fair value of the leased property or, if lower, the present value of the minimum lease payments, each determined at the inception of the lease. The discount rate to be used in calculating the present value of the minimum lease payments is the interest rate implicit in the lease, if this is practicable to determine; if not, the lessee's incremental borrowing rate shall be used. Any initial direct costs of the lessee are added to the amount recognised as an asset." Der Buchungssatz ist bei Anschaffung auf den Nettobetrag bezogen, weil die diskontierten Leasingzahlungen höher sind (72.024,95 EUR):

```
DR P, P, E at Cost ............... 70.000,00 EUR
CR Lease Obligation .............. 70.000,00 EUR
```

Nach dem ersten Jahr wird die erste Leasingrate fällig und das Fahrzeug wird abgeschrieben:

```
DR Depreciation .................. 14.000,00 EUR
CR Acc. Depr. .................... 14.000,00 EUR
```

Bei der Bestimmung der Leasingrate ist der Zins- und Tilgungsanteil der Schuld zu berücksichtigen. Der Zinsanteil der Leasingrate beträgt 10 % · 70.000,00 = 7.000,00 EUR. Die Tilgung der Leasingschuld ist 19.000 – 7.000 = **12.000,00 EUR**. Daher wird gebucht:

```
DR Lease Charges ..................  7.000,00 EUR
DR Lease Obligation .............. 12.000,00 EUR
CR Bank .......................... 19.000,00 EUR
```

Weiter ist aus dem Konto Lease Obligation die im nächsten Jahr fällige Tilgung als kurzfristige Schuld zu isolieren. Nach der Tilgung von 12.000,00 EUR beträgt die Restschuld noch 70.000 – 12.000 = **58.000,00 EUR**. Die Schulden werden zum Rückzahlungsbetrag ausgewiesen. Ein entsprechender Vermerk ist in den Notes zu zeigen. Die Zinsen des nächsten Jahres sind 5.800,00 EUR. Da insgesamt eine Annuität von 19.000,00 EUR vereinbart wurde, beträgt die Tilgung des nächsten Jahrs 19.000 – 5.800 = **13.200,00 EUR**. Dieser Betrag wird aus den langfristigen Leasingverbindlichkeiten (lease obligation) ausgebucht und in kurzfristige Schulden (current liabilities) gebucht:

```
DR Lease Obligation .............. 13.200,00 EUR
CR Current Liabilities ........... 13.200,00 EUR
```

Der gesamte Aufwand besteht aus Abschreibung und Zinsen und beträgt im ersten Jahr 14.000 + 7.000 = **21.000,00 EUR**.

Im nächsten Jahr ist die Abschreibung gem. linearer Abschreibung (straight line method) wieder 14.000,00 EUR. Die Annuität beträgt weiter 19.000,00 EUR und enthält die oben bereits berechneten 5.800,00 EUR als Zinsanteil.

```
DR Lease Charges ..................  5.800,00 EUR
DR Current Liability ............ 13.200,00 EUR
CR Bank ............................. 19.000,00 EUR
```

Ebenfalls ist der im nächsten Jahr fällige Tilgungsbetrag in die kurzfristigen Verbindlichkeiten zu buchen. Er beträgt jetzt 19.000 – 4.480 = **14.520,00 EUR**.

```
DR Lease Obligations ............ 14.520,00 EUR
CR Current Liabilities .......... 14.520,00 EUR
```

Der Aufwand des zweiten Jahrs beträgt 14.000 + 5.800 = **19.800,00 EUR**

Zur Übersicht wird das Leasing-Verbindlichkeitskonto (lease obligation account) gezeigt:

Lease Obl.

D		C	
20X1	[EUR]	20X1	[EUR]
(2)	12.000	(1)	70.000
(3)	13.200		
c/d	44.800		
	70.000		70.000
(4)	14.520	b/d	44.800
c/d	30.280		
	44.800		44.800
		b/d	30.280

Abbildung 7.2: Leasing-Verbindlichkeitskonto (langfristig) zum 31.12.20X2

Bei operating Leasing ist ein Aktivieren des Asset nicht geboten. Die Leasingraten stellen vollständig Aufwand (z. B. Mietzins) dar, und werden in der Gewinn- und Verlustrechnung (income statement) als Aufwand ausgewiesen. Dies wird in IAS 17.33 vorgeschrieben: „Lease payments under an operating lease shall be recognised as an expense on a straight-line basis over the lease term unless another systematic basis is more representative of the time pattern of the user's benefit."

Sunny AG (Case Study Sunny AG)

Im Weiteren wird ein Beispiel zum finance Leasing für das Unternehmen Sunny AG betrachtet. Gemäß des IAS 17.20 muss der geleaste Asset als Property, Plant, and Equipment ausgewiesen werden. Der Anlagespiegel der Sunny AG hat zum Ende von 20X1 das folgende Aussehen:

Sunny AG's REGISTER OF FIXED ASSETS as at 31.12.20X1					
Plant	Date of Acqu.	Usfl Life	Cost/ Valuation	Acc. Depr.	Carrying Amount
1100 (Mgt)	20X1	10	50.000,00	(5.000,00)	45.000,00
2100 (Stck)	20X1	10	100.000,00	(10.000,00)	90.000,00
3100 (OBld)	20X1	25	2.500.000,00	(100.000,00)	2.400.000,00
3110 (Sol)	20X1	8	240.000,00	(30.000,00)	210.000,00
4100 (Asbl)	**20X1**	**4**	**56.000,00**	**(14.000,00)**	**42.000,00**
4200 (Cnfg)	20X1	4	60.000,00	(15.000,00)	45.000,00
4300 (Srvc)	20X1	4	160.000,00	(40.000,00)	120.000,00
Total			*3.166.000,00*	*(214.000,00)*	*2.952.000,00*

Abbildung 7.3: Anlagespiegel der Sunny AG zum 31.12.20X1

Für das Beispiel wird angenommen, dass die Maschinengruppe 4100 (Asbl) im Wert von 56.000,00 EUR geleast wurde. Es wird nur der Nettobetrag finanziert, da die Sunny AG die Vorsteuer zieht. Es wurde keine Anzahlung geleistet. Der Zinssatz für den Finanzierungsteil soll 11,5 % betragen. Während der Leasingdauer soll die Leasingrate die komplette Rückzahlung des Darlehns beinhalten. Als Diskontierungszinssatz wird 8 % angenommen.

Aufgrund des in den Leasingraten enthaltenen Zinsanteils müssen die diskontierten Leasingraten höher sein als der Anschaffungswert der Montagestraße. Aus diesem Grund wird die Montagestraße zum Anschaffungswert aktiviert, dieser beträgt netto 56.000,00 EUR. Bei Beginn des Leasingvertrags bucht die Sunny AG:

```
DR PPE ............................... 56.000,00 EUR
DR VAT ............................... 11.200,00 EUR
CR Current Liabilities .......... 11.200,00 EUR
CR Lease Obligation .............. 56.000,00 EUR
```

Die Leasingraten bestehen aus einem Zins- und einem Tilgungsteil. Die Tilgung ist so hoch, dass nach der Leasinglaufzeit keine Restschuld mehr bestehen soll. Hierfür wird die Leasing Rate (LR) über die Rentenbarwertformel so bestimmt, dass der Barwert 56.000,00 EUR beträgt:

$$LR = 56.000,00\ EUR \cdot \frac{0,115 \cdot (1+0,115)^4}{(1+0,115)^4 - 1}$$

Aus der Formel ergibt sich eine jährliche Leasingrate i.H.v. 18.243,34 EUR. Der Wert lässt sich ebenfalls über einen Finanzplan bestimmen. Die obere Zeile enthält die nominellen Zahlungen, die untere die diskontierten Werte, bei denen ein Zinssatz von 11,5 % angewendet wurde.

Present value	1	2	3	4
	18.243,34	18.243,34	18.243,34	18.243,34
56.000	16.361,74	14.674,21	13.160,72	11.803,34

Abbildung 7.4: Bestimmung der Leasingraten

Für das Leasingverhältnis soll im Folgenden bestimmt werden, ob es sich wirklich um ein finance Leasing handelt. Hierzu werden (1) der Laufzeittest und (2) der Barwerttest durchgeführt.

(1) Laufzeittest (Lease Term Test)

Beim Laufzeittest wird überprüft, ob die Leasingvertragsdauer der Lebensdauer der Maschinen entspricht. Hier wurde angenommen, dass die Lebensdauer der Montagestraße 5 Jahre betragen soll. Bei einem Leasingvertrag über 4 Jahre ist erfüllt, dass die Sunny AG den Asset den überwiegenden Teil der Lebensdauer zu nutzen beabsichtigt. Der Lebensdauertest ist positiv. Dies reicht, um die Maschinengruppe unter finance Leasing einzustufen.

(2) Barwerttest (Present Value Test)
Beim Barwerttest wird geprüft, ob der Barwert der Leasingraten abzüglich eines Zinsanteils dem Barwert des Vermögensgegenstands entspricht. Hierzu wird der Kalkulationszinssatz von 8 % angewendet.

Present value	1	2	3	4
	18.243,34	18.243,34	18.243,34	18.243,34
60.424	16.891,98	15.640,72	14.482,15	13.409,40

Abbildung 7.5: Barwerttest bei einem Kalkulationszinssatz von 8 %

Der Barwerttest ist positiv, weil der Unterschiedsbetrag zwischen 60.424,26 EUR und 56.000,00 EUR = 4.424,26 EUR dem Zinsgeschäft entspricht, das oberhalb des Vergleichszinssatzes von 8 % liegt, d. h. den vereinbarten 11,5 % Zinsen.

Aufgrund des Laufzeit- und Barwerttests und weil die Risiken der Maschine auf die Sunny AG übertragen wurden, ist die Montagestraße ein Finanzierungsleasingvertrag. Daher wird die Sunny AG die Montagestraße aktivieren.

Bei der Aktivierung der Montagestraße ist der Fair Value des Assets oder – falls geringer – der Barwert der Leasingraten anzugeben. Da IAS 17.20 vorschreibt, dass als Diskontierungszinssatz der Zinssatz des Finanzierungsgeschäfts anzuwenden ist, ergibt sich die Gleichheit von 56.000,00 EUR für den Fair Value und den Barwert der Leasingraten. Die Montageanlage wird in der Gewinn- und Verlustrechnung durch zwei Aufwandskomponenten berücksichtigt: (1) Abschreibungen und (2) Zinsen.

(1) Abschreibungen (Depreciation Expense)
Der Abschreibungsaufwand wird nach linearer Abschreibungsmethode bestimmt. Die Anlage soll über 4 Jahre genutzt werden, somit sind die jährlichen Abschreibungsbeträge jeweils 56.000/4 = **14.000,00 EUR**. Die Sunny bucht:

```
DR Depreciation .................. 14.000,00 EUR
CR Acc. Depr. .................... 14.000,00 EUR
```

(2) Zinsen (Interest)
Der Finanzierungsaufwand für die Montagestraße der Sunny AG wird zunächst als regelmäßige und gleich hohe Zahlung berechnet, jedoch ändert sich darin der Zinsanteil. Im ersten Jahr wird gebucht:

```
DR Lease Charges ..................  6.440,00 EUR
DR Lease Obligation .............. 11.803,34 EUR
CR Bank .......................... 18.243,34 EUR
```

Der im nächsten Jahr zu tilgende Betrag ist als kurzfristige Verbindlichkeit zu zeigen. Er muss deshalb aus dem Konto langfristige Leasingverbindlichkeiten ausgebucht werden. Im nächsten Jahr sind zu tilgen: 18.243,34 – 11,5 % · (56.000 – 11.803,34) = **13.160,72 EUR**. Das Ausbuchen des kurzfristigen Schuldanteils führt zu folgender Buchung:

```
DR Lease Obligation .............. 13.160,72 EUR
CR Current Liabilities ........... 13.160,72 EUR
```

Der Aufwand im ersten Jahr beträgt 14.000 + 6.440 = **20.440,00 EUR**.

Das Konto der langfristigen Verbindlichkeiten aus Leasing zeigt die Abbildung 7.6. Es ist 1 Jahr vor Ende der Leasinglaufdauer ausgeglichen, da der letzte Tilgungsbetrag i.H.v. 16.361,75 EUR in kurzfristige Verbindlichkeiten am 31.12.20X3 ausgebucht wird. (Die Rundungsdifferenz ergibt sich durch das Runden auf 2 Nachkommastellen in dem Konto.)

D	Lease Obl.		C
20X1	[EUR]	20X1	[EUR]
	11.803,34		56.000,00
	13.160,72		
c/d	31.035,94		
	56.000,00		56.000,00
	14.674,32	b/d	31.035,94
c/d	16.361,63		
	31.035,95		31.035,94
	16.361,75	b/d	16.361,63

Abbildung 7.6: Konto langfristige Leasingverbindlichkeiten (leasing obligation account) der Sunny AG zum 31.12.20X3

7.1.3 Ansatz weiterer Sachanlagevermögenswerte (Recognition of further fixed Assets)

Zu den Sachanlagevermögensgegenständen gehören neben P, P, E weiter Investment Property, Intangibles, Investments und Financial Instruments.

Der Ansatz von Investment Property ist an die Erfüllung der Definition für Investment Property und an die Recognition Criteria für Assets geknüpft. Wird sie erfüllt, ist Investment Property auszuweisen. Die Immobilien, die zu Investitionszwecken gehalten werden, werden von solchen, die nach IAS 16 auszuweisen sind, über den Zweck abgegrenzt. Für Investment Property ist erforderlich, das der Besitzer die Immobilie entweder in Erwartung eines **Wertsteigerungsgewinns** → Glossar (capital appreciation) hält oder an andere Parteien vermietet (renting out, leasing out). Ebenfalls liegt Investment Property vor, wenn der Verwendungszweck unklar ist. Dafür muss die Immobilie in der Regel ungenutzt sein. Wird dagegen die Immobilie durch den Eigentümer verwendet (owner-occupation), muss sie nach IAS 16 ausgewiesen werden. Selbstgenutzte Immobilien werden für die Produktion, für die Dienstleistungserstellung oder für Verwaltungszwecke eingesetzt. IAS 40.9 definiert, wie zu verfahren ist, wenn nur Teile einer Immobilie selbst genutzt und andere zu Investitionszwecken gehalten werden. Sind Teile von Immobilien einzeln veräußerbar, sind sie getrennt auszuweisen, z. B. nach IAS 16 oder IAS 40. Hat z. B. ein Unternehmen ein Grundstück in Besitz, auf dem 2 Gebäude stehen, und nutzt eins davon und vermietet das andere, dann kann unter der Bedingung, dass das Grundstück und die Gebäude teilbar und einzeln veräußerbar sind, ein Gebäude nebst Grundstück als Investment Property und das selbst genutzte als Property, Plant, and Equipment gezeigt werden. Kann die Immobilie nicht geteilt werden oder besteht keine Möglichkeit zur getrennten Veräußerung, wird gemäß der überwiegenden Nutzung darüber entschieden, wie die Immobilie bilanziert wird. Nutzt z. B. jemand nur einen unwichtigen Gebäudeteil und vermietet den Rest, gilt sie als Investment Property nach IAS 40.

Immaterielle Vermögensgegenstände haben keine physischen Eigenschaften. Wichtiges immaterielles Vermögen sind Rechte, z. B. Nutzungsrechte, Entwicklungsergebnisse, z. B. Softwarelizenzen und Goodwill. Der Ansatz von immateriellen Vermögenswerten ist nach IAS 38.18 an die Erfüllung der Definition → vgl. IAS 38.8 und der Ansatzkriterien für Assets geknüpft. Weiter muss ein intangible Asset (1) identifizierbar sein und (2) in der Verfügungsmacht des Unternehmens stehen.

(1) Identifizierbar (Identifiable)
Ein intangible Asset gilt als identifizierbar, wenn er aus einem Vertrag oder aus Rechten (contractual or legal rights) resultiert. Ebenfalls wird das Kriterium der Identifizierbarkeit erfüllt, wenn der Asset von dem Unternehmen getrennt werden kann (separable) und z. B. vermietet oder verkauft werden kann. Dies ist der Grund, weshalb selbst geschaffener Goodwill eines Unternehmens oder z. B. Sonnenlicht für den Betreiber einer Solaranlage nicht als intangible Asset dargestellt werden darf. Auch eine schöne Aussicht für den Betreiber eines Kurhotels kann nicht als identifizierbar angesehen werden.

(2) In Verfügungsmacht des Unternehmens stehend (Controlled by Entity)
Immaterielles Vermögen kann als beherrscht (controlled) bezeichnet werden, wenn das Unternehmen über es verfügen kann. Nur so kommt das Unternehmen auch in den Vorteil des zukünftigen wirtschaftlichen Nutzens, der von ihm ausgeht. Ein Unternehmen, das seine hervorragende Mitarbeiterqualifikation als Asset ausweisen wollte, kann dies deshalb nicht, weil die Mitarbeiterqualifikation nicht in der Verfügungsmacht steht. Auch das gute Image eines Unternehmens gilt nicht als controllable, da z. B. die Kundenloyalität nicht beherrschbar ist.

Dagegen können intangible Assets wie Taxilizenzen, Computersoftware, Nutzungsrechte etc. als intangible Assets in der Bilanz gezeigt werden, weil sie identifizierbar sind und in der Verfügungsmacht des Unternehmens stehen. Bei selbst erstellten immateriellen Vermögenswerten ist die Ansatzfrage häufig schwierig. Es fällt schwer den Nutzen, der von dem selbst erstellten intangible Asset ausgeht, und die Kosten, die zu seiner Erstellung angefallen sind, zu bestimmen. Ein typischer Anwendungsfall für selbst erstellte immaterielle Vermögensgegenstände sind Eigenentwicklungen. IAS 38.52 fordert dazu die Unterscheidung zwischen Forschung und Entwicklung. Grundsätzlich ist Forschung nicht aktivierbar (capitalisable), Entwicklungsaufwand dagegen wohl. Für die Aktivierung von Entwicklungsaufwand muss der Bilanzierende die Erfüllung der Anforderungen aus IAS 38.57 nachweisen können. Es muss den Beweis führen, dass die technische Möglichkeit zur Vollendung und zur Nutzung oder zum Verkauf besteht. Weiter müssen technische und finanzielle Ressourcen, die zur Schaffung des immateriellen Vermögens erforderlich sind, vorhanden sein. Schließlich müssen der Aufwand und der zukünftige wirtschaftliche Nutzen bestimmbar sein. Da alle Kriterien in IAS 38.57 mit logischem Und verknüpft sind, müssen sie gemeinsam erfüllt werden. **GOODWILL** → GLOSSAR ist ebenfalls ein intangible Asset. Üblicherweise resultiert Goodwill aus einer Preisdifferenz bei dem Kauf eines anderen Unternehmens. Goodwill ist die positive Differenz aus den Anschaffungskosten und dem Buchwert der Vermögensgegenstände. Gründe für Goodwill sind eine positive Erwartung der Unternehmensentwicklung des erworbenen Unternehmens. Goodwill ist aktivierbar, wenn er aus einer Zahlung abgeleitet werden kann. Dann liegt ein derivativer Geschäftswert vor. Dagegen ist interner Goodwill, der aus selbst geschaffenen positiven Zukunftserwartungen resultiert, nicht aktivierungsfähig, z. B. das gute Image eines Unternehmens. IAS 38.48 schreibt vor: „Internally generated goodwill shall not be recognised as an asset."

Investments sind Beteiligungen an anderen Unternehmen. Der Ansatz ist geboten, wenn ein Unternehmen in Besitz von entweder Eigen- oder Fremdkapitaltiteln eines anderen Unternehmens ist. Die Darstellung im Anlage- oder Umlaufvermögen hängt vom Zweck des Haltens der Beteiligung ab. Für den Ausweis einer Beteiligung ist nach deutschem HGB ein Beteiligungsverhältnis gem. § 271 HGB nachzuweisen. Tochterunternehmen und Anteile an Gemeinschaftsunternehmen (joint venture) werden als Beteiligung im Anlagevermögen ausgewiesen.

FINANZINSTRUMENTE → GLOSSAR ist der Oberbegriff für Verträge, für die auf der Aktivseite eines Vertragspartners finanzielle Vermögenswerte (financial asset) und auf der Passivseite des anderen Eigen- und Fremdkapitalinstrumente (equity and financial liability) auszuweisen sind. Eigenkapitaltitel sind Unternehmensanteile, wie Aktien oder Gesellschaftsanteile an einer GmbH – Fremdkapitaltitel sind z. B. Schuldverschreibungen (debentures, bonds). Ihr Ansatz ist geboten, wenn Finanzinstrumente in Besitz des bilanzierenden Unternehmens stehen. Abbildung 7.7 zeigt, wo in der Bilanz die

BALANCE SHEET as at

A			C,L
N-cur Assets	[EUR]	***SH's capital***	[EUR]
P,P,E		Issued capital	**EQUITY**
Int. assets		Reserves	
Fin. assets	**FIN. ASSETS**	Retained ear.	
cur Assets		***Liabilities***	
Inventory		Int. bear. liab.	**FIN. LIABILITY**
Receivables		Payables	
Prepaid exp.		Provisions	
Securities	**FIN. ASSETS**	Def. income	
Cash		Tax liabilities	

Abbildung 7.7: Ausweispositionen von Finanzinstrumenten

Finanzinstrumente darzustellen sind. Es ist zu berücksichtigen, dass jeweils nur eine Hälfte eines Finanzinstruments in der Bilanz eines Unternehmens gezeigt wird. Werden z. B. Aktien eines Unternehmens erworben, zeigt der Erwerber eine Beteiligung auf der Aktivseite. Das Unternehmen, von dem die Aktien erworben wurden, zeigt dagegen ein Eigenkapitalinstrument, hier die Aktien, auf der Passivseite seiner Bilanz.

7.2 Bewertung von Sachanlagevermögen (Assessment of Property, Plant, and Equipment)

7.2.1 Bewertungen (Valuation)

Die Bewertung von Assets ist für die Bilanzierung wesentlich, da sie den Periodenerfolg bestimmt. Wegen des Vorsichtsprinzips gem. § 252 Abs. 1 Nr. 4 HGB werden Vermögensgegenstände zugunsten des Gläubigerschutzes (protection of creditors) und der Kapitalerhaltung (capital maintenance) nach deutschem HGB tendenziell unterbewertet. Dagegen wird bei Anwendung der IFRSs → vgl. F.46 nach dem **True and Fair View Principle** → Glossar bewertet. Dies bedeutet, dass das in § 253 Abs. 1 HGB verankerte Anschaffungswertprinzip nach IFRSs nicht anzuwenden ist. Ein Fair Value oberhalb der Anschaffungskosten ist nach IFRSs zulässig. Es dürfen dagegen keine Stillen Reserven gebildet werden, vielmehr sind Werte der Assets offen zu zeigen. Deshalb können aus einem IFRS-Abschluss über eine Kapitalrentabilität die erwarteten Erfolge verlässlicher bestimmt werden als aus einem HGB-Abschluss. Eine **Stille Reserve** → Glossar entsteht, wenn Vermögen unterbewertet wird, weil dann der Bilanzadressat den tatsächlichen höheren Wertansatz nicht bestimmen kann. Das Unternehmen kann eine solche Stille Reserve in wenig erfolgreichen Geschäftsjahren auflösen, in dem es den Vermögensgegenstand verkauft und den realen Marktwert vereinnahmt.

Für die Bewertung von Assets wird grundsätzlich unterschieden zwischen:

(1) Erstbewertung (Initial Valuation) → Glossar
Bewertung des Assets zum Zeitpunkt des erstmaligen Zugangs → vgl. IAS 16.15 ... 16.25

(2) Folgebewertung (Subsequent Valuation) → Glossar
Spätere Bewertungen, z. B. nach teilweisem Verbrauch des Potenzials oder nach einer Wertsteigerung → vgl. IAS 16.29 ... 16.66

Für die Bewertung sind die im Framework, Paragraph 100 → vgl. F.100, dargestellten Bewertungsbegriffe relevant: (1) Historische Anschaffungs-/Herstellungskosten, (2) Tageswert, (3) Veräußerungswert, (4) Barwert. Es ist zu berücksichtigen, dass sowohl das deutsche HGB als auch die internationalen Rechnungslegungsvorschriften IFRSs den Begriff Kosten verwenden, obwohl Aufwand gemeint ist. Damit ist jedoch nicht der Kostenbegriff aus der Kostenrechnung gemeint. Es sind z. B. Herstellungskosten (Aufwand) von Herstellkosten (Kosten) zu unterscheiden.

(1) Historische Anschaffungs/Herstellungskosten (Historical Costs) → Glossar

Bei der Bewertung zu historischen Anschaffungs-/Herstellungskosten werden nach IAS 16.16 die zum Anschaffungszeitpunkt gezahlten Nettoaufwendungen berücksichtigt. Bei Anschaffung werden die gezahlten Nettoeinkaufspreise zugrunde gelegt. Ist der Asset durch Aktivierung von Eigenleistung (Capitalisation) entstanden, müssen seine Herstellungskosten angesetzt werden.

(2) Tageswert (Current Value) → Glossar

Der Current Value ist der Tageswert, d. h. der Preis, der aktuell zu zahlen wäre, würde der gleiche oder ein vergleichbarer Asset angeschafft werden. Für börslich gehandelte Wertpapiere ist der current Value der Preis, mit dem sie an der Börse gehandelt werden. Die Bewertung zu Tageswerten ist kein Bewerten zu Wiederbeschaffungskosten, da nicht der aktuelle Preis eines neuen Asset angesetzt wird, sondern der eines vergleichbaren. („[. . .] cash [. . .] that would have to be paid if the same or an equivalent asset was acquired currently.“)

(3) Veräußerungswerte (Net Selling Price oder Net Realisable Value) → Glossar

Der Veräußerungswert oder Erfüllungsbetrag ist derjenige Preis, der bei ordnungsmäßigem Verkauf des Assets erzielt werden würde. Dabei wird vorausgesetzt, dass erwartete Zusatzkosten für das Ausscheiden (disposal) des Assets abgezogen werden. Der Begriff des Fair Value impliziert, dass für die Preisermittlung berücksichtigt wird, dass die Parteien grundsätzlich vertragswillig, wissend und nicht nahe stehend (knowlegeable, willing parties in an armlength transaction) sind. Der Unterschied zwischen dem Net Selling Price (NSP) und dem Net Realisable Value (NRV) besteht darin, dass bei ersterem ein tatsächlicher Verkauf berücksichtigt wird, während beim NRV nur ein möglicher Verkauf in Betracht gezogen wird. Der Net Selling Price ist deshalb aussagekräftiger als der Net Realisable Value.

(4) Barwert (Present Value) → Glossar

Der Barwert wird häufig als Wert für einen Betriebsbereich verwendet, wenn dieser zahlungsmäßig abgrenzbar ist (cash generating unit). Der Barwert der zukünftigen Erträge ist die Summe aller mit dem Kapitalmarktzins diskontierten zukünftigen Zahlungen.

Die Herrenhausen AG plant in den Jahren 20X2 bis 20X5 jeweils 1.000.000,00 EUR – jeweils zum Jahresende zahlbar – zu erwirtschaften. Der Kapitalmarktzins beträgt 8 %. Der Ertragswert der Herrenhausen AG am 1.01.20X2 beträgt: $1.000.000 \cdot 1{,}08^{-1} + 1.000.000 \cdot 1{,}08^{-2} + 1.000.000 \cdot 1{,}08^{-3} + 1.000.000 \cdot 1{,}08^{-4} =$ **3.312.126,84 EUR**. Verwendet man für die Zahlungen die erwarteten Ein- und Auszahlungen, die bei normaler geplanter Geschäftsentwicklung entstehen, entspricht die Bewertung der Formel des Shareholder Value nach Rappaport. Häufig wird das Barwertkonzept zur Bestimmung des Value in Use (VIU) bestimmt. Der VIU ist der von einer Geschäftseinheit erzielbare Ertragswert [vgl. zur Unternehmensbewertung: Seppelfricke, 2007, und Peemöller, 2004].

In Zusammenhang mit der Nutzung und Veräußerung steht der Begriff des Recoverable Amount nach IAS 16.6. Dieses ist der höhere Betrag, der entweder aus der Veräußerung zum Net Selling Price bzw. Net Realisable Value (NRV) oder dem Value in Use (VIU) entsteht.

7.2.2 **Erstbewertung** (Initial Valuation)

Bei der **Erstbewertung** → Glossar wird nach IAS 16.15 grundsätzlich zu Anschaffungs- und/oder Herstellungskosten aktiviert. Dies gilt ebenfalls, wenn der Kaufpreis für den Asset unterhalb des Fair Value liegt (lucky buy). Eine Zuschreibung kann erst bei der Folgebewertung (subsequent measurement) wirksam werden.

IAS 16.15 fordert: „An item of property, plant, and equipment that qualifies for recognition as an asset shall be measured at its costs.“ Der Ausdruck at its costs bezieht sich auf die Anschaffungs- und/oder Herstellungskosten. Grundsätzlich sind Anschaffungskosten die Nettoaufwendungen, die beim Erwerb entstanden sind und mit ihm unmittelbar in Zusammenhang stehen, z. B. Transport, Einfuhrzölle etc. Nach gängiger Bilanzierungspraxis zählen Gutachterkosten nicht dazu, da von dem Inhalt des Gutachtens die Kaufentscheidung abhängt und daher kein unmittelbarer Anschaffungsbezug besteht. Herstellungskosten sind die Aufwendungen, die für die Herstellung des Asset angefallen sind. Sie bestehen aus Einzel- und Gemeinkosten, wenn die Gemeinkosten attributierbar sind, d. h. wenn sie dem Asset systematisch vollständig oder in Teilen zugerechnet werden können.

IAS 16.16f nennt die Bestandteile für die Anschaffungs- /Herstellungskosten von Sachanlagen: „The cost of an item of property, plant and equipment comprises:

(a) its purchase price, including import duties and non-refundable purchase taxes, after deducting trade discounts and rebates.
(b) any costs directly attributable to bringing the asset to the location and condition necessary for it to be capable of operating in the manner intended by management.
(c) the initial estimate of the costs of dismantling and removing the item and restoring the site on which it is located, the obligation for which an entity incurs either when the item is acquired or as a consequence of having used the item during a particular period for purposes other than to produce inventories during that period.“

Die Anschaffungs- und/oder Herstellungskosten nach (a) und (b) sind mit den HGB-Regelungen in §§ 255 Abs. 1und 2 HGB ab Inkrafttreten des neuen HGB vergleichbar. Die Aktivierung von Abbruchkosten, wie nach IAS 16.59, ist nach § 255 HGB nicht vorgesehen. Weitere Unterschiede – insbesondere bei den Herstellungskosten – werden in Zusammenhang mit der Bewertung von Vorräten nach IAS 2 in Kapitel 9 → vgl. S. 215 dargestellt.

Für das Aktivieren eines Assets wird das folgende Beispiel berücksichtigt: Die Brombachtal AG erwirbt eine Maschine zu einem Kaufpreis von 60.000,00 EUR. Für die Installation der Steuerungssoftware fallen weitere 30.000,00 EUR sofort beim Kauf an. Die Brombachtal AG nimmt ein Darlehn für die Finanzierung des Nettowerts der Installationsarbeiten i.H.v. 25.000,00 EUR auf, dass sie nach Fertigstellung der Installationsarbeiten zurückzahlt. Der Zinsaufwand beträgt 7 % und fällt während der Installationsphase von drei Monaten an. Die Maschine wird mit folgendem Buchungssatz aktiviert:

```
DR P, P, E at Cost ............... 50.000,00 EUR
DR VAT ........................... 10.000,00 EUR
CR Bank .......................... 60.000,00 EUR
```

ebenfalls:

```
DR Installation .................. 25.000,00 EUR
DR VAT ...........................  5.000,00 EUR
CR Bank .......................... 30.000,00 EUR
```

Das Bankdarlehn wird ausgezahlt. Die Brombachtal AG bucht dafür:

```
DR Bank .......................... 25.000,00 EUR
CR Bank Loan ..................... 25.000,00 EUR
```

Die Zinsen werden bei Darlehnsrückzahlung fällig. Sie betragen 7 % für ein Viertel Jahr: 7 % · 25.000 · 0,25 = **437,50 EUR**. Der Buchungssatz bei der endfälligen Darlehnsrückzahlung lautet:

```
DR Interest ......................    437,50 EUR
DR Bank Loan ..................... 25.000,00 EUR
CR Bank .......................... 25.437,50 EUR
```

Die Zinsen und der Installationsaufwand werden dem Asset als nachträgliche Anschaffungskosten zugerechnet.

```
DR P, P, E at Cost ..............     437,50 EUR
CR Interest ......................    437,50 EUR

DR P, P, E at Cost ............... 25.000,00 EUR
CR Installation .................. 25.000,00 EUR
```

Der Saldo des Kontos P, P, E at Cost beträgt anschließend 75.437,50 EUR. Dieser stellt die Abschreibungsbasis dar. Der Zinsaufwand wird aus der Anschaffungs- und Qualifying-Periode in die Zeiträume der Nutzung verlagert, denn er wird durch späteres Abschreiben des Assets erfolgswirksam. Das Matching Principle wird erfüllt. Über § 255 Abs. 3 HGB besteht ein Wahlrecht zur Berücksichtigung von Zinsaufwand in den Herstellungskosten für Qualifying Assets. Außerhalb davon ist das Aktivieren nicht zulässig, § 255 Abs. 3 HGB regelt: „Zinsen für Fremdkapital gehören nicht zu den Herstellungskosten. Zinsen für Fremdkapital, das zur Finanzierung der Herstellung eines Vermögensgegenstands verwendet wird, dürfen angesetzt werden [. . .].“

Besonderheiten, die bei der erstmaligen Bewertung von Vermögenswerten relevant sind, sind insbesondere: (1) Tauschgeschäfte und (2) zeitlich verzögerte Zahlungen.

(1) Tauschgeschäfte (Exchange Transactions)
Bei **Tauschgeschäften** → Glossar wird der beizulegende Gegenwert des hingegebenen Tauschgegenstands berücksichtigt. Als Voraussetzung gilt, dass es sich bei dem Tauschgeschäft um ein wirtschaftlich substanziiertes und messbares Tauschgeschäft handeln muss → vgl. IAS 16.24f.

Zur Verdeutlichung von Tauschgeschäften dient das folgende Beispiel nach Lüdenbach/Hoffmann [vgl. Lüdenbach/Hoffmann, 2008]: Die Nienberge AG verlegt ihre Büros von Köln-Rodenkirchen nach Köln-Hürth. Sie erhält im Tausch ein Gebäude ähnlicher Größe, Ausstattung und ähnlichen Alters. Der Buchwert des Rodenkirchener Gebäudes beträgt 500.000,00 EUR, der Verkehrswert 800.000,00 EUR. Beim Tausch muss die Nienberge AG 200.000,00 EUR zuzahlen. Zu klären ist, ob das neue Gebäude mit 500.000,00 EUR, mit 700.000,00 EUR, mit 800.000,00 EUR oder mit 1 Mio. EUR zu bewerten ist. Der gezahlte Geldbetrag ist groß genug, um ein starkes Indiz dafür zu sein, dass die getauschten Gebäude in ihrem Wert nicht ähnlich sind. Es besteht zwar Funktionsähnlichkeit, aber keine Wertähnlichkeit. Die Zahlung ist daher zu berücksichtigen. Das neue Gebäude wird mit 1.000.000,00 EUR aktiviert. Dies entspricht dem Fair Value nach IRFSs. Beim Abgang des alten Gebäudes wird ein Gewinn i.H.v. 300.000,00 EUR realisiert.

(2) Zeitlich verzögerte Zahlung (Deferred Payment)
Bei einer Zahlung, die zeitlich erheblich nach dem Kauf stattfindet, wird nach IAS 16.23 der Barwert der Zahlung zum Erfüllungszeitpunkt bestimmt. Übersteigt der später gezahlte Betrag den **Barwert** → Glossar des geforderten Betrags, wird der Differenzbetrag als **Zinsaufwand** → Glossar gewertet. Der Zinsaufwand oder Ertrag ist als Aufwand in der Gewinn- und Verlustrechnung zu zeigen. IAS 16.23 regelt: „The cost of an item of property, plant and equipment is the cash price equivalent at the recognition date. If payment is deferred beyond normal credit terms, the difference between the cash price equivalent ant the total payment is recognised as interest over the period of credit [...]."

Zur Erläuterung dient das Beispiel nach Tanski [Tanski/Zemlin, 2005]: Die Benrode AG verkaufen Baumaterial zum Listenpreis von 100.000,00 EUR an einen Bauunternehmer. Vereinbarungsgemäß nimmt die Benrode AG dafür einen Bagger in Zahlung, der jedoch erst zwölf Monate später übergeben werden soll. Der geschätzte Marktwert dieses Baggers zum Zeitpunkt der Übergabe (des Baggers) wird 110.000,00 EUR betragen. Der Kapitalmarktzins beträgt 10 %. Der Verkaufsertrag ist mit 100.000,00 EUR anzusetzen, da dies den diskontierten Bar- bzw. Listenpreis darstellt. Die Differenz i.H.v. 10.000 EUR, die der tatsächliche Betrag den Barwert übersteigt, stellt Zinsertrag dar – er entspricht dem Kapitalmarktzins.

7.2.3 Folgebewertungen, allgemein
(Subsequent Measurement, Overview)

Eine Folgebewertung ist die Bewertung eines Asset, die einer Erstbewertung folgt. In der Regel ist die Folgebewertung frühestens am ersten Bilanzstichtag (B/S date) nach Aktivierung möglich. Eine Folgebewertung ist entweder eine (1) Abschreibung → vgl. Abschnitt 7.2.4, eine (2) Wertminderung → vgl. Abschnitt 7.2.5, S. 160 oder eine (3) Neubewertung → vgl. Abschnitt 7.2.6, S. 162.

7.2.4 Abschreibung (Depreciation)

Der Asset verändert durch planmäßigen Gebrauch oder durch ungeplante Ereignisse, Unfall, Veralterung etc. seinen Wert. I.d.R. wird die Wertminderung durch planmäßige **ABSCHREIBUNGEN (DEPRECIATION)** → GLOSSAR berücksichtigt. Es wird das folgende Beispiel betrachtet: Die Gellendorff GmbH kauft am 1.01.20X1 ein Fahrzeug vom Typ VW Passat und zahlt einen Kaufpreis i.H.v. 36.000,00 EUR. Die Nutzungsdauer (useful life) soll fünf Jahre betragen. Anschließend hat das Auto einen Restwert (residual value) i.H.v. 5.000,00 EUR. Die Buchungssätze im ersten Jahr sind:

```
DR P, P, E at Cost ............... 30.000,00 EUR
DR VAT ...........................  6.000,00 EUR
CR Bank .......................... 36.000,00 EUR
```

Die Abschreibung bezieht sich nur auf den abschreibungsfähigen Betrag (depreciable amount), es ist hier von den Anschaffungskosten der Restwert abzuziehen. Die Abschreibung beträgt nach (30.000 – 5.000)/5 = **5.000,00 EUR/a**.

```
DR Depr. Exp. ...................... 5.000,00 EUR
CR Acc. Depr. ...................... 5.000,00 EUR
```

Der Restbuchwert des Autos ergibt sich durch Abzug der kumulierten Abschreibungen (accumulated depreciation) von dem Saldo des Kontos P, P, E at Cost.

Zur Verdeutlichung des Vorgehens bei Abschreibungen soll das Auto am 31.12.20X3 betrachtet werden. Die Konten für das Auto sehen am 31.12.20X3 wie in Abbildung 7.8 → S. 151 aus.

MV - Car

D			C
20X1	[EUR]	20X1	[EUR]
(1)	30.000	c/d	30.000
	30.000		30.000
b/d	30.000		

Acc. Depr.

D			C
20X1	[EUR]	20X1	[EUR]
c/d	5.000	(1)	5.000
	5.000		5.000
		b/d	5.000
c/d	10.000	(2)	5.000
	10.000		10.000
		b/d	10.000
c/d	15.000	(3)	5.000
	15.000		15.000
		b/d	15.000

Abbildung 7.8: Konten des Fahrzeugs zum 31.12.20X3

Der **RESTBUCHWERT** → GLOSSAR des Fahrzeugs ist demnach 30.000 – 15.000 = **15.000,00 EUR**. In den Notes würde das Fahrzeug wie in Abbildung 7.9 dargestellt werden müssen:

Item	Cost/Valuation	Acc. Depreciation	Carrying Amount
	[EUR]	[EUR]	[EUR]
VW Passat	30.000,00	(15.000,00)	15.000,00

Abbildung 7.9: Angaben zum Fahrzeug im Anhang 20X3 (Anlagespiegel)

Ebenfalls wird erforderlich, eine Überleitungsrechnung zur Berechnung des Buchwerts (reconciliation of carrying amount) vorzutragen. Sie enthält evtl. Neubewertungen (revaluation) des Autos, für den VW in diesem Beispiel jedoch nicht.

	20X3	20X2
	[EUR]	[EUR]
Carrying Amount beginning of year	20.000,00	25.000,00
Revaluation	0,00	0,00
Depreciation	(5.000,00)	(5.000,00)
Carrying Amount as at 31.12.	15.000,00	20.000,00

Abbildung 7.10: Überleitungsrechnung zum 31.12.20X3 (VW Passat)

Durch das Abschreiben werden die Anschaffungsausgaben für einen Asset auf die **NUTZUNGSDAUER** → GLOSSAR verteilt, man spricht von Periodisierung. Ebenfalls ist der Begriff Allocation of Purchase Price gängig. Die Bilanzierung folgt dem Accrual Principle, dass ein periodengerechtes Zuordnen des Anschaffungsaufwands auf die Nutzungsdauer fordert. Die Abschreibungsdeterminanten müssen IAS 16.50 genügen: „The depreciable amount of an asset shall be allocated on a systematic basis over its useful life.“ Ebenfalls schreibt IAS 16.60 vor: „The depreciation method used shall reflect the pattern in which the asset's future economic benefits are expected to be consumed by the entity.“

Depreciation wird grundsätzlich von den folgenden drei Faktoren bestimmt: (1) Abschreibungspotenzial, (2) Abschreibungsmethode und (3) Abschreibungsdauer → vgl. S. 155.

(1) Abschreibungspotenzial (Depreciable Amount)
Das Abschreibungspotenzial ist der Wertverlust eines Asset, der durch seine Nutzung bewirkt wird und über den abgeschrieben wird. Der depreciable Amount kann den Restwert nicht enthalten → vgl. IAS 16.53. Würde z. B. ein Asset nach seiner Nutzung noch einen erheblichen Schrottwert besitzen, dann kann die Abschreibung nur den Teil der Anschaffungs- und/oder Herstellungskosten umfassen, der nicht dem Schrottwert entspricht. Dies ist bei Schiffen i.d.R. der Fall, da der Anteil des Stahls einen erheblichen Wert darstellt, der nach Verschrottung als Restwert anzusehen ist. Ein Restwert ist ebenfalls beachtlich, wenn der Asset nicht über die gesamte technische Nutzungsdauer im Unternehmen bleibt. Verkauft z. B. eine Luftfahrtgesellschaft ihre Flugzeuge nach fünf Jahren, besteht zu dem Verkaufszeitpunkt ein nicht unerheblicher Restwert, da die technische Nutzungsdauer z. B. 20 Jahre beträgt.

(2) Abschreibungsmethode (Method of Depreciation)
Die **ABSCHREIBUNGSMETHODE** → GLOSSAR bestimmt die zeitliche Struktur der Abschreibung. Verschiedene Abschreibungsmethoden führen dazu, dass unterschiedlich hohe Anteile des Abschreibungspotenzials während der Nutzung als Aufwand dargestellt werden. Die folgenden Abschreibungsmethoden für planmäßige Wertminderung sind üblich und in IAS 16.62 explizit gemacht worden: (a) Lineare Abschreibung, (b) degressive Abschreibung und (c) nutzungsbezogene Abschreibung → vgl. S. 155.

(a) LINEARE ABSCHREIBUNG (STRAIGHT LINE METHOD) → GLOSSAR
Die Abschreibung des Asset erfolgt über einen konstanten Betrag DepC(t), so dass der Aufwand gleich verteilt ist.

$$\mathrm{DepC}_t = \frac{C_A}{T}$$

(mit: DepC(t) = periodischer Abschreibungsbetrag (depreciation charge), C_A = Anschaffungs- oder Herstellungskosten (cost of acquisition or conversion), T = Nutzungsdauer (useful life), t = 1 . . . T Zeitindex (index for period))

Die Abschreibung liefert zu jedem Zeitpunkt einen (Rest-)Buchwert, den Carrying amount CA(t). Der Carrying Amount ist der Anschaffungswert vermindert um die kumulierten Abschreibungen:

$$CA_t = C_A - \frac{C_A}{T} \cdot t$$

(mit: CA(t) = Buchwert, C_A = Anschaffungs- oder Herstellungskosten, T = Nutzungsdauer, t = 1 . . . T = Zeitindex)

Die Abbildung 7.11 → vgl. S. 153 zeigt eine lineare Abschreibung bei einer Nutzungsdauer von T = 10 Jahren und einem Anschaffungswert i.H.v. 110.000,00 EUR.

Period	DepC	CA
1	11.000,00	99.000,00
2	11.000,00	88.000,00
3	11.000,00	77.000,00
4	11.000,00	66.000,00
5	11.000,00	55.000,00
6	11.000,00	44.000,00
7	11.000,00	33.000,00
8	11.000,00	22.000,00
9	11.000,00	11.000,00
10	11.000,00	0,00

Abbildung 7.11: Beispiel für eine lineare Abschreibung

(b) DEGRESSIVE ABSCHREIBUNG (REDUCING BALANCE METHOD, DECLINING METHOD) → GLOSSAR

Bei degressiver Abschreibung wird der größte Teil des Abschreibungsaufwands in die ersten Jahre der Nutzung des Vermögensgegenstands gelegt. Man differenziert geometrische und arithmetische Abschreibung.

Bei geometrisch degressiver Abschreibung wird ein konstanter Anteil des Restbuchwerts – z. B. 20 % – des Vorjahrs abgeschrieben:

$$DepC_t = \gamma \cdot CA_{t-1}$$

(mit: DepC(t) = Abschreibungsbetrag, γ = Abschreibungsfaktor (coefficient for depreciation), CA(t-1) = Restbuchwert des Vorjahres (carrying amount previous year))
Entsprechend ergibt sich der Restbuchwert der aktuellen Periode CA(t) zu:

$$CA_t = C_A \cdot (1 - \gamma)^t$$

(mit: CA(t) = Restbuchwert, CA = Anschaffungs- oder Herstellungskosten, γ = Abschreibungsfaktor, t = 1 ... T = Zeitindex)

Die Abbildung 7.12 zeigt das obige Beispiel bei Anwendung der geometrisch degressiven Abschreibung:

Period	DepC	CA
1	22.000,00	88.000,00
2	17.600,00	70.400,00
3	14.080,00	56.320,00
4	11.264,00	45.056,00
5	9.011,20	36.044,80
6	7.208,96	28.835,84
7	5.767,17	23.068,67
8	4.613,73	18.454,94
9	3.690,99	14.763,95
10	2.952,79	11.811,16

Abbildung 7.12: Beispiel für degressive Abschreibung

Bei **ARITHMETISCH DEGRESSIVER ABSCHREIBUNG** → GLOSSAR wird der Abschreibungsbetrag je Periode um denselben Differenzbetrag verringert, so dass am Ende der Nutzungsdauer der Restbuchwert Null ist. Der Abschreibungsbetrag DepC(t) ist dann:

$$DepC_t = (T + 1 - t) \cdot \frac{2 \cdot C_A}{T \cdot (T + 1)}$$

(mit: DepC(t) = Abschreibungsbetrag, T = Nutzungsdauer, C_A = Anschaffungskosten oder Herstellungskosten, t = 1 ... T = Zeitindex)

Zur Erläuterung: Der erste Faktor repräsentiert die Folge der Zahlen, bei der mit der Nutzungsdauer beginnend jeweils eine Zahl abgezogen wird. Der zweite Term stellt die Differenz zwischen den Abschreibungsbeträgen dar. Dabei repräsentiert der Term [T·(T+1)]/2 die Summe der Zahlen 1 ... T. Die Summe der Zahlen von 1 bis 5 ist 1 + 2 + 3 + 4 + 5 = 15 oder auch (5·6)/2 = 15 Der Restbuchwert ist:

$$CA_t = C_A - \frac{2 \cdot C_A}{T \cdot (T + 1)} \cdot \sum_{\tau=1}^{t} (T - \tau + 1)$$

(mit: CA(t) = Restbuchwert, T = Nutzungsdauer, CA = historische Anschaffungskosten oder Herstellungskosten, t = 1 ... T = Zeitindex, τ = 1 ... t = Zeitindex)

Im nachstehenden Beispiel gilt für den Restbuchwert:

$$CA(t = 1) = 110.000 - 110.000/55 \cdot 10 = 90.000,00 \text{ EUR}$$
$$CA(t = 2) = 110.000 - 110.000/55 \cdot (10 + 9) = 72.000,00 \text{ EUR}$$
$$CA(t = 3) = 110.000 - 110.000/55 \cdot (10 + 9 + 8) = 56.000,00 \text{ EUR}$$
$$\ldots$$

Die Abbildung 7.13 stellt die arithmetisch degressive Abschreibung dar:

Period	DepC	AC
1	20.000,00	90.000,00
2	18.000,00	72.000,00
3	16.000,00	56.000,00
4	14.000,00	42.000,00
5	12.000,00	30.000,00
6	10.000,00	20.000,00
7	8.000,00	12.000,00
8	6.000,00	6.000,00
9	4.000,00	2.000,00
10	2.000,00	0,00

Abbildung 7.13: Beispiel für arithmetisch degressive Abschreibung

(c) Abschreibung nach der Nutzung (Units of Production Method)
Nach der **NUTZUNGSBEZOGENEN ABSCHREIBUNG** → GLOSSAR wird das Nutzenpotenzial eines Asset bestimmt und proportional zur Nutzung während eines Abrechnungszeitraums der Abschreibungsaufwand bestimmt. Die nutzungsbezogene Abschreibung würde z. B. bei einem LKW die Anzahl der zu fahrenden Kilometer als Abschreibungspotenzial-Einheit ansehen. In jedem Abrechnungszeitraum wird dann soviel Abschreibungsaufwand gebucht, wie er dem Anteil der gefahrenen km an den insgesamt fahrbaren Kilometern an den Anschaffungs-/Herstellungskosten entspricht.

Die IFRSs sind nicht an den steuerrechtlichen Abschluss gekoppelt, d. h. Vorschriften des deutschen EStG gelten für die internationale Rechnungslegung nicht.

(3) Nutzungsdauer (Useful Life)
Die **NUTZUNGSDAUER** → GLOSSAR eines Asset ist die Zeit, die er voraussichtlich genutzt werden kann. Weil für die IFRSs keine direkte Kopplung zur Besteuerung besteht, sind die Afa-Tabellen des Bundesfinanzministers für die Financial Statements nach IFRSs nicht relevant. Sie können aber als Anhaltspunkt bei ihrer Schätzung verwendet werden.

Die Schätzung der Nutzungsdauer unterliegt Unsicherheiten. Das Unternehmen stellt nicht auf die technische Nutzungsdauer ab, sondern auf die Zeit, die der Asset vermutlich im Unternehmen genutzt werden soll. Diese Zeit lässt sich z. B. aus den Investitionsplänen des Managements ableiten. Unterschreitet die Nutzungsdauer des Unternehmens die technische Nutzungsdauer des Asset ist der Restwert (residual value) zu berücksichtigen.

Stellt sich später ein Fehler bei der Schätzung der voraussichtlichen Nutzungsdauer heraus, muss die Abschreibung des Asset nach IAS 8 angepasst werden. Entschließt sich das bilanzierende Unternehmen anders als geplant, eine Maschine über die gesamte technische Nutzungsdauer in Betrieb zu lassen, entsteht die im Folgenden gezeigte Situation:

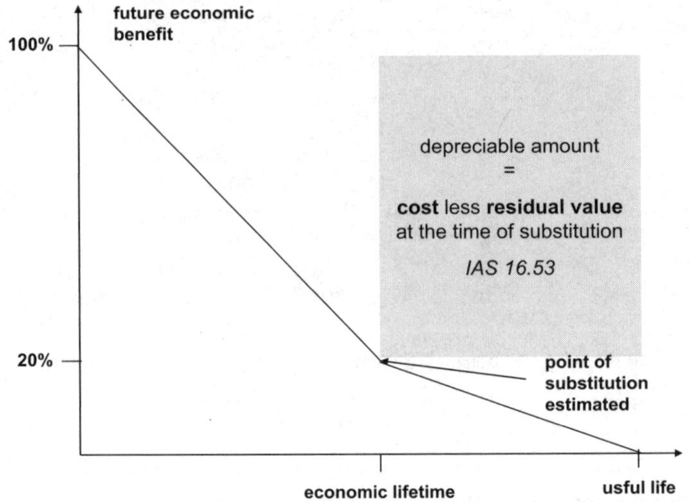

Abbildung 7.14: Verlängerung der Nutzung einer Maschine

Das Unternehmen hat z. B. damit gerechnet, dass der Restwert der Maschine zum Ersatzzeitpunkt 20 % der Anschaffungskosten ausmachen würde. Entschließt es sich zum geplanten Ersatzzeitpunkt, die Maschine über die gesamte technische Nutzungsdauer einzusetzen, dann würde in dem Zeitraum zwischen dem erwarteten Ersatzzeitpunkt und dem Ende der technischen Nutzungsdauer der Wert von 20 % der Anschaffungskosten linear abgeschrieben werden. Nach IAS 8 ist auch die Vergleichsspalte in den Financial Statements bei Abschreibung von Sachanlagevermögen anzupassen. Das nachfolgende Beispiel zeigt eine Verlängerung der Nutzungsdauer am Beispiel der Sunny AG.

Sunny AG (Case Study Sunny AG)

Der Anlagespiegel zum 31.12.20X1 der Sunny AG zeigt die folgenden Assets als Property, Plant and Equipment:

Sunny AG's REGISTER OF FIXED ASSETS as at 31.12.20X1

Plant	Date of Acqu.	Usfl Life	Cost/ Valuation	Acc. Depr.	Carrying Amount
1100 (Mgt)	20X1	10	50.000,00	(5.000,00)	45.000,00
2100 (Stck)	20X1	10	100.000,00	(10.000,00)	90.000,00
3100 (OBld)	20X1	25	2.500.000,00	(100.000,00)	2.400.000,00
3110 (Sol)	20X1	8	240.000,00	(30.000,00)	210.000,00
4100 (Asbl)	20X1	4	56.000,00	(14.000,00)	42.000,00
4200 (Cnfg)	20X1	4	60.000,00	(15.000,00)	45.000,00
4300 (Srvc)	20X1	4	160.000,00	(40.000,00)	120.000,00
Total			*3.166.000,00*	*(214.000,00)*	*2.952.000,00*

Abbildung 7.15: Anlagespiegel der Sunny AG zum 31.12.20X1

Das Lager der Sunny AG ist in 20X1 angeschafft worden und hat eine Nutzungsdauer von zehn Jahren. Aufgrund des geringen Gewichts der Computerbauteile stellt die Sunny AG am 31.12.20X6 fest, dass die Regale drei Jahre länger genutzt werden können. Ab dem 1.01.20X7 wird angenommen, die gesamte Nutzungsdauer beträgt nunmehr 13 Jahre.

Bis 20X6 wurden die Regale des Lagers (2100 – stock) linear über sechs Jahre abgeschrieben. Der Buchwert zum Ende von 20X6 beträgt 40.000,00 EUR → vgl. Abbildung 7.16.

Sunny AG's REGISTER OF FIXED ASSETS as at 31.12.20X6

Plant	Date of Acqu.	Usfl Life	Cost / Valuation	Acc. Depr.	Carrying Amount
1100 (Mgt)	20X1	10	50.000,00	(30.000,00)	20.000,00
2100 (Stck)	**20X1**	**10**	**100.000,00**	**(60.000,00)**	**40.000,00**
3100 (OBld)	20X1	25	2.500.000,00	(600.000,00)	1.900.000,00
3110 (Sol)	20X1	8	240.000,00	(180.000,00)	60.000,00
4100 (Asbl)	20X5	4	56.000,00	(28.000,00)	28.000,00
4200 (Cnfg)	20X5	4	60.000,00	(30.000,00)	30.000,00
4300 (Srvc)	20X5	4	160.000,00	(80.000,00)	80.000,00
Total			*3.166.000,00*	*(1.008.000,00)*	*2.158.000,00*

Abbildung 7.16: Anlagespiegel der Sunny AG zum 31.12.20X6

Durch die Verlängerung der Nutzungsdauer von zehn auf 13 Jahre, ist der Buchwert von 20X6 jetzt über eine Restnutzungsdauer von sieben Jahren abzuschreiben. Es ist jedoch nicht zulässig, die Abschreibung auf 5.714,29 EUR festzulegen. Die Anpassung der Abschreibung ist vielmehr wie eine Fehlerkorrektur nach IAS 8.26 zu behandeln: Die Änderung wird so datiert, als hätte sie zu Beginn des Berichtszeitraums stattgefunden. Die Sunny AG muss die Änderung zum 1.01.20X6 berücksichtigen, weil der Berichtszeitraum das Geschäftsjahr 20X7 und den Vergleichszeitraum 20X6 umfasst. Ohne die geforderte Anpassung wäre ein Vergleich zwischen den Geschäftsjahren 20X6 und 20X7 methodisch nicht zulässig, da unterschiedliche Nutzungsdauern angenommen wurden.

Die Sunny AG muss für den Jahresabschluss 20X7 die Änderung der Nutzungsdauer auf den 1.01.20X6 vorverlegen. Am 1.01.20X6 bzw. 31.12.20X5 hat der Buchwert der Lagereinrichtung 50.000,00 EUR betragen, wie der Anlagespiegel in Abbildung 7.17 darstellt.

SUNNY AG's REGISTER OF FIXED ASSETS as at 31.12.20X5

Plant	Date of Acqu.	Usfl Life	Cost / Valuation	Acc. Depr.	Carrying Amount
1100 (Mgt)	20X1	10	50.000,00	(25.000,00)	25.000,00
2100 (Stck)	**20X1**	**10**	**100.000,00**	**(50.000,00)**	**50.000,00**
3100 (OBld)	20X1	25	2.500.000,00	(500.000,00)	2.000.000,00
3110 (Sol)	20X1	8	240.000,00	(150.000,00)	90.000,00
4100 (Asbl)	20X5	4	56.000,00	(14.000,00)	42.000,00
4200 (Cnfg)	20X5	4	60.000,00	(15.000,00)	45.000,00
4300 (Srvc)	20X5	4	160.000,00	(40.000,00)	120.000,00
Total			*3.166.000,00*	*(794.000,00)*	*2.372.000,00*

Abbildung 7.17: Anlagespiegel der Sunny AG zum 31.12.20X5

Wird ab 1.01.20X6 die veränderte Abschreibung berücksichtigt, ist der Restbuchwert i.H.v. 50.000,00 EUR auf die verbleibenden acht Jahre zu verteilen. Die jährliche Abschreibung beträgt

50.000/8 = **6.250,00 EUR**. Die Veränderung ist im Anlagespiegel von 20X6 (Vergleichszeitraum) bereits zu sehen. In Abbildung 7.18 wird die Nutzungsdauer mit 13 Jahren angezeigt.

Sunny AG's REGISTER OF FIXED ASSETS as at 31.12.20X6

Plant	Date of Acqu.	Usfl Life	Cost / Valuation	Acc. Depr.	Carrying Amount
1100 (Mgt)	20X1	10	50.000,00	(30.000,00)	20.000,00
2100 (Stck)	**20X1**	**13**	**100.000,00**	**(56.250,00)**	**43.750,00**
3100 (OBld)	20X1	25	2.500.000,00	(600.000,00)	1.900.000,00
3110 (Sol)	20X1	8	240.000,00	(180.000,00)	60.000,00
4100 (Asbl)	20X5	4	56.000,00	(28.000,00)	28.000,00
4200 (Cnfg)	20X5	4	60.000,00	(30.000,00)	30.000,00
4300 (Srvc)	20X5	4	160.000,00	(80.000,00)	80.000,00
Total			*3.166.000,00*	*(1.004.250,00)*	*2.161.750,00*

Abbildung 7.18: Anlagespiegel der Sunny AG zum 31.12.20X6 (Vergleichswerte)

Der Buchwert zu Beginn von 20X7 ist durch die Veränderung der Abschreibungsparameter um 3.750,00 EUR höher als der tatsächliche Wertansatz. Die bereits für 20X6 vollzogene Änderung der Abschreibung wird im nächsten Abrechnungszeitraum fortgesetzt und führt auf den Anlagespiegel für 20X7, der in Abbildung 7.19 gezeigt ist.

Sunny AG's REGISTER OF FIXED ASSETS as at 31.12.20X7

Plant	Date of Acqu.	Usfl Life	Cost / Valuation	Acc. Depr.	Carrying Amount
1100 (Mgt)	20X1	10	50.000,00	(35.000,00)	15.000,00
2100 (Stck)	**20X1**	**13**	**100.000,00**	**(62.500,00)**	**37.500,00**
3100 (OBld)	20X1	25	2.500.000,00	(700.000,00)	1.800.000,00
3110 (Sol)	20X1	8	240.000,00	(210.000,00)	30.000,00
4100 (Asbl)	20X5	4	56.000,00	(42.000,00)	14.000,00
4200 (Cnfg)	20X5	4	60.000,00	(45.000,00)	15.000,00
4300 (Srvc)	20X5	4	160.000,00	(120.000,00)	40.000,00
Total			*3.166.000,00*	*(1.214.500,00)*	*1.951.500,00*

Abbildung 7.19: Anlagespiegel der Sunny AG zum 31.12.20X7

Die Sunny AG präsentiert in den Notes die Überleitungsrechnung für die Buchwerte des Lagers:

Sunny AG's RECONCILIATION OF CARRYING AMOUNTS FOR STCK as at 31.12.20X7

	20X7 [EUR]	20X6 [EUR]
Carrying Amount beginning of year	43.750,00	50.000,00
Revaluation	0,00	0,00
Depreciation	(6.250,00)	(6.250,00)
Carrying Amount as at 31.12.	*37.500,00*	*43.750,00*

Abbildung 7.20: Überleitungsrechnung für das Lager der Sunny AG zum 31.12.20X7

Vergleicht man die im Jahresabschluss für 20X7 vorgetragenen Werte, ergeben sich Unterschiede zu den in 20X6 ursprünglich gezeigten Werten, die in der Übersicht in Abbildung 7.21 zusammengestellt sind:

	old (useful life = 10 years)	new (useful life = 13 years)	B/S difference	I/S difference
31.12.20X5	50.000,00	50.000,00	0,00	
31.12.20X6	40.000,00	43.750,00	3.750,00	3.750,00
31.12.20X7	30.000,00	37.500,00	7.500,00	3.750,00

Abbildung 7.21: Vergleichswerte der Bewertung des Lagers für die Sunny AG zum 31.12.20X7

Der Anlagespiegel im Jahresabschluss 20X6 wird nicht verändert. Es werden allein die Vergleichswerte für 20X6 im Jahresabschluss 20X7 angepasst. Das Vorgehen ermöglicht den Vergleich mit dem Vorjahr, da beide Geschäftsjahre die Abschreibung mit einer Nutzungsdauer von 13 Jahren berechnen. In den Notes ist über die Änderung der Abschreibungsdauer zu berichten.

Die hier dargestellte Veränderung der Abschreibungsdauer führt zu einem Ergebnisunterschied zwischen der Handels- und der deutschen Steuerbilanz: Angenommen in der Bilanz nach deutschem EStG würde die Anlage ebenfalls mit 100.000,00 EUR in 20X1 aktiviert sein, würde sie ebenfalls über zehn Jahre abgeschrieben werden, aber die Verlängerung der Nutzungsdauer würde dort nicht nachvollzogen, dann entstünde ein Ergebnisunterschied i.H.v. 10.000 – 6.250 = **3.750,00 EUR**, um den das handelsrechtliche das steuerrechtliche Ergebnis übersteigt. Dies begründet eine Rückstellung für latente Steuern nach IAS 12.15 bzw. nach § 274 Abs. 1 HGB.

Nach IAS 16.43f ist geboten, Assets, deren wesentlichen Bestandteile eine unterschiedliche Nutzungsdauer haben, getrennt abzuschreiben. Dies ist bereits in Zusammenhang mit dem Ansatz von Vermögen in der Bilanz dargestellt worden. „Each part of an item of property, plant, and equipment with a cost that is significant in relation to the total cost of the item shall be depreciated separately." IAS 16.44 nennt als Beispiel Flugzeuge, die in Rahmen und Triebwerke zu unterteilen sind. Ebenso sind Land & Buildings getrennt zu behandeln gem. IAS 16.58. Zur getrennten Abschreibung wird im Weiteren ein Beispiel aus Houzet/Rowlands/Riemer [2007] vorgetragen: Coral Ltd. hat am 1.01.20X1 ein Flugzeug vom Typ Boing 747 für 2.000.000 EUR gekauft. Es wurde ein Rabatt von 5 % ausgehandelt. Die Umsatzsteuer soll vernachlässigt werden. Aufgrund vernünftiger kaufmännischer Beurteilung wurde die folgende Kostenzuordnung angenommen:

Item	% of Purchase Price	Useful Life [yrs]
Engines	50%	10
Airframe	35%	20
Seats	15%	5

Abbildung 7.22: Annahmen über den Flugzeugkauf und die -nutzung

Es ist die Abschreibung in 20X1 gefragt. Der Nettowert des Flugzeugs beträgt 1.900.000,00 EUR. Dieser Betrag wird im Verhältnis 50 : 35 : 15 aufgeteilt. Damit betragen die Anschaffungskosten der Turbinen 950.000,00 EUR, diejenigen des Flugzeugrumpfs 665.000,00 EUR und diejenigen der Sitze 285.000,00 EUR. Die

Vermögenswerte werden getrennt voneinander und linear über die jeweilige Nutzungsdauer abgeschrieben, z. B. die Turbinen über 10 Jahre. Damit ergibt sich eine gesamte Abschreibung i.H.v. 95.000 + 33.250 + 57.000 = **185.250,00 EUR**.

Sachanlagevermögen wird i.d.R. ersetzt, wenn kein weiterer Nutzen zu erwarten ist → vgl. IAS 16.67. In manchen Fällen werden nur Teile eines Asset ersetzt. Bei einem solchen Ersatz (replacement) werden die Kosten für das ursprüngliche Teil geschätzt und zusammen mit der kumulierten Abschreibung ausgebucht. Das neue Teil ersetzt dann das alte. Hierzu wird das obige Beispiel weitergeführt:

Coral Ltd. ersetzt nach einem Jahr die Flugzeugsitze und zahlt für die neuen einen Kaufpreis i.H.v. 300.000,00 EUR. Aus dem Anhang sind die Informationen in Abbildung 7.23 bekannt:

Item	Cost/Valuation [EUR]	Acc. Depreciation [EUR]	Carrying Amount [EUR]
Aircraft Boing 747			
- Engines	950.000,00	(95.000,00)	855.000,00
- Airfraime	665.000,00	(33.250,00)	631.750,00
- Seats	285.000,00	(57.000,00)	228.000,00

Abbildung 7.23: Anhangsangaben zum Flugzeug zum 31.12.20X1

Die Buchung für das Ersetzen der Sitze ist:

```
DR Acc. Depr. ......................  57.000,00 EUR
DR Loss on Disposal ..............   228.000,00 EUR
CR P, P, E at Cost (Seats) .....     285.000,00 EUR
```

und für das Aktivieren der neuen Sitze:

```
DR P, P, E at Cost (Seats) .....  300.000,00 EUR
CR Bank ............................  300.000,00 EUR
```

Für die neuen Sitze ist anschließend die Abschreibung zu buchen. Sie sollen wie die alten Sitze über fünf Jahre linear abgeschrieben werden:

```
DR Depr. ............................  60.000,00 EUR
CR Acc. Depr. ......................   60.000,00 EUR
```

Oftmals ist es schwierig, für Replacements den Wertanteil des ersetzten Assets zu bestimmen. Es wird sich häufig am Wiederbeschaffungswert des Ersatzteils orientiert.

7.2.5 **Wertminderung** (Impairment)

Wenn bei einem Asset der Buchwert (carrying amount) seinen Recoverable Amount übersteigt, liegt Grund für eine **Wertminderung** → Glossar vor. Dass der Fair Value, der durch den Recoverable Amount ausgedrückt wird, unterhalb des Buchwerts liegt, kann z. B. daran liegen, dass ein Schaden eingetreten ist. In einem solchen Fall ist ein Impairment Loss (außerplanmäßige Abschreibung) zu buchen und die Abschreibung anzupassen. Auch wenn der Asset stillsteht oder temporär stillgelegt wird (idle asset), besteht nach IAS 16.55 kein Grund zum Unterlassen bzw. Unterbrechen der Abschreibung. Ebenfalls schreibt IAS 16.52 vor, dass weder Reparatur (repair) noch Wartung (maintenance) Grund für die Unterbrechung von Abschreibungen sein können.

Der Fair Value eines Assets, wird durch seinen Recoverable Amount repräsentiert. Der Bilanzierende ist nach IAS 16.31 verpflichtet, auf Gruppenebene den Fair Value für alle Assets einer Gruppe auf Veränderung zu prüfen. Nach IAS 36.59 muss, wenn der Buchwert den recoverable Amount überschreitet, ein Impairment Loss erfolgswirksam gebucht werden. IAS 36 regelt außerplanmäßige Abschreibungen. IAS 36.59: „If, and only if, the recoverable amount of an asset is less than its carrying amount, the carrying amount of the asset shall be reduced to its recoverable amount. That reduction is an impairment loss.“Der Impairment Loss entspricht dem strengen Niederstwertprinzip. Das Buchen einer Wertminderung wird im folgenden Beispiel deutlich gemacht.

Zum Jahresbeginn von 20X4 wird das Auto der Gellendorff GmbH in einen Unfall verwickelt. Der Wert des beschädigten Autos beträgt nach dem Unfall 6.000,00 EUR (recoverable amount). Ebenfalls sinkt der erwartete Verkaufserlös des Autos von zuvor geschätzten 5.000,00 EUR auf 2.000,00 EUR. Die Gellendorff GmbH bucht in 20X4 eine Wertminderung (impairment loss):

```
DR Impairment Loss ............... 9.000,00 EUR
CR Acc. Impairment Loss ......... 9.000,00 EUR
```

Die verbleibende Nutzungsdauer des Fahrzeugs beträgt noch zwei Jahre, daher ist die angepasste Abschreibung:

```
DR Depr. .......................... 2.000,00 EUR
CR Acc. Depr. ..................... 2.000,00 EUR
```

Im Anhang wird dann das Fahrzeug in 20X4 wie in Abbildung 7.24 gezeigt:

Item	Cost/ Valuation	Acc. Depreciation	Acc. Impairm. Loss	Carrying Amount
	[EUR]	[EUR]	[EUR]	[EUR]
VW Passat	30.000,00	(17.000,00)	(9.000,00)	4.000,00

Abbildung 7.24: Angaben zum Fahrzeug im Anhang 20X4 (Anlagespiegel)

Die **Überleitungsrechnung** → Glossar für das Fahrzeug sieht wie in Abbildung 7.25 dargestellt aus.

	20X4 [EUR]	20X3 [EUR]
Carrying Amount beginning of year	15.000,00	20.000,00
Revaluation	0,00	0,00
Impairment Loss	(9.000,00)	0,00
Depreciation	(2.000,00)	(5.000,00)
Carrying Amount as at 31.12.	4.000,00	15.000,00

Abbildung 7.25: Überleitungsrechnung zum 31.12.20X4 (VW Passat)

7.2.6 **Neubewertung** (Revaluation)

Eine **Neubewertung** → Glossar bedeutet das Steigen des Fair Value über seinen bisherigen Buchwert. Vermögen steigt im Wert, weil z. B. der Marktpreis für vergleichbare Assets gestiegen ist oder der Werteverzehr langsamer stattfindet als ursprünglich geschätzt wurde. Bei Folgebewertungen hat der Bilanzierende grundsätzlich die Möglichkeit, das Cost Model oder das Revaluation Model anzuwenden. Für eine Neubewertung nach dem Revaluation Model ist grundsätzlich eine neue Bewertung des Asset zu seinem Fair Value notwendig. Neubewertungen i.S.v. Zuschreibungen von Sachanlagen auf das Niveau ihres Fair Value sind erfolgsneutral. Erfolgsneutralität bedeutet, dass die Wertsteigerung nicht durch die Gewinn- und Verlustrechnung als Ertrag gebucht wird. IAS 16.39 fordert eine Buchung von Wertsteigerungen direkt in das Eigenkapitel der Bilanz.

Bei einer Neubewertung von Assets wird ähnlich wie bei einem Impairment Loss der Buchwert eines Asset mit seinem beizulegenden Wert verglichen. Übersteigt der Fair Value den Carrying Amount, wird der Asset zukünftig zu diesem neuen Wertansatz geführt. Der Revaluation Gain ist in die Rücklagen zu buchen, weil der Gewinn aus der Neubewertung so lange nicht realisiert ist, wie sich der Vermögensgegenstand im Unternehmen befindet.

Im Unterschied zum deutschen HGB wird mit der Neubewertung zu Fair Value das Bilden von **Stillen Reserven** → Glossar verhindert. Die Positionen im Anlagevermögen spiegeln nach IFRSs immer den tatsächlichen Wertansatz eines Asset wider. Die auf der Passivseite zu zeigende Position Neubewertungsrücklage (revaluation reserves) repräsentiert die nach IFRSs offen gezeigten Reserven eines Unternehmens aus Neubewertungen, d. h. den Zuschreibungsbetrag. Die **Neubewertungsrücklage** → Glossar gehört zum Eigenkapital. Sie kann nicht zu einer Ausschüttung an die Anteilseigner führen, da ihre Auflösung an den Abgang oder die Abschreibung des Vermögens gekoppelt ist, das neu bewertet wurde. Nach IAS 12.16 begründet die Neubewertung eine Rückstellung für latente Steuern.

Es wird erneut das Beispiel des Fahrzeugs der Gellendorff GmbH aufgegriffen: Das Fahrzeug soll zum Ende von 20X4 repariert worden sein. Die Reparatur wird als Aufwand gebucht und ändert den Buchwert des Autos selbst nicht. Wird jedoch ein Sachverständiger mit der Schätzung des Autos beauftragt und stellt er einen höheren Wert (z. B. 11.800,00 EUR) fest, ist dies ein Grund für eine Neubewertung (revaluation). Die 11.800,00 EUR stellen den Fair Value des Fahrzeugs dar. Die Neubewertung ist in zwei Schritten durchzuführen. Erst muss der Impairment Loss rückgängig gemacht werden. Anschließend findet die Neubewertung statt.

Der Impairment Loss kann nicht vollständig rückgängig gemacht werden, da zwischen dem Buchen des Impairment Loss und seinem Widerrufen (reversal of impairment loss) ein Jahr vergangen ist. Das Rückgängigmachen des Impairment Loss ist nur bis zu dem Betrag zulässig, der sich bei planmäßiger Abschreibung ergeben hätte. Der VW Passat wäre ohne Impairment Loss am Ende von 20X4 mit 10.000,00 EUR Buchwert zu zeigen. Dieser Wertansatz ist die Obergrenze für den reversal Impairment Loss. Die Gellendorff GmbH bucht:

```
DR Acc. Impairment Loss ........ 6.000,00 EUR
CR Impairment Loss (reversal) . 6.000,00 EUR
```

Damit ist der Wertansatz 10.000,00 EUR. Der Saldo des Kontos accumulated Impairment Loss beträgt 3.000,00 EUR.

Die Neubewertung wird nach der Net Replacement Method gebucht. Der Ausdruck resultiert aus der Vorstellung, dass der alte durch den neuen Asset ersetzt wird. Der VW Passat wird quasi durch den neu bewerteten ersetzt. Die Gellendorff GmbH bucht:

```
DR P, P, E at Valuation ........ 11.800,00 EUR
DR Acc. Depr. .................. 17.000,00 EUR
DR Acc. Impairment .............  3.000,00 EUR
CR P, P, E, at Cost ............ 30.000,00 EUR
CR Revaluation Reserves ........  1.800,00 EUR
```

Der Buchwert des ersetzten VW Passat betrug nach dem reversal Impairment Loss 10.000,00 EUR. Dies ist genau der Saldo des 2. und 3. Debit Entry und des ersten Credit Entry: 17.000 + 3.000 – 30.000 = **–10.000,00 EUR**. Durch diese Buchungen wird das alte Fahrzeug ausgebucht. Neu eingebucht wird dafür der VW Passat zu 11.800,00 EUR. Um deutlich zu machen, dass es sich um eine Neubewertung handelt, wird das Konto P, P, E at Valuation bebucht. Bei einer Erstbewertung wird dagegen in das Konto P, P, E at Cost gebucht. Die Differenz ist nicht realisierter Gewinn und muss nach IAS 16.39 in Revaluation Reserves gebucht werden.

Es ist möglich, dass nur die Wertansätze für das Ersetzen eines Asset als Neuwerte bekannt sind. In solchen Fällen wird die Gross Replacement Method angewendet. Sie verlegt virtuell den Ersatzzeitpunkt auf das Datum der Erstbewertung. Der Buchungssatz nach der Gross Replacement Method für das Firmenfahrzeug wäre unter der Annahme, das der Residual Value 5.000,00 EUR beträgt:

```
DR P, P, E at Valuation ........ 39.000,00 EUR
CR P, P, E at Cost ............... 30.000,00 EUR
CR Acc. Depr. ..................... 7.200,00 EUR
CR Revaluation Reserves ........ 1.800,00 EUR
```

Der Neuwert des neu bewerteten Fahrzeugs resultiert aus dem Restwert und der Summe der Abschreibungen: 5.000 + 5 · 6.800 = **39.000,00 EUR**. Die Habenbuchung im accumulated Depreciation Account repräsentiert die höhere Abschreibung, die durch den höheren Wertansatz zu Beginn von 20X1 angefallen wäre. Hier wäre für vier Jahre die jährliche Abschreibung um 1.800,00 EUR höher.

Im Anhang (notes) für 20X4 sind die folgenden Wert aus Abbildung 7.26 zu zeigen, da die beiden Konten accumulated Depreciation und accumulated Impairment Loss jeweils ausgeglichen wurden:

Item	Cost/ Valuation	Acc. Depreciation	Acc. Impairm. Loss	Carrying Amount
	[EUR]	[EUR]	[EUR]	[EUR]
VW Passat	11.800,00	0,00	0,00	11.800,00

Abbildung 7.26: Anhangsangaben

Die Überleitungsrechnung ist in Abbildung 7.27 gezeigt.

	20X4	20X3
	[EUR]	[EUR]
Carrying Amount beginning of year	15.000,00	20.000,00
Revaluation	1.800,00	0,00
Impairment Loss	(3.000,00)	0,00
Depreciation	(2.000,00)	(5.000,00)
Carrying Amount as at 31.12.	11.800,00	15.000,00

Abbildung 7.27: Überleitungsrechnung zum 31.12.20X4

Das detaillierte Vorgehen bei einer Revaluation wird im Folgenden an einem fiktiven Beispiel vertieft. Es werden planmäßige Abschreibungen und eine Neubewertung kombiniert. Ebenfalls wird auf die Notwendigkeit zum **LATENTEN STEUERAUSWEIS** → GLOSSAR nach IAS 12 bei Neubewertungen eingegangen:

Für Neubewertungen ist ihr Zeitpunkt relevant. Wird z. B. ein Asset am Ende des Abrechnungszeitraums neu bewertet, ist zuerst die Abschreibung des Jahres zu buchen und anschließend die Revaluation. Findet die Neubewertung am Anfang des Jahres statt, wird erst die Revaluation gebucht und anschließend eine Abschreibung vorgenommen.

Bei unterjährigen Neubewertungen ist zuerst eine dem Zeitraum vor der Neubewertung entsprechende Abschreibung zu buchen, anschließend die Neubewertung und danach die Abschreibung für das verbleibende Jahr.

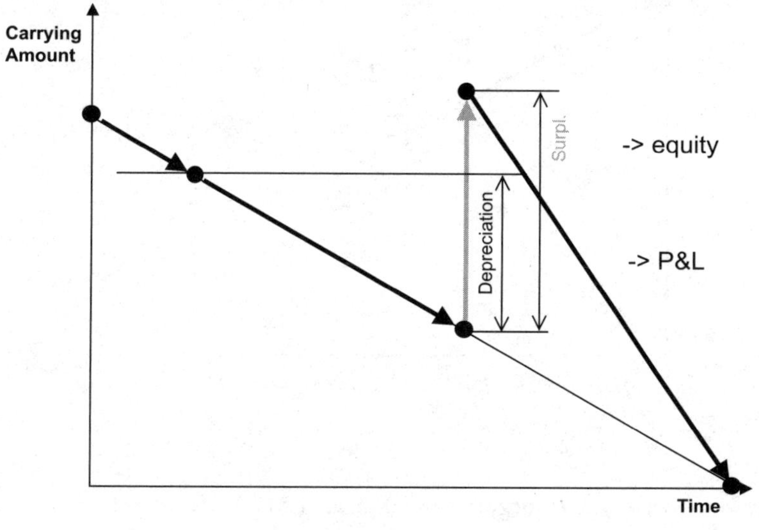

Abbildung 7.28: Neubewertung

Eine Neubewertung führt auf der Aktivseite zur Erhöhung des Werts des Assets auf den beizulegenden Wert (fair value). Bei nachfolgendem Gebrauch des Asset muss die Neubewertungsrücklage wieder aufgelöst werden. Sie wird nach demjenigen Muster aufgelöst, wie der Asset abgeschrieben wird: Bei linearer Abschreibung wird auch die Neubewertungsrücklage linear aufgelöst. Bei degressiver ist die Auflösung der Neubewertungsrücklage ebenfalls degressiv.

Neubewertungsrücklagen werden erfolgsneutral gebildet und bei Auflösung nicht durch die Gewinn- und Verlustrechnung gebucht. Stattdessen wird die Auflösung der Neubewertungsrücklage direkt in Retained Earnings oder eine Gewinnrücklage gebucht. Das Vorgehen in Abbildung 7.28 wird unten quantitativ verdeutlicht.

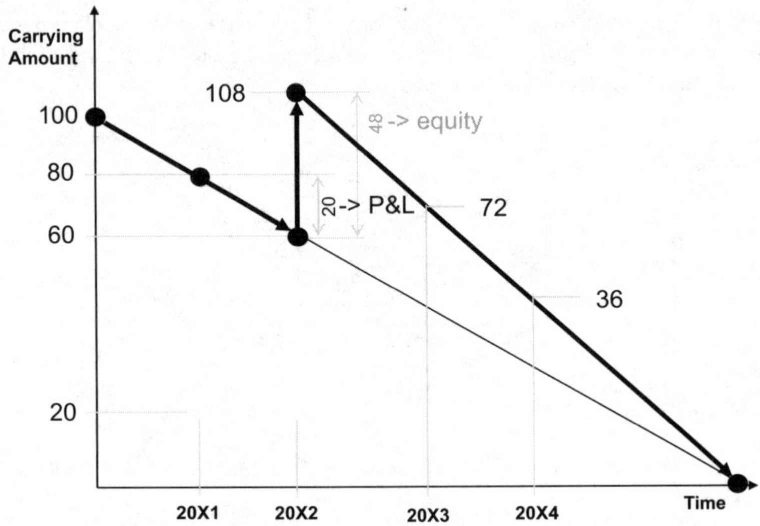

Abbildung 7.29: Neubewertung mit Zahlenbeispiel

Ein fiktiver Asset wurde zu Beginn von 20X1 für 100,00 GE angeschafft und hat eine Nutzungsdauer von 5 Jahren. Er wird ohne Berücksichtigung einer Neubewertung während 20X1 bis 20X5 linear abgeschrieben. Die Buchungssätze sind:

```
DR P, P, E, at Cost .............. 100,00 GE
CR Bank ............................ 100,00 GE
```

Für die Abschreibung wird gebucht:

```
DR Depr. ............................ 20,00 GE
CR Acc. Depr. ...................... 20,00 GE
```

Die Konten sehen zum 31.12.20X1 wie in Abbildung 7.30 aus.

P,P,E at Cost

D 20X1	[EUR]	C 20X1	[EUR]
	100	c/d	100
	100		100
b/d	100		

Bank

D 20X1	[EUR]	C 20X1	[EUR]
c/d	100		100
	100		100
		b/d	100

Acc. Depr.

D 20X1	[EUR]	C 20X1	[EUR]
c/d	20		20
	20		20
		b/d	20

Depr.

D 20X1	[EUR]	C 20X1	[EUR]
	20	I/S	20
	20		20

Abbildung 7.30: Konten zum Ende von 20X1

Am Ende von 20X2 findet eine Neubewertung statt. Ein Gutachter bestimmt den Fair Value des Asset auf 108 GE. Es wird wegen des Zeitpunkts der Neubewertung zuerst die regelmäßige Abschreibung des Asset gebucht. Anschließend wird die Neubewertung nach der Net Replacement Method gebucht:

```
DR Depreciation ......................  20,00 GE
CR Acc. Depr. ........................  20,00 GE

DR P, P, E at Valuation ........... 108,00 GE
DR Acc. Depr. ........................  40,00 GE
CR P, P, E at Cost .................. 100,00 GE
CR Revaluation Reserves ...........  48,00 GE
```

Die Neubewertung nach IFRSs führt auf einen Buchwert des Assets i.H.v. 108,00 GE, dies entspricht seinem Fair Value. Würde der Asset zum Ende von 20X2 zu dem Fair Value verkauft, müsste vorher die Neubewertungsrücklage komplett aufgelöst werden. Der Asset hätte anschließend den Buchwert 60,00 GE. Der Verkaufserlös wäre mit 108,00 GE um 48,00 GE höher als der Buchwert des Asset. Dies ist der Gewinn aus dem Abgang des Asset. Der Wert hätte sich auch ergeben, wenn nach deutschem HGB gem. § 253 Abs. 1 HGB bilanziert worden wäre. Im Unterschied zu den IFRSs wären jedoch nach deutschem HGB Stille Reserven (hidden reserves) gebildet worden.

Wird der Asset nicht verkauft, muss die Neubewertungsrücklage proportional zur Abschreibung oder am Ende der Nutzungsdauer aufgelöst werden.

Das Steuergesetz kennt keine Neubewertungen. Daher wird der steuerrechtliche Wertansatz des Wirtschaftsguts mit 60,00 GE angegeben. Nach IAS 12.16 werden latente Steuern (deferred taxes) auf der Passivseite aufgrund der Neubewertung ausgewiesen. Begründung: Der zukünftig höher erwartete Verkaufserlös aufgrund des in der IFRS-Bilanz gezeigten Fair Value enthält einen zukünftigen Steuerertrag. Es ist hier wahrscheinlich, dass bei Verkauf des Assets zu Fair Value ein Erlös i.H.v. 48,00 GE erwirtschaftet wird, von dem bei einem Steuersatz von 30 % 14,40 GE Steueraufwand darstellen. Da mit der Neubewertung der zukünftige Steueraufwand um 14,40 GE höher ist als in der Steuerbilanz, muss eine Rückstellung für latente Steuern gebildet werden. Damit wird die Eigenkapitalerhöhung anteilig zum Steuersatz durch Rückstellungsbildung kompensiert, d. h. die erwarteten Steuern beim Verkauf des Assets werden vorab (deferred) als Steuerschuld behandelt.

```
DR Revaluation Reserves ........... 14,40 GE
CR Provisions ...................... 14,40 GE
```

Die Abbildung 7.31 zeigt die Konten zum Ende von 20X2 unter Berücksichtigung der latenten Steuern.

D — P,P,E at Val. — C

20X2	[EUR]	20X2	[EUR]
	108,00	c/d	108,00
	108,00		108,00
b/d	108,00		

D — Depr. — C

20X2	[EUR]	20X2	[EUR]
	20,00	I/S	20,00
	20,00		20,00

D — Acc. Depr. — C

20X2	[EUR]	20X2	[EUR]
		b/d	20,00
c/d	40,00		20,00
	40,00		40,00
	40,00	b/d	40,00

D — Rev. Res. — C

20X2	[EUR]	20X2	[EUR]
	14,40		48,00
c/d	33,60		
	48,00		48,00
		b/d	33,60

D — Provision — C

20X2	[EUR]	20X2	[EUR]
c/d	14,40		14,40
	14,40		14,40
		b/d	14,40

Abbildung 7.31: Konten zum Ende von 20X2

In den nachfolgenden Jahren wird linear abgeschrieben. Der erhöhten Abschreibung steht ein Credit Entry im Retained Earnings Account gegenüber, der den latenten Steuerertrag und die Neubewertungsauflösung repräsentiert:

```
DR Depreciation ...................... 36,00 GE
CR Acc. Depr. ........................ 36,00 GE

DR Revaluation Reserves ........... 16,00 GE
CR Retained Earnings .............. 16,00 GE

DR Provisions ........................ 4,80 GE
CR Revaluation Reserves ........... 4,80 GE
```

Die nachfolgenden Abbildung 7.32 zeigt die Konten zum 31.12.20X3.

D — P,P,E at Val. — C

20X3	[EUR]	20X3	[EUR]
	108,00	c/d	108,00
	108,00		108,00
b/d	108,00		

D — Depr. — C

20X3	[EUR]	20X3	[EUR]
	36,00	I/S	36,00
	36,00		36,00

D — Acc. Depr. — C

20X3	[EUR]	20X3	[EUR]
			36,00
c/d	36,00		
	36,00		36,00
		b/d	36,00

D — Rev. Res. — C

20X3	[EUR]	20X3	[EUR]
	16,00	b/d	33,60
c/d	22,40		4,80
	38,40		38,40
		b/d	22,40

D — Provision — C

20X3	[EUR]	20X3	[EUR]
	4,80	b/d	14,40
c/d	9,60		
	14,40		14,40
		b/d	9,60

Abbildung 7.32: Konten des Zahlenbeispiels für 20X3

Die Neubewertung soll nachfolgend an einem Beispiel aus der Fallstudie Sunny AG vertieft werden:

Sunny AG (Case Study Sunny AG)

Die Sunny AG bestellt am Ende von 20X6 einen Gutachter zur Schätzung der Konfigurationsarbeitsplätze. Diese wurden Anfang Januar 20X5 für 60.000,00 EUR angeschafft. Der Gutachter bestätigt, dass die Arbeitsplätze zum Ende von 20X6 noch 42.000,00 EUR wert sind.

Die Konfigurationsarbeitsplätze werden linear über vier Jahre abgeschrieben. Demnach zeigt der Anlagespiegel von 20X5 einen Wertansatz i.H.v. 45.000,00 EUR. Der planmäßige Abschreibungsbetrag für 20X6 ist 15.000,00 EUR und ist erfolgswirksam zu buchen:

```
DR Depreciation ................... 15.000,00 EUR
CR Acc. Depr. ..................... 15.000,00 EUR
```

Ausgehend von dem Buchwert (carrying amount) nach planmäßiger Abschreibung ist die Neubewertung durchzuführen. Das Ergebnis ist als neuer Buchwert bekannt. Dieser soll 42.000,00 EUR betragen. Daher ist eine Neubewertungsrücklage i.H.v. 42.000 – 30.000 = **12.000,00 EUR** nach IAS 16.39 direkt ins Eigenkapitel zu buchen. Es wird nach der Net Replacement Method gebucht, da das Gutachten den aktuellen Fair Value angibt.

```
DR P, P, E at Valuation ........ 42.000,00 EUR
DR Acc. Depr. .................. 30.000,00 EUR
CR P, P, E at Cost ............. 60.000,00 EUR
CR Revaluation Reserves ........ 12.000,00 EUR
```

Der Anlagespiegel der Sunny zeigt den aktuellen Wert mit 42.000,00 EUR.

Sunny AG's REGISTER OF FIXED ASSETS as at 31.12.20X6

Plant	Date of Acqu.	Usfl Life	Cost / Valuation	Acc. Depr.	Carrying Amount
1100 (Mgt)	20X1	10	50.000,00	(30.000,00)	20.000,00
2100 (Stck)	20X1	13	100.000,00	(56.250,00)	43.750,00
3100 (OBld)	20X1	25	2.500.000,00	(600.000,00)	1.900.000,00
3110 (Sol)	20X1	8	240.000,00	(180.000,00)	60.000,00
4100 (Asbl)	20X5	4	56.000,00	(28.000,00)	28.000,00
4200 (Cnfg)	**20X5**	**4**	**42.000,00**		**42.000,00**
4300 (Srvc)	20X5	4	160.000,00	(80.000,00)	80.000,00
Total			*3.148.000,00*	*(974.250,00)*	*2.173.750,00*

Abbildung 7.33: Anlagespiegel der Sunny AG zum 31.12.20X6 bei Berücksichtigung einer Neubewertung der Konfigurationsarbeitsplätze

Die Neubewertung bedingt nach IAS 12.16 Steuerlatenz. Die latenten Steuern betragen 30,18 % der Neubewertungsrücklage. Die Sunny AG muss daher zum Ende von 20X6 buchen:

```
DR Revaluation Reserves ......... 3.621,00 EUR
CR Tax Provisions ............... 3.621,00 EUR
```

Damit beträgt die Neubewertungsrücklage nur noch 8.379,00 EUR. Die latenten Steuern sind nicht als Aufwand im Income Statement zu sehen, da die Gegenbuchung im Revaluation Reserves Account stattfindet.

Im nachfolgenden Geschäftsjahr 20X7 bedingt die Neubewertung eine Auflösung der Neubewertungsrücklage. Die planmäßige Abschreibung bezieht sich auf den neuen Buchwert und führt auf 21.000,00 EUR.

```
DR Depreciation  .................. 21.000,00 EUR
CR Acc. Depr.    .................. 21.000,00 EUR
```

Nach der gleichen Struktur (linear) wird die Neubewertungsrücklage aufgelöst:

```
DR Revaluation Reserves ........ 6.000,00 EUR
CR Retained Earnings  ........... 6.000,00 EUR
```

Der Anlagespiegel würde für 20X7 ohne Berücksichtigung der latenten Steuern wie in Abbildung 7.34 aussehen:

Sunny AG's REGISTER OF FIXED ASSETS as at 31.12.20X7

Plant	Date of Acqu.	Usfl Life	Cost / Valuation	Acc. Depr.	Carrying Amount
1100 (Mgt)	20X1	10	50.000,00	(35.000,00)	15.000,00
2100 (Stck)	20X1	13	100.000,00	(62.500,00)	37.500,00
3100 (OBld)	20X1	25	2.500.000,00	(700.000,00)	1.800.000,00
3110 (Sol)	20X1	8	240.000,00	(210.000,00)	30.000,00
4100 (Asbl)	20X5	4	56.000,00	(42.000,00)	14.000,00
4200 (Cnfg)	**20X5**	**4**	**42.000,00**	**(21.000,00)**	**21.000,00**
4300 (Srvc)	20X5	4	160.000,00	(120.000,00)	40.000,00
Total			*3.148.000,00*	*(1.190.500,00)*	*1.957.500,00*

Abbildung 7.34: Anlagespiegel 20X7 bei Berücksichtigung von Revaluation

Damit beträgt der Buchwert zum Ende von 20X7 noch 21.000,00 EUR. Die Rückstellung für latente Steuern ist ebenfalls aufzulösen. Daher muss die Sunny AG buchen:

```
DR Provisions (30,18%) ......... 1.810,50 EUR
CR Rev. Res. ...................... 1.810,50 EUR
```

Die Rückstellungen für latente Steuern betragen noch 1.810,50 EUR und die Neubewertungsrücklage 4.189,50 EUR. Steuerlatenzen werden nicht im Anlagespiegel berücksichtigt, da der Anlagespiegel das Sachanlagevermögen repräsentiert. Die Spalte Neubewertung spiegelt die Wertsteigerung des Asset wieder. In der Bilanz wird dagegen die Neubewertungsrücklage unter Abzug der latenten Steuern dargestellt. Dies wird in Kapitel 11 → vgl. S. 283 gezeigt.

Das erfolgsneutrale Buchen einer Neubewertung ist nach IAS 16.39 nur geboten, wenn die Neubewertung keine Wertaufholung darstellt. Eine Wertaufholung ist das Rückgängigmachen eines vorherigen Impairment Loss. Ein reversal Impairment Loss ist zu buchen, wenn der Fair Value oberhalb des Buchwerts liegt. Der Wertansatz nach dem reversal Impairment Loss ist auf denjenigen Wert begrenzt, der sich bei planmäßiger Abschreibung ergeben hätte → vgl. IAS 36.117: „The increased carrying amount of an asset other than goodwill attributable to a reversal of an impairment loss shall not exceed the carrying amount that would have been determined (net of amortisation or depreciation) had no impairment loss been recognised for the asset in prior years.“ Durch die Wertaufholung wird die Abschreibung quasi nachgeholt. Wird der Impairment Loss nicht sofort rückgängig gemacht, ist der Betrag des Impairment Loss höher als derjenige für seine Wertaufholung (= reversal impairment loss). Es entsteht ein Saldo im Accumulated Impairment Loss Account, der bei Abgang und damit beim Ausbuchen des Assets berücksichtigt wird. Die Buchungssätze für einen solchen Fall werden nachfolgend an dem veränderten fiktiven Beispiel demonstriert.

Es wird angenommen, dass die Neubewertung den Betrag der Wertaufholung übersteigt. Die folgenden Zahlenwerte sind buchungsrelevant: Der fiktive Asset wurde für 100,00 GE in 20X1 angeschafft. Seine Nutzungsdauer beträgt weiter 5 Jahre. Zum Ende des ersten Jahrs (20X1) wird ein Impairment Loss i.H.v. 60,00 GE gebucht. In 20X3 wird dem fiktiven Asset ein Fair Value i.H.v. 72,00 GE testiert. Abbildung 7.35 → vgl. S. 172 zeigt den Verlauf des Restbuchwerts als Funktion der Zeit.

Das Zahlenbeispiel enthält in 20X1 dieselben Buchungen:

```
DR P, P, E at Cost ............... 100,00 GE
CR Bank ............................ 100,00 GE
```

Für die Abschreibung wird gebucht:

```
DR Depr. ............................ 20,00 GE
CR Acc. Depr. ...................... 20,00 GE
```

Zum Ende des Jahres 20X1 wird der Impairment Loss gebucht:

```
DR Impairment Loss ............... 60,00 GE
CR Acc. Impairment Loss ........ 60,00 GE
```

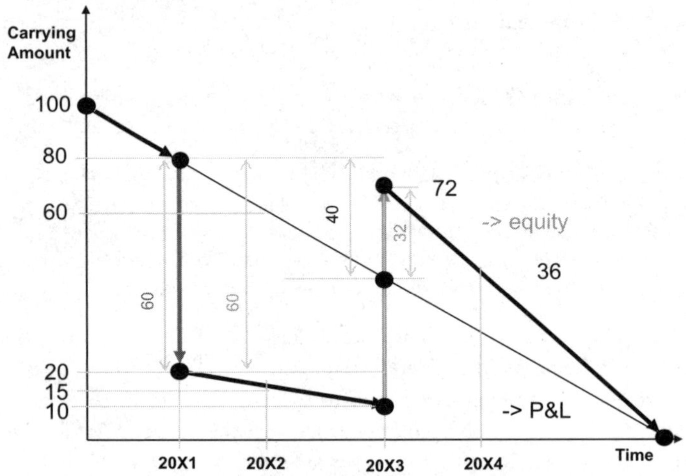

Abbildung 7.35: Zahlenbeispiel mit späterer Wertaufholung

Der Asset hat jetzt den Buchwert 20,00 GE.

D	P,P,E at Cost		C
20X1	[EUR]	20X1	[EUR]
	100	c/d	100
	100		100
b/d	100		

D	Bank		C
20X1	[EUR]	20X1	[EUR]
c/d	100		100
	100		100
		b/d	100

D	Acc. Depr.		C
20X1	[EUR]	20X1	[EUR]
c/d	20		20
	20		20
		b/d	20

D	Depr.		C
20X1	[EUR]	20X1	[EUR]
	20	I/S	20
	20		20

D	Acc. IL.		C
20X1	[EUR]	20X1	[EUR]
c/d	60		60
	60		60
		b/d	60

D	IL.		C
20X1	[EUR]	20X1	[EUR]
	60	I/S	60
	60		60

Abbildung 7.36: Konten zum 31.12.20X1

Der Asset muss in den Notes durch die Salden der Konten P, P, E accumulated Depreciation und accumulated Impairment Loss erläutert werden sowie durch die Überleitungsrechnung dargestellt werden. Im Anlagespiegel wird der Asset in 20X1 wie in Abbildung 7.24 → vgl. S. 161 gezeigt:

Item	Cost/ Valuation	Acc. Depreciation	Acc. Impairm. Loss	Carrying Amount
	[EUR]	[EUR]	[EUR]	[EUR]
Asset	100,00	(20,00)	(60,00)	20,00

Abbildung 7.37: Angaben zum fiktiven Asset im Anhang 20X1

Die Überleitungsrechnung zeigt Abbildung 7.35 → vgl. S. 172. In den Notes ist darzustellen, dass keine Vergleichswerte bestehen, da der Asset erst in 20X1 angeschafft wurde.

	20X4
	[EUR]
Carrying Amount beginning of year	100,00
Revaluation	0,00
Impairment Loss	(60,00)
Depreciation	(20,00)
Carrying Amount as at 31.12.	20,00

Abbildung 7.38: Überleitungsrechnung zum 31.12.20X1

In 20X2 findet eine planmäßige Abschreibung des Assets statt. Es ist unerheblich, ob der Asset wegen des Impairment Loss stillgelegt ist (idle asset). Für die lineare Abschreibung wird ein Restbuchwert i.H.v. 20,00 GE und eine Restnutzungsdauer von vier Jahren berücksichtigt, d. h. der Abschreibungsbetrag ist 5,00 GE.

```
DR Depreciation .................. 5,00 GE
CR Acc. Depr. ..................... 5,00 GE
```

Nach der Abschreibungsbuchung haben die Konten das in Abbildung 7.39 gezeigte Aussehen.

D — P,P,E at Cost — C

20X2	[EUR]	20X2	[EUR]
	100,00	c/d	100,00
	100,00		100,00
b/d	100,00		

D — Bank — C

20X2	[EUR]	20X2	[EUR]
c/d	100,00	b/d	100,00
	100,00		100,00
		b/d	100,00

D — Acc. Depr. — C

20X2	[EUR]	20X2	[EUR]
		b/d	20,00
c/d	25,00		5,00
	25,00		25,00
		b/d	25,00

D — Depr. — C

20X2	[EUR]	20X2	[EUR]
	5,00	I/S	5,00
	5,00		5,00

Abbildung 7.39: Konten zum 31.12.20X2

Zum Ende des nächsten Jahrs (20X3) wird der Asset neu bewertet. Der Fair Value beträgt jetzt 72,00 GE. Bei planmäßiger Abschreibung ohne Impairment Loss wäre der Buchwert zu diesem Zeitpunkt 100 – 3 · 20 = **40,00 GE**. Eine erfolgswirksame Rückgängigmachung der außerplanmäßigen Abschreibung (reversal impairment loss) kann bis maximal 40,00 GE stattfinden. Da die Wertaufholung und Neubewertung zum Ende von 20X3 berücksichtigt wird, ist der Asset vorher abzuschreiben:

```
DR Depreciation ..................  5,00 GE
CR Acc. Depr. ....................  5,00 GE

DR Acc. IL. ...................... 30,00 GE
CR IL. ........................... 30,00 GE
```

Der Wertansatz des Asset beträgt jetzt 40,00 GE. Da die Neubewertung die Wertaufholung übersteigt, ist die Neubewertung auf 72,00 GE vorzunehmen. Es wird die Net Replacement Method angewendet:

```
DR P, P, E at Valuation ........  72,00 GE
DR Acc. Depr. ..................  30,00 GE
DR Acc. IL. ....................  30,00 GE
CR P, P, E at Cost ............. 100,00 GE
CR Revaluation Reserves ........  32,00 GE
```

Die Neubewertung begründet eine Rückstellung für latente Steuern. Der Gesamtsteuersatz beträgt 30 %, so dass eine Steuerrückstellung i.H.v. 0,3 · 32 = **9,60 GE** zu bilden ist. Die Neubewertungsrücklage wird entsprechend vermindert:

```
DR Revaluation Reserves ........ 9,60 GE
CR Provision ................... 9,60 GE
```

Die Konten zum 31.12.20X3 zeigt Abbildung 7.40 → vgl. S. 175.

In den Geschäftsjahren 20X4 und 20X5 wird die Neubewertungsrücklage und ebenso die Steuerrückstellung für latente Steuern aufgelöst und der Asset abgeschrieben. Die Buchungssätze sind in beiden Jahren:

```
DR Depr. ......................... 36,00 GE
CR Acc. Depr. .................... 36,00 GE

DR Revaluation Reserves ........ 16,00 GE
CR Retained Earnings ............ 16,00 GE

DR Provision ....................  4,80 GE
DR Revaluation Reserves ........  4,80 GE
```

Die Konten zum 31.12.20X4 zeigt Abbildung 7.41 → vgl. S. 175.

Am Ende von 20X5 ist der Asset vollständig abgeschrieben und die Passivkonten, wie Revaluation Reserves und Provision Account sind saldiert.

Das Berücksichtigen einer Folgebewertung wird im Weiteren an der Fallstudie Sunny AG demonstriert.

D — P,P,E at Cost — C

20X3	[EUR]	20X3	[EUR]
	100,00		100,00
	100,00		100,00

D — P,P,E at Val. — C

20X3	[EUR]	20X3	[EUR]
	72,00	c/d	72,00
	72,00		72,00
b/d	72		

D — Acc. Depr. — C

20X3	[EUR]	20X3	[EUR]
		b/d	25,00
	30,00		5,00
	30,00		30,00

D — Depr. — C

20X3	[EUR]	20X3	[EUR]
	5,00	I/S	5,00
	5,00		5,00

D — Acc. IL. — C

20X3	[EUR]	20X3	[EUR]
	30,00	b/d	60,00
	30,00		
	60,00		60,00

D — IL. — C

20X3	[EUR]	20X3	[EUR]
I/S	30,00		30,00
	30,00		30,00

D — Rev. Res. — C

20X3	[EUR]	20X3	[EUR]
	9,60		32,00
c/d	22,40		
	32,00		32,00
		b/d	22,40

D — Provision — C

20X3	[EUR]	20X3	[EUR]
c/d	9,60		9,60
	9,60		9,60
		b/d	9,60

Abbildung 7.40: Konten zum 31.12.20X3

D — P,P,E at Cost — C

20X4	[EUR]	20X4	[EUR]
	0,00		0,00
	0,00		0,00

D — P,P,E at Va — C

20X4	[EUR]	20X4	[EUR]
	72,00	c/d	72,00
	72,00		72,00
b/d	72,00		

D — Acc. Depr. — C

20X4	[EUR]	20X4	[EUR]
			36,00
C/d	36,00		
	36,00		36,00
		b/d	36,00

D — Depr. — C

20X4	[EUR]	20X4	[EUR]
	36,00	I/S	36,00
	36,00		36,00

D — Rev. Res. — C

20X4	[EUR]	20X4	[EUR]
	16,00	b/d	22,40
c/d	11,20		4,80
	27,20		27,20
		b/d	11,20

D — Provision — C

20X4	[EUR]	20X4	[EUR]
	4,80	b/d	9,60
c/d	4,80		
	9,60		9,60
		b/d	4,80

Abbildung 7.41: Konten zum 31.12.20X4

Sunny AG (Case Study Sunny AG)

Die Sunny besitzt in 20X5 im Sachanlagevermögen eine Solarenergieanlage, die Anfang Januar 20X1 für 200.000,00 EUR angeschafft wurde. Sie hat eine Nutzungsdauer von acht Jahren und wurde bisher linear abgeschrieben. Der Buchwert zum Ende von 20X5 ist: $CA_{20X5} = 200.000,00 - 5 \cdot 200.000,00/8 =$ **75.000,00 EUR**. Entsprechend des Gutachtens eines Sachverständigen hat die Anlage zum Ende von 20X5 einen Fair Value i.H.v. 99.000,00 EUR. Der Unterschiedsbetrag ist wesentlich. Die Bewertung durch den Gutachter ist eine verlässliche Wertbestimmung. Die Sunny hat eine Neubewertung durchzuführen, um die Anlage von 75.000,00 EUR auf 99.000,00 EUR aufzuwerten. Die Neubewertung wird nach der Net Replacement Method durchgeführt.

```
DR P, P, E at Valuation .........  99.000,00 EUR
DR Acc. Depr. .................... 125.000,00 EUR
CR P, P, E at Cost ............... 200.000,00 EUR
CR Rev. Res. .....................  24.000,00 EUR
```

Die Neubewertung findet nach der planmäßigen Abschreibung statt, weil sie zum Ende von 20X5 bestimmt wurde.

Das Eigenkapital der Sunny AG hat sich daher durch die Wertänderung um 24.000,00 EUR erhöht. Die Solaranlage wird in der Bilanz zum 31.12.20X5 zum Fair value i.H.v. 99.000,00 EUR gezeigt.

Ergänzend muss die Sunny AG noch die latenten Steuern buchen. Sie betragen 30,18 % der Neubewertung.

```
DR Rev. Res. ...................... 7.243,20 EUR
CR Provisions ..................... 7.243,20 EUR
```

Bei den Abschreibungen der Solaranlage in den nachfolgenden Jahren wird von dem neuen Buchwert ausgegangen:

```
DR Depreciation ................... 33.000,00 EUR
CR Acc. Depr. ..................... 33.000,00 EUR

DR Revaluation Reserves .......  8.000,00 EUR
CR Retained Earnings ..........  8.000,00 EUR
```

Nur die Abschreibungen sind erfolgsrelevante Buchungen. Der Steuerertrag und die Auflösung der Neubewertungsrücklage gehen nicht durch die Gewinn- und Verlustrechnung.

Wird die Anlage nach insgesamt sechs Jahren Nutzungsdauer – z. B. am 1.01.20X7 für 69.000,00 EUR brutto verkauft, ist die Neubewertungsrücklage komplett aufzulösen. Wegen des Verkaufzeitpunkts 1.01.20X7 ist keine Abschreibung für 20X7 zu berücksichtigen. Der Buchwert der Anlage beträgt nach 6 Jahren vor der Auflösung der Neubewertungsrücklage 66.000,00 EUR.

Die Sunny AG bucht den Abgang der Maschine, nachdem die Rückstellung für latente Steuern i.H.v. 4.828,80 EUR aufgelöst wurden:

```
DR Provisions ..................... 4.828,80 EUR
CR Rev. Res. ...................... 4.828,80 EUR
```

```
DR Bank ............................. 69.000,00 EUR
DR Acc. Depr. ....................... 33.000,00 EUR
DR Rev. Res. ........................ 16.000,00 EUR
DR Loss on Disposal ..............     8.500,00 EUR
CR VAT .............................. 11.500,00 EUR
CR P, P, E at Valuation ........ 99.000,00 EUR
CR Retained Earnings  ........... 16.000,00 EUR
```

Im Weiteren wird eine Wertminderung für die Solarenergieanlage vorgestellt. Die Wertminderung beträgt 39.000,00 EUR:

Die Solarenergieanlage der Sunny AG wird bei einem Hagelschauer im Dezember 20X5 erheblich und dauerhaft beschädigt. Der Restwert der Anlage wird von einem Sachverständigen mit 36.000,00 EUR angegeben.

Der Buchwert nach planmäßiger Abschreibung i.H.v. 75.000,00 EUR weicht wesentlich von dem Fair Value ab. Die Sunny AG bucht die Differenz erfolgswirksam als Impairment Loss:

```
DR Impairment Loss ............... 39.000,00 EUR
CR Acc. IL. ......................... 39.000,00 EUR
```

Buchtechnisch beträgt der Wert der Solarenergieanlage 36.000,00 EUR. Die zukünftigen angepassten Abschreibungen über drei Jahre betragen 12.000,00 EUR pro Jahr. Auch wenn es sich um einen stillgelegten Vermögenswert (idle asset) handelt, besteht kein Grund zur Unterbrechung der Abschreibungen. Die Abschreibung für 20X6 wird gebucht.

```
DR Depreciation .................. 12.000,00 EUR
CR Acc. Depr. ...................... 12.000,00 EUR
```

Ein Jahr später stellt sich heraus, dass die Anlage geringer beschädigt ist als angenommen wurde und ein Gutachter schätzt ihren Wert am 31.12.20X6 auf 45.000 EUR. Die Sunny AG verkauft die Anlage darauf hin für 50.400,00 EUR.

Die Wertaufholung auf 45.000,00 EUR übersteigt nicht den Maximalwert i.H.v. 50.000,00 EUR, der sich als Buchwert ohne Berücksichtigung des Impairment Losses ergeben hätte. Die Sunny AG bucht einen reverse Impairment Loss.

```
DR Acc. IL. ......................... 21.000,00 EUR
CR IL ............................... 21.000,00 EUR
```

Die Sunny AG verkauft die Solarenergieanlage mit Verlust, wie der nachfolgende Buchungssatz zeigt.

```
DR Cash .............................  50.400,00 EUR
DR Acc. Depr. ...................... 137.000,00 EUR
DR Acc. IL. .........................  18.000,00 EUR
DR Loss on Disposal ..............      3.000,00 EUR
CR VAT ..............................   8.400,00 EUR
CR P, P, E at Cost ............... 200.000,00 EUR
```

7.2.7 Finanzinstrumente und als Finanzinvestitionen gehaltene Immobilien (Financial Instruments and Investment Property)

Unter einem **Finanzinstrument** → Glossar (financial instrument) versteht man einen Vertrag zwischen zwei Parteien, bei dem eine Seite einen finanziellen Vermögenswert (financial asset) erhält und die andere eine finanzielle Schuld (financial liability) eingeht oder einen Eigenkapitaltitel (equity) ausgibt. Die Definition folgt aus IAS 32.11 „A financial instrument is any contract that gives rise to a financial asset of one entity and a financial liability or equity instrument of another entity." Der IAS 32.14 schließt ausdrücklich in die Bezeichnung Entity Einzelunternehmen, Personengesellschaften, Treuhändler etc. ein. Finanzinstrumente werden an dem Beispiel der Unternehmen Roxel AG, Erpho AG und Dudweiler GmbH deutlich gemacht.

Die Roxel AG schüttet am 2.01.20X4 300.000 Aktien zum Nennwert von 5,00 EUR zu einem Bezugskurs von 7,80 EUR aus. Die Erpho AG gibt ebenfalls am 2.01.20X4 5.000 börslich gehandelte Schuldverschreibungen (debenture) zu jeweils 100,00 EUR aus, die eine Verzinsung von 6,5 % beinhalten und die nach fünf Jahren zum Nennbetrag eingezogen werden.

Die Dudweiler GmbH erwirbt von der Roxel AG 100.000 Aktien und von der Erpho AG 2.000 Debentures. Beide sollen als Sachanlagevermögen in der Bilanz der Dudweiler GmbH dargestellt werden, weil sie langfristig gehalten werden sollen. Am Abschlussstichtag 31.12.20X4 beträgt der Börsenkurs (share price) der Roxel Aktie 8,62 EUR inkl. Dividende (cum dividend). Die Gewinnverwendung der Roxel AG führt auf eine Dividende von 0,50 EUR/Aktie. Die Debentures der Erpho AG werden am 31.12.20X4 mit 98,60 EUR gehandelt.

In dem Beispiel liegen zwei Verträge vor, die jeder ein Finanzinstrument begründen. In beiden Fällen soll kein Aufwand für die Ausgabe der Titel berücksichtigt werden. Die Dudweiler GmbH zeigt zwei finanzielle Vermögenswerte (financial assets) in ihrer Bilanz:

(1) Zwischen der Roxel AG und der Dudweiler GmbH besteht ein Finanzinstrument durch die Ausschüttung von Aktien. Der Vertrag führt bei der Roxel AG zu einem Eigenkapitalinstrument, das auf der Passivseite der Bilanz als gezeichnetes Kapital in Bezug auf Stammaktien zu zeigen ist, und bei der Dudweiler GmbH zu einem finanziellen Vermögenswert im Sachanlagevermögen.
(2) Zwischen der Erpho AG und der Dudweiler GmbH besteht ein weiteres Finanzinstrument, das bei der Erpho AG zu einem Fremdkapitaltitel, den Schuldverschreibungen, geführt hat, und das auf der Aktivseite der Dudweiler GmbH zur Darstellung der Schuldverschreibungen als financial Asset im Sachanlagevermögen führt.

Man erkennt, dass Finanzinstrumente entsprechend der Definition in IAS 32.11 gebildet wurden. Die Darstellung der Eigen- und Fremdkapitaltitel, die aus den Finanzinstrumenten resultieren, wird in den Kapiteln 11 → vgl. S. 273 und 14 → vgl. S. 324 behandelt. Hier werden die finanziellen Vermögenswerte dargestellt:

Die Dudweiler GmbH bucht den Erwerb der Aktien und Schuldverschreibungen zu den Anschaffungswerten am 2.01.20X4. Die Aktien haben Anschaffungskosten von 100.000 · 7,80 = **780.000,00 EUR**. Die Anschaffungskosten für die Schuldverschreibungen betragen 2.000 · 100 = **200.000,00 EUR**:

```
DR Investment-shares ............ 780.000,00 EUR
CR Cash ......................... 780.000,00 EUR
```

und:

```
DR Investment-debentures ....... 200.000,00 EUR
CR Cash ........................ 200.000,00 EUR
```

Zum Abschlussstichtag sind sowohl die Erträge aus den finanziellen Vermögenswerten als auch ihre Wertänderungen zu beachten. Die Dudweiler GmbH bucht die Dividende der Roxel Aktien als Ertrag. Er beträgt 100.000 · 0,50 = **50.000,00 EUR**.

```
DR Dividend Rec. ................. 50.000,00 EUR
CR Div. Income ................... 50.000,00 EUR
```

Die Erträge aus den Schuldverschreibungen sind 2.000 · 6,5 % · 100 = **13.000,00 EUR**:

```
DR Interest Rec. ................. 13.000,00 EUR
CR Debentures Income ............. 13.000,00 EUR
```

Die Bewertung der Aktien der Roxel AG und der Schuldverschreibungen der Erpho AG finden zum Marktwert statt. Der Aktienpreis der Roxel AG beträgt 8,62 EUR/Aktie cum dividend, d. h. 8,12 EUR/Aktie ex dividend. Es ist eine Neubewertung der Aktien i.H.v. 8,12 – 7,80 = **0,32 EUR/Aktie** geboten. Nach IAS 32.35 sind die Gewinne als Ertrag in der Gewinn- und Verlustrechnung zu zeigen. Die Dudweiler GmbH bucht:

```
DR Investments (share) .......... 32.000,00 EUR
CR Profit on Investment ......... 32.000,00 EUR
```

Gem. des Anschaffungswertprinzips in § 253 Abs. 1 HGB wäre die Ertragsbuchung i.H.v. 32.000,00 EUR nicht möglich, da ein noch nicht realisierter Gewinn besteht und deshalb gegen das Vorsichtsprinzip nach § 252 Abs. 1 HGB verstoßen würde.

Die Bewertung der Schuldverschreibungen von der Erpho AG bedeutet für die Dudweiler GmbH einen Verlust. Er beträgt 2.000 · (100 – 98,6) = **2.800,00 EUR**. Der Verlust wird ebenfalls in der Gewinn- und Verlustrechnung dargestellt:

```
DR Loss on Investment ........... 2.800,00 EUR
CR Acc. IL. Inv. ................ 2.800,00 EUR
```

Sunny AG (Case Study Sunny AG)

Die Sunny AG zeigt in ihrer Bilanz keine finanziellen Vermögenswerte. Finanzinstrumente der Sunny AG bestehen jedoch auf der Passivseite als Eigenkapitalinstrumente. Die Sunny AG hat Aktien und Vorzugsaktien ausgeschüttet. Einziehbare Vorzugsaktien (redeemable preference shares) würden dagegen als Fremdkapital ausgewiesen.

Als Finanzinvestitionen gehaltende Immobilien (investment property) sind nach IAS 40.5: „Investment property is property (land or a building – or part of a building – or both) held (by the owner or by the lessee under a finance lease) to earn rentals or for capital appreciation or both, rather than for: (a) use in the production or supply of goods or services or for administrative purposes; or (b) sale in the ordinary course of business.“ Das wesentliche Merkmal von Investment Property ist ihr Zweck. Es muss gehalten werden, um daraus langfristige Wertsteigerungsgewinne (long-term capital appreciation) oder Mieteinnahmen (leasing income) zu generieren. Für ungewisse Zwecke gehaltene Immobilien gelten ebenfalls als Investment Property → vgl. IAS 40.8. Bei zu Handelszwecken gehaltenen Immobilien ist IAS 2 anzuwenden, da dann die Immobilie zum Vorratsvermögen zählt.

Die Situation wird am Beispiel der Katensen AG gezeigt. Die Katensen AG kauft am 3.01.20X7 ein Grundstück, auf dem sich ein Bürogebäude und ein Hotel befinden. Das Grundstück ist teilbar. Die Katensen AG zahlt einen Kaufpreis von 1.000.000,00 EUR. Von dem Kaufpreis entfallen 400.000,00 EUR auf das Grundstück, das Bürogebäude hat einen Wert von 150.000,00 EUR, das Hotel von 450.000,00 EUR. Das Grundstück ist proportional zum Wertansatz dem Bürogebäude und dem Hotel zuzuordnen. Das Hotel wird direkt nach Kauf vermietet und führt zu Mieteinnahmen von jährlich 60.000,00 EUR. Da die Immobilie teilbar ist, bucht die Katensen AG die Immobilie beim Kauf am 3.01.20X7:

```
DR P, P, E at Cost ...............    250.000,00 EUR
DR Investment Property ..........     750.000,00 EUR
CR Bank ........................... 1.000.000,00 EUR
```

Die erzielten Mieteinnahmen sind in der Gewinn- und Verlustrechnung zu erfassen:

```
DR Bank ...............................  60.000,00 EUR
CR Rental Income ....................    60.000,00 EUR
```

Wäre die Immobilie nicht teilbar, wäre die Immobilie der Katensen AG vollständig als Investment Property gem. IAS 40.9 zu aktivieren.

7.2.8 **Abgang von Sachanlagen** (Disposal of an Asset)

Nach IAS 16.67 ist ein Asset als Property, Plant, and Equipment aufzulösen, wenn er das Unternehmen verlässt oder keinen zukünftigen wirtschaftlichen Nutzen mehr verspricht. Der Verkaufserlös ist die Differenz aus Buchwert und Nettoverkaufserlös zuzüglich Verkaufsaufwand → vgl. IAS 16.71. Liegt zum Zeitpunkt des Abgangs evtl. noch eine Neubewertungsrücklage vor, ist sie aufzulösen.

Die Rinteln GbR besitzt eine Maschine, deren Anschaffungskosten am 1.01.20X1 30.000,00 EUR betragen haben. Die Maschine wird linear über eine Nutzungsdauer von 6 Jahren abgeschrieben. Am 31.12.20X5 wird der Marktwert der Maschine auf 7.500,00 EUR geschätzt. Nach der Net Replacement Method bucht die Rinteln GmbH:

```
DR P, P, E at Valuation ........  7.500,00 EUR
DR Acc. Depr. ...................... 25.000,00 EUR
CR P, P, E at Cost ............... 30.000,00 EUR
CR Rev. Res. .......................  2.500,00 EUR
```

Die Maschine wird am Abschlussstichtag 31.12.20X5 mit 7.500,00 EUR gezeigt. Am 7.01.20X6 wird die Maschine für 7.100,00 EUR verkauft. Die Rinteln GbR bucht unter Auflösung der Neubewertungsrücklage:

```
DR Cash ............................ 7.100,00 EUR
DR Rev. Res. ....................... 2.500,00 EUR
DR Loss on Disposal  ............      400,00 EUR
CR P, P, E at Valuation ........ 7.500,00 EUR
CR R/E  ............................ 2.500,00 EUR
```

Häufig wird bei der Auflösung von Sachanlagen ein Realisation Account verwendet, in das die Buchwerte übertragen werden. Das Realisation Account zeigt später den Gewinn- oder Verlust, der bei der Liquidierung von Sachanlagevermögen entsteht. Die Verwendung des Realisation Account wird am Beispiel der Rinteln GbR zum Zeitpunkt 5.01.20X6 demonstriert. Zu diesem Zeitpunkt ist die Maschine noch nicht verkauft worden. Als weiterer Sachanlagevermögensgegenstand existiert ein Geschäftswagen, dessen Buchwert 22.000,00 EUR beträgt. Das Auto wurde vor zwei Jahren für 44.000,00 EUR angeschafft und bisher zwei Jahre linear abgeschrieben. Die Restnutzungsdauer beträgt noch zwei Jahre. Die Rinteln GbR überlässt das Auto für 20.000 EUR dem Teilhaber Grillkötter (= GK). Der zweite Gesellschafter ist Reisenberger (= RB). Beide teilen den Gewinn aus der Rinteln GbR im Verhältnis 1:3 auf, so dass Reisenberger 75 % erhält. Bei Liquidation des Sachanlagevermögens bucht die Rinteln GbR für die Maschine:

```
DR Realisation ..................... 7.500,00 EUR
DR Rev. Res. ....................... 2.500,00 EUR
CR P, P, E at Valuation ........ 7.500,00 EUR
CR R/E ............................. 2.500,00 EUR
```

und:

```
DR Cash ............................ 7.100,00 EUR
CR Realisation ..................... 7.100,00 EUR
```

Für das Fahrzeug bucht die Rinteln GbR:

```
DR Realisation ..................... 22.000,00 EUR
DR Acc. Depr. ...................... 22.000,00 EUR
CR P, P, E at Cost -- MV ....... 44.000,00 EUR
```

Das Überlassen des Fahrzeugs führt zu folgender Buchung:

```
DR GK-Cap. ......................... 20.000,00 EUR
CR Realisation ..................... 20.000,00 EUR
```

Der verbleibende Verlust aus Veräußerung beträgt 2.400,00 EUR, die vereinbarungsgemäß auf die beiden Gesellschafter aufgeteilt wird:

```
DR GK-Cap. .........................   600,00 EUR
DR RB-Cap. ......................... 1.800,00 EUR
CR Realisation ..................... 2,400,00 EUR
```

Das Realisation Account zeigt Abbildung 7.42.

D	Realisation		C
20X6	[EUR]	20X6	[EUR]
Machine	7.500,00	Cash	7.100,00
Car	22.000,00	GK-Cap	20.000,00
		Loss-GK	600,00
		Loss-RB	1.800,00
	29.500,00		29.500,00

Abbildung 7.42: Realisation Account der Rinteln GbR nach Liquidation des Sachanlagevermögens

Die Liquidation im Rahmen von Geschäftsauflösungen wird vertieft behandelt in WOOD/SANGSTER [2007].

Zusammenfassung (Summary)

Die Position Anlagevermögen (non-current assets) zeigt das Sachanlagevermögen, Investment Property, Immaterielles Vermögen, Beteiligungen und Finanzinstrumente.

Vermögen wird aktiviert, sobald es die Ansatzbedingungen erfüllt: Es muss ein wirtschaftlicher Nutzen vorliegen und die Bewertung muss verlässlich möglich sein.

Die Bewertung des Anlagevermögens findet über eine Erstbewertung gemäß des Kostenmodells statt. Demnach sind alle Aufwendungen, wie z. B. der Anschaffungspreis ohne Rabatte, der Aufwand für den Transport und die Ingangsetzung als auch zukünftige Abbruchkosten anzusetzen. Bei einer Folgebewertung wird der Wertansatz des Vermögens durch planmäßige Abschreibung, durch Impairment Loss und/oder durch eine Neubewertung verändert.

Besonderheiten bestehen hinsichtlich des Ansatzes bei Leasinggeschäften, bei wichtigen Ersatzteilen, die im Anlagevermögen zu zeigen sind, und bei Tauschgeschäften.

Bei einer Folgebewertung wird i.d.R. die Habenbuchung in einem acc. Depreciation oder acc. Impairment Loss Account vorgenommen.

Im Unterschied zum deutschen HGB lassen die IFRSs Neubewertungen zu. Über die Neubewertung werden Wertansätze, die den bisherigen Buchwert übersteigen und nicht widerrufene außerplanmäßige Abschreibungen sind, als Erhöhung des bisherigen Wertansatzes gebucht. Im Haben findet eine Buchung in eine Neubewertungsrücklage statt. Neubewertungen erfordern den Ausweis von Steuerlatenz. Neubewertungen sind grundsätzlich erfolgsunwirksam.

Die Auflösung der Neubewertungsrücklage findet bei Abgang des Assets oder proportional zur planmäßigen und/oder außerplanmäßigen Abschreibung statt.

In den Notes ist über die Wertänderung von Sachanlagevermögen während des Berichtszeitraums vorzutragen. I.d.R. wird ein Anlagespiegel auf Gruppenebene und eine Überleitungsrechnung dargestellt.

Aufgaben (Exercises)

Aufgabe 1: Aktivierung (Exercise on Recognition)

Die Schulenburg AG erwirbt eine NC-Maschine zum 1.01.20X3 und hat dafür die folgenden Informationen:

• Kaufpreis	100.000,00 EUR
• Transportkosten	3.000,00 EUR
• Installationskosten	6.000,00 EUR
• Allgemeine Verwaltungskosten	1.000,00 EUR
• Testaufwand	5.000,00 EUR
• Pre-Production-Aufwand	2.000,00 EUR
• Anfänglicher Verlust bei Betrieb	10.000,00 EUR

Als weitere Information ist bekannt: (1) Der Kaufpreis ist erst zum 31.12.20X3 zu zahlen. (2) Die allgemeinen Verwaltungskosten sind zum Teil fix, zum Teil proportional. (3) Der Testaufwand enthält Aufwand zum Prüfen von Musterprodukten, damit festgestellt werden kann, ob die Maschine korrekt arbeitet. Die Musterprodukte werden zu einem Nettoerlös von 500,00 EUR verkauft. (4) Der Pre-Production-Aufwand fällt an, um die NC-Maschine in einen betriebsbereiten Zustand zu versetzen. (5) Die anfänglichen Verluste sind einer geringen Produktionsmenge zuzurechnen. (6) Die NC-Maschine ist am 3.01.20X3 einsatzbereit. (7) Der Zinssatz beträgt 14 % per annum. Die Schulenburg AG aktiviert normalerweise keine Kapitalkosten. (8) Die NC-Maschine wird linear über eine Nutzungsdauer von acht Jahren abgeschrieben. Der Restbuchwert (residual value) nach acht Jahren beträgt 7.000,00 EUR. (9) Es soll angenommen werden, dass eine Rückstellung gebildet wurde, um die Maschine nach der Nutzungsdauer zu demontieren. Sie beträgt 3.500,00 EUR. Ihr Barwert ist 1.700,00 EUR. (10) Es ist keine Umsatzsteuer zu berücksichtigen.

(1) Bestimmen Sie die Anschaffungskosten der NC-Maschine.
(2) Bestimmen Sie den Buchwert der Maschine zum 31.12.20X3.

In Anlehnung an eine Aufgabe aus: Oppermann [2007].

Aufgabe 2: Rückgängigmachen einer Wertminderung
(Exercise on Reversal Impairment Loss)

Am 3.04.20X2 hat die Brockbach AG eine Maschine gekauft und 151.200,00 EUR (brutto) gezahlt. Sie plant sie sechs Jahre zu nutzen. Verwenden Sie monatsgenaue lineare Abschreibung. Nach drei Jahren (3.04.20X5) wird die Maschine bei einem Unfall beschädigt. Ihr Wert beträgt nur noch die Hälfte des Buchwerts zu diesem Zeitpunkt. Die Brockbach AG repariert die Maschine für 23.000,00 EUR am 5.04.20X5. Nach der Reparatur wird der Wert der Maschine von einem Gutachter auf 46.080,00 EUR geschätzt. Am 3.04.20X7 verkauft die Brockbach AG die Maschine für 16.200,00 EUR brutto.

(1) Führen Sie alle Buchungssätze für die Maschine der Brockbach AG auf.
(2) Zeigen Sie den Ausweis der Maschine in den Notes für den Jahresabschluss 20X7, wenn die Maschine nicht verkauft worden wäre.
(3) Bestimmen Sie den Gewinn oder Verlust durch den Abgang von Sachanlagevermögensgegenständen.

Aufgabe 3: Abschreibungen (Exercise on Depreciation)

Bewerten Sie eine Anlage: Diese wurde zum 3.2.20X2 für 180.000,00 EUR angeschafft. Sie wird planmäßig über fünf Jahre linear abgeschrieben. Am 5.6.20X4 entsteht durch einen Werkzeugbruch ein Schaden. Der Restwert der Maschine soll anschließend 20.000,00 EUR betragen. Die Maschine wird am 1.02.20X5 neu begutachtet und hat dann einen Buchwert von 75.000,00 EUR. Ignorieren Sie Steuerlatenz.

Mit welchem Wert wird sie im Jahresabschluss von 20X5 berücksichtigt? Die Maschine wird am 4.06.20X6 für 44.000,00 EUR netto verkauft. Wie lautet der Buchungssatz dafür, wenn per Überweisung gezahlt wurde? Berücksichtigen Sie für diese Aufgabe keine Umsatzsteuer! Ebenfalls sind keine Vergleichswerte gefordert. Auflösung der Rücklage z.T. in 20X5.

Aufgabe 4: Ersetzen von Teilen (Exercise on Replacements)

Coral Ltd. zeigt im Jahresabschluss von 20X4 die folgenden Angaben zu einem Firmenwagen vom Typ Toyota Yaris. Das Auto soll über fünf Jahre linear abgeschrieben werden [vgl. Houzet/Rowlands/Riemer 2007]:

Item	Cost/Valuation [EUR]	Acc. Depreciation [EUR]	Carrying Amount [EUR]
Toyota Yaris	12.000,00	(4.800,00)	7.200,00

Abbildung 7.43: Anhangsangaben zum 31.12.20X4

Das Fahrzeug wird am 1.01.20X5 für 1.500,00 EUR gewartet. Ferner wird das Getriebe im gleichen Monat für 3.900,00 EUR gewechselt. Zu diesem Zeitpunkt war der geschätzte Wert des alten Getriebes 2.100,00 EUR. Der Gutachter schätzt, dass das alte Getriebe neu 3.500,00 EUR wert war.

Es sollen alle Buchungssätze zum 31.12.20X5 für das Auto gemacht werden.

8 Konzernabschluss (Group Statements)

Lernziele

In diesem Kapitel wird die Bilanzierung von Unternehmenszusammenschlüssen dargestellt. Beteiligungen an anderen Unternehmen werden im Einzelabschluss im Anlagevermögen gezeigt.

Als Unternehmenszusammenschluss gelten Kombinationen von Unternehmen, bei denen mehrere Unternehmen einen gemeinsamen Abschluss in Ergänzung zu ihren Einzelabschlüssen aufstellen. Dies ist der Fall, wenn mehrere Unternehmen einen Konzern (group) bilden oder wenn sie an einem Gemeinschaftsunternehmen (joint venture) beteiligt sind.

Die Methoden der Konzernrechnungslegung werden vorgestellt. Sie bestehen aus den Schritten des Vorbereitens des Einzelabschlusses auf die Konzernabschlusserstellung, Bilden des Summenabschlusses und der Konsolidierung. In dem Kapitel 8 wird die Kapitalkonsolidierung besonders intensiv behandelt. Sie wird bei unterschiedlichen Beteiligungsverhältnissen und bei einer Neubewertung von Tochterunternehmen vorgestellt.

Neben konsolidierten Abschlüssen wird auf die im Konzernabschluss übliche Bewertung nach der Equity-Methode für Beteiligungen eingegangen, die keine Konzernzugehörigkeit begründen, z. B. solche, deren Beteiligungsverhältnis unter 50 % liegt. Bei einer Bewertung at equity wird kein Jahresabschluss für einen Unternehmenszusammenschluss dargestellt, sondern es wird die Beteiligung mit ihren Anschaffungskosten plus proportionaler Eigenkapitalveränderung bewertet. Daraus resultiert der Ausdruck at equity.

Das Kapitel 8 verfolgt die folgenden Lernziele:

(1) Entwickeln eines Verständnisses für die Notwendigkeit zur Erstellung von Konzernabschlüssen und konsolidierten Abschlüssen für Joint Ventures → vgl. Abschnitt 8.1, S. 186
(2) Kennenlernen der At-Equity-Beteiligungsbewertung im Konzernabschluss → vgl. Abschnitt 8.4, S. 206
(3) Entwickeln eines Verständnisses für den Nutzen der Handelsbilanz II → vgl. Abschnitt 8.2, S. 189
(4) Kennenlernen der Methode zur Entwicklung der Summenbilanz → vgl. Abschnitt 8.2, S. 190
(5) Kennenlernen der Vorgehensweise und der Berechnungen bei der Kapitalkonsolidierung → vgl. Abschnitt 8.2, S. 188

(6) Kennenlernen der Vorgehensweise und der Berechnungen bei der Konsolidierung von Schulden und Forderungen zwischen Konzerngesellschaften und zwischen Joint Venture und Venturer → vgl. Abschnitt 8.3, S. 203
(7) Kennenlernen der Vorgehensweise und der Berechnungen bei der Eliminierung von Zwischenergebnissen → vgl. Abschnitt 8.2, S. 188
(8) Verstehen des Prinzips einer Folgekonsolidierung → vgl. Abschnitt 8.2, S. 200

8.1 Übersicht über Unternehmenszusammenschlüsse (Overview on Business Combinations)

Ein Zusammenschluss von Unternehmen entsteht dadurch, dass ein Unternehmen Anteile eines anderen erwirbt. Der Erwerber zeigt auf der Aktivseite einen financial Asset als Beteiligung und das Unternehmen, von dem die Anteile erworben wurden, zeigt ein Eigenkapitalinstrument, z. B. Aktien oder Gesellschaftsanteile an einer GmbH. Die rechtliche Eigenständigkeit der Unternehmen wird nicht verändert.

Ein Unternehmenszusammenschluss gem. IAS 27 bedingt eine besondere Qualität der zusammengeschlossenen Unternehmen. Erwirbt ein Unternehmen Anteile eines anderen Unternehmens, wird eine Beteiligung (investment) in der Bilanz des Erwerbers ausgewiesen. Ein Beteiligungsverhältnis von mehr als 50 % begründet i.d.R. einen Konzern. Ein Konzern besteht aus rechtlich selbständigen Gesellschaften, die unter einheitlicher Kontrolle des Mutterunternehmens (parent) stehen. Der Konzernbegriff wird in § 15ff. AktG, insbesondere in § 18 AktG definiert. Wird die Kontrolle über ein Unternehmen gemeinsam von mehreren Unternehmen ausgeübt, liegt kein Konzern, sondern ein Joint Venture vor.

Konzerne als auch Joint Ventures erstellen konsolidierte Abschlüsse gem. IAS 27.9. Ein **Konsolidierter Abschluss** → Glossar ist ein Abschluss für die zusammengeschlossenen Unternehmen, z. B. für das Mutterunternehmen zusammen mit allen Tochtergesellschaften. Die Tatsache, dass ein konsolidierter Abschluss erstellt wird, befreit nicht von der Pflicht einen **Einzelabschluss** → Glossar aufzustellen. Ein Konzern, der aus einem Mutterunternehmen und zwei Tochterunternehmen besteht, erstellt vier Abschlüsse. Jeweils einen Einzelabschluss für die drei beteiligten Konzerngesellschaften plus einen Konzernabschluss. Da bei dem Konzernabschluss durch Beteiligungsverhältnisse z. B. Vermögen doppelt berücksichtigt wird, wird eine Konsolidierung erforderlich, die Doppelzählungen eliminiert. Wegen der Notwendigkeit zur Konsolidierung von Konzernabschlüssen und weil Konsolidierungen auch im Joint Venture Accounting stattfinden, fasst man sprachlich die Abschlüsse von Unternehmenszusammenschlüssen unter dem Begriff konsolidierte Abschlüsse zusammen.

Der **Konsolidierungskreis** → Glossar umfasst alle Unternehmen, die in die konsolidierten Abschlüsse einbezogen werden. Im Konzernabschluss werden die Unternehmen so dargestellt, als wären sie ein einziges Unternehmen. Dieser Grundsatz wird als **Ein-**

HEITSPRINZIP → GLOSSAR bezeichnet → vgl. IAS 27.22 und § 297 Abs. 3 HGB. Für die Frage des Einbeziehens in die Konsolidierung spielt es keine Rolle, wo die Konzerngesellschaften ihren Sitz haben, es gilt das **WELTABSCHLUSSPRINZIP** → GLOSSAR.

Für Konzerne wird in den meisten Ländern und für alle in der Europäischen Union eine **VOLLKONSOLIDIERUNG** → GLOSSAR vorgeschrieben, das bedeutet, dass alle Jahresabschlusspositionen zu 100 % berücksichtigt werden. Joint Venture Accounting basiert dagegen auf einer quotalen Konsolidierung.

Der Konzernrechnungslegung liegt die **KONZERNBILANZTHEORIE** → GLOSSAR zugrunde. Nach der Einheitstheorie zählen alle Gesellschafter als konzernzugehörig und werden deshalb als Eigenkapitalgeber dargestellt. Entsprechend werden die Tochterunternehmen brutto, d. h. vollständig in den Konzernabschluss übernommen. Die **INTERESSENTHEORIE** → GLOSSAR betrachtet dagegen die Minderheitsgesellschafter als konzernaußenstehend. Sowohl die IFRSs als auch das deutsche HGB folgen der Einheitstheorie.

Die Grundlagen zur Konzernrechnungslegung werden an der Fallstudie Sunny AG, die das in Kapitel 2 → vgl. S. 21 eingeführte Taxiunternehmen erwirbt, gezeigt. Zum vertieften Studium der **KONZERNRECHNUNGSLEGUNG** → GLOSSAR wird auf KÜTING/WEBER [2008], BAETGE/KIRSCH/THIELE [2004] und WOOD/SANGSTER [2007] verwiesen.

8.2 Konzernabschluss (Group Statements)

Der Konzernabschluss wird über die folgenden Schritte erstellt: (1) Vorbereitung der Einzelabschlüsse auf den Konzernabschluss durch Entwicklung der Handelsbilanz II, (2) Bilden der Summenbilanz und (3) Konsolidierungsmaßnahmen.

Die Vorbereitung der Einzelabschlüsse auf die Konsolidierung ist vergleichbar mit dem Gleichnamigmachen von Brüchen für ihre Addition. Es werden vor der Erstellung der Summenbilanz die Einzelabschlüsse auf die Anwendung derselben Rechnungslegungsstandards überführt und Vereinheitlichungen hinsichtlich Berichtswährung, Abschlussstichtag, Bilanzpolitik etc. vorgenommen. Anschließend wird die Summenbilanz gebildet, bei der alle zur Konzernrechnungslegung einzubeziehende Einzelabschlüsse Position für Position aufaddiert werden. Alle **KONSOLIDIERUNGEN** → GLOSSAR finden im Summenabschluss statt, das bedeutet, dass durch die Konzernrechnungslegung keine Einzelabschlüsse verändert werden. Die Konsolidierungsmaßnahmen umfassen die Kapitalkonsolidierung, die Schulden- und Verbindlichkeitskonsolidierung und die Konsolidierung von Zwischenergebnissen in der Bilanz und Gewinn- und Verlustrechnung. Bei der Kapitalkonsolidierung wird die Beteiligung im Mutterunternehmen gegen das Eigenkapital des Tochterunternehmens im Summenabschluss aufgerechnet. Das Konsolidieren von Schulden und Verbindlichkeiten bedeutet, dass alle innerkonzernlichen Schuldbeziehungen aus der Summenbilanz gelöscht werden. Das Eliminieren von Zwischenergebnissen als weitere Konsolidierungsmaßnahme löscht jeden innerkonzernlichen Ergebnisbeitrag aus dem Konzernabschluss. Dies bedingt, dass z. B. bei Handelsbeziehungen zwischen Konzernmitgliedern die Waren mit den Anschaffungs-

und Herstellungskosten zu zeigen sind, die im Konzern angefallen sind: Das Konzernunternehmen Fremont AG stellt Produkte zu Anschaffungs- und Herstellungskosten i.H.v. 70,00 GE her und verkauft sie an das Konzernunternehmen Altenberge GmbH für 100,00 GE. Im Konzernabschluss muss dann das Vorratsvermögen zu 70,00 bewertet werden, obwohl es im Einzelabschluss der Altenberge GmbH mit 100,00 GE dargestellt ist. Ebenfalls muss die Fremont AG ihren Gewinn i.H.v. 30,00 GE für den Konzernabschluss eliminieren, obwohl dieser im Einzelabschluss ausgewiesen wird [vgl. zur Konsolidierung: Küting/Weber/Cassel 2008, Baetge/Kirsch/Thiele 2004 und Bieg/Kussmaul 2006].

Sunny AG (Case Study Sunny AG)

Das Unternehmen Sunny AG soll die unten dargestellte Bilanz zum Ende des Geschäftsjahrs 20X1 ausweisen und erwirbt eine Beteiligung i.H.v. 100 % an dem Taxi-Unternehmen Theo Kieling GmbH. Durch den Erwerb übernimmt die Sunny AG die Kontrolle über das Taxiunternehmen. Der Erwerb erfolgt durch Kauf der Anteile an dem Taxiunternehmen zu einem Preis von 52.600,00 EUR, die an Theo Kieling als bisherigen Eigentümer gezahlt werden.

```
DR Investments ..................... 52.600,00 EUR
CR Cash ............................ 52.600,00 EUR
```

Die Bilanz der Sunny AG nach dem Erwerb des Taxiunternehmens Theo Kieling GmbH zeigt das in Abbildung 8.1 gezeigte Aussehen. Darin ist die Beteiligung an dem Taxiunternehmen als Investment unter non-current Assets gezeigt.

Sunny AG's B/S as at 31.12.20X1

A		C,L	
N-cur Assets	[EUR]	***SH's capital***	[EUR]
P,P,E	2.952.000	Issued capital	600.000
Int. assets		Reserves	304.959
Investments	52.600	Retained ear.	0
cur Assets		***Liabilities***	
Inventory		Int. bear. liab.	294.900
Receivables	1.002.000	Payables	2.652.715
Prepaid exp.		Provisions	
Cash	97.000	Def. income	
		Tax liabilities	251.026
	4.103.600		*4.103.600*

Abbildung 8.1: Bilanz der Sunny AG zum 31.12.20X1

Der Jahresabschluss des Taxiunternehmens ändert sich nicht, da der Anteilseigner Theo Kieling seine Anteile verkauft hat, so dass keine Änderung in der Bilanz seines Unternehmens sichtbar wird. Das Taxiunternehmen Theo Kieling GmbH hat das in Abbildung 8.2 → vgl. S. 189 dargestellte Aussehen. Darin ist im Vergleich zu Kapitel 2 → vgl. S. 27 der Ausweis der ausstehenden Unternehmenssteuern nach IAS 12.12 als Verbindlichkeit ausgewiesen.

Nach IAS 27.10 und IAS 27.13 als auch nach § 290 Abs. 1 HGB i.V.m. § 271 HGB oder über § 11 PublG ist für den Zusammenschluss der Unternehmen ein Konzernabschluss aufzustellen. Für das Beispiel werden größenabhängige Erleichterungen nach deutschem HGB nicht berücksichtigt.

T. Kieling GmbH's B/S as at 31.12.20X1

A			C,L
Non-current Assets	[EUR]	*SH's capital*	[EUR]
P,P,E	28.000	Issued capital	40.000
Int. assets		Other reserves	
Financial assets		Retained ear.	12.600
Current Assets		*Liabilities*	
Inventory		Int. bear. liab.	
A/R		A/P	
Prepaid exp.		Provisions	
Cash	30.000	Def. income	
		Tax liabilities	5.400
	58.000		*58.000*

Abbildung 8.2: Bilanz der Theo Kieling GmbH zum 31.12.20X1

Ebenso soll ausgeschlossen werden, dass die Beteiligung an dem Taxiunternehmen zu Zwecken der Weiterveräußerung gehalten wird, so dass IFRS 5 hier nicht anzuwenden ist.

Der Konzernabschluss besteht nach IAS 1.8 aus der Bilanz, der Gewinn- und Verlustrechnung, der Kapitalflussrechnung und einer Eigenkapitalveränderungsrechnung. Nach § 297 Abs. 1 HGB enthält der Konzernabschluss eine Konzernbilanz, eine Konzern-GuV, einen Konzernanhang, einen Eigenkapitalspiegel und kann um eine Segmentberichterstattung erweitert werden. Im Folgenden wird die Konzernbilanz in der Struktur gem. IAS 1.68 behandelt.

Für die Konzernrechnungslegung wird im ersten Schritt eine **Summenbilanz (aggregated balance sheet)** → Glossar gebildet, in der alle Bilanzposten der einzubeziehenden Unternehmen horizontal addiert werden. Das Vorgehen wird über IAS 27.22 vorgeschrieben.

Vor der Berechnung der Summenbilanz wird für die Konzerngesellschaften eine **Handelsbilanz II (HB II)** → Glossar erstellt. Sie stellt den Einzelabschluss dar, der auf die Rechnungslegungsvorschriften des Konzernabschlusses, auf den Abschlussstichtag, die Bilanzierungspolitik etc des Konzerns abgestimmt ist. Hierzu enthält IAS 27.26ff. und § 308 HGB detaillierte Bestimmungen. Für einen deutschen Konzern, dessen Tochterunternehmen ebenfalls ihren Sitz in Deutschland haben und der den Kapitalmarkt beansprucht, ist die HB II nach IFRSs aufzustellen. Der erstmalige Einbezug von Tochterunternehmen in den Konzernabschluss findet nach IFRS 3.25 und IFRS 3.36 zum Erwerbszeitpunkt statt, nach § 299 Abs. 3 HGB i.V.m. § 301 Abs. 2 HGB besteht ein Wahlrecht, die erstmalige Einbeziehung erst zum Jahresabschlussstichtag des Mutterunternehmens zu zeigen. Die Summenbilanz hat in dem vorliegenden Beispiel das in Abbildung 8.3 → vgl. S. 190 gezeigte Aussehen.

In dem vorliegenden Summenabschluss wird die Beteiligung an dem Taxiunternehmen doppelt gezählt. Sie ist zum einen durch die Assets und darüber hinaus als Beteiligung (investment) gezeigt. Entsprechend wird im Summenabschluss das Eigenkapital zu hoch ausgewiesen. Dies erfordert eine Kapitalkonsolidierung.

Konsolidierungsmaßnahmen werden über IAS 27.22ff. und §§ 300ff. HGB vorgeschrieben und bedeuten das Eliminieren von: (1) Beteiligungsausweisen durch die **Kapitalkonsolidierung** → Glossar → vgl. § 301 HGB (2) wechselseitigen Forderungen und Verbindlichkeiten durch die **Schuldenkonsolidierung** → Glossar → vgl. § 303 HGB und (3) innerkonzernlichen Erfolgen durch die **Zwischenergebniseliminierung** → Glossar in der Konzernbilanz und die **Aufwands- und Ertragskonsolidierung** → Glossar → vgl. § 305 HGB in der Konzern-Gewinn- und Verlustrechnung.

Sunny Group's AGGR. B/S as at 31.12.20X1

A			C,L
N-cur Assets	[EUR]	***SH's capital***	[EUR]
P,P,E	2.980.000	Issued capital	640.000
Int. assets		Reserves	304.959
Investments	52.600	Retained ear.	12.600
cur Assets		***Liabilities***	
Inventory		Int. bear. liab.	294.900
Receivables	1.002.000	Payables	2.652.715
Prepaid exp.		Provisions	
Cash	127.000	Def. income	
		Tax liabilities	256.426
	4.161.600		*4.161.600*

Abbildung 8.3: Summenbilanz des Konzerns Sunny AG zum 31.12.20X1

Bei dem Sunny-Konzern ist nur eine Kapitalkonsolidierung erforderlich. Im Summenabschluss werden die Beteiligung an dem Taxiunternehmen und das aus dem Taxiunternehmen resultierende Eigenkapital verrechnet. In der Summenbilanz findet die folgende Konsolidierungsbuchung statt:

```
DR Issued Capital ................. 40.000,00 EUR
DR Retained Earnings ............ 12.600,00 EUR
CR Investments .................... 52.600,00 EUR
```

Damit hat der Konzernabschluss der Sunny Group die in Abbildung 8.4 zeigten Werte.

SUNNY Group's B/S as at 31.12.20X1

A			C,L
N-cur Assets	[EUR]	***SH's capital***	[EUR]
P,P,E	2.980.000	Issued capital	600.000
Int. assets		Reserves	304.959
Investments	0	Retained ear.	0
cur Assets		***Liabilities***	
Inventory		Int. bear. liab.	294.900
Receivables	1.002.000	Payables	2.652.715
Prepaid exp.		Provisions	
Cash	127.000	Def. income	
		Tax liabilities	256.426
	4.109.000		*4.109.000*

Abbildung 8.4: Konzernabschluss des Sunny-Konzerns zum 31.12.20X1

Es sind zwischen der Sunny AG und dem Taxiunternehmen keine Forderungen, Verbindlichkeiten oder innerkonzernlichen Erfolge zu eliminieren.

Für die Erstellung des Konzernabschlusses hat sich eine tabellarische Berechnung auf der Grundlage der Trial Balance etabliert. Darin werden die Konsolidierungsmaßnahmen einzeln in Spalten gezeigt. Jede Konsolidierungsmaßnahme wird durch eine Konsolidierungsbuchung repräsentiert. Das Zahlenformat in Abbildung 8.5 ist DR(CR).

	PARENT	SUBSIDIARY	AGGR.	CAP. CONS	CONS. F/S
N-cur Assets					
P,P,E	2.952.000	28.000	2.980.000		2.980.000
Int. assets	0	0	0		0
Investments	52.600	0	52.600	(52.600)	0
cur Assets					0
Inventory	0	0	0		0
Receivables	1.002.000	0	1.002.000		1.002.000
Prepaid exp.	0	0	0		0
Cash	97.000	30.000	127.000		127.000
	4.103.600	58.000	4.161.600	(52.600)	4.109.000
SH's capital					
Issued capital	(600.000)	(40.000)	(640.000)	40.000	(600.000)
Reserves	(304.959)	0	(304.959)		(304.959)
Retained ear.	0	(12.600)	(12.600)	12.600	0
Liabilities					
Int. bear. liab.	(294.900)	0	(294.900)		(294.900)
Payables	(2.652.715)	0	(2.652.715)		(2.652.715)
Provisions	0	0	0		0
Def. income	0	0	0		0
Tax liabilities	(251.026)	(5.400)	(256.426)		(256.426)
	(4.103.600)	(58.000)	(4.161.600)	52.600	(4.109.000)

Abbildung 8.5: Berechnungen zum Konzernabschluss des Sunny-Konzerns

Die Spalte Parent zeigt die Trial Balance für das Mutterunternehmen Sunny AG, die Spalte Subsidiary zeigt die Trial Balance für das Tochterunternehmen Theo Kieling GmbH. Die Spalte AGGR. repräsentiert den Summenabschluss, wie er in Abbildung 8.3 → vgl. S. 190 dargestellt ist. Die Kapitalkonsolidierung findet über den Buchungssatz in der Spalte CAP.CONS statt:

```
DR Issued Capital ................. 40.000,00 EUR
DR Retained Earnings ............ 12.600,00 EUR
CR Investments .................... 52.600,00 EUR
```

Die Spaltensumme zeigt, dass die Summe der Sollbuchungen der Summe der Habenbuchungen entspricht. Die letzte Spalte repräsentiert die Konzernbilanz und enthält dieselben Zahlen wie Abbildung 8.4 → vgl. S. 190 Die Spaltendarstellung erhöht die Übersichtlichkeit bei der Konzernrechnungslegung, dies ist wichtig, wenn mehrere Konsolidierungsmaßnahmen durch mehrere Konsolidierungsbuchungen zu berücksichtigen sind.

Im Weiteren sollen einige Beispiele für die Konzernrechnungslegung an der Fallstudie Sunny AG/Theo Kieling GmbH vorgestellt werden: (1) Ausweis von Goodwill, (2) Ausweis von Minority Interest → vgl. S. 194 (3) Berücksichtigung von Fair Values gem. der Neubewertungsmethode → vgl. S. 196 und eine (4) Folgekonsolidierung → vgl. S. 200. Später werden (5) Joint Venture Accounting → vgl. S. 203 und die (6) At-Equity-Bewertung → vgl. S. 206 gezeigt. Auf die hier dargestellte Nummerierung wird im Text als Szenario referenziert.

(1) Ausweis von Goodwill (Disclosure of Goodwill)
Goodwill ist der Betrag, den der Kaufpreis einer Beteiligung den Wert seiner Vermögensgegenstände übersteigt.

Sunny AG (Case Study Sunny AG)

Es wird im Szenario (1) angenommen, dass die Sunny AG für das Taxiunternehmen 70.000,00 EUR gezahlt hat. Da das Unternehmen Theo Kieling GmbH einen Wert i.H.v. 52.600,00 EUR hat, beträgt die Differenz 70.000 – 52.600 = **17.400,00 EUR**. Der Wert des Taxiunternehmens wird über die SUBSTANZWERTMETHODE → GLOSSAR als Differenz zwischen allen Aktiva und Schulden berechnet, d. h. es wird der Buchwert des Eigenkapitals angesetzt. Er beträgt für die Theo Kieling GmbH 40.000 + 12.600 = **52.600,00 EUR**

Die Sunny AG weist die Beteiligung zu ihren Anschaffungskosten im Einzelabschluss aus. Sie betragen 70.000,00 EUR. Die Sunny AG hat beim Erwerb gebucht:

```
DR Investment ...................... 70.000,00 EUR
CR Cash ............................ 70.000,00 EUR
```

Da die Beteiligung (investment) zu Anschaffungskosten ausgewiesen wird, ist aus dem Einzelabschluss nicht zu erkennen, dass für das Unternehmen ein überhöhter Preis gezahlt wurde. Die Sunny AG hat nach IAS 36.80ff. regelmäßig einen Impairment Test durchzuführen. Hier wird angenommen, dass 70.000,00 EUR ein angemessener Preis für das Taxiunternehmen zum Erwerbszeitpunkt waren und dass die Beteiligung werthaltig ist.

Bei der Kapitalkonsolidierung wird das Eigenkapital des Tochterunternehmens mit dem im Einzelabschluss ausgewiesenen Beteiligungswert verglichen und der Unterschiedsbetrag als Goodwill im Konzernabschluss gezeigt. Bei dem Sunny-Konzern ist der Unterschiedsbetrag positiv, so dass ein Goodwill i.H.v. 17.400,00 EUR auf der Aktivseite der Konzernbilanz auszuweisen ist. Die Abbildung 8.6 zeigt den Einzelabschluss der Sunny AG und die Abbildung 8.7 die Berechnung des Konzernabschlusses.

Sunny AG's B/S as at 31.12.20X1

A		C,L	
N-cur Assets	[EUR]	***SH's capital***	[EUR]
P,P,E	2.952.000	Issued capital	600.000
Int. assets		Reserves	304.959
Investments	70.000	Retained ear.	0
cur Assets		***Liabilities***	
Inventory		Int. bear. liab.	294.900
Receivables	1.002.000	Payables	2.652.715
Prepaid exp.		Provisions	
Cash	79.600	Def. income	
		Tax liabilities	251.026
	4.103.600		*4.103.600*

Abbildung 8.6: Bilanz der Sunny AG zum 31.12.20X1 nach Erwerb des Taxiunternehmens zu einem Kaufpreis i.H.v. 70.000,00 EUR

	PARENT	SUBSIDIARY	AGGR.	CAP. CONS	CONS. F/S
N-cur Assets					
P,P,E	2.952.000	28.000	2.980.000		2.980.000
Int. assets	0	0	0		0
Investments	70.000	0	70.000	(70.000)	0
Goodwill	0	0	0	**17.400**	**17.400**
cur Assets					0
Inventory	0	0	0		0
Receivables	1.002.000	0	1.002.000		1.002.000
Prepaid exp.	0	0	0		0
Cash	79.600	30.000	109.600		109.600
	4.103.600	*58.000*	*4.161.600*	*(52.600)*	*4.109.000*
SH's capital					
Issued capital	(600.000)	(40.000)	(640.000)	40.000	(600.000)
Reserves	(304.959)	0	(304.959)		(304.959)
Retained ear.	0	(12.600)	(12.600)	12.600	0
Liabilities					
Int. bear. liab.	(294.900)	0	(294.900)		(294.900)
Payables	(2.652.715)	0	(2.652.715)		(2.652.715)
Provisions	0	0	0		0
Def. income	0	0	0		0
Tax liabilities	(251.026)	(5.400)	(256.426)		(256.426)
	(4.103.600)	*(58.000)*	*(4.161.600)*	*52.600*	*(4.109.000)*

Abbildung 8.7: Berechnung des Konzernabschlusses (1) des Sunny-Konzerns zum 31.12.20X1

In der Konsolidierungsspalte in Abbildung 8.7 wird der **Konsolidierungsausgleichsposten** → Glossar (difference on consolidation) in einen Posten Goodwill auf der Aktivseite der Konzernbilanz überführt. Der Sunny-Konzern bucht in der Summenbilanz:

```
DR Goodwill ........................ 17.400,00 EUR
DR Issued Capital .................. 40.000,00 EUR
DR Retained Earnings ............ 12.600,00 EUR
CR Investment ...................... 70.000,00 EUR
```

Der Konzernabschluss zeigt anschließend auf der Aktivseite den Goodwill i.H.v. 17.400,00 EUR, wie in Abbildung 8.8 dargestellt.

Sunny Group's B/S as at 31.12.20X1

A		C,L	
N-cur Assets	[EUR]	***SH's capital***	[EUR]
P,P,E	2.980.000	Issued capital	600.000
Int. assets		Reserves	304.959
Goodwill	17.400	Retained ear.	0
cur Assets		***Liabilities***	
Inventory		Int. bear. liab.	294.900
Receivables	1.002.000	Payables	2.652.715
Prepaid exp.		Provisions	
Cash	109.600	Def. income	
		Tax liabilities	256.426
	4.109.000		*4.109.000*

Abbildung 8.8: Konzernbilanz des Sunny-Konzerns (1) zum 31.12.20X1

(2) Ausweis von Minderheitsanteilen (Disclosure of Minority Interest)
Im bisherigen Beispiel wurde davon ausgegangen, dass die Sunny AG das gesamte Unternehmen erwirbt, um damit die Kontrolle über das Taxiunternehmen zu erlangen. Zur Beherrschung eines Unternehmens ist die Kontrolle über das Tochterunternehmen maßgeblich, dafür reicht i.d.R. die Mehrheit (mehr als 50 %) der Stimmrechte aus, so dass keine vollständige Übernahme des Tochterunternehmens erforderlich ist. Die Kontrolle des Tochterunternehmens kann auch anders begründet sein, z. B. über einen Beherrschungsvertrag.

Sunny AG (Case Study Sunny AG)

Im dem folgenden Szenario (2) wird angenommen, die Sunny AG habe das Taxiunternehmen Theo Kieling GmbH für einen Kaufpreis i.H.v. 60.000,00 EUR zu 70 % erworben. Der Rest i.H.v. 30 % der Anteile bleibt in Händen von Theo Kieling.

Die Bilanz der Sunny AG für den Einzelabschluss zeigt die 70 %-ige Beteiligung an dem Taxiunternehmen Theo Kieling zu Anschaffungskosten i.H.v. 60.000,00 EUR. Der Einzelabschluss in Abbildung 8.9 zeigt den Buchwert der Mehrheitsbeteiligung.

Sunny AG's B/S as at 31.12.20X1

A		C,L	
N-cur Assets	[EUR]	***SH's capital***	[EUR]
P,P,E	2.952.000	Issued capital	600.000
Int. assets		Reserves	304.959
Investments	60.000	Retained ear.	0
cur Assets		***Liabilities***	
Inventory		Int. bear. liab.	294.900
Receivables	1.002.000	Payables	2.652.715
Prepaid exp.		Provisions	
Cash	89.600	Def. income	
		Tax liabilities	251.026
	4.103.600		*4.103.600*

Abbildung 8.9: Bilanz der Sunny AG zum 31.12.20X1 nach Erwerb der Mehrheitsbeteiligung am Taxiunternehmen Theo Kieling GmbH

Bei der Bestimmung des Konzernabschlusses ist der Konsolidierungsausgleichsposten zu bestimmen. Der Konsolidierungsausgleichsposten ist die Differenz aus dem Beteiligungsbuchwert der Beteiligung und dem Anteil des Eigenkapitals der Beteiligung. Hier beträgt der Konsolidierungsausgleichsposten (difference on consolidation, DoC):

$$\mathbf{DoC = CA_{Inv} - R_{Inv} \cdot (IssCap_S + Res_S + R/E_S)}$$
$$= 60.000 - 70\,\% \cdot (40.000 + 0 + 12.600)$$
$$= 23.180,\ 00 \text{ EUR}$$

(mit: DoC = Difference on Consolidation (= Konsolidierungsausgleichsposten), CA_{Inv} = Carrying Amount (= Buchwert) der Beteiligung (= Investment), R_{Inv} = Ratio (= Verhältnis) der Beteiligung, $IssCap_S$ = Issued Capital (= gezeichnetes Kapital) der Tochtergesellschaft (= Subsidiary), Res_S = Rücklagen (= Reserves) der Tochtergesellschaft (= Subsidiary), R/E_S = Bilanzgewinn (= Retained Earnings) der Tochtergesellschaft (= Subsidiary))

Der Konsolidierungsausgleichsposten wird in der Konzernbilanz als Goodwill ausgewiesen. Er stellt den von der Sunny AG gezahlten überhöhten Kaufpreis dar, der z. B. dafür gezahlt wurde, dass das Management der Sunny AG davon ausgeht, dass das Taxiunternehmen einen höheren Wert hat. Neben dem Konsolidierungsausgleichsposten ist in diesem Szenario ein Minderheitsanteil im Eigenkapital nach IAS 1.68 darzustellen.

Im Rahmen der Kapitalkonsolidierung findet eine Konsolidierung des Eigenkapitals des Taxiunternehmens zum Beteiligungsanteil i.H.v. 70 % statt. Da grundsätzlich eine Vollkonsolidierung durchzuführen ist, werden bei der Erstellung der Summenbilanz die Bilanzpositionen des Tochterunternehmens zu 100 % einbezogen. Entsprechend wird bei einer Mehrheitsbeteiligung unter 100 % derjenige Anteil, der die Kapitalkonsolidierung überlebt, als Minderheitenanteil (minority interest) im Eigenkapital der Konzernbilanz gezeigt. Der Minderheitenanteil am Tochterunternehmen Theo Kieling GmbH beträgt 30 % = 15.780,00 EUR. In der Übersicht in Abbildung 8.10 sind die Spalten für die Einzelabschlüsse ausgeblendet worden.

	AGGR.	CAP. CONS	M.I.	CONS. F/S
N-cur Assets				
P,P,E	2.980.000			2.980.000
Int. assets	0			0
Investments	60.000	(60.000)		0
Goodwill	0	23.180		**23.180**
cur Assets				0
Inventory	0			0
Receivables	1.002.000			1.002.000
Prepaid exp.	0			0
Cash	119.600			119.600
	4.161.600	*(36.820)*	*0*	*4.124.780*
SH's capital				
Issued capital	(640.000)	28.000	12.000	(600.000)
Reserves	(304.959)			(304.959)
Retained ear.	(12.600)	8.820	3.780	0
M.I.	0		(15.780)	(15.780)
Liabilities				
Int. bear. liab.	(294.900)			(294.900)
Payables	(2.652.715)			(2.652.715)
Provisions	0			0
Def. income	0			0
Tax liabilities	(256.426)			(256.426)
	(4.161.600)	*36.820*	*0*	*(4.124.780)*

Abbildung 8.10: Berechnung der Konzernbilanz des Sunny-Konzerns (2) zum 31.12.20X1

Die Summenspalte AGGR. ergibt sich durch Addition der jeweiligen Positionen der Konzerngesellschaften Sunny AG und Theo Kieling GmbH. Darin ist die Beteiligung der Sunny AG an dem Taxiunternehmen i.H.v. 60.000,00 EUR gezeigt. In der Spalte Kapitalkonsolidierung (CAP.CONS) wird die Beteiligung in die Positionen Eigenkapital, Bilanzgewinn und Goodwill der Summenbilanz gebucht:

```
DR Issued Capital (70%) ........ 28.000,00 EUR
DR Retained Earnings (70%) .....  8.820,00 EUR
DR Goodwill ...................... 23.180,00 EUR
CR Investment .................... 60.000,00 EUR
```

In der Spalte Minority Interest (M.I.) wird der bei dem Tochterunternehmen verbleibende Minderheitsanteil isoliert. Der Buchungssatz zur Übertragung des Anteils des Minderheitsgesellschafters Theo Kieling in einen speziellen Posten in der Konzernbilanz ist:

```
DR Issued Capital (30%) ........ 12.000,00 EUR
DR Retained Earnings (30%) .....  3.780,00 EUR
CR M.I. ........................ 15.780,00 EUR
```

Die Konzernbilanz zeigt den Minderheitsanteil wie in Abbildung 8.11 dargestellt.

Sunny-Group's B/S as at 31.12.20X1

A		C,L	
N-cur Assets	[EUR]	***SH's capital***	[EUR]
P,P,E	2.980.000	Issued capital	600.000
Int. assets		Reserves	304.959
Goodwill	23.180	Retained ear.	0
		M.I.	15.780
cur Assets		***Liabilities***	
Inventory		Int. bear. liab.	294.900
Receivables	1.002.000	Payables	2.652.715
Prepaid exp.		Provisions	
Cash	119.600	Def. income	
		Tax liabilities	256.426
	4.124.780		*4.124.780*

Abbildung 8.11: Konzernbilanz des Sunny-Konzerns zum 31.12.20X1 (2) bei Mehrheitsbeteiligung von 70 % an dem Taxiunternehmen

(3) Berücksichtigen von Fair Values (Consideration of Fair Values)

Vermögen und Schulden eines Tochterunternehmens können einen höheren Wert als den Buchwert zum Zeitpunkt des Erwerbs haben. Sowohl IFRS 3.14 als auch § 301 HGB zusammen mit den Deutschen Rechnungslegungsstandards DRS folgen der Erwerbsmethode (purchase method) für die Bewertung eines Tochterunternehmens. Zur Illustration dient das folgende Szenario (3) der Sunny Group:

Sunny AG (Case Study Sunny AG)

Die Sunny AG kauft das Taxiunternehmen Theo Kieling GmbH am 31.12.20X1 zu einem Anteil von 80 % für 44.000,00 EUR. Das Taxi des Taxiunternehmens hat einen Fair Value i.H.v. 31.000,00 EUR, der Buchwert betrug vorher 28.000,00 EUR. Die latenten Steuern, um die die Neubewertungsrücklage nach § 274 Abs. 1 HGB und IAS 12.20 zu korrigieren ist, werden für das Beispiel ignoriert. Sie würden 30 % · 3.000 = **900,00 EUR** betragen. (Im Beispiel T. Kieling GmbH beträgt der Gesamtsteuersatz 30 %.)

Vereinfacht wird für die Neubewertung des Taxis eine Rücklage von 3.000,00 EUR gebildet. Der Einzelabschluss des Taxiunternehmens zum Erwerbszeitpunkt und gemäß Fair Value Bewertung zeigt die in Abbildung 8.12 gezeigten Wertansätze.

T. Kieling GmbH's B/S as at 31.12.20X1

A		C,L	
Non-current Assets	[EUR]	*SH's capital*	[EUR]
P,P,E	**31.000**	Issued capital	40.000
Int. Assets		Other Reserves	
Financial Assets		Reval. Reserves	3.000
		Retained Ear.	12.600
Current Assets		*Liabilities*	
Inventory		Int. bear. liab.	
A/R		A/P	
Prepaid exp.		Provisions	
Cash	30.000	Def. income	
		Tax liabilities	5.400
	61.000		*61.000*

Abbildung 8.12: Bilanz der Theo Kieling GmbH zum 31.12.20X1 unter Berücksichtigung der Neubewertung des Taxis

Die Bilanz der Sunny AG ist in Abbildung 8.13 dargestellt.

Sunny AG's B/S as at 31.12.20X1

A		C,L	
N-cur Assets	[EUR]	***SH's capital***	[EUR]
P,P,E	2.952.000	Issued capital	600.000
Int. assets		Reserves	304.959
Investments	**44.000**	Retained ear.	0
cur Assets		***Liabilities***	
Inventory		Int. bear. liab.	294.900
Receivables	1.002.000	Payables	2.652.715
Prepaid exp.		Provisions	
Cash	105.600	Def. income	
		Tax liabilities	251.026
	4.103.600		*4.103.600*

Abbildung 8.13: Bilanz der Sunny AG zum 31.12.20X1 nach Erwerb von 80 % des Taxiunternehmens Theo Kieling GmbH

Der Konsolidierungsausgleichsposten beträgt gem. der Formel, die oben eingeführt wurde:

$$\begin{aligned} DoC &= 44.000 - 80\,\% \cdot (40.000 + 12600 + 3000) \\ &= (480{,}\ 00\ EUR) \end{aligned}$$

Die Neubewertung ist derzeit nur so weit zulässig, so lange der Konsolidierungsausgleichsposten positiv oder Null ist. In der Version des IFRS 3, die ab dem 1.08.2009 gültig ist, wird die Anschaffungskostenrestriktion aufgehoben [vgl. KÜTING/WEBER 2008] Im obigen Beispiel ist er negativ, –480.00 EUR. Dies würde bedeuten, dass die Neubewertung dazu führt, dass die Sunny AG für das Unternehmen zu wenig gezahlt hätte, wenn man die Neubewertung des Taxis berücksichtigen würde. Der Erwerb des Tochterunternehmens wird aber als Indiz für den beizulegenden Wert des Unternehmens und seiner Assets angesehen, daher kann kein negativer Konsolidierungsausgleichsposten durch die Neubewertung entstehen. Der Maximalwert für die Neubewertungsrücklage ($RevRes_S$) wird bestimmt, indem man die Neubewertung als Variabel ansieht und die Gleichung für den Konsolidierungsausgleichsposten Null setzt. Die maximal zulässige Neubewertung ($RevRes_S$) beträgt hier 2.400,00 EUR:

$$DoC = 44.000 - 80\,\% \cdot (40.000 + 12.600 + RevRes_S) = 0$$

$$\rightarrow RevResS = 44.000/80\,\% - 52.600 = \mathbf{2.400{,}00\ EUR}$$

Die Neubewertungsrücklage darf nur bis zu einem Betrag von 2.400,00 EUR berücksichtigt werden. Sie ist um 600,00 EUR zu vermindern:

```
DR Revaluation Reserves ........ 600,00 EUR
CR P,P,E ....................... 600,00 EUR
```

Bei der Kapitalkonsolidierung wird die beim Mutterunternehmen ausgewiesene Beteiligung i.H.v. 44.000,00 EUR komplett aufgelöst. Im Gegenzug wird eine entsprechender Sollbuchung in Höhe von 80 % des Eigenkapitals gebucht: 80 % · (40.000 + 12.600 + 2.400) = **44.000,00 EUR**.

```
DR Issued Capital ................. 32.000,00 EUR
DR Retained Earnings ............   10.080,00 EUR
DR Rev. Reserves (80%) .........     1.920,00 EUR
CR Investment ....................  44.000,00 EUR
```

Anschließend werden 20 % des Eigenkapitals inkl. der Neubewertungsrücklage i.H.v. 2.400,00 EUR in den Minderheitenanteil (M.I.) gebucht.

```
DR Rev Reserves (20%) ...........      480,00 EUR
DR Issued Capital (20%) ........     8.000,00 EUR
DR Retained Earnings (20%) .....     2.520,00 EUR
CR M.I. ..........................  11.000,00 EUR
```

Die Tabelle in Abbildung 8.14 → vgl. S. 199 fasst alle o. g. Buchungen zusammen und addiert die Beträge zum konsolidierten Konzernabschluss.

Der Konzernabschluss nach IFRSs für die Sunny Group hat die in Abbildung 8.15 → vgl. S. 199 gezeigten Werte, die mit der letzten Spalte in Abbildung 8.14 übereinstimmen.
Da die Neubewertungsrücklage nur mit 2.400,00 EUR berücksichtigt wurde, entsteht kein Goodwill.

Der Konzernabschluss nach dem neuen IFRS 3 für die Sunny Group hätte die in Abbildung 8.16 → vgl. S. 199 gezeigten Werte, dabei ist der sich ergebende negative Goodwill (häufig: Badwill) des Mutterunternehmens in der Konzernbilanz bewusst negativ und aktivisch ausgewiesen. Tatsächlich erfüllt ein solcher negativer Posten eher den Charakter einer Rücklage für drohende Verluste aus der Beteiligung und ist als negativer Unterschiedsbetrag auf der Passivseite zu zeigen. Der Minderheitenanteil erhöht sich entsprechend um 120,00 EUR. Das Sachanlagevermögen des Konzerns wird zu Fair Value mit 2.983.000,00 EUR gezeigt.

	AGGR.	RevRes	CAP. CONS	M.I.	CONS. F/S
N-cur Assets					
P,P,E	2.983.000	(600)			2.982.400
Int. assets	0				0
Investments	44.000		(44.000)		0
Goodwill	0				**0**
cur Assets					
Inventory	0				0
Receivables	1.002.000				1.002.000
Prepaid exp.	0				0
Cash	135.600				135.600
	4.164.600	*(600)*	*(44.000)*	*0*	*4.120.000*
SH's capital					
Issued capital	(640.000)		32.000	8.000	(600.000)
Reserves	(304.959)				(304.959)
Reval. Reserves	(3.000)	600	1.920	480	0
Retained ear.	(12.600)		10.080	2.520	0
M.I.	0			**(11.000)**	**(11.000)**
Liabilities					
Int. bear. liab.	(294.900)				(294.900)
Payables	(2.652.715)				(2.652.715)
Provisions	0				0
Def. income	0				0
Tax liabilities	(256.426)				(256.426)
	(4.164.600)	*600*	*44.000*	*0*	*(4.120.000)*

Abbildung 8.14: Berechnung der Konzernbilanz des Sunny-Konzerns (3) zum 31.12.20X1

Sunny Group's B/S as at 31.12.20X1

A		C,L	
N-cur Assets	[EUR]	***SH's capital***	[EUR]
P,P,E	2.982.400	Issued capital	600.000
Int. assets		Reserves	304.959
Goodwill	0	Retained ear.	0
		M.I.	**11.000**
cur Assets		***Liabilities***	
Inventory		Int. bear. liab.	294.900
Receivables	1.002.000	Payables	2.652.715
Prepaid exp.		Provisions	
Cash	135.600	Def. income	
		Tax liabilities	256.426
	4.120.000		*4.120.000*

Abbildung 8.15: Konzernbilanz des Sunny-Konzerns (3) zum 31.12.20X1

Sunny Group's B/S as at 31.12.20X1

A		C,L	
N-cur Assets	[EUR]	***SH's capital***	[EUR]
P,P,E	2.983.000	Issued capital	600.000
Int. assets		Reserves	304.959
Goodwill	(480)	Retained ear.	0
		M.I.	11.120
cur Assets		***Liabilities***	
Inventory		Int. bear. liab.	294.900
Receivables	1.002.000	Payables	2.652.715
Prepaid exp.		Provisions	
Cash	135.600	Def. income	
		Tax liabilities	256.426
	4.120.120		*4.120.120*

Abbildung 8.16: Konzernbilanz des Sunny-Konzerns nach neuem IFRS 3 zum 31.12.20X1

(4) Folgekonsolidierung (Subsequent Consolidation)

Eine Folgekonsolidierung ist das Erstellen eines Konzernabschlusses zu einem Zeitpunkt nach der Erstkonsolidierung. Bei einer Folgekonsolidierung wird die Kapitalkonsolidierung entsprechend der Erstkonsolidierung beibehalten, so lange sich Beteiligungsverhältnisse nicht verändern. Es können jedoch aufgrund der Veränderung von Wertansätzen im Einzelabschluss Korrekturen notwendig werden.

Der Periodenerfolg der Folgeperioden von Tochterunternehmen wird anteilig dem Konzern und anteilig den Minderheitsgesellschaftern zugerechnet. Im Folgenden wird am Beispiel der Fallstudien die Folgekonsolidierung gezeigt, die zum Zeitpunkt 31.12.20X2 durchzuführen ist.

Sunny AG (Case Study Sunny AG)

Die Erstkonsolidierung der Szenarios (3) soll für Szenario (4) fortgeführt werden: Am 31.12.20X1 hat die Sunny AG eine 80 %-ige Mehrheitsbeteiligung zum Preis von 44.000,00 EUR erworben. Es wurden im Zuge der Neubewertung 2.400,00 EUR Neubewertungsrücklagen gebildet und zwischen Mutterunternehmen und Minderheitengesellschaftern aufgeteilt.

Im nachfolgenden Jahr liegen die in Abbildung 8.17 und Abbildung 8.18 gezeigten Einzelabschlüsse der Sunny AG und des Taxiunternehmens vor.

Sunny AG's B/S as at 31.12.20X2

A			C,L
N-cur Assets	[EUR]	***SH's capital***	[EUR]
P,P,E	2.738.000	Issued capital	600.000
Int, assets		Reserves	**610.036**
Investment	44.000	Retained ear.	0
cur Assets		***Liabilities***	
Inventory		Int. bear. liab.	289.479
Receivables	1.002.000	Payables	**2.786.022**
Prepaid exp.		Provisions	
Cash	752.659	Def. income	
		Tax liabilities	251.123
	4.536.659		*4.536.659*

Abbildung 8.17: Bilanz der Sunny AG (4) zum 31.12.20X2

T. Kieling GmbH's B/S as at 31.12.20X2

A			C,L
Non-current Assets	[EUR]	*SH's capital*	[EUR]
P,P,E	**23.250**	Issued capital	40.000
Int. Assets		Other Reserves	
Financial Assets		RevRes	**2.250**
		Retained Ear.	**23.800**
Current Assets		*Liabilities*	
Inventory		Int. bear. liab.	
A/R		A/P	
Perpaid exp.		Provisions	
Cash	47.600	Def. income	
		Tax liabilities	4.800
	70.850		*70.850*

Abbildung 8.18: Bilanz des Taxiunternehmens Theo Kieling GmbH (4) zum 31.12.20X2

Im Einzelabschluss der Sunny AG ist weiterhin die Beteiligung an dem Taxiunternehmen i.H.v. 44.000,00 EUR gezeigt. Sie entspricht den Anschaffungskosten beim Erwerb der Beteiligung.

Der Einzelabschluss des Taxiunternehmens zeigt im Konto Bilanzgewinn (retained earnings) einen Wert i.H.v. 23.800,00 EUR. Eine Gewinnverwendung ist nicht berücksichtigt worden. Der Wert von 23.800,00 EUR setzt sich zusammen aus den Nachsteuergewinnen von 20X1 und 20X2. Davon sind 12.600,00 EUR (= EAT_{20X1}) bei der Erstkonsolidierung bereits berücksichtigt worden. Der verbleibende Betrag i.H.v. 11.200,00 EUR wird im Zuge der Folgekonsolidierung im Verhältnis 1:4 verrechnet. Grundsätzlich werden keine Gewinne verrechnet, die vor dem Erwerb eines Tochterunternehmens realisiert wurde, weil sie bereits bei der Kapitalkonsolidierung im Zuge der Erstkonsolidierung berücksichtigt wurden [vgl. zur Verwendung von Profit bei Folgekonsolidierungen: Binnekade 2008]. Die Berücksichtigung des Jahresergebnisses kann nur dann vollständig stattfinden, wenn es keinen innerkonzernlichen Profit enthält. Dies ist hier erfüllt.

Relevant ist ebenfalls die Behandlung der Neubewertung. Sie war im Einzelabschluss von 20X1 aufgrund des Fahrzeugs gebildet worden. Das Taxi wurde in 20X2 linear abgeschrieben, somit wurde auch die Neubewertungsrücklage im Einzelabschluss zu einem Viertel um 750,00 EUR auf 2.250,00 EUR reduziert. Der Vorgang ist nicht erfolgswirksam. Die Auflösung der Neubewertungsrücklage führt zu einer Anpassung im Konzernabschluss, damit das Taxi zum Fair Value von 2.250 + 21.000 = **23.250,00 EUR** gezeigt wird

```
DR P,P,E ............................ 600,00 EUR
DR M.I. ............................. 150,00 EUR
CR Revaluation Reserves ........ 750,00 EUR
```

Weiter wird im Rahmen der Folgekonsolidierung der noch nicht verwendete Gewinn des Tochterunternehmens berücksichtigt. 20 % von 11.200,00 EUR werden den Minderheitsgesellschaftern (M.I.) zugerechnet.

```
DR Retaines Earnings ............ 2.240,00 EUR
CR M.I. ............................. 2.240,00 EUR
```

Weitere Konsolidierungsbuchungen finden nicht statt, da die Kapitalkonsolidierung des Vorjahrs zu übernehmen ist → vgl. Abbildung 8.19 auf S. 202.

Da die Kapitalkonsolidierung aus 20X1 nicht verändert wird, findet die folgende Korrekturbuchung für die nach IFRSs offenen Reserven und die Gewinnberücksichtigung des Folgejahrs als Kapitalkonsolidierung in 20X2 statt.

Der Konzernabschluss der Sunny Group entspricht der letzten Spalte der Abbildung 8.19 → vgl. S. 202. In Abbildung 8.19 → vgl. S. 202 werden aus Platzgründen die Konsolidierungsbuchungen für die Erstkonsolidierung ausgeblendet. Der Minority Interest ergibt sich z. B. aus der Summe aus der Erst- und Folgekonsolidierung. Der Wert kann Abbildung 8.14 → vgl. S. 199 entnommen werden → vgl. Abbildung 8.20, S. 202.

	AGGR.	Subsequent Consolidation	Subsequent Consolidation	CONS. F/S
N-cur Assets				
P,P,E	2.761.250		600	2.761.250
Int. assets	0			0
Investments	44.000			0
Goodwill	0			**0**
cur Assets				
Inventory	0			0
Receivables	1.002.000			1.002.000
Prepaid exp.	0			0
Cash	800.259			800.259
	4.607.509	*0*	*600*	*4.563.509*
SH's capital				
Issued capital	(640.000)			(600.000)
Reserves	(610.036)			(610.036)
Reval. Reserves	(2.250)		(750)	0
Retained ear.	(23.800)	2.240		(8.960)
M.I.	0	**(2.240)**	150	**(13.090)**
Liabilities				
Int. bear. liab.	(289.479)			(289.479)
Payables	(2.786.022)			(2.786.022)
Provisions	0			0
Def. income	0			0
Tax liabilities	(255.923)			(255.923)
	(4.607.509)	*0*	*(600)*	*(4.563.509)*

Abbildung 8.19: Folgekonsolidierung Sunny Group (4) zum 31.12.20X2

Sunny Group's B/S as at 31.12.20X2

A			C,L
N-cur Assets	[EUR]	***SH's capital***	[EUR]
P,P,E	2.761.250	Issued capital	600.000
Int. assets		Reserves	610.036
Goodwill	**0**	Retained ear.	8.960
		M.I.	**13.090**
cur Assets		***Liabilities***	
Inventory		Int. bear. liab.	289.479
Receivables	1.002.000	Payables	2.786.022
Prepaid exp.		Provisions	
Cash	800.259	Def. income	
		Tax liabilities	255.923
	4.563.509		*4.563.509*

Abbildung 8.20: Bilanz des Sunny-Konzerns (4) zum 31.12.20X2

Zur Folgekonsolidierung wird verwiesen auf die Beispielrechnungen in GRÄFER/SCHELD [2007].

8.3 Joint Venture Accounting (Joint Venture Accounting)

Ein Joint Venture ist ein Unternehmen, über das von mehreren Unternehmen gemeinsam die Kontrolle ausgeübt wird. IAS 31.7 nennt überdies Joint Operations und Joint controlled Assets, die jedoch für das Joint Venture Accounting keine Rolle spielen.

Bei einem Joint Venture (in IAS 31: joint controlled entity) erstellt jedes Unternehmen einen eigenen Jahresabschluss als Einzelabschluss. Der Venturer, das ist dasjenige Unternehmen, das gemeinsam mit mindestens einem anderen die Kontrolle über das Joint Venture ausübt, bilanziert seinen Anteil am Joint Venture als Beteiligung, sofern ein Beteiligungsverhältnis begründet wurde. Überdies erstellt der Venturer einen konsolidierten Abschluss nach IAS 31.30 nach der **QUOTENKONSOLIDIERUNG (PROPORTIONATE CONSOLIDATION)** → GLOSSAR. Die Quotenkonsolidierung wird auch nach § 310 HGB vorgeschrieben.

Das Prinzip der Quotenkonsolidierung besteht in der anteiligen Verrechnung des Tochterunternehmens im Gegensatz zu der im Konzernabschluss erforderlichen Vollkonsolidierung. Das folgende Beispiel soll das Prinzip demonstrieren:

Das Mutterunternehmen Parent ist zu 60 % an dem Tochterunternehmen Subsidiary beteiligt. Der Buchwert der Beteiligung beträgt 0,6 · 3 = **1,8**.

Parent's BALANCE SHEET as at 31.12.20XX

A		C,L	
n-c Assets		Issued Cap.	3,00
incl. Inv.	5,00		
		Liabilities	6,00
c Assets	4,00		
	9,00		*9,00*

Abbildung 8.21: Schematische Bilanz des Mutterunternehmens

Subsidiary's B/S as at 31.12.20XX

A		C,L	
n-c Assets		Issued Cap.	3,00
incl. Inv.	2,00		
		Liabilities	3,00
c Assets	4,00		
	6,00		*6,00*

Abbildung 8.22: Schematische Bilanz des Tochterunternehmens

Eine Vollkonsolidierung erfordert das vollständige Einbeziehen aller Bilanzpositionen und führt zum Ausweis eines Minderheitenanteils in der Konzernbilanz. Im Beispiel beträgt das gezeichnete Kapital in der Konzernbilanz 3,00 GE aus dem Tochterunternehmen, der Minority Interest beträgt nach Kapitalkonsolidierung 3 − 1, 8 = **1,2**. Das

Anlagevermögen beträgt in der Konzernbilanz $5 - 1,8 + 2 =$ **5,2**. Die Konzernbilanz weist die in Abbildung 8.23 gezeigten Werte aus.

Group's B/S as at 31.12.20XX

A		C,L	
n-c Assets		Issued Cap.	3,00
incl. Inv.	5,20	M.I.	1,20
		Liabilities	9,00
c Assets	8,00		
	13,20		*13,20*

Abbildung 8.23: Schematische Bilanz des Konzernabschlusses

Bei quotalen Konsolidierung werden die Ansätze des Tochterunternehmens anteilig zu den Beteiligungsverhältnissen berücksichtigt. Das Tochterunternehmen wird hier zusammen mit einem weiteren Partnerunternehmen gesteuert und ist als Joint Venture zu behandeln. Zur Vergleichbarkeit mit dem Konzernabschluss (s.o) beträgt der Anteil an dem Joint Venture wieder 60 %, jedoch wird die Kontrolle jetzt nicht mehr allein ausgeübt.

Das Anlagevermögen beträgt $5 - 1,8 + 60\,\% \cdot 2 =$ **4,4**. Das Umlaufvermögen enthält jetzt das Umlaufvermögen des Venturers vollständig und dasjenige des Joint Ventures zu 60 %. Demnach ergibt sich $4 + 60\,\% \cdot 4 =$ **6,4**. Das gezeichnete Kapital beträgt dasjenige des Venturers, da das quotale Eigenkapital durch die Kapitalkonsolidierung eliminiert wird. Die Verbindlichkeiten betragen entsprechend $6 + 60\,\% \cdot 3 =$ **7,8**. Der quotal konsolidierte Abschluss des Venturers ist in Abbildung 8.24 gezeigt.

Venturer's CONS. B/S as at 31.12.20XX

A		C,L	
n-c Assets		Issued Cap.	3,00
incl. Inv.	4,40		
		Liabilities	7,80
c Assets	6,40		
	10,80		*10,80*

Abbildung 8.24: Schematischer konsolidierter Abschluss des Venturers bei Quotenkonsolidierung

Die Quotenkonsolidierung kann ebenfalls mit der Trial Balance tabellarisch unterstützt werden. Anders als bei der Vollkonsolidierung ist hierfür eine quotale Spalte darzustellen. Das obige Beispiel ist in Abbildung 8.25 als Tabelle dargestellt. Die vierte Spalte zeigt die Kapitalkonsolidierungsbuchung. Die hervorgehobene Spalte wird bei der Konsolidierungsberechnung nicht als Summand verwendet, sie zeigt die Werte des Einzelabschlusses für das Joint Venture.

B/S Item	Venturer	JV	JV - 60%	Cap. Cons.	Cons. F/S
Assets					
n-c Assets	5,00	2,00	1,20	(1,80)	4,40
c Assets	4,00	4,00	2,40		6,40
Total	*9,00*	*6,00*	*3,60*	*(1,80)*	*10,80*
Caplital, Liab.					
Issued Cap.	(3,00)	(3,00)	(1,80)	1,80	(3,00)
Liabilities	(6,00)	(3,00)	(1,80)		(7,80)
Total	*(9,00)*	*(6,00)*	*(3,60)*	*1,80*	*(10,80)*

Abbildung 8.25: Tabelle zur Bestimmung der quotalen konsolidierten Abschlusses

Die Position non-current Assets im quotal konsolidierten Abschluss ergibt sich aus der Zeilensumme non-current Assets zu 5 + 1,2 – 1,8 = **4,4**. Im Weiteren soll der quotale Abschluss für das Beispiel der Sunny AG demonstriert werden.

Sunny AG (Case Study Sunny AG)

Die Sunny AG führt gemeinsam mit einem weiteren Unternehmen das Taxiunternehmen Theo Kieling GmbH als Joint Venture. Dies wird als Szenario (5) dargestellt. Die Sunny AG soll an dem Taxigeschäft 45 % halten und kontrolliert gem. Übernahmevertrag gemeinsam mit einem weiteren Venturer das Taxiunternehmen. Jeder der beiden Venturer zeigt das Joint Venture in seinem Abschluss als Beteiligung. Ebenfalls ist jeder der beiden Venturer verpflichtet, einen konsolidierten Abschluss zu erstellen, in dem das Taxigeschäft quotal berücksichtigt ist, bei der Sunny AG beträgt der Anteil 45 %. Der in Abbildung 8.26 markierte Bereich wird bei der Zeilensumme nicht berücksichtigt.

	Venturer	JV	JV-45%	AGGR.	CAP. CONS	CONS. F/S
N-cur Assets						
P,P,E	2.952.000	28.000	12.600	2.964.600		2.964.600
Int. assets	0	0	0	0		0
Investments	23.670	0	0	23.670	(23.670)	0
cur Assets						0
Inventory	0	0	0	0		0
Receivables	1.002.000	0	0	1.002.000		1.002.000
Prepaid exp.	0	0	0	0		0
Cash	125.930	30.000	13.500	139.430		139.430
Total	4.103.600	58.000	26.100	4.129.700	(23.670)	4.106.030
SH's capital						
Issued capital	(600.000)	(40.000)	(18.000)	(618.000)	18.000	(600.000)
Reserves	(304.959)	0	0	(304.959)		(304.959)
Retained ear.	0	(12.600)	(5.670)	(5.670)	5.670	0
Liabilities						
Int. bear. liab.	(294.900)	0	0	(294.900)		(294.900)
Payables	(2.652.715)	0	0	(2.652.715)		(2.652.715)
Provisions	0	0	0	0		0
Def. income	0	0	0	0		0
Tax liabilities	(251.026)	(5.400)	(2.430)	(253.456)		(253.456)
Total	(4.103.600)	(58.000)	(26.100)	(4.129.700)	23.670	(4.106.030)

Abbildung 8.26: Berechnung des konsolidierten Abschlusses für die Sunny AG mit dem Joint Venture Theo Kieling GmbH zum 31.12.20X1

Der konsolidierte Abschluss der Sunny AG zusammen mit der 45 %-igen Beteiligung an dem Joint Venture Theo Kieling ist in Abbildung 8.26 gezeigt. Er entspricht der rechten Spalte der Abbildung 8.26.

Sunny AG's CONS. B/S as at 31.12.20X1

A			C,L
N-cur Assets	[EUR]	***SH's capital***	[EUR]
P,P,E	2.964.600	Issued capital	600.000
Int. assets		Reserves	304.959
Investments	0	Retained ear.	0
cur Assets		***Liabilities***	
Inventory		Int. bear. liab.	294.900
Receivables	1.002.000	Payables	2.652.715
Prepaid exp.		Provisions	
Cash	139.430	Def. income	
		Tax liabilities	253.456
	4.106.030		*4.106.030*

Abbildung 8.27: Konsolidierte Bilanz der Sunny AG und des 45 %-igen Joint Ventures Theo Kieling GmbH zum 31.12.20X1

8.4 At Equity-Bewertung (At Equity Valuation)

Bei der **Bewertung at equity** → Glossar wird die Beteiligung zu Anschaffungskosten bewertet und der Wertansatz entsprechend der Steigerung des Eigenkapitals der Beteiligung angepasst. Eine Bewertung at equity wird für assoziierte Unternehmen angewendet. Dies sind i.d.R. solche Unternehmen, an denen eine Beteiligung zwischen 20 und 50 % besteht. Die At-Equity-Bewertung wird an einem Beispiel nach Coenenberg demonstriert [Coenenberg 2005]

Am 31.12.20X1 wird eine 30 %-Beteiligung an der Schrammelhausen AG zu 1.000,00 GE erworben, die als Beteiligung an einem assoziierten Unternehmen zu qualifizieren ist. Das anteilige (d. h. 30 %) Eigenkapital der Beteiligung beträgt 400,00 GE.

In dem Konsolidierungsausgleichsposten i.H.v. 600,00 GE werden 300,00 GE einer unterbewerteten Maschine zugeordnet, deren Restnutzungsdauer bei linearer Abschreibung noch 3 Jahre beträgt. 100,00 GE entfallen auf ein Grundstück. Die verbleibenden 200,00 GE des Konsolidierungsausgleichspostens werden als Goodwill angesehen. Im Konzernverbund werden Geschäftswerte jährlich einem Impairment test unterzogen. Die Schrammelhausen AG erwirtschaftet im nächsten Jahr einen Jahresüberschuss i.H.v. 100,00 GE, der thesauriert wird. Die Behandlung des Konsolidierungsausgleichspostens zeigt Abbildung 8.28.

Item	Cost	acc. Depr.	CA
Goodwill	200,00	(100,00)	100,00
hidden Res.			
(1) Plant	300,00	(100,00)	200,00
(2) Land	100,00		100,00
Total	*600,00*	*(200,00)*	*400,00*

Abbildung 8.28: Konsolidierungsausgleichsposten der Schrammelhausen AG zum 31.12.20X2

Der Wertansatz für die Beteiligung beträgt:

Anschaffungskosten der Beteiligung	1.000,00 GE
Goodwillabschreibung (IL)	(100,00 GE)
Abschreibung Plant	(100,00 GE)
anteiliger Jahresüberschuss (30 %)	30,00 GE
Beteiligungsbuchwert zum 31.12.20X2	**830,00 GE**

Da die Bewertung at Equity nur im Konzernabschluss zulässig ist, wird der Wertansatz der Beteiligung im Einzelabschluss weiter zu Anschaffungskosten geführt. Die Schrammelhausen AG-Beteiligung wird zu 800,00 GE ausgewiesen.

Das Vorgehen wird am Beispiel der Sunny AG und ihrer Beteiligung an dem Taxiunternehmen noch einmal demonstriert.

Sunny AG (Case Study Sunny AG)

Die Sunny AG hat das Taxiunternehmen Theo Kieling GmbH zu einem Anteil von 45 % zum Jahresende von 20X1 erworben. Das Beteiligungsverhältnis begründet keine Konzerneigenschaften. Es wird nicht die Kontrolle über das Taxiunternehmen durch die Sunny AG ausgeübt. Der gezahlte Kaufpreis für die Beteiligung an dem Taxiunternehmen betrug 52.200 · 45 % = **23.490,00 EUR**. Dieser entspricht dem tatsächlichen anteiligen Wert des Taxiunternehmens, da dessen Eigenkapital zum Zeitpunkt des Erwerbs 40.000 + 12.200 = **52.200 EUR** beträgt. Mit diesem Wertansatz ist die Beteiligung in der Bilanz der Sunny AG auszuweisen.

In dem Geschäftsjahr 20X2 hat das Taxiunternehmen einen Gewinn i.H.v. 11.200,00 EUR erwirtschaftet. Ebenfalls wurde eine Neubewertung des Taxis wie in Szenario (3) vorgenommen. Der Gewinn wurde nicht verwendet, so dass das Eigenkapital des Taxiunternehmens zum Geschäftsjahresende von 20X2 einen Wert von 52.200 + 11.200 + 3.000 = **66.400 EUR** hat. Der Anteil der Sunny AG daran beträgt 66.400 · 45 % = **29.880,00 EUR**.

Bei einer Bewertung der Beteiligung at equity würde die Sunny AG das Taxiunternehmen mit 29.880,00 EUR darstellen. Der Wertansatz enthält jedoch einen nicht realisierten Gewinn. Zum einen durch die Neubewertungsrücklage des Taxis, die in die Beteiligungsbewertung eingeflossen ist, zum anderen ist jede Wertsteigerung des Taxiunternehmens ein noch nicht realisierter Gewinn, da die Unternehmensteile noch in Besitz der Sunny AG sind und deshalb als Beteiligung ausgewiesen werden. Der Wertansatz darf nicht im Einzelabschluss dargestellt werden, da der Einzelabschluss für die Ausschüttungsbemessung verwendet wird. Im Konzernabschluss wäre die at Equity Bewertung zulässig, allerdings ist in der Fallstudie kein Konzernabschluss aufzustellen, so lange die Sunny AG kein weiteres Tochterunternehmen erwirbt oder anderweitig einem Konzern angehört.

Zusammenfassung (Summary)

Zusammenschlüsse von Unternehmen werden durch den Anteilserwerb von Eigenkapitalinstrumenten begründet. Konzerne und Joint Ventures stellen Zusammenschlüsse von Unternehmen dar, die das Erstellen eines Konzernabschlusses bzw. eines konsolidierten Joint Venture Abschlusses erfordern. Bei Halten von weniger als 50 % aber von mehr als 20 % wird i.d.R. eine Beteiligung at equity bewertet. Diese Bewertung ist allein im Konzernabschluss zulässig, im Einzelabschluss sind die Anschaffungskosten vermindert um regelmäßige und außerplanmäßige Abschreibungen zu zeigen.

Bei der Bilanzierung von Unternehmenszusammenschlüssen erstellt jede Gesellschaft einen Einzelabschluss. Der Konzernabschluss bzw. der konsolidierte Abschluss für Joint Ventures wird ergänzend zu den Einzelabschlüssen aufgestellt.

Bei der Ableitung von konsolidierten Abschlüssen wird eine (1) Kapitalkonsolidierung, (2) eine Konsolidierung von innerkonzernlichen Schulden und Forderungen und (3) eine Eliminierung von Zwischenergebnissen in der Bilanz und Gewinn- und Verlustrechnung vorgenommen.

Der Konzernabschluss nach IFRSs umfasst weiter eine Konzern-Kapitalflussrechnung und eine -Eigenkapitalveränderungsrechnung.

Aufgabe (Exercise)

Konzernabschluss (Exercise Group Statement)

Das Unternehmen Parent zeigt eine 60 %-ige Beteiligung an dem Tochterunternehmen Subsidiary, das es zu Geschäftsjahresbeginn erworben hat. Subsidiary verkauft Waren an Parent für 250,00 EUR auf Rechnung, die am Geschäftsjahresende noch auf Lager sind. Subsidiary selbst hat die Waren für 180,00 EUR gekauft und hat sie nicht weiterbearbeitet. Sie haben die Trial Balance in Abbildung 8.29 → S. 209 vorliegen.

Erstellen Sie einen Konzernabschluss für den Konzern, der aus den Gesellschaften Parent und Subsidiary besteht. Berücksichtigen Sie die Kapital- und Schuldenkonsolidierung und die Eliminierung des konzerninternen Profits. Berücksichtigen Sie keine Steuern für diese Aufgabe.

Trial Balance	PARENT	SUBSIDIARY
n-c Assets		
P,P,E	280	200
Investments	120	0
current Assets		
Inventories	250	0
A/R	0	250
Cash	0	160
total	650	610
SH's Equity		
SCap	(100)	(80)
Reserves	(300)	(120)
Profit after Taxes	0	(70)
Liabilities		
Loans	(250)	(340)
	(650)	(610)

Abbildung 8.29: Trial Balance der Aufgabe Konzernabschluss

9 **Umlaufvermögen** (Current Assets)

Lernziele

Das Umlaufvermögen enthält die Positionen Vorräte, Forderungen, evtl. Wertpapiere des Umlaufvermögens und Cash. Im Unterschied zum deutschen HGB zählen zum Umlaufvermögen auch Vorauszahlungen (prepaid expenses).

Im Kapitel 9 wird zuerst das Umlaufvermögen strukturiert. Anschließend wird bezogen auf die Bewertung das Niederstwertprinzip für die Vorratsbewertung als grundsätzliche Bewertungsvorschrift vorgestellt.

Nachfolgend werden Vorräte an Fertigerzeugnissen und Halbfertigfabrikaten behandelt. Es werden die Bestandteile der in solches Vorratsvermögen einzurechnenden betrieblichen Aufwandsarten dargestellt.

Im Vergleich zu den vorherigen Kapiteln wird hier die Sunny AG als Produktionsunternehmen behandelt. Es werden die internationalen Begriffe wie Cost of Manufacturing und Cost of Sales eingeführt, die für die Vorratsbewertung wesentlich sind. Da die Herstellung von Erzeugnissen und Halbfabrikaten einen engen Bezug zur Erfolgsrechnung aufweist, ist dieses Kapitel eng mit Kapitel 12 → vgl. S. 287 verknüpft. Das Beispiel zur Bewertung von Bestandsveränderung an Fertigfabrikaten wird im Zusammenhang mit der Gewinn- und Verlustrechnung dort nochmals aufgegriffen.

Weiter werden in diesem Kapitel Verbrauchsfolgevereinfachungsverfahren bei der Vorratsbewertung behandelt und das Buchen von Fremdwährungsdifferenzen vorgestellt.

Das Ziel des Kapitels 9 besteht im Einzelnen in:

(1) Kennen des Ausweises von Umlaufvermögen nach deutschem HGB und IFRSs → vgl. Abschnitt 9.1, S. 212

(2) Verstehen des periodic und perpetual Systems zur Vorratsbestimmung und bewertung → vgl. Abschnitt 9.2.4, S. 218

(3) Vermitteln von Wissen über die wesentlichen Paragraphen des IAS 2 und des deutschen HGB bezogen auf die Bewertung von Halbfertig- und Fertigerzeugnissen als Vorratsbestände, Anwenden Können des Cost Models auf Vorräte → vgl. Abschnitt 9.2.2, S. 214

(4) Kennen der Bestandteile und Bewertungsmethoden für Vorräte, insbesondere der Kostenanteile für die Anschaffungs- und Herstellungskosten nach IAS 2, Verstehen der Verbindung zwischen Bestandsveränderungen und Periodenerfolg → vgl. Abschnitt 9.2.3, S. 216

(5) Verstehen des Berücksichtigens der Normalkapazität bei der Bewertung von Vorratsbeständen → vgl. Abschnitt 9.2.4, S. 221
(6) Verstehen und Anwenden können des Niederstwertprinzips nach § 253 Abs. 4 HGB und IAS 2.9 → vgl. Abschnitt 9.2.2, S. 215
(7) Kennenlernen und Anwenden können des Manufacturing Summary Account als Teil der Gewinn- und Verlustrechnung → vgl. Abschnitt 9.2.4, S. 221
(8) Erkennen des Zwecks von Buchungen für Factory Profit und verstehen, weshalb Factory Profit eine Korrektur der Bestandsbewertung bedingt → vgl. Abschnitt 9.2.5, S. 230
(9) Kennenlernen und Anwenden können der wichtigsten Verbrauchsfolgefiktionsverfahren → vgl. Abschnitt 9.2.6, S. 234
(10) Verstehen der Regelungen zur Bewertung von current assets in Fremdwährung → vgl. Abschnitt 9.5.2, S. 241

9.1 Allgemeine Regelungen zum Umlaufvermögen (Common Regulations in Regard to Current Assets)

Current Assets gem. den IFRSs entsprechen dem Umlaufvermögen nach deutschem HGB, § 247 HGB. Current Assets sind nach IAS 1.51 solche, die kürzer als i.d.R. 12 Monate im Unternehmen bleibt und Handelsware oder Kassen- oder Bankbestand darstellen. Das deutsche HGB definiert allein das Anlagevermögen. Zum Umlaufvermögen zählen: (1) Vorräte (inventories), (2) Forderungen (receivables), (3) Wertpapiere (securities), (4) Kassenbestand, Bundesbankguthaben, Guthaben bei Kreditinstituten und Schecks (cash and cash equivalents) und (5) Vorauszahlungen (prepaid expenses)

Während das deutsche HGB in § 266 Abs. 2 HGB einen gesonderten Posten für aktivische latente Steuern und nach § 250 Abs. 1 HGB für aktivische Rechnungsabgrenzungsposten beide außerhalb des Umlaufvermögens fordert, werden diese Posten nach IFRSs zu current Assets bzw. zu Liabilities gezählt. Es gibt nach IFRSs einen Posten für (5) prepaid Expenses. **Latente Steuern** → Glossar werden nach IFRSs grundsätzlich auf der Passivseite der Bilanz ausgewiesen. Besteht ein Asset, muss er dort negativ ausgewiesen werden → vgl. IAS 1.68. Er stellt dann eine negative Schuld dar.

Abbildung 9.1 zeigt eine Gliederung für die Aktivseite der Bilanz gem. IFRSs.

BALANCE SHEET as at 31.12.20XX

	20XX [EUR]
Non-Current Assets	
Property, Plant and Equipment	
Investment Property	
Intangible Assets	
Financial Assets	
Investment Accounted [...]	
Total of non-current Assets	**0,00**
Current assets	
Inventories	
Trade and Other Receivables	
Securities	
Cash and Cash Equivalents	
Prepaid Expenses	
Total of Current Assets	**0,00**
Total of Assets	**0,00**
...	

Abbildung 9.1: Gliederung der Aktivseite der Bilanz

9.2 Vorratsvermögen (Inventory)

9.2.1 Wesentliche Regelungen für Vorräte (Major Inventory Regulations)

Die Regelungen für Vorräte werden nach IFRSs und HGB getrennt dargestellt.

Die Standards zur Vorratsbewertung beziehen sich auf die Themen: (1) Definition von Vorräten und des Net Realisable Value (NRV) → vgl. IAS 2.6, (2) Bestimmung der Anschaffungskosten und Herstellungskosten → vgl. IAS 2.10ff., (3) Methoden zur Messung von Vorräten. Allgemein gilt ein Niederstwertprinzip nach IAS 2.9, (4) Methoden zur Verbrauchsfolgefiktion bestimmen eine Messung nach First-in-first-out (FIFO) oder nach gewichteten Durchschnittskosten. Regelungen dazu finden sich in IAS 2.25, (5) Werden Vorräte verbraucht, ist im Income Statement ein Aufwand dafür zu zeigen

Nach deutschem HGB bestehen vergleichbare Regelungen: (1) Umlaufvermögen wird indirekt über § 247 Abs. 2 HGB definiert. (2) Die Bestandteile von Anschaffungs- und Herstellungskosten werden in § 255 HGB beschrieben. (3) Das Niederstwertprinzip wird für das Umlaufvermögen in § 253 Abs. 4 HGB geregelt. Es besteht ein strenges Niederstwertprinzip, nach dem eine Wertminderung sowohl bei vorübergehender wie dauerhafter Wertminderung vorzunehmen ist. (4) Vereinfachungen zur Vorratsbewertungen sind in §§ 240, 256 HGB geregelt. Durchschnittsmethode, Last-in-First-out und First-in-First-out sind zulässig. Aufgrund der Maßgeblichkeit zum EStG ist jedoch eine Bewertung nach Last-in-First-out vorzuziehen (5) Vorauszahlungen für Mieten, Löhne etc. sind kein Vermögensgegenstand. Sie müssen deshalb, wenn Sie Aufwand für eine bestimmte Zeit nach dem Bilanzstichtag darstellen, als Rechnungsabgrenzungsposten nach § 250 HGB ausgewiesen werden.

9.2.2 Definition von Vorräten (Inventory Definition)

Vorräte → Glossar werden nach IAS 2.6 definiert: „Inventories are assets: (a) held for sale in the ordinary course of business; (b) in the process of production for such sale; or (c) in the form of materials or supplies to be consumed in the production process or in the rendering of services." Cash, Receivables und Wertpapiere des Umlaufvermögens sind keine Vorräte. Vorräte umfassen neben Material auch den Bestand an Halb- und Fertigfabrikaten. Das Bewerten von selbst erstellten Halb- und Fertigfabrikaten (finished goods, semi-finished goods) bestimmt unmittelbar die Höhe des Periodenergebnisses.

Das Unternehmen Uitenhagen AG stellt Fahrzeuge her. Die Herstellungskosten für die Fahrzeuge betragen 17.900,00 EUR pro Einheit. Am Ende des Geschäftsjahres hat das Unternehmen 350 Fahrzeuge auf Lager. Uitenhagen AG hat während des Geschäftsjahrs Bestandsveränderungen gebucht, insgesamt 350 · 17.900 = **6.265.000,00 EUR**:

```
DR Inventory ...................... 6.265.000,00 EUR
CR Changes in Inventory ........ 6.265.000,00 EUR
```

Die Uitenhagen AG hat durch die Habenbuchung die Kosten der Herstellung der Fahrzeuge gedeckt. Die **Bestandsveränderungen (changes in inventory)** → Glossar werden in der Gewinn- und Verlustrechnung nach dem Gesamtkostenverfahren (nature of expense method) als Ertrag gezeigt und kompensieren den Aufwand, der mit ihrer Herstellung verbunden war. Diese werden mit Anschaffungs- und Herstellungskosten (cost of acquisition and cost of conversion) bezeichnet. So bleibt das Bilden von Bestand kostenneutral. Jedoch trägt das Unternehmen das Risiko, dass Bestände nicht zu normalen Konditionen verkauft werden können. Insbesondere bei Modellwechseln stellen Fertigwarenbestände Risikopositionen dar, obwohl die Gewinn- und Verlustrechnung (noch) keinen Verlust ausweist. Erst bei Kenntnis über Absatzprobleme, z. B. über verminderte erwartete Stückerlöse, wäre für die Uitenhagen AG eine Abwertung der Lagerbestände unter die Anschaffungs- und Herstellungskosten auf den Net Realisable Value geboten.

Eine Überbewertung von erstellten Erzeugnissen würde das Vorsteuerergebnis der Uitenhagen AG erhöhen, eine Unterbewertung dagegen vermindern. Damit der Bilanzierende nicht beliebig das Periodenergebnis durch den Ausweis von Vorräten beeinflussen kann, ist von dem Standard Setter bzw. vom deutschen Gesetzgeber eine genaue Bestimmung der Anschaffungs- und Herstellungskosten vorgesehen.

Der Wertansatz für Vorräte ist nach IAS 2.9: „Inventories shall be measured at the lower of cost and net realisable value." At Cost meint, dass Anschaffungs- und Herstellungskosten auszuweisen sind. Der Net Realisable Value ist der Fair Value. Das ist der Betrag, der bei einem Verkauf zwischen knowledgeable, willing parties in an armlength transaction erzielt werden würde. IAS 2.9 fordert somit wie § 253 Abs. 4 HGB eine Bewertung zum Niederstwert.

Als Wertansatz für Vorräte gilt nach IAS 2.6 der niedrigere Wert der Anschaffungs- und Herstellungskosten oder des Net Realisable Value. Für die Bestimmung des NRV sind zusätzlich Aufwendungen für eine evtl. Komplettierung der Vorräte und Verkaufsaufwendungen, z. B. Transportaufwand, zu berücksichtigen.

Sunny AG (Case Study Sunny AG)

Die Sunny AG hat am Geschäftsjahresende von 20X3 noch 214 PCs auf dem Lager, die aus der Produktion des abgeschlossenen und zu bilanzierenden Geschäftsjahrs stammen. Die PCs werden als Vorräte in der Bilanz ausgewiesen.

Jedoch hat die Sunny AG bereits mit der Produktion neuer Computertypen begonnen, die schneller und leistungsfähiger sind. Es ist wahrscheinlich, dass sich das alte Modell nur unterhalb seiner Anschaffungs- und Herstellungskosten verkaufen lässt, da es technisch veraltet ist. Der Verkaufsleiter schätzt den Nettoerlös auf 60 % der Anschaffungs- und Herstellungskosten.

Aufgrund dieser Situation sind die Vorräte abzuwerten. Die Anschaffungs- und Herstellungskosten der PCs betragen 960,00 EUR/Stk. Damit beträgt die Wertminderung pro PC 40 % · 960 = **384,00 EUR/Stk**. Die Sunny AG bucht für die PCs eine außerplanmäßige Wertminderung i.H.v. 384 · 214 = **82.176,00 EUR**:

```
DR IL (20X3) ........................ 82.176,00 EUR
CR Acc. IL .......................... 82.176,00 EUR
```

Die Anschaffungs- und Herstellungskosten enthalten alle Kosten der Akquisition des Materials sowie die Kosten, die für die Herstellung eines Assets angefallen sind und die verlässlich zugeordnet werden können. Z. B. zählen zu den Anschaffungskosten auch die Transportkosten von Material. IAS 2.10: „The cost of inventories shall comprise all costs of purchase, costs of conversion and other costs incurred in bringing the inventories to their present location and condition."

Der Wertansatz zu Anschaffungs- und Herstellungskosten wird in den IFRSs mit dem Term „cost" ausgedrückt, obwohl Aufwand gemeint ist.

Nach deutschem HGB werden ebenfalls die Anschaffungs- und Herstellungskosten angesetzt und bei Vorliegen eines Grundes eine Wertminderung nach § 253 Abs. 4 HGB berücksichtigt. Herstellungskosten werden in § 255 Abs. 2 HGB definiert.

9.2.3 Anschaffungs- und Herstellungskosten (Cost of Acquisition, Cost of Conversion)

Abbildung 9.2 zeigt die Bestandteile der Anschaffungs- und Herstellungskosten für die Vorratsbewertung von Fertigerzeugnissen und Halbfertigfabrikaten. Es wird in der linken Spalte der Ansatz nach IAS 2 und in der rechten nach deutschem HGB (GCC) dargestellt. Bei Rohmaterialbeständen sind nur die Materialkosten – evtl. ergänzt um Anschaffungsnebenkosten – relevant.

	IAS 2	GCC § 255
(1) Direct cost		
Labour	*duty*	*duty*
Materials	*duty*	*duty*
(2) Overheads		
Proportional overheads (mat., labour)	*duty*	*free*
Fixed overheads, production related	*duty*	*free*
Depreciation	*duty*	*free*
Administration expenses for production department	*duty*	*free*
General administration, Management, Controlling, Accounting	*attr. duty*	*free*
Social welfare arrangements	*attr. duty*	*no need*
Sales and distribution	*never*	*never*
Borrowing costs	*free*	*free*
(3) Research and Development		
Research	*never*	*never*
Development	*duty**	*free*

* Requirements along IAS 38

Abbildung 9.2: Bestandteile der Herstellungskosten nach IAS 2 und § 255 Abs. 2 HGB

(1) Direct Cost (Einzelkosten)
Alle direkt dem Vorratsvermögensgegenstand zuzuordnenden **EINZELKOSTEN** → GLOSSAR sind grundsätzlich zu berücksichtigen. Dies sind alle Material- und Lohneinzelkosten.

(2) Overheads (Gemeinkosten)
Die **GEMEINKOSTEN** → GLOSSAR sind dann in die Herstellungskosten einzubeziehen, wenn sie zurechenbar sind. IAS 2.12: „The costs of conversion of inventories include costs directly related to the units of production, such as direct labour. They also include a systematic allocation of fixed and variable production overheads that are incurred in converting materials into finished goods. Fixed production overheads are those indirect costs of production that remain relatively constant regardless of the volume of production, such as depreciation and maintenance of factory buildings and equipment, and the cost of factory management and administration. Variable production overheads are those indirect costs of production that vary directly, or nearly directly, with the volume of production, such as indirect materials and indirect labour." Für das Zurechnen

muss der Zeitraum des Anfallens des Aufwands mit der Herstellung übereinstimmen. Die Zurechenbarkeit kann auf dem Verursachungs- oder auf dem Durchschnittsprinzip beruhen. Nach Kilger [vgl. Kilger/Pampel/Vikas 2007] lassen sich proportionale Gemeinkosten verursachungsgerecht einem Kalkulationsobjekt zurechnen. Darüber hinaus sind nach dem Durchschnittsprinzip fixe Aufwandsanteile der Produktion den Herstellungskosten zuzurechnen. Zu diesen Aufwendungen zählen die fixen Material- und Fertigungsgemeinkosten, wie Einkauf, Logistik, Fertigungssteuerung, Instandhaltung und Abschreibungen. Aufwendungen der allgemeinen Verwaltung, wie Management, Accounting oder Marketing, werden nicht den Vorräten zugerechnet. Vertriebskosten werden niemals bei der Bestandsbewertung von Produkten berücksichtigt, da noch kein Verkauf stattgefunden hat, wenn die Erzeugnisse sich noch auf Lager befinden. Für **Zinsaufwand** → Glossar besteht nach IFRSs ein Wahlrecht, wenn die Zinsen in Zusammenhang mit der Finanzierung der Herstellung stehen. Nach dem neuen HGB sind nach § 255 Abs. 2 HGB den Produkten angemessene Teile der fixen Gemeinkosten zuzurechnen, sofern sie auf den Zeitraum der Herstellung entfallen.

(3) Research and Development Expenses (Forschungs- und Entwicklungsaufwand)
Für **Forschungsaufwand** → Glossar im Sinne von Grundlagenforschung besteht ein Aktivierungsverbot. Dagegen ist die Aktivierung von Entwicklungsaufwand in IAS 38 geregelt. Entwicklungsaufwand wird nach IAS 38 als immaterielles Vermögen ausgewiesen, wenn es dem Bilanzierenden gelingt, den Nachweis über die Erfüllung der in IAS 38.57 genannten Forderungen zu führen. Jeder Entwicklungsaufwand, der zeitlich vor dem Erfüllen der Forderungen nach IAS 38.57, angefallen ist, gilt als Forschungsaufwand. Die Forderungen in IAS 38.57 stellen sicher, dass das Unternehmen in der Lage ist, aus dem Entwicklungsaufwand später einen wirtschaftlichen Nutzen zu ziehen.

Sunny AG (Case Study Sunny AG)

Die Bewertung von Vorräten an Fertigerzeugnissen wird am Beispiel der Sunny AG betrachtet. Die Sunny AG soll zum Ende des Geschäftsjahrs 20X6 noch 450 Workstations auf Lager haben.

Für die Bewertung der Workstations wird der den Workstations zuzurechnende Aufwand durch die Produktionsmenge von 1.500 Stück dividiert. Die Aufwendungen, die für die Produktion anfallen, sind: (1) Materialaufwand, (2) Montageaufwand und (3) Konfigurationsaufwand.

Weitere Aufwandsarten sind nicht zu berücksichtigen. Insbesondere soll kein Entwicklungsaufwand berücksichtigt werden.

(1) Materialaufwand

Der Materialaufwand stellt Einzelkosten dar. Die Information über die Materialkosten stammt aus der Stückliste und den Materialstammdaten. Die Stückliste enthält die Teilestruktur und die Materialstammdaten zeigen u. a. die Materialpreise für jedes Material, bei der Sunny AG als Standardpreis. Der Materialaufwand für eine Workstation beträgt 1.350,00 EUR.

(2) Montageaufwand

Die Sunny AG hat einen Montageaufwand in 20X6 von insgesamt 350.000,00 EUR gebucht. Dieser teilt sich auf Abschreibungen (fix), Gehälter (prop.), Lohnnebenkosten (prop.) und sonstige Kosten (prop.) auf. Die Montageabteilung erbringt eine Gesamtleistung von 7.500 Montagestunden. Der

Arbeitsplan für die in der Montageabteilung bearbeiteten Erzeugnisse Workstations und PCs zeigt, dass die 1.500 Workstations jeweils drei Stunden und die 1.500 PCs jeweils zwei Stunden montiert werden. Damit betragen die einer Workstation zuzurechnenden Montagestundenkosten (Exp_M):

$$Exp_M = 350.000 \cdot \frac{3}{2 \cdot 1.500 + 3 \cdot 1.500} = 140,00 \text{ EUR}$$

(3) Konfigurationsaufwand

Der Konfigurationsaufwand der Sunny AG betrug in 20X6 975.000,00 EUR. Er enthält Abschreibungen (fix), Personalaufwand und Personalnebenkosten (prop.) und sonstige Kosten (prop./fix). Die Beschäftigung der Konfiguration betrug in 20X6 insgesamt 22.500 Stunden. Der Arbeitsplan zeigt, dass eine Workstation in der Konfigurationsabteilung zehn Stunden und ein PC fünf Stunden bearbeitet wird. Der Aufwand für die Konfiguration (Exp_K) beträgt:

$$Exp_K = 975.000 \cdot \frac{10}{5 \cdot 1.500 + 10 \cdot 1.500} = 433,33 \text{ EUR}$$

Es ergeben sich als Stückkosten für die Workstation 1.350 + 140 + 433,33 = 1.923,33 EUR. Die Bewertung der 450 Workstations führt zu einer Bestandsveränderung i.H.v. 450 · 1.923,33 = **865.500,00 EUR** und der Buchung:

```
DR Inventories (Products) ....... 865.500,00 EUR
CR P&L (Changes in Inv.) ........ 865.500,00 EUR
```

In Kapitel 12 → vgl. S. 292 wird dieses Beispiel aus der Sicht der Gewinn- und Verlustrechnung noch einmal verwendet.

9.2.4 Vorratsbuchungen (Accounting for Inventories)

Viele internationale Unternehmen folgen einem **INTEGRIERTEN RECHNUNGSWESEN** → GLOSSAR, d. h. es werden für die Finanzbuchhaltung und die Kostenrechnung dieselben Buchungen zu Grunde gelegt [vgl. WEISSENBERGER, 2007]. Bei Integrated Accounting werden die Wertansätze für die Rechnungslegung und die Entscheidungsunterstützungsfunktion so gewählt, dass Accounting-Daten nur ein Mal gespeichert werden. Im UK unterscheiden nach einer Befragung von Drury und Tayles nur 9 % der befragten Unternehmen zwischen externem und internem Rechnungswesen [vgl. DRURY, 2007].

Die Buchung von Vorräten erfordert die Kenntnis über die Verbrauchsmengen der Vorräte. Die Zugänge sind dagegen grundsätzlich aus dem Purchase Account bzw. aus den Bestandsveränderungen bekannt. Man unterscheidet: (1) periodisches System und (2) permanentes System → vgl. S. 220.

(1) Periodisches System (Periodic System)
Beim periodic System werden die Vorräte zum Abschlussstichtag per Inventur festgestellt. Es wird nur der festgestellte Inventurbestand (stock count) gebucht, dagegen keine unterjährigen Materialverbräuche. Zur Verdeutlichung wird ein Handelsunternehmen betrachtet. Die Greenacres AG kauft 100 Erzeugnisse für jeweils 12,00 EUR.

Davon verkauft sie während der Abrechnungsperiode 80 Stück zu einem Preis von 20,00 EUR. Der Anfangsbestand der Vorräte war 14 Stück. Der Wert für den Anfangsbestand beträgt ebenfalls 12,00 EUR/Stk. Es soll keine Umsatzsteuer berücksichtigt werden. Die Greenacres AG bucht:

```
DR Purchase ........................ 1.200,00 EUR
CR Bank ............................ 1.200,00 EUR
```

Das Inventory Account hat einen Anfangsbestand von 14 · 12 = **168,00 EUR**. Der Anfangsbestand wird in das Trading Account übertragen:

```
DR Trading Account .................. 168,00 EUR
CR Inventory ........................ 168,00 EUR
```

Der Verkauf der Handelsware führt bei der Greenacres AG zu folgenden Buchungen:

```
DR Bank ............................ 1.600,00 EUR
CR Sales ........................... 1.600,00 EUR

DR Sales ........................... 1.600,00 EUR
CR Trading Account ................. 1.600,00 EUR
```

Um den Bestand an Erzeugnissen, die noch am Lager sind, festzustellen, wird eine Inventur durchgeführt. Sie führt auf den Bestand von 34 Produkten, die jeweils einen Wert von 12,00 EUR haben. Der Wert des Bestands beträgt 34 · 12 = **408,00 EUR** Die Greenacres AG bucht:

```
DR Inventory ........................ 408,00 EUR
CR Trading Account .................. 408,00 EUR
```

Der Saldo des Trading Account liefert den Rohertrag (gross profit) i.H.v. 640,00 EUR, der in das Profit & Loss Account gebucht wird:

```
DR Trading Account .................. 640,00 EUR
CR P&L .............................. 640,00 EUR
```

Die Situation wird an den Konten verdeutlicht:

D — Purchase — C

20X1	[EUR]	20X1	[EUR]
	1.200		1.200
	1.200		1.200

D — Bank — C

20X1	[EUR]	20X1	[EUR]
	1.600		1.200
		c/d	400
	1.600		1.600
b/d	400		

D — Trading — C

20X1	[EUR]	20X1	[EUR]
	1.200		1.600
	168		408
GP	640		
	2.008		2.008

D — Inventory — C

20X1	[EUR]	20X1	[EUR]
b/d	168		168
	408	c/d	408
	576		576
b/d	408		

Abbildung 9.3: Konten für die Bestandsführung im periodic System

(2) Permanentes System (Perpetual System)

In einem perpetual oder inventorial System werden Bestandsveränderungen permanent gebucht. Die Notwendigkeit einer Inventur besteht nicht, da durch die Warenausgangsbuchungen Abgänge von Vorräten erfasst werden. Im Beispiel der Greenacres AG werden die beschafften Güter gebucht:

DR Purchase .... 1.200,00 EUR
CR Bank .... 1.200,00 EUR

DR Inventory .... 1.200,00 EUR
CR Purchase .... 1.200,00 EUR

Der Anfangsbestand des Inventory Account ist aus der Buchhaltung bekannt und erscheint als Saldovortrag (balance brought down). Er beträgt 168,00 EUR. Im Inventory Account werden die verkauften Erzeugnisse mit ihren Anschaffungs- und Herstellungskosten ins Trading Account gebucht. Die Cost of Sales (C.O.S) betragen 80 · 12 = **960,00 EUR**

DR Trading Account .... 960,00 EUR
CR Inventory .... 960,00 EUR

Der Verkauf der Erzeugnisse führt wie im periodic System zu den Buchungen:

DR Bank .... 1.600,00 EUR
CR Sales .... 1.600,00 EUR

DR Sales .... 1.600,00 EUR
CR Trading Account .... 1.600,00 EUR

Die Greenacres AG stellt im Inventory Account einen Rohertrag i.H.v. 640,00 EUR fest. Die Konten der Greenacres AG bei dem perpetual System zeigt Abbildung 9.4:

D	Purchase		C
20X1	[EUR]	20X1	[EUR]
	1.200		1.200
	1.200		1.200

D	Bank		C
20X1	[EUR]	20X1	[EUR]
	1.600		1.200
		c/d	400
	1.600		1.600
b/d	400		

D	Trading		C
20X1	[EUR]	20X1	[EUR]
	960		1.600
GP	640		
	1.600		1.600

D	Inventory		C
20X1	[EUR]	20X1	[EUR]
b/d	168		960
	1.200	c/d	408
	1.368		1.368
b/d	408		

Abbildung 9.4: Konten für die Bestandsführung im perpetual System

Bisher wurden nur die Vorräte von Handelsunternehmen (trading business) behandelt. Bei Produktionsunternehmen bestehen die Cost of Sales (1) aus dem Verbrauch an Rohstoffen, (2) aus Lohneinzelkosten, (3) aus zuzurechnenden Gemeinkosten und (4) aus der Bestandsveränderung an Work in Progress (WIP). Bei einem Unternehmen, das dem periodic System folgt, wird zur Bestimmung der Cost of Manufacturing ein Manufacturing Summary Account geführt. Der Begriff Summary deutet an, dass es ein Control Account (Abstimmkonto) ist. Es hat die in Abbildung 9.5 dargestellte Struktur:

MANUFACTURING SUMMARY ACCOUNT

D	C
OV Raw Materials	R.O. Purchase returns
add: Purchases RM	Cl. St. Raw materials
add: Carriage inwards RM	
Direct labour	
Factory rent	
Admin	
Lights and water	
Cost of small tools	
Depr on machine & equipment	
Indirect labour	
Miscelleneous factory cost	
Consumable stores/ind. mat.	
Factory insurance	
OV Work in progress (WIP)	Cl. St. WIP

Abbildung 9.5: Struktur des Manufacturing Summary Account

Das Manufacturing Summary Account zeigt Einträge für die oben genannten vier Bestandteile von Aufwand für als Vorräte auszuweisende **Fertigerzeugnisse** → Glossar und **Halbfabrikate** → Glossar in einem Produktionsunternehmen. Allgemein gilt: In das Manufacturing Account kann nur Aufwand gebucht werden, der in Zusammenhang mit der Produktion anfällt. Managergehälter, Abschreibung für Büros oder Vertriebskosten zählen nicht dazu. Sie sind im Profit & Loss Account auszuweisen.

Das Einrechnen von Einzelmaterialaufwand in die Vorräte unterscheidet sich nicht von der Bestandsbuchung in einem Handelsunternehmen. Bei der Zurechnung von Lohn- und Gemeinkosten gilt: Lohneinzelkosten sind grundsätzlich einzubeziehen, die Gemeinkosten sind nach IAS 2.13 mit der **Normalkapazität** → Glossar zu berücksichtigen. „The allocation of fixed production overheads to the costs of conversion is based on the normal capacity of the production facilities. Normal capacity is the production expected to be achieved on average over a number of periods or seasons under normal circumstances, taking into account the loss of capacity resulting from planned maintenance. The actual level of production may be used if it approximates normal capacity. The amount of fixed overhead allocated to each unit of production is not increased as a consequence of low production or idle plant. Unallocated overheads are recognised as an expense in the period in which they are incurred. In periods of abnormally high production, the amount of fixed overhead allocated to each unit of production is decreased so that inventories are not measured above cost. Variable production overheads are allocated to each unit of production on the basis of the actual use of the production facilities."

Der Standard verhindert, dass **Leerkosten** → Glossar in die Herstellungskosten einbezogen werden. Dies soll das folgende Beispiel erklären: Die Lahe AG stellt MP3-Player her. Für die MP3-Player fallen im Fertigungsbereich 100.000,00 EUR Gemeinkosten an. Die Planmenge beträgt 1.000 Stück, die Istmenge ist jedoch nur 800 Stück. Nach der **Istbeschäftigung** → Glossar wäre der Kostensatz 125,00 EUR/Stk. nach der **Planbeschäftigung** → Glossar wäre er 100,00 EUR/Stk. Die Differenz von 25,00 EUR/Stk. stellt Leerkosten für die Lahe AG dar. In der Kostenrechnung wird die Summe der Leerkosten als **Beschäftigungsabweichung** → Glossar bezeichnet. Nach IAS 2.13 dürfen nur 100,00 EUR den MP3-Playern zugerechnet werden, weil nur Aufwand zugerechnet werden darf, der für die Herstellung des Erzeugnisses anfällt. Die Leerkosten sind aber Standby-Aufwand durch das zur Verfügung Stellen von nicht benötigter Kapazität – hier Fixkosten um 200 weitere MP3-Player herzustellen. Sie müssen als Aufwand für die Abrechnungsperiode angesehen werden. Um den Sachverhalt zu pointieren wird behauptet, dass die Leerkosten das Resultat einer Fehlplanung bei der Lahe AG sind. Damit wird unmittelbar deutlich, dass sie nicht den MP3-Playern zugerechnet werden dürfen. Eine Fehlplanung kann nicht dazu führen, das Periodenergebnis der Lahe AG und ihre Vorratsbestände zu erhöhen.

Die Veränderung des Bestands von Work in Progress (WIP) wird im Manufacturing Summary Account als Aufwand dargestellt, wenn WIP abnimmt oder als Ertrag gezeigt, wenn WIP zunimmt.

Sunny AG (Case Study Sunny AG)

Die Sunny AG produziert PCs und Workstations. Für die Produktion der Hardwarekomponenten wurde eine Montagestraße in 20X1 geleast, die aufgrund der Eigenschaft des Leasingverhältnisses als finance Leasing eingestuft wurde. Sie wird deshalb von der Sunny AG mit 56.000,00 EUR aktiviert und jährlich mit 14.000,00 EUR abgeschrieben. Zum Jahresende sollen noch zwölf PCs und fünf Workstations am Lager sein.

Die Aufwendungen für Abschreibungen pro Jahr für die Montagestraße betragen 14.000,00 EUR. Weitere Herstellungskosten sollen nicht betrachtet werden. Während eines Jahres sollen mit der Montagestraße gemäß der Unternehmensplanung 1.000 Stk. PC und 1.000 Stk. Workstations produziert werden. Dafür wurden 5.000 Montagestunden für ein Geschäftsjahr geplant. Die Planung beinhaltet jeweils zwei Montagestunden pro PC und drei Montagestunden pro Workstation.

Es sollen zwei Fälle betrachtet werden: (1) die tatsächliche Auslastung der Montagestraße entspricht der Planung und (2) die Montagestraße wird nur zu 70 % ausgelastet. Hierbei werden 70 % als nicht „annähernd der Normalkapazität entsprechend" aufgefasst.

(1) Normalkapazität (Normal Capacity)
Im Fall der Normalkapazität würden auf die einzelne Montagestunde jeweils 2,80 EUR zugerechnet. Damit enthalten die Anschaffungs-/Herstellungskosten des PCs jeweils 5,60 EUR Abschreibungsaufwand und einer Workstation 8,40 EUR. Werden 1.000 PCs und 1.000 Workstations hergestellt, werden 14.000,00 EUR der Montagestraße auf die Produktionsmenge zugerechnet. Dem Lagerbestand am Ende der Abrechnungsperiode (12 PCs und 5 Workstations) werden 67,20 + 42 = **109,20 EUR** Abschreibungen der Montagestraße angerechnet.

(2) Überkapazität (Over Capacity)
Wäre die Istkapazität nur 70 % der Normalkapazität, wird die Abschreibung von 14.000,00 EUR auf nur 3.500 Montagestunden verteilt. Die 14.000,00 EUR werden ebenfalls auf 700 PCs und 700 Workstations vollständig verrechnet. Jedoch enthält jetzt ein Auftrag über zwölf PCs und fünf Workstations 12 · 2 · 4,00 + 5 · 3 · 4,00 = **156,00 EUR** Abschreibungen. Dies ist gem. IAS 2.13 nicht zulässig. Es müssen 30 % der Abschreibungen für die Montagsstraße als Aufwand in die Gewinn- und Verlustrechnung gebucht werden. Der Restbestand von zwölf PCs und fünf Workstations muss mit 109,20 EUR bewertet werden.

Bei den Bestandsveränderungen ist der Zusammenhang zwischen dem Financial Accounting (Rechnungswesen) und dem Managerial Accounting (Kostenrechnung) sehr eng.

Sowohl die IFRSs als auch das HGB fordern für die Bestandsbewertung eine Kostenzurechnung auf Vollkostenbasis → vgl. IAS 2.13 und § 255 Abs. 2 HGB. Ein **Vollkostenrechnungssystem** → Glossar ist ein Kostenrechnungssystem, bei dem nicht zwischen variablen und fixen Kosten unterschieden wird. Es werden grundsätzlich alle Kosten berücksichtigt. Ein **Teilkostenrechnungssystem** → Glossar liegt dagegen vor, wenn proportionale und fixe Kostenbestandteile differenziert werden und wenn bei der innerbetrieblichen Leistungsverrechnung und der Kalkulation nur die proportionalen Kosten berücksichtigt werden [vgl. Kilger/Pampel/Vikas 2007].

Die Bestimmung der Beträge für die Bestandsveränderung setzt eine Kalkulation auf Unternehmensebene voraus: Es muss bekannt sein, wie viel Vollkosten einem Erzeugnis oder Halbfabrikat zuzurechnen sind. Die Zurechnung wird in IAS 2.10ff. geregelt.

Sunny AG (Case Study Sunny AG)

Die Bestandsbewertung wird am Beispiel der Sunny AG gezeigt. Vereinfachend wird angenommen, dass die jährliche Produktion als ein Auftrag anzusehen ist. Ebenfalls wird der komplette Materialbedarf einer Bestellung zugeordnet

Für die Produktion von 1.500 Workstations und 1.500 PCs fallen insgesamt Materialkosten i.H.v. 650 · 1.500 + 1350 · 1500 = **3.000.000,00 EUR** an. Die Sunny AG zahlt den Aufwand zu 60 %, der Rest wird als Verbindlichkeit berücksichtigt. Der Buchungssatz lautet:

```
DR Purchase ......................... 3.000.000,00 EUR
DR VAT ...............................  600.000,00 EUR
CR Bank (60%) ....................... 2.160.000,00 EUR
CR A/P .............................. 1.440.000,00 EUR
```

Es findet hier eine Entlastung des Aufwandskontos Purchase durch das Lager statt. Es wird gebucht:

```
DR Inventory RM ...................  3.000.000,00 EUR
CR Purchase ........................ 3.000.000,00 EUR
```

Die Montage führt ein Manufacturing Summary Account (MSA) und nimmt die Materialkosten, Abschreibungen, Personalkosten, Personalnebenkosten und den sonstigen Aufwand auf. Es entsteht die folgende Darstellung in der Montageabteilung der Sunny AG, nachdem die Workstations und PCs montiert wurden:

D	MSA Assembling		C
20X6	[EUR]	20X6	[EUR]
Mat WOR	2.025.000,00	$C.o.M_{WOR}$	2.235.000,00
Mat PC	975.000,00	$C.o.M_{PC}$	1.115.000,00
Depr.	14.000,00		
Labour	200.000,00		
Labour+	100.000,00		
Other	36.000,00		
	3.350.000,00		3.350.000,00

Abbildung 9.6: Manufacturing Summary Account der Montage

Ähnlich wird in der Konfiguration vorgegangen. Sie nimmt als Material die von der Montage zusammengebauten Workstations und PCs zu ihren Anschaffungs- und Herstellungskosten bewertet auf, d. h. die Zwischenerzeugnisse werden nicht zwischengelagert, sondern direkt von der Montage zur Konfiguration transportiert.

D	MSA Configuration		C
20X6	[EUR]	20X6	[EUR]
COM_{WOR}	2.235.000,00	COM_{WOR}	2.885.000,00
COM_{PC}	1.115.000,00	COM_{PC}	1.440.000,00
Depr.	15.000,00		
Labor	600.000,00		
NK	300.000,00		
Other	60.000,00		
	4.325.000,00		4.325.000,00

Abbildung 9.7: Manufacturing Summary Account der Konfigurationskostenstelle

Die Buchungssätze hierzu sind:

```
DR MSA Assembling (WOR)  ..........  2.025.000,00 EUR
CR Inventory RM .....................  2.025.000,00 EUR

DR MSA Assembling (PC)  ...........    975.000,00 EUR
CR Inventory RM  ....................    975.000,00 EUR

DR MSA Assembling  .................     14.000,00 EUR
CR Depreciation  ....................     14.000,00 EUR

DR MSA Assembling  .................    200.000,00 EUR
CR Labour  ..........................    200.000,00 EUR
```

```
DR MSA Assembling  .................   100.000,00 EUR
CR Labour plus  ....................   100.000,00 EUR

DR MSA Assembling  .................    36.000,00 EUR
CR Other Expenses  .................    36.000,00 EUR

DR MSA Configuration (WOR)  ...... 2.235.000,00 EUR
CR MSA Assembling (WOR)  .......... 2.235.000,00 EUR

DR MSA Configuration (PC)  ....... 1.115.000,00 EUR
CR MSA Assembling (PC)  ........... 1.115.000,00 EUR

DR MSA Configuration  .............    15.000,00 EUR
CR Depreciation  ..................    15.000,00 EUR

DR MSA Configuration  .............   600.000,00 EUR
CR Labour  ........................   600.000,00 EUR

DR MSA Configuration  .............   300.000,00 EUR
CR Labour plus  ...................   300.000,00 EUR

DR MSA Configuration  .............    60.000,00 EUR
CR Other Expenses  ................    60.000,00 EUR
```

Für die Fertigung der Workstations und PCs wird das erforderliche Material dem Lager entnommen. Die Materialkosten einer Workstation betragen 1.350,00 EUR/Stk. Für 1.500 Workstation entsteht ein Materialaufwand von 1.350 · 1.500 = **2.025.000,00 EUR**. Für das Material der PCs sind 975.000,00 EUR zu buchen.

D	Inventory RM		C
20X6	[EUR]	20X6	[EUR]
Purch.	3.000.000,00	MSA (WOR)	2.025.000,00
		MSA (PC)	975.000,00
	3.000.000,00		3.000.000,00

Abbildung 9.8: Rohmaterialkonto

In der Montage sind die anteiligen Gemeinkosten für die Workstations zu bestimmen. Da in der Montage die Workstations drei Stunden und die PC zwei Stunden bearbeitet werden, betragen die den Workstations zuzurechnenden Gemeinkosten aus der Montage zusammen:

$$Exp_M = 350.000 \cdot \frac{3 \cdot 1500}{2 \cdot 1.500 + 3 \cdot 1.500} = 210.000 \text{ EUR}$$

Die Gemeinkosten für die Montage der PCs betragen 140.000,00 EUR.

Ebenso wird der Aufwand in der Konfiguration für die Workstations und PCs bestimmt.

$$Exp_K = 975.000 \cdot \frac{10 \cdot 1.500}{5 \cdot 1.500 + 10 \cdot 1.500} = 650.000 \text{ EUR}$$

Die Gemeinkosten für die Konfiguration der PCs betragen 325.000,00 EUR.

Weitere Bearbeitungsschritte fallen in der Sunny AG nicht an. Das Manufacturing Summary Account der Konfiguration wird entlastet und die 1.500 Workstations und 1.500 PCs werden auf die Lagerkostenstelle für Fertigerzeugnisse gebucht.

```
DR Inventories FG (WOR) ........ 2.885.000,00 EUR
CR MSA Configuration (WOR) ..... 2.885.000,00 EUR

DR Inventories FG (PC) .......... 1.440.000,00 EUR
CR MSA Configuration (PC) ....... 1.440.000,00 EUR
```

D	Inventory FG		C
20X6	[EUR]	20X6	[EUR]
1500 WOR	2.885.000,00		
1500 PC	1.440.000,00		

Abbildung 9.9: Fertigwarenbestandskonto

Der Saldo des Manufacturing Summary Account der letzten Kostenstelle repräsentiert die Cost of Manufacturing (C.O.M.) und beträgt 4.325.000,00 EUR. Die C.O.M. sind in das Fertigwarenbestandskonto übertragen worden. Der Saldo des Manufacturing Summary Account wird in das Trading Account gebucht.

Bei Verkauf von Erzeugnissen wird das Fertigwarenbestandskonto entlastet und das Trading Account belastet. Die Kosten der abgesetzten Erzeugnisse sind die Cost of Sales (C.O.S)

Im **Trading Account** → Glossar wird der Nettoerlös der verkauften 1.050 Workstations, 1.500 PCs und 40.000 Servicestunden i.H.v. 7.225.000,00 EUR als Habenbuchung gezeigt. Der Aufwand zum Erbringen von Servicestunden wird nicht als Produktionsschritt angesehen und nicht in ein Manufacturing Summary Account gebucht, sondern stellt allgemeinen Aufwand dar und wird im Gewinn- und Verlustrechnungskonto ausgewiesen.

$$Sales_{20X6} = 1.500 \cdot 1.200 + 1.050 \cdot 2.500 + 40.000 \cdot 70 = \mathbf{7.225.000,00\ EUR}$$

D	TRADING ACC.		C
20X6	[EUR]	20X6	[EUR]
COS$_{WOR}$	2.019.500,00	Sales	7.225.000,00
COS$_{PC}$	1.440.000,00		
GP c/d	3.765.500,00		
	7.225.000,00		7.225.000,00
P&L	3.765.500,00	GP b/d	3.765.500,00

Abbildung 9.10: Trading Account der Sunny AG für 20X6

D	Inventory FG		C
20X6	[EUR]	20X6	[EUR]
1500 WOR	2.885.000,00	COS$_{WOR}$	2.019.500,00
1500 PC	1.440.000,00	COS$_{PC}$	1.440.000,00
		c/d	865.500,00
	4.325.000,00		4.325.000,00
b/d	865.500,00		

Abbildung 9.11: Fertigwarenbestandskonto

Die Bestandsveränderung wird beim perpetual System im Vorratskonto festgestellt.

Die 450 Workstations werden als Endbestand zu Herstellungskosten bewertet i.H.v. 865.500,00 EUR ausgewiesen. Der Saldo des Trading Account ist der Rohertrag (gross profit, GP). Er beträgt bei der Sunny AG in 20X6 3.765.500,00 EUR. Der Saldo wird in das Gewinn- und Verlustrechnungskonto übertragen und damit das Trading Account abgeschlossen.

Im Profit and Loss Account werden Aufwendungen des gesamten Unternehmens, die nicht der Fertigung oder dem Handeln zuzurechnen sind, vom Gross Profit subtrahiert. Man erkennt in Abbildung 9.12 auch den Aufwand in dem Servicebereich i.H.v. 2.250.000,00 EUR. Der Saldo des Profit and Loss Account ist der Gewinn vor Steuer (EBT, net profit, NP).

D	Profit and Loss Account		C
20X6	[EUR]	20X6	[EUR]
L Serv	2.250.000,00	GP b/d	3.765.500,00
Energy	44.200,00		
OBuil.	380.000,00		
Mgt	500.000,00		
Finance	17.077,92		
NP c/d	574.222,08		
	3.765.500,00		3.765.500,00
Taxes	173.271,51	NP b/d	574.222,08
R/E	400.950,57		
	574.222,08		574.222,08

Abbildung 9.12: Gewinn- und Verlustrechnungskonto

Die Übertragung des Erfolgs von dem Profit and Loss Account in die Gewinn- und Verlustrechnung führt zu der Abbildung 9.13.

SUNNY AG's INCOME STATEMENT for 20X6

	20X6 [EUR]	**20X5** [EUR]
Revenue	7.225.000,00	8.350.000,00
Other Income		
Changes in Inventory of Finished Goods and Work in Progress	865.500,00	
Work Performed by the Entity and Capitalized		
	8.090.500,00	**8.350.000,00**
Raw Material and Consumables Used	(3.000.000,00)	(3.000.000,00)
Employee Benefits Expense	(3.680.000,00)	(3.680.000,00)
Depreciation and Amortisation Expense	(214.000,00)	(214.000,00)
Impairment of Property, Plant and Equipment		
Other Expenses	(605.200,00)	(605.200,00)
Finance Costs	(17.077,92)	(17.488,17)
Share of Profit of Associates		
Profit Before Taxation (EBT)	*574.222,08*	*833.311,83*
Income Tax Expenses	(173.271,51)	(251.451,85)
Deferred Tax Income/Expense		
Profit for the Period (EAT)	***400.950,57***	***581.859,99***

Abbildung 9.13: Gewinn- und Verlustrechnung für 20X6 bei Bestandsveränderung von 450 Workstations

Die Verwendung des Kontos Profit and Loss ist komplizierter, wenn Anfangs- und Endbestände für Rohmaterial und Fertigerzeugnisse zu berücksichtigen sind. Es wird das Beispiel nach THOMAS [vgl. THOMAS 2005] wiedergegeben:

Das Produktionsunternehmen für Fahrzeugteile Bush Ltd. weist die folgenden Salden aus:

BOOKKEEPING RECORDS ABOUT BUSH's PRODUCTION PLANT	
Sales	(298.000,00)
Stocks and Expenses	
Stocks of Direct Material at 1.05.20X6	7.900,00
Stocks of Direct Material at 30.04.20X7	6.200,00
Work in Progress at 1.05.20X6	8.400,00
Work in Progress at 30.04.20X7	9.600,00
Stocks of Finished Goods at 1.05.20X6	5.400,00
Stocks of Finished Goods at 30.04.20X7	6.800,00
Purchases on Direct Materials	68.400,00
Direct Wages	52.600,00
Production Supervisor's Salary	34.800,00
Sales Staff Salaries	41.700,00
Accounting Staff Salaries	38.200,00
Royalties paid for Products produced under Licence	17.500,00
Cost of Power for Machinery	9.200,00
Repairs to Plant	6.700,00
Bad Debts	5.100,00
Interest on Bank Loan	7.400,00
Depreciation on Plant	18.600,00
Depreciation on Delivery Vehicles	13.200,00
Depreciation on Accounting Office Equipment	11.500,00

Abbildung 9.14: Salden der relevanten Aufwands und Bestandskonten

Es ist gefordert das Manufacturing Summary, das Trading und das Profit and Loss Account aufzustellen. Bei dem Beispiel sind die Bestände an Rohstoffen und Fertigerzeugnissen relevant. Im Manufacturing Account werden die Anfangsbestände des Materials (OV Mat.) und der Saldo des Purchase Account (Purch.) für das Rohmaterial auf der Sollseite dargestellt. Der Endbestand des Materials (Cl. Mat.) wird auf der Habenseite gebucht. Die Materialaufwendungen stellen Einzelaufwand dar. Weiter werden die Salden der Konten, die Einzelkosten darstellen, gebucht. Dazu gehören die direkten Löhne (wages) und die Lizenzgebühren (royalties) für solche Produkte, die in Lizenz hergestellt werden. Weiter werden im Manufacturing Account die Salden der Gemeinkostenkonten gebucht, wie die Löhne des Meisters (supervisor's salary) oder Strom (power) und Reparaturaufwand für das Werk (repairs to plant). Ebenfalls stellen Work in Progress (WIP) Gemeinkosten dar. Der Anfangs- und Endbestand von WIP sind gegeben. Der Anfangsbestand ist Aufwand, da es sich um eingesetztes Material handelt, der Endbestand ist abzuziehen, da ein Materialendbestand kein Aufwand für verbrauchte Vorräte repräsentiert. Der Saldo des Manufacturing Summary Account stellt die Cost of Manufacturing (C.O.M.) dar.

D	MANUFACTURING SUMMARY ACC.		C
5/20X6	[EUR]	5/20X6	[EUR]
OV Mat.	7.900,00	Cl. Mat.	6.200,00
Purch.	68.400,00	Cl. WIP	9.600,00
Wages	52.600,00		
Royalties	17.500,00		
Supervisor	34.800,00		
Power	9.200,00		
Repairs	6.700,00		
Depr. Plnt.	18.600,00		
OV WIP	8.400,00	C.O.M. c/d	208.300,00
	224.100,00		224.100,00
C.O.M. b/d	208.300,00	TRAD.	208.300,00

Abbildung 9.15: Manufacturing Summary Account für das Beispiel nach THOMAS

Die Cost of Manufacturing werden in das Trading Account übertragen. Sie werden ergänzt um den Bestand an fertigen Erzeugnissen (OV FG). Der Endbestand der Fertigerzeugnisse (Cl. FG) stellt ebenfalls keinen Aufwand für Wareneinsatz dar und wird deshalb im Haben gebucht. Sales sind die Nettoumsatzerlöse der verkauften Produkte. Die Cost of Sales in diesem Beispiel sind der Aufwand für die Herstellung der verkauften Produkte plus der Aufwand für die gekauften Fertigerzeugnisse abzüglich des Endbestands: 208.300 + 5.400 – 6.800 = **206.900,00 EUR**.

Der Saldo aus dem Trading Account stellt den Rohertrag (gross profit, GP) dar. Er wird in das Profit and Loss Account (P&L) übertragen.

D	TRADING ACC.		C
5/20X6	[EUR]	5/20X6	[EUR]
C.O.M.	208.300,00	Sales	298.000,00
OV Goods	5.400,00	Cl. Goods	6.800,00
GP c/d	91.100,00		
	304.800,00		304.800,00
P&L	91.100,00	GP b/d	91.100,00

Abbildung 9.16: Trading Account für das Beispiel nach THOMAS

In dem Profit and Loss Account wird der Gross Profit als Ertrag gebucht (GP b/d). Davon werden alle Aufwendungen abgezogen, die nicht den Produkten zuzuordnen sind. Diese Aufwendungen sind Verkaufsmitarbeiterlöhne (sales staff salaries = Sales

Stf.), Abschreibungen für das Auslieferungsfahrzeug (depreciation on delivery vehicles = Depr. MV), uneinbringliche Forderungen (bad debts), Löhne im Rechnungswesen (accounting staff salaries = Acc. Stf.), Abschreibungen für das Büro (depr. off.) und Zinsen (interest). Der Saldo ist der Nettogewinn, der hier einen Verlust darstellt (net loss = NL).

D	PROFIT AND LOSS ACC.		C
5/20X6	[EUR]	5/20X6	[EUR]
Sales Stf.	41.700,00	GP b/d	91.100,00
Depr. MV	13.200,00		
Bad Debts	5.100,00		
Acc. Stf.	38.200,00		
Depr. Off.	11.500,00		
Interest	7.400,00	NL	26.000,00
	117.100,00		117.100,00
NL b/d	26.000,00	R/E	26.000,00

Abbildung 9.17: Profit and Loss Account für das Beispiel nach Thomas

Der Verlust aus dem Profit and Loss Account wird in das Konto Retained Earnings (R/E) gebucht.

9.2.5 **Transferpreise** (Transfer Prices)

Es gibt Unternehmen, die neben Cost of Manufacturing zusätzlich Transferpreise zwischen Abteilungen des Unternehmens weiterverrechnen. Der Transferpreis ist der am Markt für ein Zwischen- oder Endprodukt zu zahlende Betrag. Übersteigt der Transferpreis die Cost of Manufacturing, entsteht ein Factory Profit. Eine solche Verrechnung ist z. B. bei Produktionsunternehmen üblich, die eine arbeitsteilige Produktionsorganisation haben und die Zwischenprodukte zwischen Werken verrechnen. Das Vorgehen der Transferpreise sichert, dass der Erfolg jedes Werks isoliert gemessen werden kann, da es die Zwischenprodukte zu marktüblichen Konditionen einkauft und nicht von der Wertsteigerung in vorgelagerten Produktionsstufen profitiert. Das folgende Beispiel zeigt, wie Transferpreise wirken:

Das Produktionsunternehmen Klusor GmbH stellt Verbindungselemente für Möbel her. Die Cost of Manufacturing für ein Stück betragen 10,00 EUR. Der Verkaufspreis beträgt 20,00 EUR/Stk. Es wird keine Umsatzsteuer berücksichtigt. Die Klusor GmbH kann die Verbindungselemente am Markt für 12,00 EUR kaufen und setzt daher einen Transferpreis i.H.v. 12,00 EUR/Stk. an. Der Erfolg der Produktion beträgt 2,00 EUR/Stk. Durch die Bewertung der Vorräte an Fertigerzeugnissen mit 12,00 EUR/Stk. vermindert sich der Rohertrag der Klusor GmbH. Zur Kompensation muss im Profit & Loss Account der Factory Profit herausgerechnet werden:

D	TRADING		C
20X1	[EUR]	20X1	[EUR]
CoM	10	Sale	20
FP	2		
GP	8		
	20		20

D	P&L-Acc		C
20X1	[EUR]	20X1	[EUR]
		FP	2
P	10	GP	8
	10		10

Abbildung 9.18: Ausweis von Factory Profit im Trading und P&L Account

Der Transferpreis steht im Soll des Trading Account und bewirkt einen Rohertrag von 8,00 EUR/Stk. Nach Übertragung des Rohertrags in das Profit & Loss Account wird zum Rohertrag der Factory Profit addiert, so dass der gesamte Profit 10,00 EUR/Stk. beträgt. Die Anwendung von Transferpreisen darf nicht dazu führen, dass Bestandsbewertungen zu einem Betrag stattfinden, der die Anschaffungs- und Herstellungskosten überschreitet. Für den Bilanzausweis ist deshalb immer der Betrag der Anschaffungs- und Herstellungskosten anzusetzen.

Das folgende Beispiel aus Houzet/Rowland/Riemer zeigt den Umgang mit Transferpreisen [vgl. Houzet/Rowlands/Riemer 2007].

Die Trial Balance der Walmer Ltd. zum 31.12.20X4 ist gegeben:

Item	DR	CR
Capital		68.000
A/P		24.000
P,P,E at cost	50.000	
Acc. Depreciation P,P,E		10.000
Inventory		
(1) materials	10.000	
(2) WIP	8.000	
(3) FG	12.000	
A/R	14.000	
Bank	20.000	
Sales		84.000
Purchases materials	30.000	
Wages, direct labour	20.000	
Manufacturing overheads	16.000	
Selling expenses	4.000	
General expenses	2.000	
	186.000	186.000

Abbildung 9.19: Trial Balance der Walmer Ltd. zum 31.12.20X4

Vorräte der Walmer Ltd. werden nach dem periodic System gebucht. Das Management der Walmer Ltd. bewertet Vorräte zu 10 % über den Herstellungskosten, da dies der am Markt realisierbare Betrag ist. Die Entscheidung des Managements tritt ab 1.01.20X4 in Kraft. Die Vorräte zum 31.12.20X4 waren:

(1)	Material	14.000,00 EUR	
(2)	WIP	12.000,00 EUR	
(3)	Fertigerzeugnisse	11.000,00 EUR	(Transferpreis)

Es sollen das Manufacturing Summary Account, das Statement of Cost of Goods Manufactured sowie das Trading und Profit & Loss Account zum 31.12.20X4 gezeigt werden. Weiter sind die Vorräte wie in der Bilanz auszuweisen.

D	MANUFACTURING		C
20X4	[EUR]	20X4	[EUR]
Mat-OV	10.000,00		
Purch RM	30.000,00		
Cl. St. RM	(14.000,00)		
Dir. Labour	20.000,00		
Manuf. OH	16.000,00		
WIP-OV	8.000,00		
Cl. St. WIP	(12.000,00)	C.O.M.	58.000,00
	58.000,00		58.000,00

Abbildung 9.20: Manufacturing Summary Account der Walmer Ltd. zum 31.12.20X4

Die Walmer Ltd. stellt in den Notes das Statement of Cost of Goods Manufactured dar. Es enthält dieselben Informationen wie das Manufacturing Summary Account. Es weist zusätzlich den Factory Profit i.H.v. 5.800,00 EUR aus → vgl. Abbildung 9.21, S. 233.

Die Cost of Manufacturing werden zusammen mit dem Factory Profit in das Trading Account gebucht → vgl. Abbildung 9.22, S. 233.

Der Factory Profit wird im Profit & Loss Account korrigiert. Dies zeigt Abbildung 9.23 → vgl. S. 233: Der Debit Entry Unearned P repräsentiert den noch nicht realisierten Gewinn aus den überbewerteten Vorräten an Fertigerzeugnissen. Der Endbestand betrug 11.000,00 EUR und ist zu 110 % bewertet worden. Daher muss für die Erfolgsbestimmung der nicht realisierte Gewinn als Aufwand gebucht werden. Er beträgt 10 % · 11.000/110 % = **1.000,00 EUR**

Da im Trading Account der Factory Profit als Abteilungserfolg belastet worden ist, muss er in der Gewinn- und Verlustrechnung wieder kompensiert werden. Daher wird im Profit & Loss Account ein Credit Entry i.H.v. 5.800,00 EUR gebucht.

WALMER Ltd.'s STATEMENT OF C.O.M. as at 31.12.20X4	
Materials	
Opening value 1.01.20X4	10.000,00
Purchase RM	30.000,00
	40.000,00
Cl. Stock at 31.12.20X4	(14.000,00)
	26.000,00
Labour	
Direct labour	20.000,00
	46.000,00
Overheads	
Factory overheads	16.000,00
	62.000,00
Work in progress (WIP)	
Opening value 1.01.20X4	8.000,00
Cl. St. at 31.12.20X4	(12.000,00)
	58.000,00
additional	
Factory profit	5.800,00
	63.800,00

Abbildung 9.21: Statement of Cost of Goods Manufactured der Walmer Ltd. zum 31.12.20X4

D	TRADING		C
20X4	[EUR]	20X4	[EUR]
OV FG	12.000,00	Sales	84.000,00
C.O.M.	58.000,00	Cl.St. FG	11.000,00
Factory P	5.800,00		
c/d GP	19.200,00		
	95.000,00		95.000,00

Abbildung 9.22: Trading Account der Walmer Ltd. zum 31.12.20X4

D	P&L Account		C
20X4	[EUR]	20X4	[EUR]
Gen. Exp.	2.000,00	GP	19.200,00
Selling	4.000,00	Factory P	5.800,00
Unearned P	1.000,00		
c/d NP	18.000,00		
	25.000,00		25.000,00

Abbildung 9.23: Profit & Loss Account der Walmer Ltd. zum 31.12.20X4

Der Ausweis der Vorräte führt zu den Werten:

(1) Material 14.000,00 EUR
(2) Work in Progress (WIP) 12.000,00 EUR
(3) Finished Goods 10,000,00 EUR

Die Bewertung der Fertigerzeugnisse findet ohne den darin enthaltenen Factory Profit statt. Dies ist gem. IAS 2 vorgeschrieben.

9.2.6 **Bewertungsvereinfachungsverfahren** (Cost Formulas)

Grundsätzlich gilt nach IFRSs und HGB der Grundsatz der Einzelbewertung, d. h. Assets sind einzeln zu bewerten und dürfen nicht zu Gruppen zusammengefasst werden.

Häufig tritt im Vorratsvermögen jedoch das Problem auf, dass Zu- und Abgänge von Vorräten nicht von Altbeständen zu unterscheiden sind, weil sie sich physisch vermischen. Dennoch müssen unterschiedliche Anschaffungskosten berücksichtigt werden, wenn die Einstandspreise variiert haben. In solchen Fällen und wenn Vorratsvermögen austauschbar ist, sind über IAS 2.23ff. und insb. IAS 2.25 Verbrauchsfolgefiktionen als Vereinfachungsverfahren zur Bestands- und Aufwandsbewertung zulässig.

Als Beispiel wird der Mineralölhändler McMuck betrachtet, der einen Vorrat an Dieselkraftstoff hält. Er füllt während des zu bilanzierenden Geschäftsjahres mehrfach Kraftstoff in einen Tank und zwar jeweils 1.000 Liter zu einem Preis von 1,34 EUR/l, von 1,37 EUR/l und von 1,38 EUR/l. Bei der Entnahme ist nicht mehr festzustellen, um welchen Kraftstoff es sich handelt. Es kann nicht bestimmt werden, zu welchem Literpreis der entnommene Kraftstoff eingefüllt wurde. Wird dem Tank ein Liter Diesel entnommen, könnte dieser ursprünglich zu 1,34 EUR/l oder zu 1,37 EUR/l oder zu 1,38 EUR/l eingekauft worden sein.

Regelmäßig treten solche Situationen bei Fluiden auf. Ebenfalls sind bei verbrauchsgesteuerten Materialen, z. B. Schrauben, differenzierte Preisfeststellungen oft zwar physikalisch möglich, jedoch zu aufwendig.

Sunny AG (Case Study Sunny AG)

Die Sunny AG hat in der Montageabteilung eine Kiste mit Blechschrauben stehen, die für die Verschraubung der Computergehäuse vorgesehen sind. Die Schrauben haben nur einen geringen Wert, so dass sich eine Erfassung der einzelnen Schraubenbedarfe nicht ergibt. Die Schrauben werden verbrauchsgesteuert disponiert, d. h. wenn ein Mindestbestand an Schrauben unterschritten wurde, wird eine neue Kiste mit Schrauben beim Lieferant geordert. Zugänge zu den Schrauben werden einfach in die Kiste geschüttet. Die Montagemitarbeiter unterscheiden während des Verschraubens der Gehäuse nicht, welche Schraube sie verwenden und wissen daher nicht, zu welchem Preis die aus der Kiste entnommene Schraube ursprünglich zugegangen ist.

Wenn am Jahresende die Kiste mit Schrauben bei der Inventur bewertet werden soll, weiß niemand, welche Schraube zu welchem Preis eingekauft wurde.

Es darf hier von dem Grundsatz der Einzelbewertung abgewichen werden und eine Verbrauchsfolge der zugegangenen Schrauben angenommen werden. Dies ist möglich, weil für jeden Zugang von Schrauben ein Beleg in der Buchhaltung existiert.

Zur Vereinfachung sieht IAS 2.23 i.V.m. IAS 2.25 für austauschbare (interchangeable) Vorräte eine Verbrauchsfolgefiktion vor. Demnach kann die tatsächliche Verbrauchsfolge der current assets durch ein vereinfachtes Modell ersetzt werden. IAS 2.23: „The cost of inventories of items that are not ordinarily interchangeable and goods or services produced and segregated for specific projects shall be assigned by using specific identification of their individual costs." IAS 2.25: „The cost of inventories, other than those dealt with in paragraph 23, shall be assigned by using the first-in, first-out (FIFO) or weighted average cost formula. An entity shall use the same cost formula for all inventories having a similar nature and use to the entity. For inventories with a different nature or use, different cost formulas may be justified." Verbrauchsfolgefiktionsmodelle sind: (1) Gewichtete Durchschnittsmethode, (2) First-in-first-out und (3) Last-in-last-out → vgl. S. 237.

(1) Gewichtete Durchschnittsmethode (Weighted Average)

Bei der **GEWICHTETEN DURCHSCHNITTSMETHODE** → GLOSSAR wird nach jedem Zugang oder periodisch ein neuer gewichteter Durchschnittspreis für das betroffene Vorratsvermögen bestimmt. Entnahmen finden zum Durchschnittspreis statt.

Sunny AG (Case Study Sunny AG)

Die Sunny AG verbaut in den PCs ein Netzteil (Trafo) mit der internen Materialnummer NT1. In den Materialstammdaten ist für das Netzteil NT1 ein Standardpreis von 30,00 EUR eingetragen. Tatsächlich schwanken aber die Einstandspreise, u. a. wegen unterschiedlicher Mengen, die eingekauft wurden. Ebenfalls ist ein allgemeiner Preisanstieg bei Netzteilen zu beobachten.

Die Sunny AG hat einen Anfangsbestand von 240 Stk. Netzteilen NT1 zu Beginn des Geschäftsjahrs 20X2. Im Laufe des Jahres finden mehrere Zu- und Abgänge statt.

Die folgende Tabelle zeigt die Bewertung der Vorräte an Netzteilen NT1 nach der Durchschnittsmethode, bei der Abgänge jeweils zum aktuellen Durchschnittswert bewertet wurden.

Transaction	Amount [p]	Input Price [€/p]	Changes in Inventory [€]
Opening value	240	30,00	7.200,00
Input 03/03/20X2	500	28,50	14.250,00
Output 01/04/20X2	-250	28,99	-7.246,62
Input 03/06/20X2	50	32,50	1.625,00
Output 01/07/20X2	-250	29,31	-7.327,95
Input 03/09/20X2	80	31,00	2.480,00
Output 01/10/20X2	-250	29,68	-7.419,21
Input 03/12/20X2	200	30,50	6.100,00
Closing Stock	*320*	*30,19*	*9.661,22*

Abbildung 9.24: Bewertung der 320 Netzteile NT1 nach der Durchschnittsmethode

(2) First-In-First-Out

Bei der Verbrauchsfolge **FIRST-IN-FIRST-OUT** → GLOSSAR wird unterstellt, dass diejenigen Verbrauchsmaterialien, die zuerst zugegangen sind, zuerst verbraucht werden. Die folgende Darstellung macht das FIFO-Prinzip deutlich:

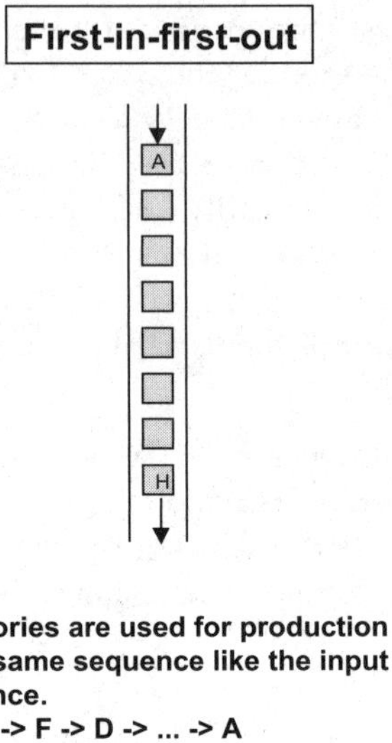

Abbildung 9.25: First-In-First-Out-Prinzip

Sunny AG (Case Study Sunny AG)

Bei Anwendung des Verbrauchsfolgeverfahrens FIFO für das obige Beispiel ergäben sich die folgenden Wertansätze für verbrauchte und im Endbestand gezeigte Netzteile NT1:

Transaction	Amount [p]	Input Price [€/p]	Changes in Inventory [€]
Opening value	240	30,00	7.200,00
Input 03/03/20X2	500	28,50	14.250,00
Output 01/04/20X2	-240	30,00	-7.200,00
	-10	28,50	-285,00
Input 03/06/20X2	50	32,50	1.625,00
Output 01/07/20X2	-250	28,50	-7.125,00
Input 03/09/20X2	80	31,00	2.480,00
Output 01/10/20X2	-240	28,50	-6.840,00
	-10	32,50	-325,00
Input 03/12/20X2	200	30,50	6.100,00
Closing Stock	40	32,50	1.300,00
	80	31,00	2.480,00
	200	30,50	6.100,00
			9.880,00

Abbildung 9.26: Verbrauchsfolgefiktion First-In-First-Out

Bei steigenden Preisen führt die Bewertung FIFO dazu, dass diejenigen Vorratsvermögensgegenstände, die zuerst erworben wurden, auch zuerst verbraucht werden, so dass der Materialaufwand geringer ist als bei der Durchschnittsbewertung. Außerdem werden diejenigen Inventories, die zuletzt (teuer) angeschafft wurden, in dem Endbestand in der Bilanz berücksichtigt. Mithin wird das Endvermögen der Vorräte höher als bei der Durchschnittsbewertung dargestellt. Insgesamt führt daher FIFO bei steigenden Preisen zu einem höheren Ergebnisausweis als die anderen Methoden.

FIFO ist nach IAS 2.25 neben der ebenfalls zulässigen gewichteten Durchschnittsmethode anzuwenden.

(3) Last-In-First-Out

Gemäß der Verbrauchsfolgefiktion Last-in-first-out (LIFO) ergibt sich, dass diejenigen Vorräte, die zuletzt zugegangen sind, zuerst verbraucht werden. Die folgende Abbildung zeigt das LIFO Beispiel:

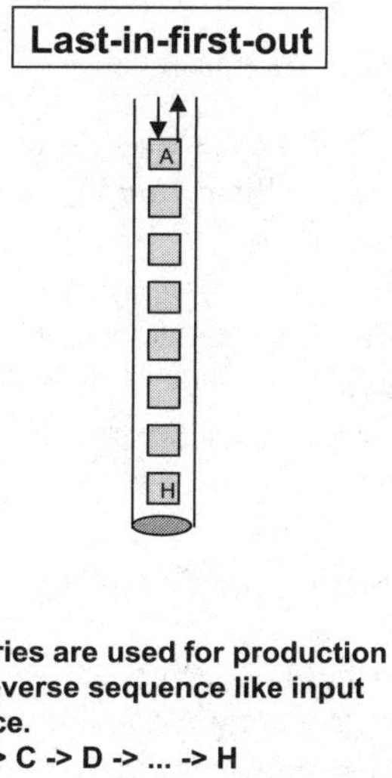

Abbildung 9.27: Verbrauchsfolgefiktion Last-In-First-Out

Sunny AG (Case Study Sunny AG)

Das Prinzip LIFO wird am Bestand der Netzteile NT1 demonstriert.

Transaction	Amount [p]	Input Price [€/p]	Changes in Inventory [€]
Opening value	240	30,00	7.200,00
Input 03/03/20X2	500	28,50	14.250,00
Output 01/04/20X2	-250	28,50	-7.125,00
Input 03/06/20X2	50	32,50	1.625,00
Output 01/07/20X2	-50	32,50	-1.625,00
	-200	28,50	-5.700,00
Input 03/09/20X2	80	31,00	2.480,00
Output 01/10/20X2	-80	31,00	-2.480,00
	-50	28,50	-1.425,00
	-120	30,00	-3.600,00
Input 03/12/20X2	200	30,50	6.100,00
Closing Stock	200	30,50	6.100,00
	120	30,00	3.600,00
			9.700,00

Abbildung 9.28: Verbrauchsfolgefiktion Last-In-First-Out

Bei steigenden Preisen führt LIFO dazu, dass die Materialverbräuche zu hohen Preisen bewertet werden und dass in der Bilanz die Vorräte tendenziell geringer ausgewiesen werden, weil die Anfangsbestände rechnerisch übrig bleiben. Damit wird das Jahresergebnis geringer ausgewiesen als bei den anderen Verfahren.

LIFO kann nach IAS 2 nur angewendet werden, wenn dadurch die Verbrauchsfolge besser (realistischer) abgebildet wird, als nach den anderen Verfahren. Dies ist z. B. erfüllt, wenn ein Stahlhändler große Stahlplatten lagert. Er kann dann nicht die Vorräte „von unten“ verbrauchen.

9.3 Forderungen (Receivables)

Es gibt keinen Standard, der Forderungen regelt. Forderungen werden wie Umlaufvermögen behandelt und zum Erfüllungsbetrag angesetzt. Besteht aufgrund der Solvenz des Schuldners die begründete Annahme, dass die Forderung gänzlich oder teilweise uneinbringlich ist, wird ein Impairment Loss gebucht und als Aufwand in der Gewinn- und Verlustrechnung gezeigt.

9.4 Wertpapiere (Securities)

Ein Unternehmen, das Wertpapiere im Umlaufvermögen hält, geht davon aus, dass es sie während des Abschlussjahres veräußert. Werden Wertpapiere zu Handelszwecken gehalten, stellen Sie Vorräte nach IAS 2 bzw. IFRS 5 dar.

Für Wertpapiere im Umlaufvermögen gelten die Regelungen für Financial Instruments nach IAS 32, IAS 39 und IFRS 7. Nach HGB sind sie zum Marktwert zu bewerten.

Bei der Bewertung des Umlaufvermögens gilt das Niederstwertprinzip. Zuschreibungen können bei Bestehen eines Markt- oder Börsenpreises zum Abschlussstichtag (balance sheet date) vorgenommen werden.

Sunny AG (Case Study Sunny AG)

Die Sunny AG hat 500 Aktien eines Softwareunternehmens als Umlaufvermögen ausgewiesen. Die Aktien haben einen Nennwert von 5,00 EUR/Stk. und haben beim Erwerb einen Börsenkurs (share price) von 17,80 EUR gehabt.

Die Sunny AG hat demnach die Aktien mit 8.900,00 EUR bewertet. Zum Bilanzstichtag haben die Aktien jedoch nur noch einen Wert von 14,60 EUR/Stk. Die Sunny AG muss nach IAS 2.9 die Aktien mit dem Net Realisable Value bewerten. Der Impairment Loss beträgt 3,20 EUR/Stk. oder 1.600,00 EUR für alle Aktien:

```
DR Impairment loss ............... 1.600,00 EUR
CR Securities .................... 1.600,00 EUR
```

9.5 Kassenbestand, Bundesbankguthaben, Guthaben bei Kreditinstituten und Schecks (Cash and Cash Equivalents)

9.5.1 Buchungen in Bezug auf die Position Kassenbestand, Bundesbankguthaben, Guthaben bei Kreditinstituten und Schecks (Accounting for Cash and Cash Equivalents)

Die Position Cash und Cash Equivalents ist die Summe der Salden aus dem Cash Book und aller evtl. bestehenden Unterkonten des Cash Book.

Sunny AG (Case Study Sunny AG)

Die Sunny AG hat am 1.01.20X2 einen Anfangskassenbestand i.H.v. 408.786,07 EUR → vgl. Kap. 4, S. 70.

Bis zum Monatsende hat eine Reihe von Geschäftsvorfällen stattgefunden, die zu Veränderungen der Position Cash and Cash Equivalents geführt haben. Sie werden im Cash Book aufgezeichnet. Das Cash Book wurde in Kapitel 4 → vgl. S. 86 eingeführt. Am Ende des Januars 20X2 hat das Cash Book die folgenden Einträge gehabt:

DR(CR) — Page: 273

Sunny AG's CASH BOOK for 20X2

Date	Details	Discount	Cash	Bank
20X2-01-01	Balance b/d		0,00	408.786,07
20X2-01-03	Withdrawl			(2.000,00)
20X2-01-03	Withdrawl		2.000,00	
20X2-01-03	Petty Cash Book		(2.000,00)	
20X2-01-04	Motor Vehicle			(1.256,00)
20X2-01-15	Employee Meisengeier			(1.811,86)
20X2-01-20	Payment by Customer		1.438,80	
20X2-01-24	Rent by Transfer			(3.000,00)
20X2-01-25	Payment for VAT			31.248,60
20X2-01-28	Suppl. Wang			(77.420,00)
20X2-01-28	Suppl. CompuParts	(4.375,00)		(83.125,00)
20X2-01-31	SSec Meisengeier			(1.910,47)
	Bal. c/d	4.375,00	(1.438,80)	(269.511,34)
	Total	**4.375,00**	**3.438,80**	**440.034,67**

Abbildung 9.29: Cash Book der Sunny AG für I/20X2

Der Bestand des Bankkontos lässt sich aus dem Saldo des Cash Book ablesen. Er beträgt hier (269.511,34 EUR). Das Konto ist debit balanced, es weist Guthaben auf. Die Balance c/d ist im Haben und wird deshalb negativ dargestellt.

Die Spalte Cash ist hier nur aus der Sicht der bankrelevanten Vorgänge berücksichtigt worden. Ihr Saldo beträgt 1.438,80 EUR.

Um den Bestand von Cash zu bestimmen, muss das Petty Cash Book ebenfalls berücksichtigt werden. Es weist zum Periodenende am 31.01.20X2 einen Saldo von 1.284,00 EUR auf. Das Petty Cash Book kann keinen negativen Betrag ausweisen.

Page: 19

Sunny AG's PETTY CASH BOOK for I/20X2

Receipts	Date	Details	Gross amount	VAT	Net amount		Deko Exp.		Office Exp.
2.000,00	20X2-01-03	Cash							
	20X2-01-04	McDeko	12,00	2,00	10,00	=	10,00	+	
	20X2-01-15	McOffice	200,00	33,33	166,67	=		+	166,67
	20X2-01-17	McOffice	204,00	34,00	170,00	=		+	170,00
	20X2-01-23	McOffice	300,00	50,00	250,00	=		+	250,00
				119,33			***10,00***		***586,67***
		Bal. c/d	1.284,00						
2.000,00			2.000,00						
1.284,00		Bal. b/d							
716,00	20X2-02-01	Cash							

Abbildung 9.30: Petty Cash Book der Sunny AG zum 31.01.20X2

Die Sunny AG weist in der (Zwischen-)Bilanz zum 31.01.20X2 einen Saldo für Cash and Cash Equivalents i.H.v. 269.511,34 + 1.438,80 + 1.284 = **272.234,14 EUR** aus:

9.5.2 **Fremdwährungsgeschäfte** (Foreign currency transactions)

Gem. IAS 21.21 wird bei der Erstbewertung der Zeitpunkt des Geschäftsvorfalls für die Umrechnung zwischen der Fremdwährung und der Berichtswährung berücksichtigt. Da die Umrechnung bei der Transaktion stattfindet, spricht man von dem Transaktionskurs. IAS 21.12: „A foreign currency transaction shall be recorded, on initial recognition in the functional currency, by applying to the foreign currency amount the spot exchange rate between the functional currency and the foreign currency at the date of the transaction." Nach § 256a HGB wird nur die Umrechnung mit dem Devisenkassakurs gefordert.

Bei der **Folgebewertung** → Glossar wird nach IAS 21.23 differenziert: (1) bei monetären Assets wird der Stichtagskurs (closing rate) verwendet. (2) Bei nicht-monetären Assets, die zu historischen Anschaffungs- und Herstellungskosten gehalten werden, wird der Kurs zum Zeitpunkt des Geschäftsvorfalls verwendet (Transaktionskurs). (3) Bei nicht-monetären Assets, die mit ihrem beizulegendem Wert in einer Fremdwährung bewertet werden, ist mit dem Kurs umzurechnen, der zum Zeitpunkt der Ermittlung des Werts gültig war. IAS 21.23 „At each balance sheet date: (a) foreign currency monetary items shall be translated using the closing rate; (b) non-monetary items that are measured in terms of historical cost in a foreign currency shall be translated using the exchange rate at the date of the transaction; and (c) non-monetary items that are measured at fair value in a foreign currency shall be translated using the exchange rates at the date when the fair value was determined."

Sunny AG (Case Study Sunny AG)

Die Sunny AG verkauft am 24.11.20X3 an eine chinesische Firma zehn PCs für 14.388,00 EUR (= 10 · 1.199 EUR · 120 %) und erhält die Hälfte des Rechnungsbetrags bar in Renminbi Yuan und bucht für die andere Hälfte eine Debitorenforderung in Yuan. Der Umrechnungskurs zum Zeitpunkt der Forderung beträgt EUR/Y = 10,00. Die Sunny AG tauscht die chinesische Währung nicht in EUR und hat zum Geschäftsjahresende die Banknoten noch in der Kasse. Die Forderung an das chinesische Unternehmen ist zum 31.12.20X3 noch nicht beglichen. Zum Bilanzstichtag 20X3 beträgt der Umrechnungskurs 10,60 EUR/Y.

Zum Zeitpunkt des Geschäftsabschlusses hatte die Sunny AG den Erfolg in Transaktionswährung Y gebucht:

```
DR Cash ..............................   71,940.00 Y
DR A/R ...............................   71,940.00 Y
CR VAT ...............................   23,980.00 Y
CR Revenue .......................... 119,900.00 Y
```

Die Sunny hat den Kassenbestand i.H.v. 71,940.00 Y mit dem Stichtagskurs zu bewertet. Entsprechend ist ein Bestand i.H.v. 6.786,79 EUR auszuweisen. Die Differenz von 407,21 EUR muss als Verlust aus Währungsdifferenzen ausgewiesen werden.

```
DR Loss on Currency .............. 407,21 EUR
CR Cash ........................... 407,21 EUR
```

Die Yuan-Banknoten bleiben weiter in der Kasse. Jedoch werden sie in der Bilanz in der Berichtswährung EUR gezeigt: 6.786,79 EUR.

Die Debitorenforderungen an das chinesische Unternehmen sind nach IAS 21.23 mit dem Stichtagskurs anzusetzen, mithin betragen sie ebenfalls 6.786,79 EUR. Der Verlust ist als Währungsdifferenz auf ein entsprechendes Währungsdifferenzenkonto zu buchen, das in diesem Fall ein Verlust aus Währungsdifferenzen zeigt.

```
DR Loss on Currency .............. 407,21 EUR
CR A/R ........................... 407,21 EUR
```

Der Verlust beträgt für die Sunny AG 2 · (7.194,00 – 6.786,79) = **814,42 EUR**

Weiter hat die Sunny AG am 17.09.20X3 von einem ausländischen Händler 1.000 Stk Speicherchips SC1 für 67,200.00 US-$ auf Rechnung gekauft. Der Umrechnungskurs betrug US-$/EUR = 0,70. (Zur Vereinfachung beträgt die VAT rate hier ebenfalls 20 %.) Die Sunny bucht den Geschäftsvorfall zum Teil in Auslandswährung. Die Vorräte werden in EUR bewertet, ebenso die Forderung für den Vorsteuerabzug. Die Kreditorenverbindlichkeit wird aber weiter in US-$ gezeigt, da der Vertrag mit dem Händler die Währung bestimmt.

```
DR Inventories .....................  39.200,00 EUR
DR VAT .............................   7.840,00 EUR
CR Creditors ....................... 67,200.00 US-$
```

Zum Zeitpunkt des Jahresabschlusses sind noch 400 der Speicherchips auf Lager. Der Dollarkurs ist jedoch gestiegen auf 0,80 EUR/US-$. Es entsteht ein Währungsverlust, da die Verbindlichkeiten aufgrund der US-$-Veränderung auf umgerechnet 84.000,00 EUR gestiegen sind.

Die Sunny AG bucht den Währungsverlust i.H.v. 53.760 – 47.040 = **6.720,00 EUR**.

```
DR Loss on Currency .............. 6.720,00 EUR
CR Creditors ..................... 6.720,00 EUR
```

Abschließend soll noch der Fall eines Währungsertrags betrachtet werden. Die Sunny AG hat gegenüber einem südafrikanischem Lieferanten eine Kreditorenverbindlichkeit i.H.v. 112,000.00 Rand (ZAR, R) gebucht. Bei der Buchung war der Kurs R/EUR = 11.20. Zum Bilanzstichtag beträgt er R11.60/EUR. Die Kreditorenverbindlichkeit beträgt zum Transaktionskurs 10.000,00 EUR, zum Abschlussstichtag 9.655,17 EUR. Mithin hat die Sunny AG einen Währungsertrag i.H.v. 344,83 EUR zu berücksichtigen. Die Kreditorenverbindlichkeit selbst wird nicht berührt, da der Lieferant die Währung Rand (ZAR) verbindlich vorgeschrieben hat. Sie beträgt weiter R112,000. Es wird die Währungsdifferenz als Minderung der Verbindlichkeit gebucht.

```
DR A/P ........................... 344,83 EUR
CR Currency Revenue .............. 344,83 EUR
```

Die Kreditorenverbindlichkeit wird in Berichtswährung i.H.v. 9.655,17 EUR ausgewiesen, obwohl das Konto weiterhin den Betrag von R112,000 zeigt. Die Währungsverbindlichkeit ist ein nicht realisierter Gewinn (unearned profit) und muss als Rücklage gebucht werden.

```
DR Currency Revenue .............. 344,83 EUR
CR Currency Reserves ............. 344,83 EUR
```

Hätte die Sunny nach HGB bilanziert, würde sie die Kreditorenverbindlichkeit mit 10.000,00 EUR gem. § 252 Abs. 1 HGB ausweisen müssen.

In Fällen, in denen ein Währungsrisiko durch ein Termingeschäft gesichert wurde, ist der gesicherte Kurs anzusetzen.

Zusammenfassung (Summary)

Umlaufvermögen enthält Vorräte an Material, an Roh-, Hilfs-, und Betriebsstoffen, an Halb- und Fertigfabrikaten. Weiter zählen Forderungen, Wertpapiere, die kurzfristig gehalten werden, und Kassenbestand sowie Bankguthaben zum Umlaufvermögen.

Die Bewertung von Umlaufvermögen folgt für die Erstbewertung dem Kostenmodell.

Bei der Bestimmung des Aufwands für die Herstellung von Halb- und Fertigfabrikaten, wird neben den Materialkosten ebenfalls betrieblicher Aufwand einbezogen, der zur Herstellung angefallen ist. I.d.R. fällt der Aufwand als Gemeinkosten an, z. B. zum Betrieb der Maschinen und Anlagen. Die proportionalen und fixen Gemeinkosten werden als Vollkosten den Vorratsbeständen zugerechnet. Für die Zurechnung der fixen Gemeinkosten wird die Normalkapazität zugrunde gelegt. Die Bestimmung der Herstellungskosten wird in Produktionsunternehmen über ein Manufacturing Summary Account vorgenommen. Die Kosten der Herstellung für einen oder mehrere Produktionsbereiche bezeichnet man Cost of Manufacturing. Im Gegensatz dazu stellen die Cost of Sales diejenigen Aufwendungen dar, die für die abgesetzte Menge angefallen sind.

Die Bewertung von Bestandsveränderungen beeinflusst das Periodenergebnis unmittelbar.

Bei der Bewertung von ähnlichen oder austauschbaren Vorratsvermögensgegenständen können nach IFRSs und deutschem HGB Verbrauchsfolgefiktionsverfahren angenommen werden.

Vorräte in Fremdwährung werden nach IAS 21 zum Kurs, der zum Zeitpunkt der Bewertung gültig war, in die Berichtswährung umgerechnet. Bankguthaben und Kassenbestand werden zum Bilanzstichtagskurs umgerechnet. Die Berichtswährung für europäische Konzernabschlüsse ist EUR.

Aufgaben (Exercises)

Aufgabe 1: Bestand von Fertigerzeugnissen (Exercise on Valuation of Finished Goods)

Die Stapelskotten AG montiert Fahrräder. Sie setzt zwei Räder und einen Rahmen zusammen. Am 31.12.20X3 sind noch 168 Fahrräder am Lager. Die folgenden Informationen sind gegeben:

(1)	Material Input (Räder):	1.1.20X3:	3.000 Stk. für je 20 EUR
		1.4.20X3:	4.000 Stk. für je 21 EUR
		1.7.20X3:	4.800 Stk. für je 20 EUR
		1.10.20X3:	60 Stk. für je 23 EUR

Materialverbrauch (Räder):	2.1.20X3	1.500 Stk.
	2.4.20X3	3.960 Stk.
	2.7.20X3	2,000 Stk.
	2.10.20X3	4.400 Stk.

Kosten des Rahmens: 34,50 EUR/Stk.
Wenden Sie das First-In-First-Out-Verfahren zur Bestandsbewertung an.

(2) Abschreibung für die Montagestraße: 65.230 EUR/Jahr
(3) Direkte Lohnkosten 216.445,00 EUR/Jahr
(4) Zinsaufwand für ein Bankdarlehn i.H.v. 35.000 EUR (die Zinsen)
(5) Kosten für Unternehmensführung, Kostenrechnung und Controlling 127.198,50 EUR/Jahr
(6) Vertriebskosten 24,30 EUR/Fahrrad
(7) Qualitätssicherungskosten 74.125 EUR/Jahr
(8) Entwicklungskosten, in 20X2 angefallen i.H.v. 150.000 EUR – die geplante Produktionsmenge über mehrere Jahre der Fahrräder betrage 100.000 Stk.
(9) Kosten für Sozialeinrichtungen in 20X3: 34.097,50 EUR
(10) Betriebskosten für die Werkstatt 39.493,80 EUR/Jahr

Wie sind die 168 Fahrräder in der Bilanz (und Gewinn- und Verlustrechnung) nach IAS 2 zu bewerten? Die Umsatzsteuer braucht nicht berücksichtigt zu werden.

Aufgabe 2: Bestandsbewertung (Exercise on Changes in Inventory)

Das Produktionsunternehmen Denekamp GmbH stellt Go-Karts her. Ein Go-Kart besteht aus einem Rahmen und vier Rädern. Während des Abrechnungszeitraums 20X5 hat die Denekamp GmbH 1.120 Stk. Go-Karts hergestellt und davon 900 am 31.12.20X5 verkauft. Der Anfangsbestand des Vorratsvermögens für Rahmen betrug 200 Stk. zu 12,00 EUR/Stk. Für die Räder soll kein Anfangsbestand berücksichtigt werden.

Die Denekamp GmbH hat in 20X5 zwei Lieferungen für Rahmen erhalten: (1) 800 Stk. Rahmen für 12,80 EUR/Stk und (2) 320 Stk. Rahmen für 15,60 EUR/Stk.

Die Denekamp GmbH hat in 20X5 12 Lieferungen für Räder erhalten. (1) ... (6) 400 Stk. Räder für 1,20 EUR/Stk. und (7) ... (12) 480 Stk. für 1,10 EUR/Stk.

Entscheiden Sie, ob die nachfolgenden Aufwendungen zur Kalkulation und Vorratsbewertung für den Endbestand an Go-Karts zu verwenden sind:

(a) Materialaufwand nach FIFO
(b) Entwicklungsaufwand i.H.v. 30.000,00 EUR für 6.000 geschätzte Stk. Erzeugnisse
(c) Gebäudeaufwand für die Go-Kart-Produktion i.H.v. 12.000,00 EUR/Jahr
(d) Sozialaufwand i.H.v. 1.500,00 EUR/Jahr.

Wie hoch sind die Anschaffungs- und Herstellungskosten für den Fertigwarenendbestand und jeweils ein Go-Kart am Lager (Stückkosten) und wie hoch ist der Endbestand des Rohmaterials? Es braucht keine Umsatzsteuer berücksichtigt zu werden.

Aufgabe 3: Manufacturing Summary Account

(Exercise in Manufacturing Summary Account)

Elana Ltd. produziert „Toggles“ in seiner Fabrik in Durban. Bei Normalkapazität stellt das Unternehmen 10.000 Einheiten pro Jahr her. Aufgrund schwacher Nachfrage entschließt sich Elana Ltd. die Produktion für 20X1/X2 auf 8.000 Stück zu reduzieren. Bei besonders guten Marktbedingungen sind die Mitarbeiter bereit Überstunden zu leisten, so dass 11.000 Einheiten hergestellt werden können.

Die Daten über die Aufwendungen, die Gemeinkosten darstellen, sind zum Geschäftsjahresende 30.06.20X2 wie folgt:

- Werbung 10.00,00 EUR
- Verbrauchsmaterial der Fertigung 4.00,00 EUR
- Abschreibungen
  (1) Produktionsstätte 20.000,00 EUR
  (2) Büroausstattung 2.00,00 EUR
  (3) Auslieferungsfahrzeug 6.000,00 EUR
  (4) Büromöbel 1.00,00 EUR
- Strom und Wasser
  (1) für die Verwaltung 9.00,00 EUR
  (2) für die Produktionsstätte 6.00,00 EUR
- Fabrikverwaltungsaufwand 19.00,00 EUR
- Entlohnung
  (1) Abschlussprüfer 10.00,00 EUR
  (2) Vorstandsmitglieder 13.00,00 EUR
- Reparatur- und Wartungsaufwand
  (1) Produktionsstätte (60 % fix) 15.00,00 EUR
  (2) Auslieferungsfahrzeug 2.00,00 EUR
  (3) Verwaltungsgebäude 1.00,00 EUR
- Löhne und Gehälter
  (1) Verwaltung 10.00,00 EUR
  (2) Sonstige (65 % zurechenbar zur Prod.) 140.00,00 EUR
- Telefonkosten, für Verwaltung 5.00,00 EUR

Weiter ist bekannt:

- Elana Ltd. hat die Geschäftstätigkeit am 1.07.20X1 aufgenommen.
- Der Gesamt-Nettoumsatz beträgt 2.500.000,00 EUR. Der Aufwand für Rohmaterial und Lohneinzelkosten beträgt 400.000,00 EUR und 600.000,00 EUR.
- Vorräte werden nach dem periodic System gebucht. Die per Inventur festgestellten Fertigerzeugnisbestände zum 30.06.20X2 betrugen 1.600 Stück
- Nehmen Sie an, dass der NRV (net realisable value) die auf Gemeinkostenbasis verrechneten Aufwendungen übersteigt.

Erstellen Sie das Manufacturing Summary, das Trading Summary und das Gewinn- und Verlustrechnungskonto.

Die Aufgabe ist in Anlehnung an: Houzet/Rowlands/Riemer, M. [2007].

10 Kapitalflussrechnung (Cash Flow Statement)

Lernziele

Die Kapitalflussrechnung ist derjenige Bestandteil eines handelsrechtlichen Jahresabschlusses, der nicht dem Prinzip der Periodenabgrenzung folgt. Es werden darin die Zahlungsströme zu den Zeitpunkten dargestellt, an denen sie stattgefunden haben.

Eine Kapitalflussrechnung ordnet alle Zahlungen in die Kategorien Cash Flow aus gewöhnlicher Geschäftstätigkeit, Cash Flow aus Investitionstätigkeit und Cash Flow aus Finanzierungstätigkeit ein.

Das Kapitel führt in die drei alternativen Methoden zur Erstellung der Kapitalflussrechnung ein: (1) direkte Methode, (2) Überleitungsrechnung und (3) derivative Methode.

Das Kapitel verfolgt die Ziele:

(1) Verstehen der Notwendigkeit zum Ausweis einer Kapitalflussrechnung → vgl. Abschnitt 10.1, S. 247

(2) Erkennen der Notwendigkeit zur Analyse der Kapitalflüsse in einem Unternehmen und Begreifen des Zusammenhangs zwischen Jahresabschlusselementen, die dem Accrual Principle folgen, und solchen, die auf Zahlungen basieren → vgl. Abschnitt 10.1, S. 249

(3) Kennenlernen der wesentlichen Positionen des Cash Flow Statements und Erlernen von Kenntnissen zur Interpretation von Cash Flow Statements → vgl. Abschnitt 10.3, S. 253

(4) Beherrschen der wichtigsten Methoden zur Erstellung eines Cash Flow Statements → vgl. Abschnitt 10.3.2, S. 254

(5) Erlangen eines grundlegenden Verständnisses über die Liquiditätsplanung und Erkennen des Zusammenhangs zwischen der Liquiditätsplanung im Business Plan und dem Cash Flow Statement → vgl. Abschnitt 10.1, S. 249

10.1 Prinzip der Periodenabgrenzung (Accrual Principle)

Die Rechnungslegung folgt dem Prinzip der Periodenabgrenzung. Aufwand und Ertrag werden immer in der Periode dargestellt, in der sie bzw. für die sie angefallen sind. Die Zeitpunkte der Zahlungsvorgänge sind nicht relevant. Gemäß des Rahmenwerks (framework) F.22 gilt: „In order to meet their objectives, financial statements are prepared on the accrual basis of accounting. Under this basis, the effects of transactions and other events are recognised when they occur (and not as cash or its equivalent is received or paid) and they are recorded and reported in the financial statements of the periods to which they relate. [...]".

Das Produktionsunternehmen Plettenberg AG kauft eine CNC-Maschine am 1.01.20X1 zu einem Kaufpreis von 240.000,00 EUR. Es ist beabsichtigt, die Maschine für 5 Jahre zu nutzen und sie am 31.12.20X5 für 60.000,00 EUR (brutto) an eine ausländischen Mitbewerber zu verkaufen. Der gezahlte Kaufpreis enthält die Umsatzsteuer, ebenso der erwartete Verkaufspreis. Die Nettowerte sind 200.000,00 EUR und 50.000,00 EUR. Der abschreibungsfähige Betrag (depreciable amount) nach IAS 16.6 beträgt 200.000 – 50.000 = **150.000,00 EUR**. Die Plettenberg AG bucht:

```
DR P, P, E at Cost ............... 200.000,00 EUR
DR VAT ...........................  40.000,00 EUR
CR Bank .......................... 240.000,00 EUR
```

Für die Abschreibung im ersten Jahr bucht die Plettenberg AG:

```
DR Depr. ........................... 30.000,00 EUR
CR Acc. Depr. ...................... 30.000,00 EUR
```

Sie kann in 20X2 die Vorsteuer ziehen und bucht dann:

```
DR Bank ............................ 40.000,00 EUR
CR VAT ............................. 40.000,00 EUR
```

Die Buchungssätze zeigen zwei wesentliche Aspekte:

(1) Die Plettenberg AG zahlt einen Kaufpreis i.H.v. 240.000,00 EUR und bekommt in 20X2 die Vorsteuerforderung i.H.v. 40.000,00 EUR erstattet. Die Zahlungen stellen einen Zahlungsausgang (cash outflow) von 240.000,00 EUR und einen Zahlungseingang von 40.000,00 EUR dar.

Der nächste zahlungswirksame Vorgang für die Plettenberg AG findet bei Abgang (disposal) der CNC-Maschine statt.

```
DR Bank ..........................  60.000,00 EUR
DR Acc. Depr. .................... 150.000,00 EUR
CR P, P, E at Cost ............... 200.000,00 EUR
CR VAT ...........................  10.000,00 EUR
```

Bei Begleichung der USt-Schuld bucht die Plettenberg AG:

```
DR VAT ............................. 10.000,00 EUR
CR Bank ............................ 10.000,00 EUR
```

Am 31.12.20X5 findet ein Zahlungseingang (cash inflow) i.H.v. 60.000,00 EUR statt, dem in 20X6 ein Zahlungsausgang für die USt-Schuld i.H.v. 10.000,00 EUR folgt.

(2) Die erfolgswirksamen Vorgänge, die in der Gewinn- und Verlustrechnung darzustellen sind, betragen in jedem Jahr 30.000,00 EUR. Zusammenfassend stellt Abbildung 10.1 die Struktur der zahlungs- und erfolgswirksamen Vorgänge dar:

	20X1	20X2	20X3	20X4	20X5	20X6
Cash inflow/ (Cash outflow)	(240.000)	40.000			60.000	(10.000)
Revenue/ (Expenses)	(30.000)	(30.000)	(30.000)	(30.000)	(30.000)	

Abbildung 10.1: Zahlungs- und Erfolgsvorgänge der Plettenberg AG

Die Addition der Zeilen in Abbildung 10.1 zeigt, dass die Summen immer (150.000,00 EUR) betragen.

Die Gewinn- und Verlustrechnung, die dem Accrual Principle folgt, belastet in jedem Jahr der Nutzung die Plettenberg AG mit einem Aufwand von 30.000,00 EUR. Dies entspricht der Zuordnung (allocation) der Anschaffungsauszahlung unter Berücksichtigung des erwarteten Verkaufserlöses der CNC-Maschine.

Die **KAPITALFLUSSRECHNUNG** → GLOSSAR betrachtet die Zahlungsvorgänge und zeigt z. B., dass in 20X1 eine Auszahlung von 240.000,00 EUR stattfindet. Die Plettenberg AG muss darlegen, wie sie den Zahlungsausgang für die CNC-Maschine finanziert. Sie kann entweder den Betrag aus Zahlungseingängen, die aus dem Verkauf der produzierten Erzeugnisse stammen, zahlen oder eine Finanzierung bei Externen, z. B. bei einer Bank, bei Anteilseignern (Ausschüttung von Aktien) oder anderen Fremdkapitalgebern planen. In der oben dargestellten Situation hat noch keine Kompensation des Zahlungsausgangs stattgefunden, die Plettenberg AG hat somit für 20X1 einen negativen Cash Flow.

10.2 Liquiditätsplanung (Liquidity Planning)

Die Planung von Zahlungsein- und -ausgängen wird als **LIQUIDITÄTSPLANUNG** → GLOSSAR bezeichnet. Der Liquiditätsplan ist ein Teil des Business Plans und berücksichtigt den Anfangsbestand an Zahlungsmitteln sowie alle Ein- und Auszahlungen. Das Ergebnis des Liquiditätsplans ist der Kassenbestand am Ende der Periode. Es ist später zu zeigen, dass die Liquiditätsplanung im Grundsatz eine in die Zukunft gerichtete Kapitalflussrechnung darstellt.

Sunny AG (Case Study Sunny AG)

Die Sunny AG hat durch die Liquiditätsplanung insbesondere im ersten Jahr 20X1 sicherzustellen, dass Auszahlungen für die Anfangsinvestitionen und die Materialbeschaffung durch Zahlungsmittelbestand gedeckt sind. Abbildung 10.2 zeigt den Liquiditätsplan der Sunny AG für die Geschäftsjahre 20X1 und 20X2. Der Plan enthält zwei Jahre, damit Geschäftsvorfälle, deren Zahlung erst im nachfolgenden Jahr stattfinden, leichter zu verstehen sind. Die Liquiditätsplanung wird unten für jede Positionen einzeln erläutert.

Sunny AG's LIQUIDITY PLANNING for 20X1 until 20X2

	20X1	20X2
Opening values		
Equity	600.000,00	
Cash inflow previous year		149.600,00
Cash inflows		
(1) Proceeds (90%)	7.515.000,00	7.515.000,00
VAT resulting from proceeds (90%)	1.503.000,00	1.503.000,00
(2) Proceeds previous year (10%)		835.000,00
VAT resulting from proceeds (10%)		167.000,00
Bank loan	300.000,00	
Issue of Shares		
Cash outflows		
Materials (60%)	(1.800.000,00)	(1.800.000,00)
VAT paid by purchases (60%)	(360.000,00)	(360.000,00)
Materials previous year (40%)		(1.200.000,00)
VAT resulting from purchases (40%)		(240.000,00)
Depr Energy 211131		
Depr. Fix Fittings 211160		
Energy 416410	(10.000,00)	(10.000,00)
Gas 416410	(4.200,00)	(4.200,00)
3rd Party Expenses 417003	(120.000,00)	(120.000,00)
Salary 430000	(2.453.333,00)	(2.453.333,00)
Social Security 440100	(1.226.667,00)	(1.226.667,00)
Other expenses 476900	(471.000,00)	(471.000,00)
Financial costs	(18.900,00)	(18.578,70)
Payback - Bank loan	(5.100,00)	(5.421,30)
Investments	(2.666.000,00)	(500.000,00)
VAT paid by investments	(633.200,00)	
VAT receivable		1.233.200,00
VAT payable		(1.670.000,00)
Income taxes (previous year)		(251.025,83)
Dividends to Shareholders		(275.915,23)
Cash at 31.12.	*149.600,00*	*796.658,94*

Abbildung 10.2: Liquiditätsplan der Sunny AG

Eröffnungswerte (Opening Values)

Die Sunny AG wird am 1.01.20X1 mit einem Eigenkapital i.H.v. 600.000,00 EUR gegründet. Das Eigenkapital wurde von den Anteilseignern aufgebracht. Die Sunny AG hat 120.000 Aktien zum Nennbetrag von 5,00 EUR ausgeschüttet. Der Betrag erscheint als Eröffnungswert, weil die Ausschüttung die Geschäftseröffnung darstellt. Im nächsten Jahr 20X2 ist der Betrag aus der Ausschüttung der Aktien in dem Anfangsbestand von 149.600,00 EUR enthalten.

Zahlungseingänge (Cash Inflows)

Die Sunny AG bucht nur zwei Arten von Zahlungseingängen. (1) Es resultieren Zahlungseingänge aus dem Verkauf von Computern und (2) der Aufnahme eines Darlehns.

Die Zahlungseingänge aus dem Verkauf der Erzeugnisse und Dienstleistungen wird aus dem Umsatzplan der Sunny AG in Abbildung 10.3 deutlich.

Sunny AG's Revenue for 20XX

Sales		Amount in 20XX		Unit Price
Output				
PCs	[p]	1.500	[EUR/p]	1.200,00
Workstations	[p]	1.500	[EUR/p]	2.500,00
Service	[h]	40.000	[EUR/h]	70,00
Net proceeds	**[EUR]**	**8.350.000,00**		

Abbildung 10.3: Umsatz der Sunny AG

Der Nettoumsatz der Sunny AG beträgt 8.350.000,00 EUR und wird von den Kunden zu 90 % gezahlt. Es entsteht eine Forderung aus Lieferung und Leistung (A/R). Die Sunny AG bucht den Umsatz:

```
DR Bank .............................. 9.018.000,00 EUR
DR A/R ................................ 1.002.000,00 EUR
CR VAT ................................ 1.670.000,00 EUR
CR Revenue ........................... 8.350.000,00 EUR
```

Die Sollbuchungen sind brutto und werden in der Liquiditätsplanung nach Nettowert und Umsatzsteuer getrennt gezeigt. Die USt-Schuld von 1.670.000,00 EUR wird erst in 20X2 beglichen. Die Auszahlung steht in der Zeile VAT CR. Die Situation wird bei der Sunny AG durch die Vorgabe, dass die Umsatzsteuerzahlungen komplett im nachfolgenden Jahr stattfinden, erzeugt. In einem realen Unternehmen wird die Umsatzsteuer im nachfolgenden Monat gezahlt bzw. die Vorsteuer gezogen.

Die Sunny AG nimmt weiter ein Darlehn i.H.v. 300.000,00 EUR auf, um zahlungsfähig zu bleiben. Man erkennt an der letzten Zeile des Cash Flow Statements, dass ohne die Darlehnsaufnahme die Sunny zahlungsunfähig geworden wäre. Das Darlehn wird als Cash Inflow mit dem Auszahlungsbetrag, den die Bank der Sunny AG überweist, gezeigt. Die Zins- und Tilgungszahlungen stehen unter Auszahlungen (cash outflows).

Zahlungsausgänge (Cash Outflows)

Die Sunny AG zahlt (1) Materialaufwand, (2) Produktionsgemeinkosten inkl. Löhne, (3) Finanzaufwand und Tilgung, (4) Investitionen, (5) Umsatzsteuerzahlungen, (6) Steuern und (7) Dividende an die Aktionäre. Letztere werden erst im jeweils nächsten Geschäftsjahr gezahlt.

Der Materialaufwand i.H.v. 3.000.000,00 EUR (netto) wird zu 60 % sofort gezahlt, die anderen 40 % werden auf Rechnung gekauft. Die Vorsteuerforderung ist von den Zahlungsvorgängen unabhängig.

```
DR Purchase ......................... 3.000.000,00 EUR
DR VAT ................................   600.000,00 EUR
CR Bank ............................. 2.160.000,00 EUR
CR A/P ............................... 1.440.000,00 EUR
```

Die in 20X2 stattfindenden Zahlungseingänge für die Vorsteuerforderung und die fällige Zahlung der Kreditorenverbindlichkeiten sind in der Spalte für 20X2 zu sehen.

Produktionsgemeinkosten werden von der Sunny AG unmittelbar durch Überweisung gezahlt. Der Finanzaufwand und die Tilgungszahlungen können dem Tilgungsplan des Darlehns entnommen werden. Das Darlehn ist ein Annuitätendarlehn mit einem Zinssatz von 6,3 %. Die jährlichen Zahlungen betragen 24.000,00 EUR.

Sunny AG's BANK LOAN SCHEDULE for 20XX

	Carrying Amont [EUR]	Interest [EUR]	Pay off [EUR]	Annual Paym. (8%) [EUR]
20X1	300.000,00	18.900,00	5.100,00	24.000,00
20X2	294.900,00	18.578,70	5.421,30	24.000,00

Abbildung 10.4: Tilgungsplan des Darlehns der Sunny AG

Die Sunny AG investiert zu Beginn der Geschäftstätigkeit in das Anlagevermögen (P, P, E). Abbildung 10.5 zeigt den Anlagespiegel der Sunny AG zu Beginn von 20X1, daher hat noch keine Abschreibung stattgefunden und es gibt ebenfalls noch keine Habenbuchung im accumulated Depreciation Account.

Sunny AG's REGISTER OF FIXED ASSETS as at 1.01.20X1

Plant	Date of Acqu.	Usfl Life	Cost/ Valuation	Acc. Depr.	Carrying Amount
1100 (Mgt)	20X1	10	50.000,00	0,00	50.000,00
2100 (Stck)	20X1	10	100.000,00	0,00	100.000,00
3100 (OBld)	20X1	25	2.500.000,00	0,00	2.500.000,00
3110 (Sol)	20X1	8	240.000,00	0,00	240.000,00
4100 (Asbl)	20X1	4	56.000,00	0,00	56.000,00
4200 (Cnfg)	20X1	4	60.000,00	0,00	60.000,00
4300 (Srvc)	20X1	4	160.000,00	0,00	160.000,00
Total			*3.166.000,00*	*0,00*	*3.166.000,00*

Abbildung 10.5: Anlagespiegel der Sunny AG zum 1.01.20X1

Das gesamte Anlagevermögen beträgt netto 3.166.000,00 EUR. Die Sunny hat mit dem Hauptlieferanten vereinbart, das eine Zahlung in der Höhe stattfinden soll, so dass in 20X2 noch ein Restbetrag von 500.000,00 EUR zu begleichen ist.

```
DR P, P, E at Cost ............... 3.166.000,00 EUR
DR VAT ...........................   633.200,00 EUR
CR Bank .......................... 3.299.200,00 EUR
CR A/P ...........................   500.000,00 EUR
```

Der Credit Entry ist im Liquiditätsplan in die Zahlung für die Sachanlagevermögensgegenstände und die Vorsteuer aufgeteilt.

Der Liquiditätsplan enthält weiter die Zahlungen für die Umsatzsteuer an die Finanzbehörden. Die zu zahlende Umsatzsteuerschuld (VAT payable) enthält die Umsatzsteuer der Verkaufserlöse und wird in 20X2 gezahlt. Die Vorsteuer (VAT receivable) resultiert aus der Anfangsinvestition und dem Materialeinkauf der Sunny AG in 20X1 und wird erst in 20X2 an die Sunny AG überwiesen.

Die in der Spalte 20X2 aufgeführten Zahlungen für Steuern vom Einkommen und Ertrag (income tax) und die Dividende an die Aktionäre beziehen sich auf das Jahr 20X1 und entsprechen den in der Gewinn- und Verlustrechnung gezeigten Beträgen. Abbildung 10.6 zeigt die Gewinn- und Verlustrechnung der Sunny AG für 20X2, die als Vergleichsspalte die Werte für 20X1 enthält, damit die Berechnung der Zahlen nachvollzogen werden kann.

Sunny AG's INCOME STATEMENT for 20X2

	20X2 [EUR]	20X1 [EUR]
Revenue	8.350.000,00	8.350.000,00
Other income		
Changes in inventory of finished goods and work in progress		
Work performed by the entity and capitalized		
Total	*8.350.000,00*	*8.350.000,00*
Raw material and consumables used	(3.000.000,00)	(3.000.000,00)
Employee benefits expense	(3.680.000,00)	(3.680.000,00)
Depreciation and amortization expense	(214.000,00)	(214.000,00)
Impairment of property, plant and equipment		
Other expenses	(605.200,00)	(605.200,00)
Finance costs	(18.578,70)	(18.900,00)
Share of profit of associates		
Profit before taxation	832.221,30	831.900,00
Income tax expenses	(251.122,78)	(251.025,83)
Deferred tax income/expense		
Profit for the period	***581.098,52***	***580.874,18***

Abbildung 10.6: Gewinn- und Verlustrechnung der Sunny AG für 20X2

Die Dividende beträgt (100 – 5) : 2 = **47,5 %** des Jahresüberschusses (profit for the period). Dies entspricht §§ 58 und 150 AktG. Steuern und Dividende werden in 20X2 gezahlt.

Der Betrag in der letzten Spalte des Liquiditätsplans stimmt nur im ersten Jahr mit dem Cash Flow überein. Es ist der Kassenbestand am Ende der Abrechnungsperiode. Im ersten Jahr ist dies der Cash Flow, weil der Anfangsbestand Null war. Im zweiten Jahr ist der Cash Flow die Differenz aus den Kassenbeständen von 20X2 und 20X1, hier: 796.658,94 – 149.600 = **647.058,94 EUR**. Der Cash Flow ist positiv, weil der Kassenbestand erhöht wurde.

Aus dem Liquiditätsplan ist zu sehen, welche Quellen für den Cash Flow relevant sind. Der Liquiditätsplan für die Sunny AG ist hier aufgrund der wenigen Geschäftsvorfälle überschaubar. Eine strukturierte Darstellung der Sachverhalte stellt das Cash Flow Statement bereit.

10.3 Entwicklung der Kapitalflussrechnung (Computation of Cash Flows)

Die Kapitalflussrechnung ist ein financial Statement, das den gesamten Cash Flow einer Periode in die Bereiche (1) Cash Flow aus operativer Tätigkeit, (2) Cash Flow aus Investitionstätigkeit und (3) Cash Flow aus Finanzierungstätigkeit aufspaltet. Im Unterschied zum Liquiditätsplan ist die Kapitalflussrechnung vergangenheitsorientiert.

Sunny AG (Case Study Sunny AG)

Das Cash Flow Statement der Sunny AG kann aus dem Liquiditätsplan direkt abgeleitet werden. Dazu werden nur die Zahlungen den o. g. Gruppen zugeordnet und der Anfangsbestand weggelassen. Das Cash Flow Statement der Sunny AG für die Geschäftsjahre 20X1 und 20X2 zeigt Abbildung 10.7:

Sunny AG's CASH FLOW STATEMENT for 20X2

	20X1	20X2
	[EUR]	[EUR]
CF from operating activities		
Proceeds	9.018.000,00	10.020.000,00
Materials	(2.160.000,00)	(3.600.000,00)
Departments	(4.285.200,00)	(4.285.200,00)
VAT		(436.800,00)
Taxation		(251.025,83)
	2.572.800,00	1.446.974,18
CF from investing activities		
Investment	(3.299.200,00)	(500.000,00)
	(3.299.200,00)	(500.000,00)
CF from financing activities		
Issue of Shares	600.000,00	
Bank Loan	300.000,00	
Interest and Pay off	(24.000,00)	(24.000,00)
Dividend to SHs		(275.915,23)
	876.000,00	(299.915,23)
Total cash flow:	***149.600,00***	***647.058,94***

Abbildung 10.7: Kapitalflussrechnung der Sunny AG für 20X2

Eine Kapitalflussrechnung kann über drei Methoden entwickelt werden: (1) über die direkte Methode → vgl. Abschnitt 10.3.1 (2) über die direkte Methode mit Überleitungsrechnung → vgl. Abschnitt 10.3.2 und (3) über die derivative Methode → vgl. Abschnitt 10.3.3, S. 257.

10.3.1 Direkte Methode (Direct Method)

Bei der direkten Methode werden allen Einzahlungen die Auszahlungen gegenübergestellt. Sie wurde bei der Kapitalflussrechnung in Abbildung 10.7 → vgl. S. 254 angewandt. Die direkte Methode kann angewendet werden, wenn alle Zahlungsvorgänge bekannt sind. Dies ist nur der Fall, wenn der Bilanzierende selbst die Kapitalflussrechnung erstellt. Für Außenstehende ist dies nicht möglich. Ebenfalls setzt die Anwendbarkeit der Methode voraus, dass die Zahlungsvorgänge überschaubar sind oder zusammengefasst werden können.

10.3.2 Direkte Methode mit Überleitungsrechnung zur Bestimmung des operativen Zahlungsmittelüberschusses (Direct Method via Reconciliation of Cash Flow from Operating Activities)

Bei Anwendung der direkten Methode kann der Cash Flow aus operativer Tätigkeit auch aus der Gewinn- und Verlustrechnung abgeleitet werden. Die meisten Unternehmen bestimmen so den Cash Flow und weisen ihn durch eine Überleitungsrechnung im Cash Flow Statement oder in den Notes aus.

Die **ÜBERLEITUNGSRECHNUNG (RECONCILIATION STATEMENT)** → GLOSSAR geht vom Jahresüberschuss vor Steuern aus und korrigieren alle Vorgänge, die zwar erfolgswirksam waren, aber keine Zahlungen bedingt haben. Beispielsweise werden Abschreibungen in der Gewinn- und Verlustrechnung als Aufwand berücksichtigt, führen aber nicht zu Zahlungen. Daher werden sie für die Kapitalflussrechnung zum Jahresüberschuss addiert. Zinsen, die gezahlt wurden und im Cash Flow aus Finanztätigkeiten dargestellt werden sollen, werden ebenfalls aus dem operativen Cash Flow herausgerechnet. Weiter werden die Veränderungen im Working Capital berücksichtigt: Eine Zunahme an Forderungen gilt als Zahlungsausgang, weil der Zahlungseingang noch aussteht. Eine Zunahme an Vorräten ist unabhängig davon, ob gezahlt wurde, ein Zahlungsausgang. Wurde die Zunahme der Vorräte auf Rechnung finanziert, dann steigen die Verbindlichkeiten. Eine Zunahme von Verbindlichkeiten ist ein Zahlungseingang, da die Auszahlung noch nicht stattgefunden hat. In die Veränderung von Forderungen und Verbindlichkeiten sind Vorsteuerforderungen und Umsatzsteuerschuld für das Working Capital einzubeziehen, jedoch keine Umsatzsteuerbuchungen für das Anlagevermögen.

Die Veränderung des **WORKING CAPITAL** → GLOSSAR zeigt das folgende Beispiel: Das Unternehmen Gimbte GmbH kauft Vorräte für (brutto) 120,00 EUR. Es werden zwei Szenarien unterschieden: (a) Es zahlt die Vorräte bar; (b) die Vorräte werden auf Rechnung gekauft. Am Ende der Abrechnungsperiode sollen die Vorräte noch auf Lager sein. Der Buchungssatz lautet für (a):

```
DR Purchase ......................... 100,00 EUR
DR VAT ..............................  20,00 EUR
CR Bank ............................. 120,00 EUR
```

Der Buchungssatz lautet für (b):

```
DR Purchase ......................... 100,00 EUR
DR VAT ..............................  20,00 EUR
CR A/P .............................. 120,00 EUR
```

Der Profit aus dem Geschäftvorfall ist Null, da weder ein Verbrauch noch ein Umsatz stattgefunden hat. Die Überleitungsrechnung (reconciliation statement) ist für (a) in Abbildung 10.8 gezeigt.

RECONCILIATION OF EBT WITH CFoA for 20X1

Profit for the period		0,00
Changes in Working Capital		
(1)	Changes in A/R	0,00
(2)	Changes in Inventory	(100,00)
(3)	Changes in A/P	0,00
		(100,00)
Changes in VAT		
(1)	VAT receivable	(20,00)
(2)	VAT payable	0,00
		(120,00)

Abbildung 10.8: Überleitungsrechnung der Gimbte GmbH für (a)

Abbildung 10.9 stellt die Überleitungsrechnung im Fall des Kaufs auf Rechnung (b) dar. Entsprechend muss der Cash Flow aus operativer Tätigkeit Null sein.

RECONCILIATION OF EBT WITH CFoA for 20X1		
Profit for the period		0,00
Changes in Working Capital		
(1)	Changes in A/R	0,00
(2)	Changes in Inventory	(100,00)
(3)	Changes in A/P	120,00
		20,00
Changes in VAT		
(1)	VAT receivable	(20,00)
(2)	VAT payable	0,00
		0,00

Abbildung 10.9: Überleitungsrechnung der Gimbte GmbH für (b)

Sunny AG (Case Study Sunny AG)

Die Sunny AG stellt eine Überleitungsrechnung für den Vorsteuergewinn und den Cash Flow aus operativer Tätigkeit auf. Der Profit before Taxation (EBT) der Sunny beträgt 831.900,00 EUR. Der Cash Flow aus operativer Tätigkeit ist im Cash Flow Statement in Abbildung 10.7 → vgl. S. 254 mit 2.572.800,00 EUR ausgewiesen. Die Überleitungsrechnung, wie sie in den Notes darzustellen ist, zeigt Abbildung 10.10.

Sunny AG's RECONCILIATION OF EBT WITH CFoA for 20X1		
Profit for the period		831.900,00
add:	depreciation	214.000,00
		1.045.900,00
Finance payments		18.900,00
		1.064.800,00
Changes in Working Capital		
(1)	Changes in A/R	(1.002.000,00)
(2)	Changes in Inventory	0,00
(3)	Changes in A/P	1.440.000,00
		1.502.800,00
Changes in VAT		
(1)	VAT receivable	(600.000,00)
(2)	VAT payable	1.670.000,00
		2.572.800,00

Abbildung 10.10: Überleitungsrechnung der Sunny AG

Bei der Überleitungsrechnung geht die Sunny AG von dem Vorsteuergewinn aus und addiert die Abschreibungen i.H.v. 214.000,00 EUR.

Die Zinsaufwendungen i.H.v. 18.900,00 EUR sind zwar zahlungswirksam, sie werden jedoch in der Kapitalflussrechnung unter Cash Flow aus Finanzierungstätigkeit gezeigt und deshalb eliminiert. Für die Überleitungsrechnung wird der Zinsaufwand kompensiert, da er in der Gewinn- und Verlustrechnung enthalten ist. In der Kapitalflussrechnung wird die gesamte Zahlung, die aus Zins und Tilgung besteht, i.H.v. 24.000,00 EUR ausgewiesen.

Das Working Capital der Sunny AG ändert sich durch das erste Geschäftsjahr, weil Vorräte teilweise (60 %) bar, teilweise (40 %) auf Rechnung gekauft werden. Ebenso werden die Leistungen der Sunny teilweise (90 %) bar, teilweise (10 %) auf Rechnung verkauft. Dadurch ändern sich die Forderungen und Verbindlichkeiten aus Lieferungen und Leistungen (trade receivables, trade payables). Die Forderungen betragen 835.000 + 167.000 = **1.002.000,00 EUR**. Die Teilbeträge können mit dem Liquiditätsplan in Abbildung 10.2 → vgl. S. 250 nachvollzogen werden. Die Veränderung der Vorräte ist Null, da die Sunny AG während des Geschäftsjahrs 20X1 alle Vorräte aufbraucht. Die Verbindlichkeiten resultieren aus den 40 % Materialeinkäufen auf Rechnung und betragen 1.200.000,00 + 240.000 = **1.440.000,00 EUR.**

Die Sunny AG muss weiter die Umsatzsteuerbuchungen berücksichtigen. Die Änderung der Vorsteuerforderung enthält nur die aus den Materialeinkäufen zu ziehende Vorsteuerforderung i.H.v. 600.000,00 EUR. Die Vorsteuer, die aus der Anschaffung der Sachanlagevermögensgegenstände resultiert, wird als Cash Flow aus Finanzierungstätigkeit dargestellt. Die Umsatzsteuerschuld beträgt 1.503.000 + 167.000 = **1.670.000,00 EUR**. Man erkennt, dass die Summe der Korrekturen auf den Cash Flow aus operativer Tätigkeit i.H.v. 2.572.800,00 EUR führt.

10.3.3 **Derivative Methode** (Derivative Method)

Bei der derivativen Methode wird der Cash Flow aus den Jahresabschlussdaten abgeleitet. Die Methode wird detailliert beschrieben in: Küting/Weber [2008]. Die derivative Methode wird an einem einfachen Beispiel erklärt und anschließend an der Sunny AG-Fallstudie vertieft.

Das Produktionsunternehmen Sulzbach GmbH nimmt zu Beginn von 20X1 ein Darlehn i.H.v. 100.000,00 EUR auf. Es finanziert damit eine Maschine, für die sie 100.000,00 EUR bezahlt. Für die Maschine soll kein Restwert berücksichtigt werden. Ihre Nutzungsdauer beträgt fünf Jahre. Die Sulzbach GmbH erwirtschaftet einen Umsatzerlös von 30.000,00 EUR und zahlt als einzigen Aufwand 1.000,00 EUR Zinsen. Sonst sollen keine weiteren Zahlungen anfallen, Steuern werden vernachlässigt. Ebenso werden keine Anfangsbestände in der Bilanz berücksichtigt. Im Geschäftsjahr 20X2 beträgt der Umsatz wieder 30.000,00 EUR und die Zinskosten sind erneut 1.000,00 EUR.

Es ist offensichtlich, dass die Sulzbach GmbH zum Ende von 20X1 einen Kassenbestand von 29.000,00 EUR hat. Im nächsten Jahr beträgt er das Doppelte, 58.000,00 EUR. In beiden Jahren ist der Cash Flow 29.000,00 EUR.

In der Gewinn- und Verlustrechnung der Sulzbach GmbH ist in beiden Jahren der Umsatz (30.000,00 EUR), die Abschreibung (20.000,00 EUR) und der Zinsaufwand (1.000,00 EUR) zu berücksichtigen. Das Periodenergebnis beträgt 9.000,00 EUR. Die

Sulzbach GmbH stellt den gesamten Jahresüberschuss von 20X1 in die Rücklagen ein. Das Beispiel führt auf die beiden Bilanzen in Abbildung 10.11 und Abbildung 10.12.

A	**B/S as at 31.12.20X1**		C,L
Assets	[EUR]	*SH's capital*	[EUR]
P,P,E	80.000	Issued capital	XXX
Int. assets	XXX	Reserves	
Fin. assets		Retained ear.	9.000
Inventory		*Liabilities*	
Receivables		Int. bear. liab.	100.000
Perpaid exp.		Payables	
Cash	29.000	Provisions	
		Def. income	
		Tax liabilities	
	109.000		109.000

Abbildung 10.11: Bilanz der Sulzbach GmbH zum 31.12.20X1

A	**B/S as at 31.12.20X2**		C,L
Assets	[EUR]	*SH's capital*	[EUR]
P,P,E	60.000	Issued capital	XXX
Int. assets	XXX	Reserves	9.000
Fin. assets		Retained ear.	9.000
Inventory		*Liabilities*	
Receivables		Int. bear. liab.	100.000
Perpaid exp.		Payables	
Cash	58.000	Provisions	
		Def. income	
		Tax liabilities	
	118.000		118.000

Abbildung 10.12: Bilanz der Sulzbach GmbH zum 31.12.20X2

Im Folgenden wird angenommen, von der Sulzbach AG sei nur der Jahresabschluss bekannt. Die beiden Bilanzen für 20X1 und 20X2 werden horizontal subtrahiert. Die daraus entstehende Delta-Bilanz zeigt nur Positionen, die sich im Geschäftsjahr 20X2 verändert haben. Bei der Subtraktion der Bilanzen wird von der jungen Bilanz (20X2) die alte Bilanz (20X1) abgezogen. Findet wie bei der Sulzbach GmbH ein Anstieg des Kassenbestands statt, wird diese Differenz in der Delta-Bilanz positiv ausgewiesen. Die Delta-Bilanz ist in Abbildung 10.13 gezeigt. Sie ist keine Bilanz! Sie zeigt vielmehr die Veränderungen von Bilanzpositionen und wird deshalb auch für einen Zeitraum erstellt. Wird die Aktivseite der Delta-Bilanz als Mittelverwendung und die Passivseite als Mittelherkunft dargestellt, wird sie als **BEWEGUNGSBILANZ** → GLOSSAR bezeichnet.

A	Delta-B/S for 20X2		C,L
Assets (+)	[EUR]	*SH's capital (+)*	[EUR]
P,P,E	(20.000)	Reserves	9.000
Cash	29.000		
	9.000		9.000

Abbildung 10.13: Delta-Bilanz der Sulzbach GmbH für 20X2

Anschließend wird der negative Betrag für das Sachanlagevermögen auf die Passivseite übertragen. Die Delta-Bilanz enthält anschließend nur positive Beträge. Die Delta-Bilanz sieht wie in Abbildung 10.14 aus.

A	Delta-B/S for 20X2		C,L
Assets (+)	[EUR]	*SH's capital (+)*	[EUR]
Cash	29.000	Reserves	9.000
		Assets (-)	
		P,P,E	20.000
	29.000		29.000

Abbildung 10.14: Delta-Bilanz der Sulzbach GmbH für 20X2 nach Umbuchung der Veränderung des Sachanlagevermögens

Die Delta-Bilanz wird anschließend erweitert. Dafür werden Positionen, die als Saldo in der Delta-Bilanz stehen, durch ihre ursprünglichen Einzelwerte ersetzt. Die Bilanzsumme der Delta-Bilanz erhöht sich sukzessive bei den Berechnungen. Die erste Erweiterung bezieht sich auf die Veränderung des Sachanlagevermögens. Hierfür wird der Anlagespiegel analysiert. Bei der Sulzbach GmbH sind in 20X2 keine Assets zugegangen. Ebenfalls hat kein Abgang stattgefunden. Das Sachanlagevermögen wurde durch das Abschreiben vermindert. Entsprechend wird in der Delta-Bilanz die Position P, P, E (–) durch Abschreibung ersetzt. Abbildung 10.15 zeigt die Delta-Bilanz nach Einbezug des Anlagespiegels.

A	Delta-B/S for 20X2		C,L
Assets (+)	[EUR]	*SH's capital (+)*	[EUR]
Cash	29.000	Reserves	9.000
		Assets (-)	
		Depr.	20.000
	29.000		29.000

Abbildung 10.15: Delta-Bilanz der Sulzbach GmbH für 20X2 nach Einbezug des Anlagespiegels

Als nächstes wird die Gewinn- und Verlustrechnung einbezogen. Hierfür ist jedoch erforderlich, die Gewinnverwendung der Sulzbach GmbH rückgängig zu machen. Die

Sulzbach GmbH hat das Periodenergebnis in die Rücklagen eingestellt. Hätte sie das Jahresergebnis in der Position Retained Earnings gelassen, wäre diese in der Delta-Bilanz erschienen. Die Zunahme der Retained Earnings entspricht dem Jahrsüberschuss des Geschäftsjahrs 20X2. Die Delta-Bilanz nach Rückgängigmachen der Gewinnverwendung wird in Abbildung 10.16 gezeigt.

A	**Delta-B/S**	**for 20X2**	C,L
Assets (+)	[EUR]	*SH's capital (+)*	[EUR]
Cash	29.000	Annual Surpl.	9.000
		Assets (-)	
		Depr.	20.000
	29.000		29.000

Abbildung 10.16: Delta-Bilanz der Sulzbach GmbH für 20X2 nach Rückgängigmachen der Gewinnverwendung

Nachdem die Gewinnverwendung rückgängig gemacht wurde, kann der Jahrsüberschuss durch alle Aufwands- und Ertragspositionen ersetzt werden. Die Erweiterung um die Gewinn- und Verlustrechnungspositionen ist die letzte Erweiterung zur Ableitung der Kapitalflussrechnung. Die Delta-Bilanz nach Einbezug der Gewinn- und Verlustrechnungspositionen für 20X2 ist in Abbildung 10.17 dargestellt.

A	**Delta-B/S**	**for 20X2**	C,L
Assets (+)	[EUR]	*SH's capital (+)*	[EUR]
Cash	29.000		
		Assets (-)	
I/S		Depr.	20.000
Depr.	20.000		
Interest	1.000	*I/S*	
		Revenue	30.000
	50.000		50.000

Abbildung 10.17: Delta-Bilanz der Sulzbach GmbH für 20X2 nach Einbezug der Gewinn- und Verlustrechnung

Nachfolgend werden Positionen der Delta-Bilanz, die zusammengehören, saldiert. Im Beispiel der Sulzbach GmbH sind nur die Abschreibungen betroffen. Die Positionen werden auf beiden Seiten gelöscht.

Die Positionen der Delta-Bilanz in Abbildung 10.18 repräsentieren Zahlungsvorgänge. Zur leichteren Strukturierung der Kapitalflussrechnung wird der Typ des Cash Flows angegeben: (o) für Cash Flow aus operativer Tätigkeit, (i) für Cash Flow aus Investitionstätigkeit, (f) für Cash Flow aus Finanzierungstätigkeit und (t) für den total Cash Flow.

A		Delta-B/S for 20X2			C,L
Assets		[EUR]			[EUR]
Cash	(t)	29.000	*I/S*		
Interest	(f)	1.000	Revenue	(o)	30.000
		30.000			30.000

Abbildung 10.18: Delta-Bilanz der Sulzbach GmbH für 20X2 nach Saldierung

Die Kapitalflussrechnung für die Sulzbach GmbH kann aus der letzten Delta-Bilanz direkt abgeleitet werden. Abbildung 10.19 zeigt die Kapitalflussrechnung der Sulzbach GmbH für das Geschäftsjahr 20X2.

Sulzbach GmbH's CASH FLOW STATEMENT for 20X2	
Cash Flow from operating activities	
Revenue	30.000,00
Cash flow from investing activities	
	0,00
Cash flow from financing activities	
Interest	(1.000,00)
Total cash flow	29.000,00

Abbildung 10.19: Kapitalflussrechnung der Sulzbach GmbH für 20X2

Sunny AG (Case Study Sunny AG)

Für die Sunny AG wird die Kapitalflussrechnung aus der Bewegungsbilanz abgeleitet, die sich aus der Differenz der Bilanzposten von 20X1 und 20X0 ergibt. Da für das Geschäftsjahr 20X1 die Ausschüttung der Aktien als Cash Inflow i.H.v. 600.000,00 EUR dargestellt wurde, sind alle Positionen der Bilanz zum 31.12.20X0 Null. Damit ist der Kassenanfangsbestand ebenfalls Null, so dass sich der Cash Flow für 20X1 zu 149.600,00 EUR ergibt. Dies entspricht auch dem Kassenbestand der Sunny AG, der in der Bilanz von 20X1 gezeigt wird.

Die Bewegungsbilanz wird in T-Kontenform aufgestellt. Sie wird in Abbildung 10.20 gezeigt.

D	Delta-B/S for 20X1		C
20X1	[EUR]	20X1	[EUR]
Δ-P,P,E	2.952.000,00	Δ-Issued Cap.	600.000,00
		Δ-Reserves	304.958,94
Δ-A/R	1.002.000,00	Δ-Int. b. liab.	294.900,00
Δ-Cash	149.600,00	Δ-A/P	2.652.715,23
		Δ-Tax liab.	251.025,83
	4.103.600,00		4.103.600,00

Abbildung 10.20: Delta-Bilanz der Sunny AG für 20X1

Im nächsten Schritt werden die Veränderungen des Sachanlagevermögens anhand des Anlagespiegels aufgeschlüsselt.

Sunny AG's REGISTER OF FIXED ASSETS as at 31.12.20X1

Plant	Date of Acqu.	Usfl Life	Cost/ Valuation	Acc. Depr.	Carrying Amount
1100 (Mgt)	20X1	10	50.000,00	(5.000,00)	45.000,00
2100 (Stck)	20X1	10	100.000,00	(10.000,00)	90.000,00
3100 (OBld)	20X1	25	2.500.000,00	(100.000,00)	2.400.000,00
3110 (Sol)	20X1	8	240.000,00	(30.000,00)	210.000,00
4100 (Asbl)	20X1	4	56.000,00	(14.000,00)	42.000,00
4200 (Cnfg)	20X1	4	60.000,00	(15.000,00)	45.000,00
4300 (Srvc)	20X1	4	160.000,00	(40.000,00)	120.000,00
Total			*3.166.000,00*	*(214.000,00)*	*2.952.000,00*

Abbildung 10.21: Anlagespiegel der Sunny AG zum 31.12.20X1

Der Anlagespiegel zeigt, dass die Sunny AG im Geschäftsjahr 20X1 Sachanlagen im Wert (netto) von 3.166.000,00 EUR angeschafft hat und das die Abschreibung 214.000,00 EUR betrug. Es finden keine Abgänge von Sachanlagen statt. Ebenfalls wurden keine Zuschreibungen vorgenommen. Entsprechend wird in der Bewegungsbilanz der Wert für Δ-P, P, E durch den Sachanlagenzugang und die Abschreibung ersetzt.

Delta-B/S for 20X1

D			C
20X1	[EUR]	20X1	[EUR]
P,P,E (+)	3.166.000,00	Δ-Issued Cap.	600.000,00
Δ-A/R	1.002.000,00	Δ-Reserves	304.958,94
Δ-Cash	149.600,00	Depreciation	214.000,00
		Δ-Int. b. liab.	294.900,00
		Δ-A/P	2.652.715,23
		Δ-Tax liab.	251.025,83
	4.317.600,00		4.317.600,00

Abbildung 10.22: Delta-Bilanz der Sunny AG nach Anpassung der Veränderung von fixed Assets

Da die Gewinn- und Verlustrechnung einbezogen werden soll, wird die Gewinnverwendung der Sunny AG rückgängig gemacht. Die Gewinnverwendung kann dem Statement of Changes in Equity in Abbildung 10.23 entnommen werden.

Sunny AG's STATEMENT OF CHANGES IN EQUITY FOR 20X2

	Issued Capital	Share Premium	Earnings Reserves	Retained Earnings	Total Shareholders' Equity
Equity as at 1.01.20X1	600.000,00	0,00	0,00	0,00	600.000,00
Profit 20X1				580.874,18	580.874,18
Appropriation of Profit			304.958,94	(580.874,18)	(275.915,23)
Equity as at 31.12.20X1	*600.000,00*	*0,00*	*304.958,94*	*0,00*	*904.958,94*
Profit 20X2				581.098,52	581.098,52
Appropriation of Profit			305.076,72	(581.098,52)	(276.021,80)
Equity as at 31.12.20X2	*600.000,00*	*0,00*	*610.035,67*	*0,00*	*1.210.035,67*

Abbildung 10.23: Eigenkapitalveränderungsrechnung der Sunny AG für 20X2

Die Gewinnverwendung der Sunny AG für 20X1 ist in der dritten Zeile der Eigenkapitalveränderungsrechnung zu sehen. Der Profit i.H.v. 580.874,18 EUR wird entsprechend den Vorschriften nach §§ 58 und 150 AktG verwendet. Die Sunny AG muss 5 % des Jahresergebnisses in die gesetzliche Gewinnrücklage einstellen. Die verbleibenden 95 % werden in Übereinstimmung mit § 58 AktG hälftig in die sonstigen Gewinnrücklagen eingestellt und hälftig an die Aktionäre ausgeschüttet. Die Ausschüttung an die Aktionäre findet in 20X2 statt, daher entsteht keine Zahlung sondern eine Verbindlichkeitsbuchung. Die Verbindlichkeiten verringern sich bei Rückgängigmachen der Gewinnverwendung auf 2.376.800,00 EUR. Die Anpassung der Delta-Bilanz wird in Abbildung 10.24 erkennbar. (Die Differenz von 0,01 EUR resultiert aus der Rundung bei der Gewinnverwendung.)

D — Delta-B/S for 20X1 — C

20X1	[EUR]	20X1	[EUR]
P,P,E (+)	3.166.000,00	Δ-Issued Cap.	600.000,00
Δ-A/R	1.002.000,00	Δ-R/E	580.874,18
Δ-Cash	149.600,00	Depreciation	214.000,00
		Δ-Int. b. liab.	294.900,00
		Δ-A/P	2.376.800,00
		Δ-Tax liab.	251.025,83
	4.317.600,00		4.317.600,00

Abbildung 10.24: Delta-Bilanz der Sunny AG nach Anpassung der Gewinnverwendung

Da die Delta-Bilanz jetzt den Jahresüberschuss enthält, kann sie um die gesamte Gewinn- und Verlustrechnung erweitert werden. Abbildung 10.6 → vgl. S. 253 zeigt die Gewinn- und Verlustrechnung. In der Delta-Bilanz führt ihr Einbezug zur Aufnahme aller Aufwandspositionen auf der Sollseite und zur Darstellung des Umsatzes auf der Habenseite; dies wird in Abbildung 10.25 gezeigt.

D — Delta-B/S for 20X1 — C

20X1	[EUR]	20X1	[EUR]
P,P,E (+)	3.166.000,00	Δ-Issued Cap.	600.000,00
Δ-A/R	1.002.000,00	Depreciation	214.000,00
Δ-Cash	149.600,00	Δ-Int. b. liab.	294.900,00
Materials	3.000.000,00	Δ-A/P	2.376.800,00
Labour	3.680.000,00	Δ-Tax liab.	251.025,83
Depreciation	214.000,00	Revenue	8.350.000,00
Other Exp.	605.200,00		
Interest	18.900,00		
Taxation	251.025,83		
	12.086.725,83		12.086.725,83

Abbildung 10.25: Delta-Bilanz der Sunny AG nach Einbezug der Gewinn- und Verlustrechnung

Damit ist das Cash Flow Statement vorbereitet. In den nächsten Schritten finden Saldierungen statt, für die z.T. Informationen aus der Sunny AG bekannt sein müssen.

Die Tilgung des Darlehns i.H.v. 5.100,00 EUR führt zu einer Addition in der Position Interest bearing Liabilities und bei der Aufwandsposition. Sie wird deshalb in Financing umbenannt.

Die Positionen Labour und Other Expenses werden zu Manufacturing zusammengefasst.

Die beiden Positionen für die Steuern werden auf der Soll- und Habenseite gelöscht. Dies entspricht der Tatsache, dass noch keine Steuern in 20X1 gezahlt worden sind. Daher kann keine Zahlung für Steuern im Cash Flow Statement gezeigt werden.

Die Abschreibungspositionen werden ebenfalls gelöscht, sie stimmen wechselseitig überein. Die Eliminierung der Abschreibungen auf der Soll- und Habenseite macht deutlich, dass Abschreibungen nicht zahlungswirksam sind.

Nach diesen ersten vier Saldierungen erscheint die Delta-Bilanz wie in Abbildung 10.26:

D — Delta-B/S for 20X1 — C

20X1	[EUR]	20X1	[EUR]
P,P,E (+)	3.166.000,00	Δ-Issued Cap.	600.000,00
Δ-A/R	1.002.000,00	Δ-Int. b. liab.	300.000,00
Δ-Cash	149.600,00	Δ-A/P	2.376.800,00
Materials	3.000.000,00	Revenue	8.350.000,00
Manufacturing	4.285.200,00		
Financing	24.000,00		
	11.626.800,00		11.626.800,00

Abbildung 10.26: Delta-Bilanz der Sunny AG nach Saldierungen

Weitere Saldierungsschritte ergeben sich durch die Umsatzsteuer. Die in der Delta-Bilanz gezeigten Werte sind Nettowerte, da sie aus der Bilanz und der Gewinn- und Verlustrechnung übernommen wurden. Die Zahlungsbeträge sind grundsätzlich Bruttowerte. Das Berücksichtigen von Umsatzsteuerbeträgen führt bei der Sunny AG zu Gegenbuchungen bei den Verbindlichkeiten, weil die Umsatzsteuerschuld zum Ende von 20X1 zu einer Verbindlichkeit der Position A/P geführt hat. Die Umsatzsteuererlöse waren höher als die Einkäufe von Material und die Investitionen. Die Umsatzsteuer der Sunny AG betrug in 20X1: bei den Investitionen 633.200,00 EUR und bei den Materialeinkäufen 600.000,00 EUR. Der Umsatzerlös führt auf eine Umsatzsteuerschuld von 1.670.000,00 EUR. Entsprechend wird das Verbindlichkeitskonto korrigiert: 2.376.800 − 1.670.000 + 600.000 + 633.200 = **1.940.000,00 EUR**. In der Delta-Bilanz werden entsprechend die Beschaffungspositionen und der Umsatzerlös brutto ausgewiesen. Dies zeigt Abbildung 10.27:

D — Delta-B/S for 20X1 — C

20X1	[EUR]	20X1	[EUR]
P,P,E (+)	3.799.200,00	Δ-Issued Cap.	600.000,00
Δ-A/R	1.002.000,00	Δ-Int. b. liab.	300.000,00
Δ-Cash	149.600,00	Δ-A/P	1.940.000,00
Materials	3.600.000,00	Revenue	10.020.000,00
Manufacturing	4.285.200,00		
Financing	24.000,00		
	12.860.000,00		12.860.000,00

Abbildung 10.27: Delta-Bilanz der Sunny AG nach Berücksichtigung der Umsatzsteuer

Die Umsatzsteuer führt zu einem Zahlungsverkehr zwischen der Sunny AG und den Finanzbehörden in 20X2; dagegen ist die Umsatzsteuer bei Einkauf von Assets und Verkauf von Leistungen der Sunny AG nur teilweise gezahlt worden, da zum Teil auf Rechnung ge- und verkauft wurde.

Die Zahlungen zwischen der Sunny AG und ihren Lieferanten und Kunden erfordern weitere Anpassungen der Delta-Bilanz.

Der Umsatz wird mit den Forderungen saldiert und führt auf eine Umsatzzahlung i.H.v. 9.018.000,00 EUR.

Das Sachanlagevermögen wurde von der Sunny AG bis auf einen Restbetrag von 500.000,00 EUR gezahlt. Daher beträgt die Investitionszahlung 3.299.200,00 EUR. Auf der Passivseite wird entsprechend das Verbindlichkeitskonto um 500.000,00 EUR reduziert. Dies bedeutet nicht das Reduzieren von Verbindlichkeiten, sondern der zu berücksichtigenden Zahlungen, um die Verbindlichkeiten zu begleichen. Es handelt sich also nicht um eine Verbindlichkeitsposition, sondern um die Veränderung von Verbindlichkeiten in der Delta-Bilanz. Im nächsten Schritt wird der Bruttowert der Materialaufwendungen mit der Position Δ-A/P saldiert. Die Saldierungen zeigt Abbildung 10.28.

D — Delta-B/S for 20X1 — C

20X1		[EUR]	20X1		[EUR]
P,P,E (+)	(i)	3.299.200,00	Δ-Issued Cap.	(f)	600.000,00
Δ-Cash	(t)	149.600,00	Δ-Int. b. liab.	(f)	300.000,00
Materials	(o)	2.160.000,00	Revenue paym.	(o)	9.018.000,00
Manufacturing	(o)	4.285.200,00			
Financing	(f)	24.000,00			
		9.918.000,00			9.918.000,00

Abbildung 10.28: Delta-Bilanz der Sunny AG nach allen Saldierungen

In der Delta-Bilanz der Sunny AG in Abbildung 10.28 sind bereits die Cash Flows enthalten. Ihnen wird jeweils in Klammern der Typ des Cash Flows zugeordnet. (o) für Cash Flow aus operativer Tätigkeit, (i) für Cash Flow aus Investitionstätigkeit, (f) für Cash Flow aus Finanzierungstätigkeit und (t) für den gesamten Cash Flow (total cash flow). Die Kapitalflussrechnung in Abbildung 10.7 → vgl. S. 254 zeigt dieselben Werte wie die Delta-Bilanz.

Zusammenfassung (Summary)

Die Kapitalflussrechnung zeigt die Veränderung der Position Cash and Cash Equivalents. Sie strukturiert die Zahlungsströme nach ihren Geschäftsvorfällen in operativen Cash Flow, Cash Flow aus Investitionstätigkeit und Cash Flow aus Finanzierungstätigkeit.

Dem Cash Flow Statement liegt eine ähnliche Methode wie der Finanzplanung zugrunde. Die Kapitalflussrechnung kann direkt, per Überleitungsrechnung oder derivativ bestimmt werden.

Die Kapitalflussrechnung zählt nach IAS 1.8 zum Set of Financial Statements.

An der Kapitalflussrechnung kann abgelesen werden, ob das Unternehmen im Berichtszeitraum in der Lage gewesen ist, neben Erfolg auch Zahlungsmittel zu erwirtschaften. Der Zahlungsmittelbestand ist die Voraussetzung für die Erhaltung der Liquidität, die eine unabdingbare Voraussetzung für den Fortbestand eines Unternehmens ist. Illiquidität ist ein Grund für die Eröffnung eines Insolvenzverfahrens.

Aufgaben (Exercises)

Aufgabe 1: Kapitalflussrechnung (Exercise on Cash Flow Statement)

Erstellen Sie nach den Geschäftsvorfällen eine Kapitalflussrechnung nach der direkten, indirekten und der derivativen Vorgehensweise. Erstellen Sie für die indirekte Methode eine Gewinn- und Verlustrechnung und für die derivative Vorgehensweise die Bilanz zum Ende des Geschäftsjahrs.

Es ist keine Umsatzsteuer zu berücksichtigen. Der Gesamtsteuersatz betrage 30 %. Die Unternehmenssteuern sind als Tax Liability gem. IAS 12 zu zeigen.

(1) Anschaffung einer Maschine 80.000,0 EUR per Überweisung
(2) Abschreibung der Maschine 20.000,0 EUR
(3) Barverkäufe 200.000,0 EUR
(4) Lohnaufwand (cash) 100.000,0 EUR
(5) Aufnahme eines Bankdarlehns 70.000,0 EUR
(6) Kapitalerhöhung durch Ausschüttung von Aktien 45.000,0 EUR

Die Eröffnungsbilanz ist vorgegeben:

A	B/S as at 1 Jan 20X3		C,L
N-cur Assets	[EUR]	***SH's capital***	[EUR]
P,P,E		Issued capital	40.000
Int, assets		Reserves	
Fin. assets		Retained ear.	
cur Assets		***Liabilities***	
Inventory		Int. bear. liab.	
Receivables		Payables	
Prepaid exp.		Provisions	
Cash	40.000	Def. income	
		Tax liabilities	
	40.000		*40.000*

Abbildung 10.29: Bilanz zum 1.01.20X3

Aufgabe 2: Derivative Methode (Exercise on Derivative Method)

Berechnen Sie das Cash Flow Statement nach der derivativen Methode.

Berücksichtigen die die folgenden Geschäftsvorfälle dafür. Umsatzsteuerzahlungen finden erst im nächsten Geschäftsjahr (20X4) statt.

(1) Materialeinkauf auf Rechnung für 42.000,00 EUR (brutto).
(2) Anschaffung einer Maschine für 30.000,00 EUR (brutto). Die Zahlung findet per Überweisung in 20X3 statt.
(3) Abschreibungen für 20X3 i.H.v. 5.000,00 EUR.
(4) Das Unternehmen nimmt ein Bankdarlehn am 1.01.20X3 auf: 100.000,00 EUR (Zinssatz 6 %, Tilgungsrate 2 %, beide sind per Überweisung in 20X3 gezahlt worden.)
(5) Umsatzerlöse (brutto) betragen 360.180,00 EUR. Die Hälfte des Umsatzes wird auf Rechnung, die andere bar erwirtschaftet.
(6) Gezahlter Lohnaufwand beträgt 20.000,00 EUR.
(7) Der Impairment Loss für das Sachanlagevermögen beträgt 3.000,00 EUR.
(8) Zahlungen für die Steuern vom Einkommen und Ertrag für 20X3 werden bereits in 20X3 geleistet. Der Gesamtsteuersatz beträgt 30 %.
(9) Es wird eine Dividende von 50 % des Jahresüberschusses von 20X3 in 20X3 gezahlt.

Die folgende Eröffnungsbilanz zum 1.01.20X3 ist gegeben:

A	B/S as at 1 Jan 20X3		C,L
N-cur Assets	[EUR]	***SH's capital***	[EUR]
P,P,E		Issued capital	100.000
Int, assets		Reserves	
Fin. assets		Retained ear.	
cur Assets		***Liabilities***	
Inventory		Int. bear. liab.	
Receivables		Payables	
Prepaid exp.		Provisions	
Cash	100.000	Def. income	
		Tax liabilities	
	100.000		*100.000*

Abbildung 10.30: Eröffnungsbilanz

11 Eigenkapital (Equity)

Lernziele

Das Eigenkapital besteht aus dem gezeichneten Kapital, den Rücklagen und dem Bilanzgewinn. In diesem Kapitel werden die Positionen in dieser Reihefolge vorgestellt und Änderungen ihrer Beträge erläutert. Zuerst wird sich auf das gezeichnete Kapital bezogen und Änderungen durch Kapitalerhöhungen behandelt. Dabei wird bereits auf die Rücklagen abgestellt, da bei Ausschüttung über dem Nennbetrag eine Kapitalrücklage zu bilden ist. Im Weiteren werden die Rücklagen detailliert behandelt. Es werden Einstellungen und Auflösungen der Kapitalrücklage, der Gewinnrücklage und nach IFRSs der Neubewertungsrücklage erklärt. Zum Schluss wird die Änderung des Bilanzgewinns durch die Gewinn- und Verlustrechnung und durch die Gewinnverwendung vorgestellt.

Die Ausführungen zum Eigenkapitalausweis müssen sich mit denen zur Gewinn- und Verlustrechnung und insbesondere mit denen zur Gewinnverwendung überschneiden, da mit der Gewinnverwendung das Eigenkapital verändert wird.

Das Kapitel 11 verfolgt die im Folgenden genannten Ziele:

(1) Kennenlernen der Regelungen nach IFRS und nach deutschem HGB zum Ausweis und zur Erläuterung von Eigenkapitalpositionen → vgl. Abschnitt 11.1, S. 270

(2) Entwicklung von detaillierten Kenntnissen über den Ansatz und die Bewertung für das Eigenkapital → vgl. Abschnitt 11.2, S. 271

(3) Kennenlernen von Aktiengattungen und ihren Ausweis in der Handelsbilanz → vgl. Abschnitt 11.2, S. 273

(4) Erlangen von vertieften Kenntnissen über das Ausschütten und Einziehen von Aktien bei einer deutschen Aktiengesellschaft → vgl. Abschnitt 11.2, S. 274

(5) Wissen über die Bildung von Rücklagen bei der Gewinnverwendung, insb. nach deutsche AktG. Kennenlernen der Vorschriften zum Auflösen von Rücklagen → vgl. Abschnitt 11.2, S. 279

(6) Kenntnisse über das Ausweisen und Auflösen von Neubewertungsrücklagen → vgl. Abschnitt 11.2, S. 281

(7) Erlangen von Kenntnissen der Positionen Jahresüberschuss, Bilanzgewinn/-verlust und Gewinn- und Verlustvortrag in einer Handelsbilanz nach deutschem HGB und der Position Retained Earnings nach IFRSs → vgl. Abschnitt 11.2, S. 284

11.1 Einführung (Introduction)

Das **Eigenkapital (equity)** → Glossar steht auf der Passivseite der Bilanz und enthält grundsätzlich nach IAS 1.68 die Positionen: (1) Gezeichnetes Kapital (subscribed capital), (2) Rücklagen (reserves) und (3) Bilanzgewinn (retained earnings).

Bei der Aufstellung eines Konzernabschlusses (group statement) ist darüber hinaus im Eigenkapital der Minderheitsanteil (minority interest) einzeln auszuweisen. Dieses Vorgehen entspricht der Einheitstheorie, die in Kapitel 8 → vgl. S. 187 als Bilanztheorieansatz dargestellt wurde.

Das Eigenkapital wird entweder durch Zuführung von außen, z. B. durch das Ausschütten von Aktien, oder intern, z. B. durch das Buchen des Jahresergebnisses aus dem Gewinn- und Verlustrechnungskonto in das Konto Retained Earnings und die nachfolgende Gewinnverwendung, verändert. Die Höhe der Gewinnverwendung wird nicht durch die IFRSs bestimmt, sondern ist für Aktiengesellschaften mit Sitz in Deutschland im Regelungsbereich des deutschen AktG → vgl. § 58 AktG, § 150 AktG.

Das deutsche HGB regelt im Wesentlichen über § 272 HGB den Ausweis des Eigenkapitals. Die Struktur des Eigenkapitals wird für Kapitalgesellschaften nach § 266 Abs. 3 HGB bestimmt. Sonderregelungen zu den Eigenkapitalpositionen enthält § 268 HGB, insb. die Frage der Darstellung der Gewinnverwendung in § 268 Abs. 1 HGB und der bilanziellen Überschuldung in § 268 Abs. 3 HGB werden dort festgelegt. Eine Eigenkapitalveränderungsrechnung als Bestandteil des handelsrechtlichen Jahresabschlusses wird nach deutschem HGB nur bei Kapitalmarktorientierung für den Einzelabschluss verlangt, sowie über § 297 Abs. 1 HGB für den Konzernabschluss. Fragen der Bemessung der Gewinnverwendung werden nicht im deutschen HGB geregelt.

Eine Übersicht über den Eigenkapitalausweis in einer IFRS-Bilanz zeigt Abbildung 11.1:

BALANCE SHEET as at 31.12.20XX

	20XX [EUR]
...	
Capital	
Issued Capital	
Other Reserves	
Retained Earnings	
Total of Shareholder's Equity	*0,00*

Abbildung 11.1: Ausweis von Eigenkapital in der Bilanz nach IAS 1

11.2 **Eigenkapitalpositionen** (Items of Shareholders' Equity)

11.2.1 **Gezeichnetes Kapitel** (Issued Capital)

Das gezeichnete, bzw. emittierte Kapital (issued capital) repräsentiert den Anteil des Eigenkapitals, der von den Anteilseignern in das Unternehmen eingebracht wurde. Es entsteht durch die Emission von Unternehmensanteilen, z. B. von Aktien oder Gesellschaftsanteilen. Bei verschiedenen Aktiengattungen, z. B. bei der Ausgabe von nicht einziehbaren Vorzugsaktien, werden jeweils einzelne Positionen im Eigenkapital ausgewiesen. In Deutschland ist für das gezeichnete Kapital einer Aktiengesellschaft der Begriff Grundkapital nach § 6 AktG zu verwenden.

Eigenkapital ist nicht kündbar und steht dem Unternehmen unbegrenzt lange zur Verfügung. Da bei deutschen Personengesellschaften das Eigenkapital durch Entnahmen (drawing) reduziert werden kann, muss es nach IAS 32.11 als Schuld, genauer als financial Liability dargestellt werden. Dadurch entsteht für Personengesellschaften das Problem, dass sie bei Anwendung der IFRSs kein Eigenkapital ausweisen dürfen.

Das gezeichnete Kapital wird grundsätzlich zum Nennbetrag ausgewiesen. Werden Aktien zu einem Bezugskurs (issue price) oberhalb des Nennbetrags emittiert, muss die ausschüttende Gesellschaft den Differenzbetrag (agio) in die **KAPITALRÜCKLAGE (SHARE PREMIUM)** → GLOSSAR buchen. Der Ausweis des Eigenkapitals wird am Beispiel der Sunny AG für das Geschäftsjahr 20X2 gezeigt.

Sunny AG (Case Study Sunny AG)

Die Sunny AG weist zum Ende des Geschäftsjahrs 20X2 ein Eigenkapital von 1.210.035,67 EUR aus. Das Grundkapital (issued capital) i.H.v. 600.000,00 EUR resultiert aus der Emission von 120.000 Stammaktien (ordinary shares) zum Nennbetrag von 5.00 EUR. Da die Aktien zum Nennbetrag (par value) ausgegeben wurden, ist bei der Emission keine Kapitalrücklage gebildet worden → vgl. **Abbildung 6.5, S. 121** bzw. **Abbildung 11.2, S. 272**.

Bei der Gründung einer Aktiengesellschaft werden Stammaktien ausgeschüttet. Die Aktionäre stellen der Aktiengesellschaft ihr Kapital zur Verfügung und partizipieren dafür anteilig an ihrem Erfolg durch Ausschüttung einer Dividende. Das Risiko der Aktionäre ist auf ihre Einlage begrenzt. Bei einer Liquidation der Gesellschaft, kann der Aktionär sein Aktienvermögen vollständig verlieren. Bei einer Liquidation werden alle Vermögenswerte zu Liquidationswerten angesetzt und die Summe der Schulden zum Erfüllungsbetrag (settlement amount) subtrahiert. Der verbleibende Betrag repräsentiert das Eigenkapital im Liquidationsfall. Ein Aktionär kann nicht zur Deckung von Verlusten herangezogen werden. Zuerst werden Verluste durch das Eigenkapital, z. B. durch Gewinnvorträge oder Rücklagen gedeckt. Bei Verlusten, die nicht durch Eigenkapital gedeckt werden, verlangt das deutsche Handelsgesetzbuch über § 268 Abs. 3 HGB den Ausweis eines Postens auf der Aktivseite der Bilanz mit der Bezeichnung nicht durch Eigenkapital gedeckter Fehlbetrag. Wird ein solcher Posten ausgewiesen,

Sunny AG's BALANCE SHEET as at 31.12.20X2

	20X2	**20X1**
	[EUR]	[EUR]
Non-current assets		
Property, plant and equipment	2.738.000,00	2.952.000,00
Investment property		
Intangible assets		
Financial assets		
Investment accounted [...]		
Total of non-current assets	*2.738.000,00*	*2.952.000,00*
Current assets		
Inventories		
Trade and other receivables	1.002.000,00	1.002.000,00
Cash and cash equivalents	796.658,94	149.600,00
Prepaid expenses		
Total of current assets	*1.798.658,94*	*1.151.600,00*
Total assets	*4.536.658,94*	*4.103.600,00*
Liabilities		
[...] Interest bearing liabilities	289.478,70	294.900,00
Trade and other payables	2.786.021,80	2.652.715,23
Provisions		
Liabilities and assets [...] IAS 12	251.122,78	251.025,83
Deferred tax liabilities [...] IAS 12		
Deferred income		
Total of liabilities	*3.326.623,28*	*3.198.641,06*
Capital		
Issued capital	**600.000,00**	**600.000,00**
Other reserves	**610.035,67**	**304.958,94**
Retained earnings		
Total of shareholder's equity	***1.210.035,67***	***904.958,94***
Total equity and liabilities	*4.536.658,94*	*4.103.600,00*

Abbildung 11.2: Bilanz der Sunny AG zum 31.12.20X2

werden dadurch die Gläubiger gewarnt, dass die Gesellschaft nicht mehr ihre Schulden decken kann. Es liegt dann eine bilanzielle Überschuldung vor. Für die Feststellung der bilanziellen Überschuldung werden jedoch nicht Liquidationswerte, sondern die Buchwerte für das Vermögen angesetzt. Diese sind i.d.R. höher als die Wertansätze, die sich bei Liquidation ergeben. Liquidationswerte werden nur in einer **LIQUIDATIONSBILANZ** → GLOSSAR ausgewiesen, die als solche eindeutig zu kennzeichnen ist.

Auch ohne Überschuldungsfall kann eine solche Eigenkapitalrechnung zur Bewertung des Aktienvermögens angestellt werden: Der Wert eines Unternehmens ist nach der Substanzwertmethode die Summe des Vermögens abzüglich aller Schulden. Dieser Wertansatz entspricht i.d.R. dem ausgewiesenen Eigenkapital. Der **BILANZKURS** → GLOSSAR bestimmt das Verhältnis des Eigenkapitals zum gezeichneten Kapital. Der Bilanzkurs drückt den relativen Wert des Vermögens eines Aktionärs aus, der entsteht, wenn das

Unternehmen zu Buchwerten liquidiert werden würde. Der Bilanzkurs sollte mindestens 100 % betragen. Seine Berechnung wird am Beispiel der Sunny AG vorgeführt.

Sunny AG (Case Study Sunny AG)

Die Sunny AG hat zum Ende von 20X2 eine Eigenkapitalsumme von 1.210.035,67 EUR. Der Bilanzkurs der Sunny AG ist demnach 1.210.035,67/600.000 = 201,67 %. Der Aktionär der Sunny AG hat bezogen auf den Nennwert seiner Aktie eine Aussicht auf den mehr als doppelten Betrag, falls die Sunny AG aufgelöst würde und ihr Vermögen zu Buchwerten liquidiert werden würde. Würde ein Verlust entstehen, der das Eigenkapital aufbraucht, kann der Bilanzkurs kleiner als eins und sogar negativ werden.

Neben Einkünften aus Dividende besteht für den Aktionär ebenfalls die Möglichkeit, Spekulationserfolge zu realisieren, da Aktien im Wert steigen oder fallen können. Der Tageswert (share price) einer Aktie ist ihr Börsenkurs. Er ist sprachlich vom Bilanzkurs zu unterscheiden.

Neben Stammaktien gibt es die Aktiengattungen Vorzugsaktien (preference shares) und Nachrangaktien (deferred shares). Beide werden ebenfalls an der Börse gehandelt, jedoch getrennt von den Stammaktien. Vorzugsaktien sind oft ohne Stimmrecht ausgestattet, dafür haben sie Vorrang bei der Ausschüttung und bei einer möglichen Liquidation. I.d.R. haben Vorzugsaktien eine fixe Dividende, z. B. 10 %. Dies bedeutet, dass unabhängig von dem realisierten Gewinn der Gesellschaft die Vorzugsaktionäre eine Ausschüttung i.H.v. 10 % des Nennwerts vorrangig zu den Stammaktionären erhalten. Ist die Vorzugsaktie kumulativ (cumulative preference share), erhält der Aktionär in dem Fall, wenn in einem Jahr keine Dividende ausgeschüttet werden konnte, diese im nächsten Jahr ebenfalls vor den Stammaktionären. Partizipierend ist eine Vorzugsaktie, wenn der Aktionär über die vereinbarte feste Verzinsung hinaus an der Ausschüttung des Gewinns durch eine zusätzliche Dividende beteiligt wird. Einziehbare Vorzugsaktien (redeemable preference share) sind solche, bei denen der Aktionär die Aktie zu einem vorher vereinbarten Termin an die Gesellschaft zu einem vereinbarten Wert zurückgibt. Einziehbare Vorzugsaktien zählen zum Fremdkapital, da sie dem Unternehmen nicht unbegrenzt zur Verfügung stehen. Vorzugsaktien sind risikoarme finanzielle Vermögenswerte, daher ist die Verzinsung verglichen mit anderen Aktiengattungen relativ niedrig. Deferred Shares (Nachrang-Aktien) werden bei allen Auszahlungen erst nach Vorzugs- und Stammaktien berücksichtigt. Sie sind risikoreich. Ihre Verzinsung ist relativ hoch, da der Aktionär für das übernommene Risiko eine Verzinsung beansprucht. Zum vertieften Studium der Finanzierung sei empfohlen: Thomas [2005].

Für die Ausschüttung von Aktien werden durch die Organe der Aktiengesellschaft Menge und Betrag ausschüttungsfähiger Aktien bestimmt. Man bezeichnet Aktien, für die eine Genehmigung zur Ausschüttung besteht, als autorisierte Aktien (authorised shares). Die Anzahl der Aktien oder der Betrag des maximalen Grundkapitals wird in der Bilanz oder in den Notes dargestellt, z. B. Common Stock: $1.00 par value, authorised 2 billion shares, issued 1 billion shares.

Emittiert ein Unternehmen Aktien, nachdem schon Aktien ausgeschüttet wurden, spricht man von **KAPITALERHÖHUNG** → GLOSSAR. Die Regelungen für eine Kapitalerhöhung werden durch das nationale Gesellschaftsrecht festgelegt. In Deutschland werden in §§ 182 . . . 220 AktG Formen der Kapitalerhöhung bestimmt. Sie lassen sich unterteilen in:

Kapitalerhöhung durch Zuführung von Geldmitteln (Ordinary Issue)
(1) Ordentliche Kapitalerhöhung → vgl. §§ 182 . . . 191 AktG durch Ausgabe junger Aktien, (2) bedingte Kapitalerhöhung → vgl. §§ 192 . . . 201 AktG. Sie wird wirksam, wenn bestimmte Bedingungen eingetreten sind, z. B. die Umwandlung von Wandelschuldverschreibungen in Aktien und (3) Kapitalerhöhung als genehmigtes Kapital → vgl. §§ 202 . . . 206 AktG ist eine vereinfachte Form der ordentlichen Kapitalerhöhung.

Kapitalerhöhung aus Gesellschaftsmitteln (Bonus Issue)
(4) Umwandlung von auflösbaren und offenen Rücklagen in Grundkapital, so dass die Kapitalstruktur geändert wird, jedoch nicht die Summe des Eigenkapitals → vgl. §§ 207 . . . 220 AktG.

Durch das Ausschütten von jungen Aktien sinkt der Börsenkurs (share price) der alten Aktien, weil eine Emission von Aktien nur zu einem Bezugskurs möglich ist, der unterhalb des Börsenkurses zum Zeitpunkt der Emission liegt. Wird diese Bedingung nicht erfüllt, scheitert die Kapitalerhöhung. Der Bezugskurs liegt zwischen dem Nennbetrag und dem erwarteten Börsenkurs zum Zeitpunkt der Emission. Als Ausgleich für den Wertverlust erhalten die Altaktionäre ein Bezugsrecht, das ihnen den Bezug von jungen Aktien sichert und gehandelt werden kann. So wird sichergestellt, dass der Altaktionär durch die Kapitalerhöhung keinen Vermögensverlust erleidet. Ohne diese Sicherheit würde kein Aktionär einer Kapitalerhöhung auf der Hauptversammlung (general annual meeting) zustimmen. Eine Kapitalerhöhung wird am Beispiel der Sunny AG demonstriert.

Sunny AG (Case Study Sunny AG)

Die Sunny AG ist am 1.01.20X1 mit einem Grundkapital von 600.000,00 EUR gegründet worden. Sie emittiert am 1.03.20X5 6.000 Stück Vorzugsaktien (non redeemable preference shares) par value 5,00 EUR. Nicht einziehbare Vorzugsaktien stellen Eigenkapital dar. Redeemable Preference Shares sind dagegen Fremdkapitalinstrumente. Die Sunny AG hat nicht einziehbare Vorzugsaktien emittiert, sie sind als Eigenkapital darzustellen. Der Bezugskurs der Aktie beträgt 10,00 EUR/Aktie. Die Aktie garantiert eine Dividende i.H.v. 7 % pro Jahr auf den Nennbetrag. Die bedeutet, dass der Inhaber einer Vorzugsaktie unabhängig vom Jahresergebnis der Sunny AG einen Anspruch auf 0,35 EUR/Aktie hat. Der Buchungssatz bei Ausschüttung der Vorzugsaktien lautet:

```
DR Bank ............................ 60.000,00 EUR
CR Issued Capital .................. 30.000,00 EUR
CR Share Premium ................... 30.000,00 EUR
```

Der Differenzbetrag zwischen Bezugskurs und Nennbetrag wird in die Kapitalrücklage (share premium) gebucht.

Am 31.12.20X5 findet eine weitere Kapitalerhöhung statt. Die Sunny AG schüttet 24.000 Stammaktien im Rahmen einer ordentlichen Kapitalerhöhung aus. Zum Emissionszeitpunkt gilt: Der Bezugskurs beträgt 12,80 EUR/Aktie und der Börsenkurs (share price) der Sunny AG Aktie beträgt 14,50 EUR/Aktie.

Es soll zuerst das Vermögen eines einzelnen Stammaktionärs betrachtet werden. Dieser besitzt 1.000 Sunny AG Aktien. Sein Aktienvermögen beträgt vor der Kapitalerhöhung zum Marktwert bewertet 14.500,00 EUR. Nach der Kapitalerhöhung hat dieser Aktionär grundsätzlich 2 Optionen, die er auch kombinieren kann. Beide müssen sein Vermögen von 14.500,00 EUR sicherstellen.

(1) Der Aktionär verkauft sein Bezugsrecht

Das Aktienvermögen des Aktionärs vermindert sich durch die Kapitalerhöhung, weil die jungen Aktien (fresh shares) den mittleren gewichteten Börsenkurs reduzieren. Der sich einstellende Mischkurs als neuer Börsenkurs beträgt das gewichtete Mittel aus den alten Aktien, die mit 14.50 EUR/Aktie gehandelt werden, und den jungen Aktien zu 12,00 EUR/Aktie: $(120.000 \cdot 14,50 + 24.000 \cdot 12,80)/144.000$ = **14,22 EUR/Stk**. Der Aktionär erhält als Ausgleich ein Bezugsrecht i.H.v. 14.50 – 14.22 = 0,28 EUR/Aktie. Bei Verkauf der Bezugsrechte beträgt sein Vermögen 14.220 + 280 = **14.500,00 EUR**.

(2) Der Aktionär übt sein Bezugsrecht aus und erwirbt junge Aktien

Der Aktionär braucht fünf Bezugsrechte zum Erwerb einer jungen Aktie, da das Verhältnis Altaktien zu jungen Aktien 120.000 : 24.000 ist. Er kann mit seinen 1.000 Bezugsrechten 200 junge Aktien erwerben. Er hat anschließend 1.200 Aktien mit einem Wert von 1.200 · 14.22 = **17.064,00 EUR**. Er muss dafür 200 junge Aktien zum Bezugskurs kaufen. Dieses bedeutet einen Aufwand i.H.v. 200·12,80 = **2.560,00 EUR**, so dass das Vermögen anschließend 14.504,00 EUR beträgt. 4,00 EUR resultieren aus der Aufrundung auf ganze EUR-Cent bei der Bestimmung des Mischkurses.
Aus der Sicht der Sunny AG stellt sich die Kapitalerhöhung wie folgt dar: Der Buchungssatz für die Kapitalerhöhung i.H.v. 24.000 · 12,80 = **307.200,00 EUR** lautet:

```
DR Bank ............................. 307.200,00 EUR
CR Issued Capital ................... 120.000,00 EUR
CR Share Premium .................... 187.200,00 EUR
```

Durch die Ausschüttung der Vorzugsaktien erhöht sich das gezeichnete Kapitel der Sunny AG am 1.03.20X5 von 600.000,00 EUR auf 630.000,00 EUR → vgl. S. 274 und anschließend durch die Ausschüttung von 24.000 Stammaktien am 31.12.20X5 auf 750.000,00 EUR. Das Share Premium Account erhöht sich durch die Ausschüttung der Stammaktien von 30.000,00 EUR auf 217.200,00 EUR. Abbildung 11.3 zeigt die Bilanz der Sunny AG zum 31.12.20X5 nach der Kapitalerhöhung. Die Bilanz ist detaillierter als die IFRSs nach IAS 1.68 fordern.

Sunny AG's BALANCE SHEET as at 31.12.20X5

	20X5	20X4
	[EUR]	[EUR]
Non-Current Assets		
Property, Plant and Equipment	2.372.000,00	2.310.000,00
Investment Property		
Intangible Assets		
Financial Assets		
Investment Accounted [...]		
Total of non-current Assets	*2.372.000,00*	*2.310.000,00*
Current assets		
Inventories		
Trade and Other Receivables	1.002.000,00	1.002.000,00
Cash and Cash Equivalents	2.344.840,06	1.810.170,71
Prepaid Expenses		
Total of Current Assets	*3.346.840,06*	*2.812.170,71*
Total of Assets	***5.718.840,06***	***5.122.170,71***
Liabilities		
[...] Interest Bearing Liabilities	271.078,12	277.589,96
Trade and Other Payables	2.746.604,99	2.800.795,26
Provisions		
Liabilities and Assets [...] IAS 12	251.451,85	251.335,39
Deferred Tax Liabilities [...] IAS 12		
Deferred Income		
Total of Liabilities	*3.269.134,96*	*3.329.720,60*
Capital		
ISSUED CAPITAL		
Ordinary Share Capital		
- 144.000 Ordinary Shares at 5,00 EUR each, in 20X4: 120.000	**720.000,00**	**600.000,00**
Preference Share Capital		
- 6.000 7% Preference Shares at 5,00 EUR each	**30.000,00**	**0,00**
RESERVES		
Capital Reserves	217.200,00	0,00
German Legal Reserves	60.000,00	60.000,00
Other Earnings Reserves	1.422.505,10	1.132.450,11
RETAINED EARNINGS	0,00	0,00
Total of Shareholder's Equity	*2.449.705,10*	*1.792.450,11*
Total of Equity and Liabilities	*5.718.840,06*	*5.122.170,71*

Abbildung 11.3: Bilanz der Sunny AG zum 31.12.20X5 nach Emission von Vorzugs- und Stammaktien

11.2.2 Rücklagen (Reserves)

Rücklagen stellen variable Eigenkapitalkonten dar. Sie lassen sich in die Kategorien **Kapitalrücklagen (capital reserves)** → Glossar, **Gewinnrücklagen (earnings reserves)** → Glossar und **Neubewertungsrücklagen (revaluation reserves)** → Glossar einteilen. Gewinnrücklagen werden bei der Verwendung des Ergebnisses gebildet. Nach IFRSs sind Rücklagen ebenfalls bei einer Neubewertung oder z. B. wegen Veränderung der Bewertungsmethoden → vgl. IAS 8 zu bilden. Da nach IAS 1.68 die Rücklagen als eine Position ausgewiesen werden können, darf ein Unternehmen die Differenzierung der Rücklagen auch in den Notes darstellen.

Die Gewinnrücklagen stellen bei vielen Unternehmen die wichtigste und größte Eigenkapitalposition dar. Gewinnrücklagen werden durch Verwendung des Ergebnisses gebildet und zeigen so das Resultat der Innenfinanzierung eines Unternehmens.

Die Gewinnverwendung bedeutet eine Reduktion des Retained Earnings Account durch eine Sollbuchung. Die zugehörige Buchung im Haben findet (1) im Rücklagenkonto (earnings reserves) und/oder (2) im Konto Verbindlichkeiten gegenüber Shareholders bzw. im Cash Book statt.

Wird das Nachsteuerergebnis nicht vollständig verwendet, bleibt ein Betrag im Konto Retained Earnings. Für eine deutsche Kapitalgesellschaft ist nach § 268 Abs. 1 HGB ein spezielles Konto Bilanzgewinn zu verwenden.

Bei der Gewinnverwendung entsteht zwischen der Gesellschaft und ihren Aktionären ein Interessenkonflikt. Der Aktionär wünscht eine möglichst hohe Rentabilität auf seine Investition und drängt deshalb auf eine möglichst hohe Ausschüttung. Das Unternehmen zielt dagegen auf eine **Thesaurierung** → Glossar des Periodenergebnisses, d. h. will das Ergebnis reinvestieren. Zum Schutz des Aktionärs sieht das deutsche AktG eine Begrenzung der Einstellungen in die Gewinnrücklagen über § 58 AktG vor. Es dürfen nur 50 % der nach Berücksichtigung von Einstellungen in die gesetzlichen Gewinnrücklagen → vgl. § 150 AktG verbleibenden Gewinne den sonstigen Gewinnrücklagen zugeführt werden. Es wird über das Aktiengesetz allein die Thesaurierung begrenzt, aber nicht bestimmt, ob der verbleibende Betrag auszuschütten ist oder in den Bilanzgewinn gebucht wird. Wird er als Bilanzgewinn „nicht“ verwendet, steht er in der nächsten Abrechnungsperiode erneut zur Gewinnverwendung an.

Der oben erwähnte § 150 AktG dient dem **Gläubigerschutz** → Glossar. Er bestimmt, dass eine Aktiengesellschaft, so lange der Betrag der Kapitalrücklage zusammen mit der gesetzlichen Gewinnrücklage nicht 10 % oder einen durch die Satzung bestimmten höheren Betrag des Grundkapitals übersteigt, 5 % des positiven Periodenergebnisses in die gesetzliche Gewinnrücklage einzustellen hat.

Sunny AG (Case Study Sunny AG)

§ 150 AktG ist der Grund, weshalb die Sunny AG nur für die Gewinnverwendung der Geschäftsjahre 20X1, 20X2 und 20X3 Einstellungen in die gesetzliche Gewinnrücklage vornimmt. Die Gewinnverwendung kann leichter über die Eigenkapitalveränderungsrechnung in Kapitel 13 → vgl. S. 313 nachvollzogen werden.

Im Weiteren wird die Gewinnverwendung der Sunny AG zuerst als vollständige, anschließend als eine teilweise Verwendung (partial appropriation of profit) dargestellt. Die Grundlage der Gewinnverwendung stellt die Gewinn- und Verlustrechnung dar, die das Nachsteuerergebnis aus dem Profit and Loss Account abbildet.

Abbildung 11.4 zeigt die Gewinn- und Verlustrechnung der Sunny AG für 20X5 mit Verwendung des Jahresergebnisses i.H.v. 581.860,00 EUR als verlängerte Gewinn- und Verlustrechnung nach § 158 Abs. 1 AktG. Sie enthält ergänzend zu der Gliederungsvorschrift nach § 275 Abs. 2 und 3 HGB die zu ergänzenden Posten der Gewinn- und Verlustrechnung (appropriation section), die jedoch auch im Anhang aufgeführt werden dürfen.

Sunny AG's INCOME STATEMENT for 20X5

	20X5 [EUR]	20X4 [EUR]
Revenue	8.350.000,00	8.350.000,00
Other Income		
Changes in Inventory of Finished Goods and Work in Progress		
Work Performed by the Entity and Capitalized		
	8.350.000,00	8.350.000,00
Raw Material and Consumables Used	(3.000.000,00)	(3.000.000,00)
Employee Benefits Expense	(3.680.000,00)	(3.680.000,00)
Depreciation and Amortisation Expense	(214.000,00)	(214.000,00)
Impairment of Property, Plant and Equipment		
Other Expenses	(605.200,00)	(605.200,00)
Finance Costs	(17.488,17)	(17.874,10)
Share of Profit of Associates		
Profit Before Taxation (EBT)	833.311,83	832.925,90
Income Tax Expenses	(251.451,85)	(251.335,39)
Deferred Tax Income/Expense		
Profit for the Period (EAT)	*581.859,99*	*581.590,51*
APPROPRIATE SECTION:		
German Legal Reserves	**0,00**	**0,00**
Dividend to Preference Shareholders	**1.750,00**	**0,00**
Dividend to Ordinary Shareholders	**290.054,99**	**290.795,26**
Earnings Reserves	**290.054,99**	**290.795,26**
Retained Earnings	**0,00**	**0,00**
Appropriated Profit	***581.859,99***	***581.590,51***

Abbildung 11.4: Gewinn- und Verlustrechnung der Sunny AG für 20X5

Durch die **Kapitalerhöhungen** → Glossar ändert sich im Vergleich zum Vorjahr die prozentuale Verwendung des Ergebnisses. Eine Zuführung zu der **gesetzlichen Gewinnrücklage** → Glossar nach § 150 AktG ist in 20X5 nicht erforderlich, da die Kapitalrücklage und die gesetzliche Gewinnrücklage zusammen mit 277.200,00 EUR die Marke von 10 % des Grundkapitals überschreiten. Die Vorzugsaktionäre haben einen vorrangigen Anspruch auf die Ausschüttung der Vorzugsdividende. Sie beträgt 7 % des Nennwerts der Preference Shares. Da jedoch die Vorzugsaktien erst am 1.03.20X5 ausgeschüttet wurden, ist der Dividendenanspruch nur auf zehn Monate zu beziehen. Die Dividende beträgt: $5/6 \cdot 6.000,00 \cdot 5,00 \cdot 7\ \% =$ **1.750,00 EUR**.

Nach Ausschüttung der Vorzugsdividende bleiben 580.109,99 EUR zur Ausschüttung an die Stammaktionäre. Die Sunny schüttet gem. den Regelungen des § 58 AktG die Hälfte davon aus, die andere Hälfte wird in die Gewinnrücklagen eingestellt. Ein **Bilanzgewinn (retained earnings)** → Glossar ist nicht zu zeigen, da die Sunny AG das Periodenergebnis vollständig verwendet hat. Es wäre ebenso möglich gewesen, die Hälfte des Ergebnisses (290.930,00 EUR) den Gewinnrücklagen zuzuführen, da nach § 58 AktG der zur Ausschüttung verfügbare Betrag nur durch Gewinn-/Verlustvortrag und Einstellungen in die gesetzlichen Gewinnrücklagen, aber nicht durch die Vorzugsdividende, begrenzt wird.

Die Gewinnverwendung ändert die Bilanzpositionen auf der Passivseite der Bilanz. Unter Liabilities werden die Verbindlichkeiten gegenüber den Vorzugs- und Stammaktionären ausgewiesen. Das Eigenkapital als Resultat der Gewinnverwendung ist bereits in Abbildung 11.3 → vgl. S. 276 berücksichtigt.

Da in der Bilanzgliederung nach IAS 1.68 die Darstellung der Veränderung der Kapitalrücklage (share premium account) nicht deutlich wird, muss die Sunny AG die Änderungen des Eigenkapitals in den Notes erläutern oder die Gliederung detaillieren. Die Eigenkapitalveränderungen werden ebenfalls im Statement of Changes in Equity dargestellt, das in Kapitel 13 → vgl. S. 309 behandelt wird.

Im Fall einer unvollständigen Gewinnverwendung bleibt ein Restbetrag in den Retained Earnings. Es soll angenommen werden, dass die Sunny AG einen Betrag von 20 % in die Gewinnrücklagen einstellt und 40 % zur Ausschüttung in die Verbindlichkeiten gegenüber den Aktionären bucht. Da die Vorzugsaktionäre einen Anspruch auf Dividende haben, muss die Sunny AG ihnen vorrangig die Vorzugsdividende zahlen. Die Abbildung 11.5 zeigt die Gewinnverwendung als Teil der verlängerten Gewinn- und Verlustrechnung für die Sunny AG.

Sunny AG's INCOME STATEMENT for 20X5

	20X5 [EUR]	**20X4** [EUR]
Revenue	8.350.000,00	8.350.000,00
Other Income		
Changes in Inventory of Finished Goods and Work in Progress		
Work Performed by the Entity and Capitalized		
	8.350.000,00	8.350.000,00
Raw Material and Consumables Used	(3.000.000,00)	(3.000.000,00)
Employee Benefits Expense	(3.680.000,00)	(3.680.000,00)
Depreciation and Amortisation Expense	(214.000,00)	(214.000,00)
Impairment of Property, Plant and Equipment		
Other Expenses	(605.200,00)	(605.200,00)
Finance Costs	(17.488,17)	(17.874,10)
Share of Profit of Associates		
Profit Before Taxation (EBT)	833.311,83	832.925,90
Income Tax Expenses	(251.451,85)	(251.335,39)
Deferred Tax Income/Expense		
Profit for the Period (EAT)	*581.859,99*	*581.590,51*
APPROPRIATE SECTION:		
German Legal Reserves	0,00	0,00
Dividend to Preference Shareholders	1.750,00	0,00
Dividend to Ordinary Shareholders	**230.993,99**	290.795,26
Earnings Reserves	**116.371,99**	290.795,26
Retained Earnings	**232.744,01**	0,00
Appropriated Profit	***581.859,99***	***581.590,51***

Abbildung 11.5: Verlängertes Income Statement der Sunny AG für 20X5 bei teilweiser Gewinnverwendung

Da insgesamt 40 % · 581.859,99 = **232.743,99 EUR** ausgeschüttet werden sollen, ist die Vorzugsdividende darin enthalten. Es verbleibt den Stammaktionären eine Dividendensumme von 232.743,99 – 1.750 = **230.993,99 EUR**. Die Bilanz für unvollständige Gewinnverwendung wird in Abbildung 11.6 wiedergegeben.

Sunny AG's BALANCE SHEET as at 31.12.20X5

	20X5	**20X4**
	[EUR]	[EUR]
Non-Current Assets		
Property, Plant and Equipment	2.372.000,00	2.310.000,00
Investment Property		
Intangible Assets		
Financial Assets		
Investment Accounted [...]		
Total of non-current Assets	**2.372.000,00**	**2.310.000,00**
Current assets		
Inventories		
Trade and Other Receivables	1.002.000,00	1.002.000,00
Cash and Cash Equivalents	2.344.840,06	1.810.170,71
Prepaid Expenses		
Total of Current Assets	*3.346.840,06*	*2.812.170,71*
Total of Assets	*5.718.840,06*	*5.122.170,71*
Liabilities		
[...] Interest Bearing Liabilities	271.078,12	277.589,96
Trade and Other Payables	2.687.543,99	2.800.795,26
Provisions		
Liabilities and Assets [...] IAS 12	251.451,85	251.335,39
Deferred Tax Liabilities [...] IAS 12		
Deferred Income		
Total of Liabilities	*3.210.073,96*	*3.329.720,60*
Capital		
ISSUED CAPITAL		
Ordinary Share Capital		
- 144.000 Ordinary Shares at 5,00 EUR each, in 20X4: 120.000	720.000,00	600.000,00
Preference Share Capital		
- 6.000 7% Preference Shares at 5,00 EUR each	30.000,00	0,00
RESERVES		
Capital Reserves	**217.200,00**	**0,00**
German Legal Reserves	**60.000,00**	**60.000,00**
Other Earnings Reserves	**1.248.822,10**	**1.132.450,11**
RETAINED EARNINGS	232.744,01	0,00
Total of Shareholder's Equity	*2.508.766,10*	*1.792.450,11*
Total of Equity and Liabilities	*5.718.840,06*	*5.122.170,71*

Abbildung 11.6: Bilanz der Sunny AG zum 31.12.20X5 nach teilweiser Gewinnverwendung

Eine Gesellschaft kann im Rahmen der Gewinnverwendung Rücklagen auflösen. Dies kann z. B. dann erforderlich werden, wenn ein Verlust oder ein Gewinnvortrag ausgeglichen werden soll. Will eine Gesellschaft trotz eines Verlusts, der nicht durch einen Gewinnvortrag gedeckt ist, an die Aktionäre eine Dividende ausschütten, muss sie Rücklagen auflösen.

Die Auflösung von Rücklagen wird in Deutschland über § 150 AktG und § 272 HGB geregelt. Demnach können sonstige Gewinnrücklagen immer aufgelöst werden. Für satzungsmäßige Rücklagen gilt die Bestimmung der Satzung. Rücklagen für eigene Anteile werden aufgelöst, wenn die eigenen Anteile ausgegeben oder eingezogen werden. Die Auflösung der Kapitalrücklage und der gesetzlichen Gewinnrücklage ist daran geknüpft, ob sie zusammen 10 % oder einen durch die Satzung festgelegten höheren Anteil des Grundkapitals ausmachen. Ist dieses nicht der Fall, so dürfen sie nur in den Fällen aufgelöst werden, wenn ein Verlust, der nicht durch einen Gewinnvortrag, oder wenn ein Verlustvortrag, der nicht durch einen Gewinn gedeckt werden kann, ausgeglichen werden soll. Übersteigen die Kapital- und gesetzliche Gewinnrücklage zusammen 10 % oder einen durch die Satzung festgelegten höheren Anteil des Grundkapitals, können sie ebenso für eine Kapitalerhöhung aus Gesellschaftsmitteln aufgelöst werden.

Eine **NEUBEWERTUNGSRÜCKLAGE** → GLOSSAR wird im Eigenkapital gezeigt, wenn eine Neubewertung zu einer Zuschreibung führt. Dies ist in Kapitel 7 → vgl. S. 169 am Beispiel der Sunny AG behandelt worden.

Sunny AG (Case Study Sunny AG)

Die Konfigurationsarbeitsplätze wurden 20X6 um 12.000,00 EUR zugeschrieben. Die Neubewertung hatte latente Steuern bedingt, die rückzustellen waren. Für die Neubewertung wurde zum Ende von 20X6 gebucht:

```
DR P, P, E at Valuation  ..........  42.000,00 EUR
DR Acc. Depr.  ....................  30.000,00 EUR
CR P, P, E at Cost  ...............  60.000,00 EUR
CR Revaluation Reserves  ..........  12.000,00 EUR

DR Revaluation Reserves  ..........   3.621,00 EUR
CR Tax Provisions  ................   3.621,00 EUR
```

Die Neubewertungsrücklage ist in der Bilanz mit 8.379,00 EUR zu zeigen. Die Gewinn- und Verlustrechnung ist für die latenten Steuern nicht relevant, sie zeigt aber die Gewinnverwendung für 20X6. Sie wird in Abbildung 11.7 gezeigt; Abbildung 11.8 zeigt die Bilanz der Sunny AG zum 31.12.20X6 nach vollständiger Gewinnverwendung.

Sunny AG's INCOME STATEMENT for 20X6

	20X6 [EUR]	20X5 [EUR]
Revenue	8.350.000,00	8.350.000,00
Other Income		
Changes in Inventory of Finished Goods and Work in Progress		
Work Performed by the Entity and Capitalized		
	8.350.000,00	*8.350.000,00*
Raw Material and Consumables Used	(3.000.000,00)	(3.000.000,00)
Employee Benefits Expense	(3.680.000,00)	(3.680.000,00)
Depreciation and Amortisation Expense	(214.000,00)	(214.000,00)
Impairment of Property, Plant and Equipment		
Other Expenses	(605.200,00)	(605.200,00)
Finance Costs	(17.077,92)	(17.488,17)
Share of Profit of Associates		
Profit Before Taxation (EBT)	*833.722,08*	*833.311,83*
Income Tax Expenses	(251.575,64)	(251.451,85)
Deferred Tax Income/Expense		
Profit for the Period (EAT)	582.146,44	581.859,99
APPROPRIATE SECTION:		
German Legal Reserves	**0,00**	**0,00**
Dividend to Preference Shareholders	**2.100,00**	**1.750,00**
Dividend to Ordinary Shareholders	**290.023,22**	**290.054,99**
Earnings Reserves	**290.023,22**	**290.054,99**
Retained Earnings	**0,00**	**0,00**
Appropriated Profit	*582.146,44*	*581.859,99*

Abbildung 11.7: Gewinn- und Verlustrechnung der Sunny AG für 20X6

Sunny AG's BALANCE SHEET as at 31.12.20X6

	20X6	20X5
	[EUR]	[EUR]
Non-Current Assets		
Property, Plant and Equipment	**2.170.000,00**	2.372.000,00
Investment Property		
Intangible Assets		
Financial Assets		
Investment Accounted [...]		
Total of non-current Assets	*2.170.000,00*	*2.372.000,00*
Current assets		
Inventories		
Trade and Other Receivables	1.002.000,00	1.002.000,00
Cash and Cash Equivalents	2.897.583,22	2.344.840,06
Prepaid Expenses		
Total of Current Assets	*3.899.583,22*	*3.346.840,06*
Total of Assets	*6.069.583,22*	*5.718.840,06*
Liabilities		
[...] Interest Bearing Liabilities	264.156,05	271.078,12
Trade and Other Payables	2.802.123,22	2.746.604,99
Provisions		
Liabilities and Assets [...] IAS 12	251.575,64	251.451,85
Deferred Tax Liabilities [...] IAS 12	**3.621,00**	
Deferred Income		
Total of Liabilities	*3.321.475,90*	*3.269.134,96*
Capital		
ISSUED CAPITAL		
Ordinary Share Capital		
- 144.000 Ordinary Shares at 5,00 EUR each, in 20X4: 120.000	720.000,00	720.000,00
Preference Share Capital		
- 6.000 7% Preference Shares at 5,00 EUR each	30.000,00	30.000,00
RESERVES		
Capital Reserves	**217.200,00**	217.200,00
German Legal Reserves	**60.000,00**	60.000,00
Other Earnings Reserves	**1.712.528,32**	1.422.505,10
Revaluation Reserves	**8.379,00**	0,00
RETAINED EARNINGS	0,00	0,00
Total of Shareholder's Equity	*2.748.107,32*	*2.449.705,10*
Total of Equity and Liabilities	*6.069.583,22*	*5.718.840,06*

Abbildung 11.8: Bilanz der Sunny AG zum 31.12.20X6 nach Gewinnverwendung und Neubewertung

11.2.3 **Bilanzgewinn** (Retained Earnings)

Das Nachsteuerergebnis (EAT) einer Abrechnungsperiode wird in der Gewinn- und Verlustrechnung als Jahresüberschuss (annual surplus) dargestellt. Es wird ebenfalls im Eigenkapital ausgewiesen.

Die Unterschiede zwischen dem Ausweis nach deutschem HGB und nach IFRSs werden am Beispiel der Andervenne GmbH gezeigt. Das Unternehmen hat in 20X5 ein Jahresergebnis von 160.000,00 EUR erwirtschaftet, von dem 100.000,00 EUR verwendet wurden.

Der Buchungssatz für die Darstellung des Periodenergebnisses ist:

```
DR P&L ............................... 160.000,00 EUR
CR Annual Surplus ................. 160.000,00 EUR
```

Nach §§ 266, 272 HGB wird in der Bilanz immer nur der Jahresüberschuss/Jahresfehlbetrag der Berichtsperiode dargestellt. Verbleibt nach Gewinnverwendung ein nicht verwendetes Ergebnis, wird dieses nach § 268 Abs. 1 HGB als Bilanzgewinn/-verlust ausgewiesen. Für die Eröffnungsbilanz des nachfolgenden Geschäftsjahrs wird ein Bilanzgewinn als Gewinnvortrag und ein Bilanzverlust als Verlustvortrag dargestellt. Es findet nach der Gewinnverwendung ein Ausbuchen des Jahresüberschusses über das Bilanzgewinnkonto (retained earnings) statt. In dem folgenden Buchungssatz wird Bilanzgewinn nicht übersetzt, um eine Verwechselung mit dem Retained Earnings Account zu vermeiden. Die Andervenne GmbH bucht, da für sie als GmbH das deutsche AktG nicht anzuwenden ist, ohne Berücksichtigung der Einstellungsbegrenzung in die gesetzliche Gewinnrücklage:

```
DR Annual Surplus ................. 100.000,00 EUR
CR A/P Equity Holders ...........    50.000,00 EUR
CR Reserves .........................    50.000,00 EUR

DR Annual Surplus .................    60.000,00 EUR
CR Bilanzgewinn (R/E) ...........    60.000,00 EUR

DR Bilanzgewinn (R/E) ...........    60.000,00 EUR
CR Profit Carried Forward .......    60.000,00 EUR
```

Für die Gewinnverwendung sind der Jahresüberschuss/Jahresfehlbetrag der Berichtsperiode und der Gewinn- /Verlustvortrag aus den vorherigen relevant. Damit steht ein nicht verwendetes Ergebnis aus dem Vorjahr immer zur Gewinnverwendung im nächsten Jahr an. Würde die Andervenne GmbH im nächsten Jahr einen Jahresüberschuss von 200.000,00 EUR erwirtschaften, stünden 200.000 + 60.000 = **260.000,00 EUR** zur Gewinnverwendung an.

Nach internationaler Rechnungslegung wird nur ein Konto Retained Earnings (R/E) geführt. Dieses Konto nimmt als Sammelkonto das Periodenergebnis der Berichtsperioden auf und zeigt in der Bilanz den Jahresüberschuss zusammen mit den noch nicht verwendeten Ergebnisbestandteilen der Vorjahre. Der Buchungssatz für die Andervenne GmbH ist:

```
DR P&L ............................... 160.000,00 EUR
CR Retained Earnings ............ 160.000,00 EUR

DR Retained Earnings ............ 100.000,00 EUR
CR A/P Equity Holders ...........  50.000,00 EUR
CR Reserves .........................  50.000,00 EUR
```

Da die Gewinn- und Verlustrechnung sowieso das Nachsteuerergebnis zeigt, ist der bereit gestellte Informationsumfang nach internationaler Darstellung im Vergleich zum Ausweis nach deutschen HGB gleich hoch.

Zusammenfassung (Summary)

Das Eigenkapital besteht aus dem gezeichneten Kapital, den Rücklagen und den Retained Earnings.

Das gezeichnete Kapital erhöht sich durch das Ausschütten bzw. Einziehen von Aktien. Es werden Vorzugsaktien, Stammaktien und Nachrangaktien unterschieden. Sie haben unterschiedliche Ansprüche auf die Verteilung des Periodenergebnisses als Dividende und bei einer evtl. Liquidation der Gesellschaft. Ebenfalls unterscheiden sie sich z. B. durch das Stimmrecht.

Das Bilden von Rücklagen ist in Deutschland für AGs über das deutsche AktG geregelt. Die Vorschriften regeln insbesondere die Begrenzung zur Einstellung von Gewinnanteilen in die sonstigen Gewinnrücklagen, um Aktionäre vor überhöhten Thesaurierungen zu schützen.

Die Neubewertungsrücklage wird nach IFRSs gebildet, wenn Sachanlagen zugeschrieben werden. Sie müssen entsprechend der Abschreibung oder bei Abgang des Sachanlagevermögens vollständig aufgelöst werden.

Die Übertragung des Nachsteuerergebnisses aus dem Gewinn- und Verlustrechnungskonto in die Bilanz wird in das Konto Jahresüberschuss bzw. Retained Earnings vorgenommen.

Aufgaben (Exercises)

Aufgabe 1: Eigenkapitalausweis (Exercise on Equity Presentation)

Das Unternehmen Handorf AG ist eine Vertriebsgesellschaft für Farben und Lacke. Es kauft 20.000 kg Lacke. Ein kg Lack kostet 6,00 EUR brutto. Das Unternehmen verkauft 180.090 kg der Lacke zu einem Preis von 14,94 EUR/kg. Der sonstige Aufwand beträgt 100.000,00 EUR. Für Zinsen fallen 70.000,00 EUR an.

Das Unternehmen ist mit 100.000 Aktien zu jeweils 1,00 EUR gegründet worden. Am 31.03.20X4 emittiert die Handorf AG 200.000 Vorzugsaktien zu 1,00 EUR mit einer Vorzugsdividende von 12,5 %. Am 1.07.20X4 wird eine Kapitalerhöhung vorgenommen. Es werden 50.000 Aktien zu einem Bezugskurs von 3,80 EUR/Stk. ausgegeben. Die Aktie wird zu Zeitpunkt der Emission mit 4,15 EUR/Stk. gehandelt. Sie hat einen Nennbetrag von 1,00 EUR/Stk.

Bestimmen Sie den Eigenkapitalausweis der Handorf AG. Nehmen Sie an, der Jahresgewinn habe in 20X3 250.000,00 EUR vor Steuern betragen. Bestimmen Sie unter Berücksichtigung von §§ 150 und 58 AktG die maximale Einstellung in die Rücklagen – auch für 20X3. Gehen Sie davon aus, dass die Handorf AG zu Beginn von 20X3 noch keine Rücklagen gebildet hat. Sowohl in 20X3 als auch 20X4 findet eine vollständige Gewinnverwendung statt.

Aufgabe 2: Eigenkapitalausweis und Gewinnverwendung

(Exercise on Equity Presenation and Appropriation of Profit)

Das Unternehmen McWrite AG bietet Bürodienstleistungen an und wurde am 1.01.20X8 als Aktiengesellschaft gegründet. Es wurden 50.000 Aktien zum Nennbetrag von 1,00 EUR ausgeschüttet. Machen Sie eine entsprechende Sollbuchung im Konto Bank.

Die McWrite AG nimmt ein Bankdarlehn (Annuitätendarlehn) über 30.000,00 EUR auf. Der Zinssatz beträgt 6 %/Jahr und die Tilgungsrate ist 4 %/Jahr. Das Unternehmen kauft für 24.000,00 EUR (brutto) Material. Am Ende des Geschäftsjahrs, das mit dem 31.12.20X8 endet, ist noch die Hälfte auf Lager. Sein beizulegender Wert beträgt nur noch 7.000,00 EUR zu diesem Zeitpunkt.

McWrite AG kaufte Büromöbel, Computer, Drucker und Scanner für 34.800,00 EUR am 3.04.20X8. Das Unternehmen zahlte nur 1/3 davon, der Restbetrag ist in 20X9 zu zahlen. Verwenden Sie lineare Abschreibung für die Abschreibung. Die ganze Computerausstattung und Möbel haben eine Lebensdauer von vier Jahren.

Die Lohnkosten betragen 15.000,00 EUR/Monat und werden am 27. des Monats im Voraus gezahlt. Die erste Zahlung fand am 1.01.20X8 statt. Sonstige Kosten für das ganze Jahr 20X8 sind 22.800,00 EUR (Bruttobetrag). Der gesamte Umsatz in 20X8 beträgt 220.000,00 EUR (Nettobetrag).

Berücksichtigen Sie, dass Umsatzsteuer und Unternehmenssteuern in 20X9 für das Geschäftsjahr 20X8 gezahlt werden sollen.

Hinsichtlich der Gewinnverwendung beschließt McWrite eine Dividende von 40 % des zur Ausschüttung verfügbaren Betrags. Die Dividende wird in 20X9 gezahlt. Der verbleibende Betrag wird in 20X9 vorgetragen.

Buchen Sie alle Geschäftsvorfälle, die oben erwähnt wurden. Erstellen Sie eine Trial Balance und stellen Sie einen kompletten Jahresabschluss für das Geschäftsjahr 20X8 nach IAS 1 auf. Die Umsatzsteuer für diese Aufgabe beträgt 20 %, der Gesamtsteuersatz ist 30 %.

12 Gewinn- und Verlustrechnung
(Income Statement)

Lernziele

Die Gewinn- und Verlustrechnung bestimmt den Periodenerfolg eines Unternehmens. Sie wird aus dem Gewinn- und Verlustrechnungskonto abgeleitet. In diesem Kapitel werden die Vorschriften zur Gewinn- und Verlustrechnung dargelegt. Dabei wird die Gewinn- und Verlustrechnung nach dem Gesamtkosten- und dem Umsatzkostenverfahren unterschieden.

Bei Produktionsunternehmen wird das Gewinn- und Verlustrechnungskonto häufig in Manufacturing Summary, Trading und Profit and Loss Account aufgeteilt.

Es wird nach IAS 18 vorgestellt, unter welchen Bedingungen ein Umsatz als realisiert angesehen wird.

Das Kapitel 12 verfolgt die folgenden Ziele:

(1) Erkennen der Bedeutung der Gewinn- und Verlustrechnung für den handelsrechtlichen Jahresabschluss → vgl. Abschnitt 12.2, S. 288
(2) Wissen über die wesentlichen Regelungen bzgl. der Erfolgsrechnung nach deutschem HGB und nach IFRSs → vgl. Abschnitt 12.2, S. 288
(3) Kenntnis über das Gesamtkosten- und Umsatzkostenverfahren, insbesondere bei Bestandsveränderungen → vgl. Abschnitt 12.2, S. 290
(4) Wissen über die Voraussetzungen zum Realisieren von Umsatz nach IAS 18 → vgl. Abschnitt 12.3, S. 297

12.1 Regelungen zur Gewinn- und Verlustrechnung
(Regulations on Income Statement)

Die Gewinn- und Verlustrechnung (income statement) ist eines der nach IAS 1.8 vorgeschriebenen Financial Statements und nach §§ 242 Abs. 3, 264 Abs. 1 HGB Bestandteil des handelsrechtlichen Jahresabschlusses.

Die Gewinn- und Verlustrechnung stellt den Erträgen die Aufwendungen gegenüber und ermittelt so den Erfolg eines Unternehmens für eine Abrechnungsperiode. Positiver Periodenerfolg ist ein Gewinn, Negativer Periodenerfolg ist ein Verlust. Nach dem

Framework → vgl. F.74 unterscheidet man bei Erträgen (income) zwischen solchen aus gewöhnlicher Geschäftstätigkeit (revenue) und außergewöhnlichen Erträgen (gain), z. B. aus Neubewertungen.

Der Begriff Erfolgsrechnung und Profit and Loss Statement sind Synonyme für die Gewinn- und Verlustrechnung. Zur Bestimmung der Werte für die Gewinn- und Verlustrechnungspositionen wird das Profit and Loss Account geführt. Oftmals wird es wegen der Zusammenfassung aller Erträge und Aufwendungen auch als P&L Summary Account bezeichnet.

Die Regelungen gem. IFRSs beziehen sich auf: (1) Den Inhalt des Income Statements → vgl. IAS 1.78ff. Der Appendix zu IAS 1 enthält ein beispielhaftes Gliederungsschema für das Income Statement. IAS 1.91 zeigt das Gesamtkostenverfahren (nature of expense format), IAS 1.92 zeigt die Struktur des Umsatzkostenverfahrens (cost of sales format). IAS 18 behandelt Revenue und gibt an, unter welchen Bedingungen er auszuweisen ist. (3) Der Ausweis von gewinnabhängige Steuern und deren Ausweis sind in IAS 12 beschrieben. (4) Die Kennzahl Ergebnis je Aktie (earnings per share) wird in IAS 33 definiert. Wird die Performance eine Unternehmens durch die Kennzahl EPS dargestellt, muss sie nach IAS 33 berechnet werden.

Nach deutschem HGB bestehen im Wesentlichen strukturelle Vorschriften: (1) Die Struktur der Gewinn- und Verlustrechnung wird nach § 275 Abs. 2 oder 3 HGB größen- und rechtsformabhängig beschrieben. Dabei wird ebenfalls zwischen Gesamtkostenverfahren und Umsatzkostenverfahren unterschieden. Erleichterungen zeigt der § 276 HGB auf. (2) Nach § 297 Abs. 1 HGB ist für den Konzernabschluss eine Konzern-Gewinn- und Verlustrechnung aufzustellen. (3) Sonderregelungen zu den Posten der Gewinn- und Verlustrechnung regelt § 277 HGB. (4) § 278 HGB regelt, dass Steuern vom Einkommen und Ertrag (EE-Steuern) von der Gewinnverwendung abhängig ausgewiesen werden müssen. Nach § 249 Abs. 2 HGB gilt, dass für die Steuern vom Einkommen und Ertrag (income tax) eine Rückstellung zu bilden ist.

12.2 Aussage aus der Gewinn- und Verlustrechnung (Content of Income Statement)

Die Gewinn- und Verlustrechnung zeigt den Erfolg eines Unternehmens für eine Abrechnungsperiode. Man erkennt die wesentlichen Ertrags- und Aufwandsarten. Um zu verstehen, wie ein Unternehmen funktioniert und welches die Quellen seines Erfolgs sind, wird die Gewinn- und Verlustrechnung analysiert. Nach dem Umsatzkostenverfahren werden die Aufwendungen und Erträge einzelnen Produkten, Märkten und Absatzbereichen (zusammen: Marktsegmenten) zugewiesen, so dass für einzelne Unternehmensbereiche ihr Beitrag zum Periodenerfolg sichtbar wird. Produktionsprogramm-Entscheidungen lassen sich aufgrund der Analyse der Gewinn- und Verlustrechnung nach dem Umsatzkostenverfahren treffen. Die Gewinn- und Verlustrechnung wird in vielen Unternehmen für internes Reporting verwendet, insbesondere wenn sie nach dem Umsatzkostenverfahren aufgestellt wurde.

Die Gewinn- und Verlustrechnung verwendet grundsätzlich periodisierte Erfolgsgrößen. Eine Maschine, die in einem Jahr angeschafft wird, wird nicht durch ihre Anschaffungsauszahlung in der Erfolgsrechnung berücksichtigt, sondern belastet über jährliche Abschreibungen das Periodenergebnis während ihrer Nutzungsdauer.

Für den Ausweis von Aufwand und Ertrag ist die Periode relevant, für die Erträge und Aufwand tatsächlich angefallen sind. Werden sie durch die Buchhaltung anders erfasst, findet eine Periodenabgrenzung statt.

Beispiel

Die Riegelsberg AG erwirbt am 1.07.20X4 Anleihen im Nennwert von 200.000,00 EUR eines internationalen Konzerns. Die Anleihen (bond) sind festverzinslich und führen zu einer Zinszahlung von 9,4 % auf den Nennbetrag jeweils am 31.03. eines Geschäftsjahrs. Beim Erwerb der Anleihen über die Hausbank der Riegelsberg AG sind die Zinsen für den Zeitraum April, Mai und Juni 20X4 an den Verkäufer zu zahlen (cum interest transaction). Gleichzeitig entsteht ein Zinsanspruch i.H.v. 18.800,00 EUR, der am 31.03.20X5 fällig wird. Die Riegelsberg AG bucht den Kauf einschließlich der Zinszahlungen an den Verkäufer:

```
DR Investment Bond ............... 200.000,00 EUR
DR Interest Revenue ..............   4.700,00 EUR
CR Cash Book ..................... 204.700,00 EUR
```

Die im nächsten Jahr an die Riegelsberg AG zu zahlenden Zinsen i.H.v. 18.800,00 EUR sind zu 9/12 Ertrag für 20X4, obwohl sie in 20X5 ausgezahlt werden. Die Riegelsberg AG bucht deshalb 18.800 · 3/4 = **14.100,00 EUR**.

```
DR Deferred Income (20X4) ....... 14.100,00 EUR
CR Interest Revenue (20X4) ..... 14.100,00 EUR
```

Die nicht voraus gezahlten Zinsen (daher die Sollbuchung im Deferred Income Account) resultieren aus der Abgrenzung der zukünftigen Zinsforderung:

```
DR A/R .......................... 18.800,00 EUR
CR Interest Revenue (20X5) ..... 18.800,00 EUR
```

Der Zinsertrag wird in 20X4 mit 14.100 – 4.700 = **9.400,00 EUR** ausgewiesen. Er entspricht den Zinseinkünften für das Halbjahr, in dem die Anleihen während des Geschäftsjahrs 20X4 gehalten werden. In dem Beispiel haben jedoch die Zahlungen für die Zinsen z.T. in 20X4 für den Verkäufer zum Erwerbszeitpunkt und in 20X5 als regelmäßige Zinsauszahlung stattgefunden.

In der Fachsprache der Betriebswirtschaft sind die Begriffe **Ertrag** → Glossar und **Erlös** → Glossar zu differenzieren. Erträge (revenue) stellen das Gegenteil von Aufwand (expense, häufig auch cost) dar, sie sind der monetär bewertete Wertzuwachs eines Unternehmens oder „a measure of the inflow of economic benefits arising from ordinary activities of a business“. Typische Erträge resultieren aus Produktverkäufen, Gebühren für Dienstleistungen, Mitgliedsbeiträgen eines Clubs oder sind Zinserträge eines Gläubigers [vgl. z.B. McLaney/Atrill 2005]. IAS 18.7 definiert Revenue gleichsinnig, jedoch präziser: „Revenue is the gross inflow of economic benefits during the period arising in the course of the ordinary activities of an enterprise when those inflows result in increases in equity, other than increases relating to contributions from equity participants“. Es wird explizit darauf abgestellt, dass Einlagen der Anteilseigner kein Revenue darstellen. Ebenso können nach IAS 18.8 keine Erträge im Namen Dritter (in behalf of third parties) als Revenue gezeigt werden.

Dagegen ist der Erlös ein Zahlungsanspruch, den ein Unternehmen z. B. durch die Veräußerung von Waren oder Dienstleistungen erwirbt. Häufig steht in dem Income Statement als erste Größe der Erlös (proceeds, sales) bzw. Umsatz (turnover) als Nettowert. Er ist das Produkt aus Preis mal Menge der verkauften Produkte. Teilweise wird der Begriff Sales Revenue oder nur Sales verwendet, wenn es sich um einen Verkaufserlös aus Produkten handelt. Werden nachfolgend z. B. Rabatte (discount) abgezogen, wird für den verbleibenden Betrag der Ertragsbegriff verwendet. Der Ertrag nach Abzug der Materialaufwendungen heißt Rohertrag (gross revenue). Typische Erträge, die in dem Income Statement gezeigt werden, sind: (1) Umsatz aus Leistungen (revenue), (2) Aktivierte Eigenleistungen (work capitalised) – sie entstehen, wenn ein Produkt hergestellt und selbst genutzt wird, (3) Bestandsveränderungen (changes in inventory) – beim Gesamtkostenverfahren sind Bestandsveränderungen zu berücksichtigen, die dadurch entstehen, dass die Produktionsmenge die Absatzmenge übersteigt. Damit steigt der Lagerbestand fertiger Erzeugnisse oder von Halbfertigfabrikaten – (4) sonstige Leistungen (other income) – sonstige Leistungen beziehen sich auf außergewöhnliche Erfolgsbestandteile, z. B. Veräußerungsgewinne.

Typische Aufwendungen, die in der Gewinn- und Verlustrechnung zu zeigen sind, sind: (1) Materialaufwand (materials), (2) Lohnaufwand (labour, employee benefits), (3) Abschreibungen (depreciation), (4) sonstige Aufwendungen (other expenses), (5) Zinsen (interest) und (6) Aufwand für Steuern vom Einkommen und Ertrag (income tax expenses).

Die Struktur des Income Statement wird in IAS 1.81 geregelt und wurde in Kapitel 6 → vgl. S. 122 behandelt.

Im Gegensatz dazu schreibt der § 275 Abs. 2 oder 3 HGB für alle Kapitalgesellschaften ein detailliertes Gliederungsschema vor. Absatz 2 nach dem Gesamtkostenverfahren, Absatz 3 nach dem Umsatzkostenverfahren.

Für die Gewinn- und Verlustrechnung sind nach IAS 1.90 bzw. nach § 275 HGB zwei Methoden zulässig: (1) das **Gesamtkostenverfahren** → Glossar → S. 291 und (2) das **Umsatzkostenverfahren** → Glossar → vgl. S. 291

Beide Verfahren führen grundsätzlich zum selben Ergebnis. Die Werte sind nach beiden Verfahren gleich, wenn sich keine Bestandsveränderungen ergeben, d. h. wenn die Absatzmenge der Produktionsmenge entspricht.

Stimmen die Mengen nicht überein, dann ergeben sich bei dem Gesamtkostenverfahren und dem Umsatzkostenverfahren unterschiedliche Werte, jedoch bleibt der resultierende Erfolg gleich. Es ist für die Bestimmung des Periodenerfolgs nicht relevant, welche Methode angewendet wird. Die Methoden werden an einem einfachen Zahlenbeispiel demonstriert.

Die Nonnweiler GmbH hat in 20X8 100 Erzeugnisse zu jeweils 8.000,00 EUR hergestellt, von denen es 60 zu 12.000,00 EUR/Stk. verkauft hat. Die Steuern vom Einkommen und Ertrag betragen vereinfacht 30 %. Bei der Nonnweiler GmbH übersteigt die Produktionsmenge die Absatzmenge, es werden Bestände an Fertigerzeugnissen aufgebaut.

(1) Gesamtkostenverfahren (Nature of Expense Format)
Beim Gesamtkostenverfahren werden alle Aufwendungen einer Periode berücksichtigt. Dies schließt auch den Aufwand ein, der zur Herstellung von Gütern geführt hat, die bisher nicht verkauft wurden. Gleichzeitig werden die Bestandsveränderungen an fertigen und halbfertigen Erzeugnissen als Umsatz berücksichtigt, so dass ertragsseitig der Aufwand für noch am Lager befindliche Erzeugnisse kompensiert wird. Die Abbildung 12.1 zeigt für das Beispiel die Gewinn- und Verlustrechnung.

Nonnweiler GmbH's
INCOME STATEMENT for 20X8

	(DR)CR [EUR]
Revenue (60 · 12.000,00)	720.000,00
Changes in Inventory (40 · 8.000,00)	320.000,00
	1.040.000,00
less: Cost of Conversion (100 · 8.000,00)	(800.000,00)
Earnings before Tax (EBT)	240.000,00
less: Taxation (30%)	(72.000,00)
Profit for the Period (EAT)	*168.000,00*

Abbildung 12.1: Gewinn- und Verlustrechnung der Nonnweiler GmbH für 20X8 nach dem Gesamtkostenverfahren

(2) Umsatzkostenverfahren (Cost of Sales Format)
Beim Umsatzkostenverfahren werden nur Aufwendungen berücksichtigt, die für die Verkaufsmenge angefallen sind. Aufwendungen für Erzeugnisse, die hergestellt, aber nicht verkauft wurden, werden nicht als Aufwand gezeigt. Sie werden in die nachfolgenden Perioden, in denen die Erzeugnisse verkauft werden, verschoben. Da das Umsatzkostenverfahren eine Differenzierung nach einzelnen Produkten oder Produktgruppen zulässt, können daraus produktspezifische Erfolgsinformationen abgeleitet werden. Für das Beispiel der Nonnweiler GmbH ist die Gewinn- und Verlustrechnung nach dem Umsatzkostenverfahren in Abbildung 12.2 → vgl. S. 292 dargestellt.

Die Differenzierung nach einzelnen Produktgruppen wird an dem Beispiel der Nonnweiler GmbH nicht erkennbar, da sie nur ein Produkt herstellt. Die Verfahren werden im Weiteren an der Fallstudie Sunny AG vertieft.

Nonnweiler GmbH's INCOME STATEMENT for 20X8

	(DR)CR [EUR]
Revenue (60· 12.000,00)	720.000,00
less: Cost of Goods sold (60 · 8.000,00)	(480.000,00)
Earnings before Tax (EBT)	240.000,00
less: Taxation (30%)	(72.000,00)
Profit for the Period (EAT)	*168.000,00*

Abbildung 12.2: Gewinn- und Verlustrechnung der Nonnweiler GmbH für 20X8 nach dem Umsatzkostenverfahren

Sunny AG (Case Study Sunny AG)

Die Sunny AG hat in 20X5 das folgende Income Statement nach dem Gesamtkostenverfahren ausgewiesen:

SUNNY AG's INCOME STATEMENT for 20X5

	20X5 [EUR]	20X4 [EUR]
Revenue	8.350.000,00	8.350.000,00
Other Income		
Changes in Inventory of Finished Goods and Work in Progress		
Work Performed by the Entity and Capitalized		
	8.350.000,00	*8.350.000,00*
Raw Material and Consumables Used	(3.000.000,00)	(3.000.000,00)
Employee Benefits Expense	(3.680.000,00)	(3.680.000,00)
Depreciation and Amortisation Expense	(214.000,00)	(214.000,00)
Impairment of Property, Plant and Equipment		
Other Expenses	(605.200,00)	(605.200,00)
Finance Costs	(17.488,17)	(17.874,10)
Share of Profit of Associates		
Profit Before Taxation (EBT)	833.311,83	832.925,90
Income Tax Expenses	(251.451,85)	(251.335,39)
Deferred Tax Income/Expense		
Profit for the Period (EAT)	*581.859,99*	*581.590,51*

Abbildung 12.3: Income Statement der Sunny AG für 20X5 nach dem Gesamtkostenverfahren

Da das Unternehmen gleich viele Produkte verkauft wie hergestellt hat, entsteht keine **BESTANDSVERÄNDERUNG** → GLOSSAR an fertigen oder halbfertigen Erzeugnissen. Würde die Gewinn- und Verlustrechnung nach dem Umsatzkostenverfahren aufgestellt, würde sich nur eine Umrechnung der Aufwandsarten ergeben.

Bei Änderung der Absatzmenge werden die Unterschiede zwischen den Verfahren deutlich: Im Geschäftsjahr 20X6 konnte die Sunny AG von den hergestellten Workstations nur 70 % verkaufen. Daraus ergibt sich eine Bestandsveränderung i.H.v. 450 Workstations, bewertet zu Anschaffungs-

und Herstellungskosten. Die Bewertung der Produkte findet nicht wie in der Kostenrechnung unter Berücksichtigung einer innerbetrieblichen Leistungsverrechnung und oder auf Teilkostenebene statt. Vielmehr werden die Aufwendungen der Bereiche Konfiguration und Montage auf die Produkte im Verhältnis ihrer Inanspruchnahme der Ressourcen zugerechnet. Das Vorgehen entspricht dem einer Maschinenstundensatzrechnung, nur findet sie hier im Rahmen des Financial Accounting auf Unternehmensebene und bezogen auf den Aufwand statt. [vgl. zu den genannten Kostenrechnungsansätzen KILGER/PAMPEL/VIKAS 2007].

In der Konfiguration werden insgesamt 22.500 Stunden geleistet. Sowohl die PCs als auch die Workstations werden mit einer Menge von 1.500 Stück hergestellt. Jede Workstation wird in der Konfiguration zehn Stunden bearbeitet. Der Konfigurationsaufwand beträgt 650.000,00 EUR und enthält Personal- und Abschreibungsaufwand, sowie sonstige Kosten. Die Konfiguration gibt keine Leistung an andere Bereiche ab. Der den Workstations anzulastende Aufwand beträgt 650.000,00 EUR. In der Montage sind es 210.000,00 EUR, da jede Workstation in der Montage drei Stunden bearbeitet wird, jeder PC dagegen zwei Stunden. Die Materialkosten, die den Workstations zugerechnet werden, betragen pro Stück 650,00 EUR, für 1.500 Workstations entsprechend 975.000,00 EUR.

Materialaufwand	2.025.000,00 EUR
Konfigurationsaufwand	650.000,00 EUR
Montageaufwand	210.000,00 EUR
Summe	**2.885.000,00 EUR**

Die Werte sind bereits in Zusammenhang mit dem Manufacturing Summary Account erläutert worden und werden hier nicht noch einmal vorgetragen. Es wird im Weiteren nur auf die Gewinn- und Verlustrechnung der Sunny AG abgestellt. Die Herleitung der Beträge stimmt mit denjenigen, die in Kapitel 9 → vgl. S. 223 vorgetragen wurden, exakt überein.

Die Anschaffungs- und Herstellungskosten (cost of acquisition and cost of conversion, häufig auch: cost of manufacturing) für 450 Workstations betragen davon 30 %, mithin: 865.500,00 EUR. Die Anschaffungs- und Herstellungskosten repräsentieren den Aufwand, der der Sunny AG für die Herstellung der Workstations entsteht. Sie enthalten keinen Gewinnbestandteil. Sie werden in der Abbildung 12.4 → vgl. S. 294 als Bestandsveränderung dargestellt.

Nach dem Umsatzkostenverfahren werden diejenigen Aufwendungen von den Erträgen subtrahiert, die für Dienstleistungen und/oder Erzeugnisse angefallen sind, die in der Abrechnungsperiode verkauft wurden. Das Umsatzkostenverfahren erfordert die Bestimmung der den Produkten (Produktgruppen) oder Marktsegmenten zuzurechnenden Aufwendungen. Technisch werden dafür Ergebnisobjekte angelegt, auf die Ertrag und Aufwand gebucht werden. Für die Sunny AG werden jedoch die Erträge und Aufwendungen nachträglich zugeordnet.

Das Unternehmen stellt drei Produkte her: Workstations (WOR), Personal Computer (PCs) und Service-Dienstleistungen (SER). Der Erträge der Produkte können der Umsatzberechnung entnommen werden, die für die Geschäftsjahre 20X1 bis 20X6 gilt. Sie wird in Abbildung 12.5 → vgl. S. 294 gezeigt.

Die Aufwandsarten der Sunny AG werden wie in Abbildung 12.6 → vgl. S. 294 den Bereichen (department) zugeordnet. In der Kostenrechnung werden die Organisationsbereiche Kostenstellen genannt, hier wird jedoch allgemein von Department gesprochen. Addiert man den Aufwand in der Gewinn- und Verlustrechnung, die in Abbildung 12.1 → vgl. S. 291 dargestellt wird, erhält man ebenfalls die Summe 7.499.200,00 EUR:

Sunny AG's INCOME STATEMENT for 20X6

	20X6 [EUR]	20X5 [EUR]
Revenue	7.225.000,00	8.350.000,00
Other Income		
Changes in Inventory of Finished Goods and Work in Progress	**865.500,00**	
Work Performed by the Entity and Capitalized		
	8.090.500,00	*8.350.000,00*
Raw Material and Consumables Used	(3.000.000,00)	(3.000.000,00)
Employee Benefits Expense	(3.680.000,00)	(3.680.000,00)
Depreciation and Amortisation Expense	(214.000,00)	(214.000,00)
Impairment of Property, Plant and Equipment		
Other Expenses	(605.200,00)	(605.200,00)
Finance Costs	(17.077,92)	(17.488,17)
Share of Profit of Associates		
Profit Before Taxation (EBT)	574.222,08	833.311,83
Income Tax Expenses	(173.271,51)	(251.451,85)
Deferred Tax Income/Expense		
Profit for the Period (EAT)	*400.950,57*	*581.859,99*

Abbildung 12.4: Gewinn- und Verlustrechnung der Sunny AG für 20X6 nach dem Gesamtkostenverfahren und bei einer positiven Bestandsveränderung um 450 Workstations

Sunny AG's Sales Revenue

		Amount		Unit Price
Output				
PCs	[p]	1.500	[EUR/p]	1.200,00
Workstations	[p]	1.500	[EUR/p]	2.500,00
Service	[h]	40.000	[EUR/h]	70,00
Net proceeds	**[EUR]**	**8.350.000,00**		

Abbildung 12.5: Umsatzberechnung der Sunny AG für 20X1 bis 20X6

Department	Expense [EUR]
Configuration	975.000,00
Assembling	350.000,00
Service	2.250.000,00
Energy	44.200,00
Office Build.	300.000,00
Stocks	80.000,00
Management	200.000,00
Coordination	200.000,00
Consulting	100.000,00
	4.499.200,00
Materials	3.000.000,00
Total	*7.499.200,00*

Abbildung 12.6: Departments der Sunny AG und deren Aufwandsarten für die Geschäftsjahre 20X1 bis 20X6

Nur der Aufwand der Bereiche Konfiguration, Montage und Material werden in der Fallstudie den Produkten direkt zugerechnet. Bei den Gemeinkosten der Sunny AG findet eine proportionale Zurechnung nach der zeitlichen Inanspruchnahme der Ressourcen statt. Die Bearbeitungszeiten der Produkte Workstation und PC stammen aus den Arbeitsplänen der Sunny AG. Die Konfigurationsaufwendungen werden entsprechend im Verhältnis 1.500 · 10 : 1.500 · 5 zwischen den Workstations und PCs aufgeteilt. Der Faktor 1.500 repräsentiert die Stückzahlen der Produkte, die in dem Beispiel übereinstimmen. Zehn bzw. fünf ist die Bearbeitungszeit pro Erzeugnis in h/Stk. Die Montageaufwendungen werden im Verhältnis 3:2 aufgeteilt. Die Serviceaufwendungen werden direkt dem Produkt Service zugerechnet. Die Materialkosten für einen PC betragen 650,00 EUR und für eine Workstation 1.385,00 EUR. Daraus ergibt sich die Aufwandszuordnung zu Produkten und Unternehmensbereichen der Sunny AG wie in Abbildung 12.7. Zinsaufwand wird nicht den Departments zugeordnet, weil er für die Sunny AG insgesamt anfällt.

COST ALLOCATION DEPARTMENTS TO PRODUCTS

Departm.	for WOR	for PC	for SER	Total
Configuration	650.000,00	325.000,00		975.000,00
Assembling	210.000,00	140.000,00		350.000,00
Service			2.250.000,00	2.250.000,00
Engergy				44.200,00
Office Building				300.000,00
Logistics				80.000,00
Management				200.000,00
Coordination				200.000,00
Consulting				100.000,00
				4.499.200,00
Material	2.025.000,00	975.000,00		3.000.000,00
Total	*2.885.000,00*	*1.440.000,00*	*2.250.000,00*	*7.499.200,00*

Abbildung 12.7: Aufwandszurechnung zu Produkten der Sunny AG

Die Gewinn- und Verlustrechnung der Sunny AG für 20X6 nach dem Umsatzkostenverfahren ist in Abbildung 12.8 → vgl. S. 296 wiedergegeben. Sie enthält eine Aufwandsstruktur, die zurechenbaren Cost of Sales für Workstations, PCs und Servicestunden sowie die weiteren nicht Produkten zurechenbaren Aufwendungen.

Der Vorteil des Umsatzkostenverfahrens ist eine Differenzierung in einzelne Produkte: Es wird hier nach PCs, Workstations und Servicestunden differenziert. Im Beispiel der Sunny sind die Erfolgsbeiträge der Produkte im Geschäftsjahr 20X6 in Abbildung 12.9 → vgl. S. 296 dargestellt. Die Sunny AG soll ebenfalls wie im vorherigen Kapitel eine Erfolgsrechnung für den Fall aufstellen, dass 30 % der hergestellten Workstations noch nicht verkauft wurden. Die Revenue und Cost of Sales Werte ändern sich dadurch in der Spalte WOR der Abbildung 12.10 → vgl. S. 296.

Bei noch nicht verkauften 30 % der Workstations sieht die Gewinn- und Verlustrechnung der Sunny AG für 20X6 wie in Abbildung 12.11 → vgl. S. 296 gezeigt aus.

Das Ergebnis aus Abbildung 12.11 → vgl. S. 296 stimmt mit demjenigen aus Abbildung 12.4 → vgl. S. 294 überein.

Das Umsatzkostenverfahren entspricht dem Matching Principle. Wenn die Absatz- von der Produktionsmenge abweicht, ordnet das Umsatzkostenverfahren dem Ergebnis nur Aufwendungen zu, die dem Umsatz entsprochen haben. Das Gesamtkostenverfahren zeigt im Vergleich dazu bei der gleichen Situation Aufwand, dem erst später Erträge folgen.

SUNNY AG's INCOME STATEMENT for 20X5

	20X5 [EUR]	20X4 [EUR]
Revenue	8.350.000,00	8.350.000,00
Other Income	0,00	0,00
	8.350.000,00	*8.350.000,00*
Cost of Sales for WOR, PC, and Service	(6.575.000,00)	(6.575.000,00)
Energy Expenses	(44.200,00)	(44.200,00)
Office Building Expenses, Logistics	(380.000,00)	(380.000,00)
Management and Administration	(500.000,00)	(500.000,00)
Finance Costs	(17.488,17)	(17.874,10)
Share of Profit of Associates		
Profit Before Taxation (EBT)	*833.311,83*	*832.925,90*
Income Tax Expenses	(251.451,84)	(251.335,39)
Deferred Tax Income/Expense		
Profit for the Period (EAT)	*581.859,99*	*581.590,51*

Abbildung 12.8: Gewinn- und Verlustrechnung der Sunny AG für 20X5 nach dem Umsatzkostenverfahren

	WOR	PC	SER	*Total*
Revenue	3.750.000,00	1.800.000,00	2.800.000,00	*8.350.000,00*
C.o.S.	(2.885.000,00)	(1.440.000,00)	(2.250.000,00)	*(6.575.000,00)*
Contribution Margin	865.000,00	360.000,00	550.000,00	*1.775.000,00*

Abbildung 12.9: Deckungsbeiträge der Produkte der Sunny AG für 20X5

	WOR	PC	SER	*Total*
Revenue	**2.625.000,00**	1.800.000,00	2.800.000,00	*7.225.000,00*
C.o.S.	**(2.019.500,00)**	(1.440.000,00)	(2.250.000,00)	*(5.709.500,00)*
Contribution Margin	**605.500,00**	360.000,00	550.000,00	*1.515.500,00*

Abbildung 12.10: Deckungsbeiträge der Sunny AG für 20X6 bei reduzierter Absatzmenge der Workstations

SUNNY AG's INCOME STATEMENT for 20X6

	20X6 [EUR]	20X5 [EUR]
Revenue	**7.225.000,00**	8.350.000,00
Other Income	0,00	0,00
	7.225.000,00	*8.350.000,00*
Cost of Sales for WOR, PC, and Service	(5.709.500,00)	(6.575.000,00)
Energy Expenses	(44.200,00)	(44.200,00)
Office Building Expenses, Logistics	(380.000,00)	(380.000,00)
Management and Administration	(500.000,00)	(500.000,00)
Finance Costs	(17.077,92)	(17.488,17)
Share of Profit of Associates		
Profit Before Taxation (EBT)	*574.222,08*	*833.311,83*
Income Tax Expenses	(173.271,51)	(251.451,85)
Deferred Tax Income/Expense		
Profit for the Period (EAT)	*400.950,57*	*581.859,99*

Abbildung 12.11: Gewinn- und Verlustrechnung der Sunny AG für 20X6 bei geringerer Absatzmenge der Workstations

12.3 Buchen von Erträgen gem. IAS 18 (Accounting of Revenue along IAS 18)

In IAS 18 werden Erträge behandelt. Es wird die Höhe des Ertrags und die Frage der Zuordnung zu Geschäftsvorfällen geregelt. Es wird bestimmt, wann ein Ertrag realisiert ist.

Ein Ertrag wird zum Fair Value bewertet, IAS 18.9: „Revenue should be measured at the fair value of the consideration received or receivable.“

In der Regel ist davon auszugehen, dass die Bewertung zu Fair Value durch Verhandlung oder einen Vertrag zwischen den Parteien erfüllt ist. Besteht eine zeitliche Verzögerung für den Erlös → vgl. auch Kapitel 7, S. 149, muss die Zahlung auf den Ertragszeitpunkt diskontiert werden. Als Diskontierungszinssatz zur Bestimmung des Barwerts (present value) wird der Marktzins verwendet. Nach IAS 18.29f. ist die Differenz zwischen dem diskontierten Erlös und der verspäteten Zahlung als Zinsertrag in der Gewinn- und Verlustrechnung periodengerecht auszuweisen.

Sunny AG (Case Study Sunny AG)

Die Sunny AG verkauft im Geschäftsjahr 20X6 an einen Großkunden 300 PCs. Für den Bruttobetrag i.H.v. 300 · 1.200 · 120 % = **432.000,00 EUR** wird ein Kundenziel von einem Jahr vereinbart. Die verspätete Zahlung stellt gegenüber dem Großkunden einen Rabatt dar. Der Diskontierungszinssatz beträgt 8,0 %. Die Sunny AG bucht den diskontierten Ertrag für die PCs in 20X6 auf das Jahr 20X6 und eine Forderung in der Höhe des Bruttoerlöses. Die Differenz ist als Zinsertrag in 20X6 zu zeigen und wird gleichzeitig als Rabatt vom Nettoumsatz abgezogen. Die Diskontierung des Bruttobetrags ergibt 432.000/(1 + 8 %) = **400.000,00 EUR**. Die Buchung des Zinsertrags i.H.v. 32.000 EUR findet in 20X6 statt, weil der Vertrag zu diesem Zeitpunkt geschlossen wird und die Zinsen für diesen Zeitraum anfallen. Der Ertrag aus Zinsen wird vor der Zahlung realisiert. Die Umsatzsteuer fällt i.H.v. 72.000,00 EUR an, da sie nicht zu diskontieren ist. Im Ergebnis ist der Nettoumsatz i.H.v. 360.000,00 EUR wegen der gewährten verspäteten Zahlung als operating Revenue aus dem Verkauf (328.000,00 EUR) und Interest Revenue (32.000,00 EUR) aufgeteilt.

```
DR A/R ............................... 432.000,00 EUR
CR VAT ...............................  72.000,00 EUR
CR Revenue (operating) .......... 328.000,00 EUR
CR Interest Revenue ..............  32.000,00 EUR
```

Der Buchungssatz zeigt, dass der Ertrag aus dem Verkauf der PCs geschmälert wurde. Statt 360.000,00 EUR wurden nur 328.000,00 EUR gebucht. Die Differenz stellt den gewährten Rabatt dar, der 32.000,00 EUR beträgt.

In der Gewinn- und Verlustrechnungs-Struktur würde sich der Vorgang wie in Abbildung 12.12 dargestellt zeigen. Dafür werden die Cost of Sales des PC mit 960,00 EUR/Stk. berechnet. (Der Betrag kann aus Abbildung 12.9 → vgl. S. 296 abgeleitet werden, indem die C.O.S. durch die Stückzahl 1.500 dividiert werden.)

ORDER CALCULATION

	20X6
	[EUR]
Sales	360.000,00
Discount Allowed	(32.000,00)
Revenue after Discount	*328.000,00*
Cost of Sales for PC (300 · 960)	(288.000,00)
	40.000,00
Interest Revenue	32.000,00
Contribution Margin for Order	*72.000,00*

Abbildung 12.12: GuV-Struktur für den Verkauf auf Ziel von 300 PCs an einen Großkunden

Die Forderung wird im nächsten Jahr ausgeglichen und die Sunny AG bucht:

```
DR Bank ............................. 432.000,00 EUR
CR A/R .............................. 432.000,00 EUR
```

Für das Berücksichtigen von einem Ertrag aus dem Verkauf von Gütern müssen nach IAS 18.14 die folgenden Bedingungen erfüllt sein:

(a) the enterprise has transferred to the buyer the significant risks and rewards of ownership of the goods;
(b) the enterprise retains neither continuing managerial involvement to the degree usually associated with ownership nor effective control over the goods sold;
(c) the amount of revenue can be measured reliably;
(d) it is probable that the economic benefits associated with the transaction will flow to the enterprise; and
(e) the costs incurred or to be incurred in respect of the transaction can be measured reliably.

Wird eines der Kriterien nicht erfüllt, kann kein Umsatz gebucht werden, d. h. weder Umsatz noch der Aufwand dürfen in der Gewinn- und Verlustrechnung ausgewiesen werden, so dass in Fällen, in denen wesentliche Eigentumsrisiken beim Verkäufer bleiben, der Ertrag nicht angesetzt werden darf. Hierzu folgt ein Beispiel aus der Sunny AG-Fallstudie:

Sunny AG (Case Study Sunny AG)

Die Sunny AG soll für einen Kunden ein Netzwerk installieren, für das eine Workstation als Server und 20 PCs als Clients vorgesehen sind. Die Sunny AG liefert am 30.12.20X6 alle Computer und soll das Netzwerk im kommenden Januar installieren. Die PCs und die Workstation können erst im nachfolgenden Geschäftsjahr durch Erbringen von Serviceleistungen zu einem Netzwerk konfiguriert werden.

Die Sunny AG kann hier wegen IAS 18.15 den Ertrag erst in 20X7 zeigen, weil es im vorherigen Jahr nicht möglich ist, dass Netzwerk und die Funktionsfähigkeit seiner Komponenten zu prüfen. Auch wenn die einzelnen PCs stand alone arbeitsfähig sind, ist ihr Beitrag zu dem Funktionieren des Computernetzes nicht festzustellen. Der Vertrag bestimmt jedoch das Installieren des Netzwerks.

Ähnlich wie bei Assets verhält sich die Erlöszurechnung bei Dienstleistungen nach IAS 18.20 und bei Nutzenentgelten nach IAS 18.29.

12.4 Fertigungsaufträge nach IAS 11 (Construction Contracts along IAS 11)

Unter einem Construction Contract versteht man nach IAS 11.3: „A construction contract is a contract specifically negotiated for the construction of an asset or a combination of assets that are closely interrelated or interdependent in terms of their design, technology and function or their ultimate purpose or use."

Bei einem Fertigungsauftrag, der über mehrere Abrechnungsperioden erfüllt wird, stellt sich die Frage nach dem zeitlichen Ausweis von Erträgen in der Gewinn- und Verlustrechnung. Ist dagegen der Auftrag vertraglich auf mehrere Teilaufträge aufgeteilt, wird jeder Teilauftrag einzeln behandelt, i.d.R. besteht dann kein Problem bei der Zurechnung auf einzelne Abrechnungsperioden.

Für langfristige Fertigungsaufträge, z. B. im Anlagenbau, schreibt IAS 11.22ff. die Buchung des Erlöses nach dem Leistungsfortschritt (percentage of completion method) vor. Das Beispiel nach Lüdenbach/Hoffmann [2008] zeigt die Anwendung der Percentage of Completion Method:

Die Gremmendorf GmbH erstellt auf eigenen Grundstücken schlüsselfertige Eigentumswohnungen mit einem Gesamtumsatzvolumen von 10.000.000,00 EUR. In 20X1 werden sämtliche Verträge mit den Erwerbern geschlossen. Der Vertrieb erhält hierfür in 20X1 eine Verkaufsprovision von 20 % (= 2.000.000,00 EUR). In 20X1 wird außerdem das Grundstück für 1.000.000,00 EUR angeschafft. In 20X2 wird das Gebäude, in dem sich die Wohneinheiten befinden, zu 50 % bei Kosten von 3.000.000,00 EUR fertig gestellt. In 20X3 entstehen noch einmal 3.000.000,00 EUR Kosten und es erfolgen Fertigstellung und Abnahme der Wohnungen.

Insgesamt sind bei einem Erlös von 10.000.000,00 EUR Kosten von insg. 9.000.000,00 EUR angefallen, so dass das Gesamtergebnis der Gremmendorf GmbH für das Projekt 1.000.000,00 EUR beträgt.

Nach IAS 11.22ff. wird in jedem Jahr 1/3 des Umsatzes als Ertrag gebucht, da die Aufwendungen hier in 20X1, 20X2 und in 20X3 jeweils i.H.v. 3.000.000,00 EUR angefallen sind. Dies entspricht jeweils einem Drittel des Gesamtaufwands. Da die Bauherren erst bei Abnahme zahlen, wird der Umsatz on credit gebucht. In allen drei Jahren bucht die Gremmendorf GmbH:

```
DR A/R ............................... 3.333.333,33 EUR
CR Revenue ........................... 3.333.333,33 EUR
```

Im letzten Jahr zahlen die Bauherren und die Forderung wird aufgelöst. Die Aufwandsbuchungen sind in jedem Jahr:

```
DR Expenses .......................... 3.000.000,00 EUR
CR Cash .............................. 3.000.000,00 EUR
```

12.5 Ausweis von Steuern vom Einkommen und Ertrag in der Gewinn- und Verlustrechnung nach IAS 12 (Disclosure of Income Tax in Income Statement along IAS 12)

Die Steuern vom Einkommen und Ertrag werden nach IAS 12 als Steuerschulden ausgewiesen. Entstehen **LATENTE STEUERN** → GLOSSAR sind sie ebenfalls unter der Überschrift Schulden darzustellen. Es werden nach IAS 1.68 sowohl Assets (negativ) als auch Liabilities (positiv) aus Income Tax auf der Passivseite ausgewiesen. Die Formulierung in IAS 12 bezieht sich allein auf Income Tax. Damit können dort für eine Gesellschaft mit Sitz in Deutschland nur Steuern dargestellt werden, die nach EStG oder EStR geregelt sind.

Bisher ist für die Steuern vom Einkommen und Ertrag (income tax) der Gesamtsteuersatz als gegeben betrachtet worden. Im Folgenden wird das der Berechnung zugrunde liegende Steuerschema vorgestellt. In Deutschland unterliegen Einzelunternehmen und Personengesellschaften der Einkommensbesteuerung ihrer Inhaber. Dagegen wird eine Kapitalgesellschaft als Rechtspersönlichkeit anerkannt und unterliegt der Unternehmensbesteuerung. Die Unternehmenssteuern setzen sich aus der Gewerbeertragsteuer (trade tax), der Körperschaftsteuer (corporate tax) und dem Solidaritätszuschlag (German reunion tax) zusammen. Es gelten in Deutschland seit 2008 das in Abbildung 12.1 → vgl. S. 291 gezeigten Schema zur Unternehmensbesteuerung und die nachfolgenden Erläuterungen zur Bestimmung der einzelnen Beträge.

German Tax Schemata	
Earnings before Tax	**100,00**
less Trade Tax	(14,00)
Earnings after Trade Tax	86,00
less Corporate Tax (15%)	(15,00)
less German Reunion Tax (5,5%)	(0,83)
Earnings after Taxes	**70,18**

Abbildung 12.13: Steuerschema einer deutschen Kapitalgesellschaft

Die Ausgangsbasis der Unternehmensbesteuerung ist der Vorsteuergewinn (earnings before taxes). Der Betrag wird hier mit 100,00 GE angegeben, so dass ein Eindruck über die prozentuale Verteilung der Unternehmenssteuern vermittelt werden kann. Von dem Vorsteuergewinn wird die Gewerbeertragsteuer subtrahiert. Sie ergibt sich seit 2008 aus dem Produkt aus Steuermeßzahl (basic federal rate) und Gewerbesteuerhebesatz. Die Steuermeßzahl für den Gewerbeertrag ist für Kapitalgesellschaften einheitlich 3,5 %. Der Gewerbesteuerhebesatz ist bei Gemeinden, die eine hohe Infrastrukturleistung anbieten, z. B. in Großstätten, i.d.R. höher als bei solchen mit geringen Angeboten. In Abbildung 12.13 wird der Gewerbesteuerhebesatz mit 400 % angenommen. Der Gewerbesteuersatz beträgt 400 % · 3,5 % = **14,00 %** Der Körperschaftsteuersatz beträgt einheitlich 15 % und wird auf den Vorsteuergewinn bezogen. Die absolute Körperschaftsteuer beträgt 15,00 GE. Auf die Körperschaftsteuer wird der Solidaritätszuschlag erhoben. Der Solidaritätszuschlagssatz beträgt 5,5 %, so dass der absolute Solidaritätszuschlag gerundet 15 · 5,5 % = **0,83 GE** ist. Die Möglichkeit eines Verlustabzugs nach § 10d EStG wird hier nicht behandelt [vgl. zur Unternehmensbesteuerung Scheffler 2007].

Das Unternehmen schuldet für den Anteilseigner ebenfalls die Kapitalertragsteuer. Sie beträgt 25 % der Einkünfte aus Kapitalerträgen zzgl. Solidaritätszuschlag. Die Kapitalertragsteuer ist eine Einkommensteuerart und wird in ihrer Höhe über § 43a EStG geregelt. Sie zählt nicht zu den Unternehmenssteuern, da sie von der Gesellschaft, die z. B. die Dividende ausschüttet, nur geschuldet wird, jedoch nicht von der Gesellschaft erhoben wird. In dem Berechnungsschema wird die Kapitalertragsteuer mit 20 % der Bruttodividende berechnet. Dies ist deshalb erforderlich, weil die Einkünfte aus Kapitalertrag bestimmt werden sollen. Die Bruttodividende muss durch 125 % dividiert werden, um den Kapitalertrag zu berechnen. Dies entspricht einer Multiplikation mit 80 %, weil 1/1,25 = **0,8** ergibt. Aus Sicht des Aktionärs ist die Nettodividende ohne Solidaritätszuschlag 26,66 GE. Die Kapitalertragsteuer ist 26,66 · 25 % = **6,67 GE**. Der Auszahlungsbetrag wird weiter um den Solidaritätszuschlag auf die Kapitalertragsteuer reduziert und ist: 33,33 – 6,67 · (1 + 5,5 %) = **26,30 GE**. Das komplette Steuerschema bei Berücksichtigung einer Ausschüttung von 47,5 % des Jahresergebnisses ist in Abbildung 12.14 gezeigt.

German Tax Schemata

Earnings before Tax		**100,00**
less	Trade Tax (14%)	(14,00)
Earnings after Trade Tax		86,00
less	Corporate Tax (15%)	(15,00)
less	German Reunion Tax (5,5%)	(0,83)
Earnings after Taxes		**70,18**
Total of Income Tax		29,83
Earnings after Taxes		70,18
add	Profit/Loss carried forward	0,00
less	Reserves along § 150 AktG	(3,51)
Distributable Amount		**66,67**
(1) Gross Dividend		**33,33**
less	Capital Income Tax (25%)	(6,67)
less	German Reunion Tax (5,5%)	(0,37)
Net Dividend		**26,30**
(2) Earnings Reserves		**33,33**
add	Reserves along § 150 AktG	3,51
Total of Flow to Reserves		**36,84**

Abbildung 12.14: Steuerschema einschließlich einer Ausschüttung für eine deutsche Aktiengesellschaft

Die Abbildung 12.14 entspricht im oberen Teil der vorhergehenden. Im unteren Teil wird auf die Kapitalertragsteuer abgestellt, die von der Gewinnverwendung abhängig ist. Der zu verwendende Gewinn ist die Summe aus dem Vorsteuerergebnis und dem Gewinn- oder Verlustvortrag. Letzterer wird hier mit dem Wert Null angenommen. Für eine deutsche Aktiengesellschaft gilt § 150 AktG, nach dem 5 % des Jahresergebnisses abzüglich eines evtl. vorhandenen Verlustvortrags in die gesetzlichen Gewinnrücklagen einzustellen sind, bis die Kapital- und gesetzliche Gewinnrücklage 10 % oder einen per Satzungsbeschluss höher bestimmten Betrag erreichen. Es wird in Abbildung 12.14 von der Notwendigkeit zur Rücklagenzuführung ausgegangen und 5 % · 70,18 = **3,51 GE** in die Rücklagen eingestellt. Der verbleibende zur Ausschüttung zu verwendende Betrag wird zu 50 % an die Eigenkapitalgeber ausgeschüttet. Daher beträgt die Bruttodividende (70,18 – 3,51) · 50 % = **33,34 GE**. Von der Bruttodividende werden die Kapitalertragsteuer und der darauf entfallende Solidaritätszuschlag abgezogen. Der Restbetrag wird an die Anteilseigner ausgezahlt. Die Unternehmensbesteuerung wird am Beispiel der Sunny AG vertieft.

Sunny AG (Case Study Sunny AG)

Die Sunny AG hat im Geschäftsjahr 20X1 einen Vorsteuergewinn i.H.v. 831.900,00 EUR erwirtschaftet. Der Gewerbesteuerhebesatz in Osnabrück beträgt 410 %, damit ergibt sich ein Gewerbesteuersatz von 410 %·3,5 = **14,35 %**. Die Sunny AG hat keinen Gewinnvortrag zu berücksichtigen, muss jedoch nach § 150 AktG in 20X1 ein Zwanzigstel des Jahresüberschusses in die gesetzlichen Gewinnrücklagen einstellen.

German Tax Schemata	
Earnings before Tax	**831.900,00**
less Trade Tax (14,35%)	(119.377,65)
Earnings after Trade Tax	712.522,35
less Corporate Tax (15%)	(124.785,00)
less German Reunion Tax (5,5%)	(6.863,18)
Earnings after Taxes	**580.874,18**
Total of Income Tax	251.025,83
Earnings after Taxes	580.874,18
add Profit/Loss carried forward	0,00
less Reserves along § 150 AktG	(29.043,71)
Distributable Amount	**551.830,47**
(1) Gross Dividend	**275.915,23**
less Capital Income Tax (25%)	(55.183,05)
less German Reunion Tax (5,5%)	(3.035,07)
Net Dividend	**217.697,12**
(2) Earnings Reserves	**275.915,23**
add Reserves along § 150 AktG	29.043,71
Total of Flow to Reserves	**304.958,94**

Abbildung 12.15: Bestimmung der Besteuerung für die Sunny AG für das Geschäftsjahr 20X1

Die Bestimmung der Ausschüttung wurde in Kapitel 11 → vgl. S. 273 für das Geschäftsjahr 20X5 behandelt. Hier wird allein auf die geschuldete Kapitalertragsteuer und den Solidaritätszuschlag i.H.v. 55.183,05 + 3.035,07 = **58.218,12 EUR** verwiesen, die die Sunny AG den Finanzbehörden schuldet. Die Nettodividende i.H.v. 217.697,12 EUR wird an die Aktionäre gezahlt.

In Fällen, in denen das Einkommen nach dem deutschen EStG vom handelsrechtlich bestimmten Einkommen abweicht, wird in der handelsrechtlichen Gewinn- und Verlustrechnung der steuerrechtlich bestimmte Steueraufwand gezeigt.

In solchen Fällen sind zusätzlich Aufwendungen für latente Steuern darzustellen. Nach deutschem HGB ist in der Position 19 gem. § 275 Abs. 2 HGB oder in der Position 18 gem. § 275 Abs. 3 HGB ein latenter Steueraufwand auszuweisen.

Würde z. B. in der handelsrechtlichen Gewinn- und Verlustrechnung ein Aufwand nicht ausgewiesen werden, der steuerrechtlich zu zeigen ist, dann ist das handelsrechtlich bestimmte Ergebnis im Vergleich zum steuerrechtlichen zu hoch. Dies begründet nach IAS 12 und nach § 274 Abs. 1 HGB und unter Erfüllung der dort genannten Kriterien eine Rückstellung nach § 249 Abs. 1 HGB für latente Steuern. Eine Rückstellungsbildung dieser Art führt zu einem latenten Steueraufwand, der in der Gewinn- und Verlustrechnung auszuweisen ist. Das folgende Beispiel zeigt den Umgang mit latenten Steuern an aktivischen latenten Steuern.

Die Hiltrup AG bildet am 3.01.20X1 eine Rückstellung, die nach deutschem EStG nicht zulässig ist i.H.v. 10.000,00 EUR für eine Restrukturierungsmaßnahme. Der Gesamtsteuersatz für die Hiltrup AG beträgt 30 %. Nach fünf Jahren soll die Rückstellung wieder aufgelöst werden. Die Rückstellung ist zum Nennbetrag zu berücksichtigen, d. h. es findet keine Diskontierung statt. Das Vorsteuerergebnis der Hiltrup AG ohne die Rückstellung beträgt 200.000,00 EUR. Nach Abzug der Steuern vom Einkommen und Ertrag bleibt ein Jahresüberschuss i.H.v. 140.000,00 EUR. Die steuerrechtliche Gewinn- und Verlustrechnung weist einen Betrag für die Steuern vom Einkommen und Ertrag i.H.v. 60.000,00 EUR auf. Die vereinfachte Gewinn- und Verlustrechnung der Hiltrup AG ist in Abbildung 12.16 → vgl. S. 304 dargestellt.

Die Rückstellung für die Restrukturierung ist nur in der handelsrechtlichen Gewinn- und Verlustrechnung darzustellen. Sie führt darin zu einem Aufwand:

```
DR Other Expenses ................. 10.000,00 EUR
CR Provision ...................... 10.000,00 EUR
```

Wird anschließend die handelsrechtliche Gewinn- und Verlustrechnung aufgestellt, beträgt das Vorsteuerergebnis 190.000,00 EUR. Die nach IAS 12 aus der Steuerbilanz übernommenen Steuern vom Einkommen und Ertrag sind im Vergleich zum Vorsteuerergebnis zu hoch. Die Besteuerung ergäbe 190.000 · 30 % = **57.000,00 EUR**. Um formal diesen Besteuerungsbetrag in der Handelsbilanz zu erreichen, wird ein latenter Steuerertrag in der Gewinn- und Verlustrechnung gebucht:

```
DR Deferred Taxes ................. 3.000,00 EUR
CR Deferred Tax Income .......... 3.000,00 EUR
```

Hiltrup AG's INCOME STATEMENT for 20X1
(Taxation)

	20X1 [EUR]
Revenue	1.000.000,00
Other Income	
Changes in Inventory of Finished Goods and Work in Progress	
Work Performed by the Entity and Capitalized	
	1.000.000,00
Raw Material and Consumables Used	
Employee Benefits Expense	(800.000,00)
Depreciation and Amortisation Expense	
Impairment of Property, Plant and Equipment	
Other Expenses	
Finance Costs	
Share of Profit of Associates	
Profit Before Taxation (EBT)	*200.000,00*
Income Tax Expenses	**(60.000,00)**
Deferred Tax Income/Expense	
Profit for the Period (EAT)	*140.000,00*

Abbildung 12.16: Steuerrechtliche Gewinn- und Verlustrechnung der Hiltrup AG für 20X1

Die latenten Steuern werden in der Bilanz auf der Passivseite negativ ausgewiesen. Der latente Steueraufwand erscheint in der handelsrechtlichen (commercial) Gewinn- und Verlustrechnung als latenter Steuerertrag, wie Abbildung 12.17 zeigt.

Hiltrup AG's INCOME STATEMENT for 20X1
(Commercial F/S)

	20X1 [EUR]
Revenue	1.000.000,00
Other Income	
Changes in Inventory of Finished Goods and Work in Progress	
Work Performed by the Entity and Capitalized	
	1.000.000,00
Raw Material and Consumables Used	
Employee Benefits Expense	(800.000,00)
Depreciation and Amortisation Expense	
Impairment of Property, Plant and Equipment	
Other Expenses	**(10.000,00)**
Finance Costs	
Share of Profit of Associates	
Profit Before Taxation (EBT)	***190.000,00***
Income Tax Expenses	**(60.000,00)**
Deferred Tax Income/Expense	**3.000,00**
Profit for the Period (EAT)	***133.000,00***

Abbildung 12.17: Handelsrechtliche Gewinn- und Verlustrechnung der Hiltrup AG für 20X1

Die Gründe für latenten Steuerausweis sind nicht nur formale, wie oben dargestellt wurde. Es wird hier allein demonstriert, dass die Doppik die latenten Steuern wie einen Ausgleich behandelt. Der Grund für den latenten Steuerausweis ist z. B. bei passivischer Steuerlatenz die Verpflichtung der Gesellschaft zur Bildung einer Rückstellung um überhöhte Ausschüttungen zu vermeiden. Latente Steuern stellen in diesem Fall eine Verlagerung von Steuerzahlungen in nachfolgende Geschäftsjahre dar. Sie werden deshalb auch in Höhe der zukünftig erwarteten Steuern gebildet → vgl. § 274 Abs. 2 HGB.

Zusammenfassung (Summary)

Die Gewinn- und Verlustrechnung stellt den Erträgen den Aufwand einer Abrechnungsperiode gegenüber. Die Differenz ist das Periodenergebnis: der Gewinn oder Verlust der Abrechnungsperiode.

Für die Gewinn- und Verlustrechnung wird in der Buchhaltung das Gewinn- und Verlustrechnungskonto (profit and loss summary account) geführt. In Produktionsunternehmen wird das Ergebnis für den Produktionsbereich im Manufacturing Summary Account, der Rohertrag im Trading Account und das Jahresergebnis im Profit and Loss Account gezeigt. Alle drei Konten ergeben zusammen die Gewinn- und Verlustrechnung.

Für die Gewinn- und Verlustrechnung wird das Gesamtkostenverfahren (nature of expense method) und das Umsatzkostenverfahren (cost of sales method) unterschieden. Beide Verfahren führen zu demselben Periodenergebnis. Das Umsatzkostenverfahren entspricht dem Matching Principle.

Werden in dem Jahresabschluss latente Steuern ausgewiesen, die daraus resultieren, dass das handelsrechtliche vom steuerrechtlichen Ergebnis abweicht, muss in der handelsrechtlichen Gewinn- und Verlustrechnung ein latenter Steueraufwand oder -ertrag gezeigt werden.

IAS 18 legt fest, unter welchen Bedingungen ein Ertrag auszuweisen ist.

Latente Steuern werden in IAS 12 geregelt. Sie stellen einen Ausgleich für handelsrechtlich zu hohe oder zu niedrige Steuern im Vergleich zum Steuerabschluss dar.

Aufgaben (Exercises)

Aufgabe 1: Manufacturing Summary Account
(Exercise on Manufacturing Summary Account)

Das Produktionsunternehmen Wienkötter AG stellt Drucker und Scanner her. Der Drucker wird aus einem Gehäuse, einem Netzteil, einer Tonerkartusche und einer Papierzufuhr montiert. Der Scanner enthält ein Gehäuse, eine Leseeinheit und ein Netzteil. Der Verkaufspreis für den

Drucker beträgt 180,00 EUR, der Scanner kostet 198,00 EUR. Beide Werte sind brutto, die VAT rate beträgt 20 %.

Die beiden Geräte durchlaufen die Bereiche Montage und Qualitätssicherung. Die Aufwendungen in der Montage betragen in 20X7 231.500,00 EUR, in der Qualitätssicherung 177.600,00 EUR. Darin sind Abschreibungen und Personalkosten eingeschlossen. Die Materialpreise für die Bauteile sind Standardpreise. Sie können der nachstehenden Tabelle entnommen werden.

Material	Preis, brutto	Anfangs-Bestand	End-Bestand
Druckergehäuse	18,30	100	600
Scannergehäuse	15,60	67	467
Netzteil	6,00	523	423
Tonerbehälter	54,00	200	0
Papierzufuhr	12,60	130	630
Leseeinheit	27,90	0	400

Abbildung 12.18: Materialpreise und -bestände

Während des Abrechnungszeitraums 20X7 werden 6.500 Drucker und 4.600 Scanner produziert. Es werden 6.234 Drucker und 5.110 Scanner verkauft. Der Anfangsbestand der Scanner betrug 745 Stück. Drucker waren zu Beginn von 20X7 nicht auf Lager oder in Work in Progress.

Jeder Drucker wird fünf Minuten und jeder Scanner drei Minuten montiert. Die Qualitätsprüfung dauert für beide Geräte acht Minuten.

Neben der Bearbeitung fällen für Verwaltung 250.000,00 EUR und für Zinsen 20.000,00 EUR an. Die Vertriebsaufwendungen betragen 12.00 EUR pro verkaufte Einheit.

Erstellen Sie (1) das Manufacturing Summary Account, (2) das Trading Account, (3) das Profit and Loss Account und berechnen Sie (4) die Gewinn- und Verlustrechnung nach dem Umsatzkostenverfahren. Der Unternehmenssteuersatz beträgt 30 %.

Aufgabe 2: Gewinn- und Verlustrechnung nach dem Gesamtkostenverfahren
(Exercise on Income Statement along Nature of Expense Format)

Das Produktionsunternehmen Billerbeck AG stellt Campingtische her. Ein Tisch besteht aus einer Holztischplatte und vier Stahlfüßen. Zu Beginn des Geschäftsjahrs 20X6 sind 400 Tischbeine auf Lager. Ihr Buchwert beträgt 1,50 EUR. Es gibt keinen Anfangsbestand für die Tischplatten. Die Billerbeck AG kauft während des Abrechnungszeitraums Tischbeine und Tischplatten zu den im Folgenden genannten Bruttopreisen:

- am 1.01.20X6: 400 Stück Tischbeine für 2,40 EUR/Stk.
- am 1.04.20X6: 600 Stück Tischbeine für 2,10 EUR/Stk.
- am 1.07.20X6: 900 Stück Tischbeine für 2,10 EUR/Stk.
- am 1.10.20X6: 500 Stück Tischbeine für 1,92 EUR/Stk.
- am 1.01.20X6: 660 Stück Tischplatten für 6,00 EUR/Stk.

Während des Geschäftsjahrs 20X6 hat die Billerbeck AG 660 Campingtische produziert und 60 % davon für 24,00 EUR/Stk. (brutto) verkauft. Nehmen Sie für alle Materialbewegungen die Verbrauchsfolgefiktion First-in-First-out an. Es ist Lohn i.H.v. 2.700,00 EUR und Abschreibung i.H.v. 1.000,00 EUR für den Produktionsbereich zu berücksichtigen.

Erstellen Sie eine Gewinn- und Verlustrechnung nach dem Gesamtkostenverfahren für das Geschäftsjahr 20X6. Nehmen Sie an, das Unternehmen habe außer der genannten Tätigkeit nichts gemacht. Der Gesamtunternehmenssteuersatz beträgt 30 %.

Aufgabe 3: Bestimmung des Periodenergebnisses in einem Produktionsunternehmen

(Determination of Profit for Manufacturing Business)

Sie erhalten die folgenden Informationen über die Salden der Konten der Produktionsfirma Buntemayer AG, die Lacke herstellt. Das Unternehmen mixt ein Teil der Komponente A mit drei Teilen der Komponente B. Buntemayer AG verkauft die Lacke für 600 EUR/kg – brutto – an ihre Kunden. Das Geschäftsjahr beginnt am 1.01.20X7 und endet am 31.12.20X7. Für die Vorratsbewertung befolgen Sie bitte die gewichtete Durchschnittsmethode.

Gefragt:

(1) Manufacturing Summary Account
(2) Trading Account
(3) Profit and Loss Account

Die Gesamtbesteuerung ist nicht relevant, es wird nur nach dem Vorsteuergewinn gefragt. Die Darstellung der Konten unter (1) bis (3) kann in einem Konto P&L Account erfolgen.

Account		DR(CR) Money [EUR]	Amount [kg]
Inventory lacquer	1.01.20X7	20.325,00	10.000
Inventory lacquer	31.12.20X7	?	20.000
Inventory A	1.01.20X7	750,00	7.500
Inventory A	31.12.20X7	?	1.500
Inventory B	1.01.20X7	5.250,00	7.500
Inventory B	31.12.20X7	?	5.000
WIP component A	1.01.20X7	250,00	2.500
WIP component A	31.12.20X7	?	6.000
WIP component B	1.01.20X7	7.000,00	10.000
WIP component B	31.12.20X7	?	5.000
Purchases A (1)	1.01.20X7	900,00	10.000
Purchases A (2)	1.01.20X7	1.100,00	10.000
Purchases A (3)	1.01.20X7	1.000,00	10.000
Purchases A (4)	1.01.20X7	1.200,00	10.000
Purchases A (5)	1.01.20X7	1.000,00	10.000
Purchases B	1.01.20X7	105.000,00	150.000
Depreciation on blender		18.000,00	
Direct labour		200.000,00	
Lighting, Power for Plant		130.000,00	
Sales		(1.000.000,00)	
Salary manager		68.000,00	
Depreciation sales office		100.000,00	
Salary sales manager		53.800,00	
Other expenses		118.200,00	

Abbildung 12.19: Mengen und Aufwandsangaben

13 Eigenkapitalveränderungsrechnung (Statement of Changes in Equity)

Lernziele

Eigenkapital und seine Entwicklung sind für das Bewerten eines Unternehmens durch z. B. seine Kapitalgeber und für die Unternehmenssteuerung wichtig. Kennzahlen wie Economic Value Added (EVA) oder auch das Risikomanagement stellen auf die Eigenkapitalentwicklung eines Unternehmens ab.

Die Eigenkapitalveränderungsrechnung (statement of changes in equity) zeigt eine Übersicht über die Eigenkapitalveränderungen einer Abrechnungsperiode, differenziert nach Eigenkapitalpositionen.

Das Statement of Changes in Equity wird am Beispiel der Sunny AG vorgestellt. Dabei wird auf die wichtigsten Veränderungen des Eigenkapitals, die in Kapitel 11 → vgl. S. 274 behandelt wurden, eingegangen.

Das Ziel des Kapitels 13 besteht im:

(1) Kennenlernen der Bedeutung der Eigenkapitalveränderungsrechnung für die Steuerung und Bewertung von Unternehmen → vgl. Abschnitt 13.1, S. 309
(2) Erlernen der Fähigkeit aus den Informationen des handelsrechtlichen Jahresabschlusses eine Eigenkapitalveränderungsrechnung erstellen zu können → vgl. Abschnitt 13.1, S. 310
(3) Wissen, über die Darstellung von Gewinnverwendung, Kapitalerhöhung und Neubewertungen in der Eigenkapitalveränderungsrechnung → vgl. Abschnitt 13.2, S. 3.11

13.1 Formale Vorschriften (Presentation Requirements)

Nach IAS 1.96 ist die **EIGENKAPITALVERÄNDERUNGSRECHNUNG** → GLOSSAR vorgeschrieben. IAS 1.8 ordnet die Eigenkapitalveränderungsrechnung dem handelsrechtlichen Jahresabschluss (set of financial statements) zu. Demnach hat ein Unternehmen zum Bilanzstichtag über die Veränderung des Eigenkapitals des vergangenen und des Vergleichszeitraums, d. h. insgesamt über die letzten zwei Abrechnungsperioden zu berichten.

Die Eigenkapitalveränderungsrechnung zeigt i.d.R. in den Spalten Beträge und Änderungen der relevanten Eigenkapitalkonten in der Berichtswährung: (1) gezeichnetes Kapital, (2) Rücklagen und (3) Bilanzgewinn.

In den Zeilen wird der Bestand zum Bilanzstichtag ausgewiesen und in den weiteren Zeilen einzeln über Veränderungen der Eigenkapitalpositionen vorgetragen.

Die meisten Unternehmen berichten links vor der Spalte gezeichnetes Kapital über die Anzahl der ausstehenden Aktien in der Eigenkapitalveränderungsrechnung. Dies ist in Bezug auf den Ausweis der Kennzahl Earnings per Share (EPS) nach IAS 33 sinnvoll. Allerdings wird dort nur die zum Abschlussstichtag ausstehende Anzahl der Stammaktien dargestellt, während die Earnings per Share Figure auf den gewichteten Mittelwert der im Berichtszeitpunkt durchschnittlich ausstehenden Stammaktien bezogen wird.

Die Spalten können vom bilanzierenden Unternehmen (reporting entity) weiter unterteilt werden. Insbesondere kann ein deutsches Unternehmen, das über §§ 266 Abs. 3 i.V.m. § 272 HGB gezwungen ist, detailliert Auskunft über die Zusammensetzung des Eigenkapitals zu geben, die Rücklagen weiter differenzieren. Es ist verbreitete Praxis, dass ein Unternehmen folgende Spalten darstellt:

(1) Gezeichnetes Kapital (Issued Capital)
Ein Unternehmen, das mehrere Aktiengattungen ausgeschüttet hat oder per Satzungsbeschluss dazu berechtigt ist, wird in der Bilanz und entsprechend in der Eigenkapitalveränderungsrechnung die unterschiedlichen Aktien getrennt ausweisen. Hat ein Unternehmen z. B. Stamm- und Vorzugsaktien ausgeschüttet, zeigt es 2 Spalten in der Eigenkapitalveränderungsrechnung.

(2) Rücklagen (Reserves)
Deutsche Unternehmen müssen gem. § 266 Abs. 3 HGB die **RÜCKLAGEN** → GLOSSAR in Kapitalrücklagen (capital reserves, share premium) und Gewinnrücklagen (earnings reserves) unterteilen. Die **GEWINNRÜCKLAGEN** → GLOSSAR werden weiter in gesetzliche, satzungsmäßige, sonstige Gewinnrücklagen und Rücklagen für eigene Anteile unterteilt. Dies führt zu einer Detaillierung der Eigenkapitalveränderungsrechnung oder zu einer entsprechenden Aufschlüsselung in den Notes. Die Unterteilung ist geboten, weil sich das Aktiengesetz – z. B. bei den Regelungen zur Gewinnverwendung – auf die Beträge in der gesetzlichen Gewinnrücklage und der Kapitalrücklagen bezieht.

(3) Bilanzgewinn (Retained Earnings)
Die nach § 266 Abs. 3 HGB gebotene Unterteilung in Gewinn- oder Verlustvortrag und Jahresüberschuss ist international nicht üblich. Die Spalte Bilanzgewinn wird i.d.R. nicht differenziert.

In der Eigenkapitalveränderungsrechnung können die relevanten Vorgänge zur Eigenkapitalveränderung nachvollzogen werden. Sie sind: Gewinnverwendung → vgl. Abschnitt 13.2, **KAPITALERHÖHUNG** → GLOSSAR → vgl. Abschnitt 13.3, S. 313 und **NEUBEWERTUNG** → GLOSSAR → vgl. Abschnitt 13.4, S. 314.

13.2 **Gewinnverwendung** (Appropriation of Profit)

Die Gewinnverwendung kann zu einer Zuführung zu den Rücklagen (Thesaurierung) und/oder zu einer Ausschüttung an die Anteilseigner führen. Eine Gewinnausschüttung vermindert das Eigenkapital.

Sunny AG (Case Study Sunny AG)

Die Sunny AG hat in den Geschäftsjahren 20X1 und 20X2 jeweils einen Gewinn erwirtschaftet, den sie in Einklang mit dem deutschen AktG verwendet hat. Sie hat eine vollständige Gewinnverwendung vorgenommen, so dass anschließend der Saldo des Kontos Bilanzgewinn (retained earnings) Null war. Im Einzelnen hat die Sunny AG 5 % des Jahresergebnisses in die gesetzliche Gewinnrücklage eingestellt und die verbliebenen 95 % hälftig in die sonstigen Gewinnrücklagen und die Verbindlichkeiten gegenüber den Anteilseignern gebucht. Die Eigenkapitalveränderungsrechnung der Sunny AG für das Geschäftsjahr 20X2 und 20X1 als Vergleichszeitraum zeigt Abbildung 13.1. Darin ist die Spalte mit der Kapitalrücklage (capital reserves) aus Platzgründen ausgeblendet. Sie ist zu diesem Zeitpunkt leer.

Sunny AG's STATEMENT OF CHANGES IN EQUITY for 20X2

	Issued Capital	**Earnings Reserves**	**Retained Earnings**	**Total Shareholders' Equity**
Equity as at 1.01.20X1	0,00	0,00	0,00	0,00
Issue of Ordinary shares	600.000,00			600.000,00
Profit 20X1			580.874,18	580.874,18
Appropriation of Profit		304.958,94	(580.874,18)	(275.915,23)
Equity as at 31.12.20X1	*600.000,00*	*304.958,94*	*0,00*	*904.958,94*
Profit 20X2			581.098,52	581.098,52
Appropriation of Profit		**305.076,72**	(581.098,52)	(276.021,80)
Equity as at 31.12.20X2	*600.000,00*	*610.035,67*	*0,00*	*1.210.035,67*

Abbildung 13.1: Eigenkapitalveränderungsrechnung der Sunny AG für 20X2

Es ist in der Eigenkapitalveränderungsrechnung zu sehen, dass durch das Jahresergebnis von 20X2 und 20X1 das Eigenkapital um 581.098,52 EUR und zuvor um 580.874,18 EUR gestiegen ist. Die Sunny AG hat die Beträge jedoch nicht thesaurieren können, sondern hat eine Dividende an die Anteilseigner zu jeweils 47,5 % des Jahresergebnisses beschlossen. Die Dividende ist im jeweils nachfolgenden Jahr gezahlt worden, aber bei der Gewinnverwendung bereits aus dem Eigenkapital in ein Verbindlichkeitskonto ausgebucht worden. Dies ist in der Summenspalte (total shareholders' equity) als negativer Betrag zu erkennen. Die Einstellungen in die Rücklagen betragen nach § 150 AktG 5 % des Jahresüberschusses in die gesetzlichen Gewinnrücklagen und in Einklang mit § 58 AktG 47,5 % Einstellungen in die sonstigen Gewinnrücklagen. In 20X2 werden 52,5 % · 581.098,52 = **305.076,72 EUR** in die Gewinnrücklagen eingestellt. In Abbildung 13.1 werden die Gewinnrücklagen zusammengefasst. Dagegen zeigt die Abbildung 13.2 die Eigenkapitalveränderungsrechnung bei Detaillierung der Gewinnrücklagen, allerdings wird die Spalte für das gezeichnete Kapital ausgeblendet. Die Summenspalte berücksichtigt jedoch auch ausgeblendete Spalten.

Sunny AG's STATEMENT OF CHANGES IN EQUITY for 20X2

	German Legal Reserves	Other Earnings Reserves	Retained Earnings	Total Shareholders' Equity
Equity as at 1.01.20X1	0,00	0,00	0,00	0,00
Issue of Ordinary shares				600.000,00
Profit 20X1			580.874,18	580.874,18
Appropriation of Profit	29.043,71	275.915,23	(580.874,18)	**(275.915,23)**
Equity as at 31.12.20X1	*29.043,71*	*275.915,23*	*0,00*	*904.958,94*
Profit 20X2			581.098,52	581.098,52
Appropriation of Profit	**29.054,93**	**276.021,80**	(581.098,52)	**(276.021,80)**
Equity as at 31.12.20X2	*58.098,63*	*551.937,03*	*0,00*	*1.210.035,67*

Abbildung 13.2: Ausschnitt aus der Eigenkapitalveränderungsrechnung der Sunny AG für 20X2

Erwirtschaftet ein Unternehmen einen Verlust, ist dies durch einen negativen Eintrag in der Spalte Bilanzgewinn zu sehen. Zur Deckung des Verlusts können Rücklagen aufgelöst werden oder der Verlust ins nächste Jahr vorgetragen werden. Die Entscheidung zwischen den Alternativen hat Konsequenzen auf die Gewinnverwendung nachfolgender Jahre. Es soll angenommen werden, dass die Sunny AG ein negatives Periodenergebnis i.H.v. (200.000,00 EUR) in 20X2 erwirtschaftet hätte. Die Eigenkapitalveränderungsrechnung hätte dann das in Abbildung 13.3 gezeigte Aussehen.

Sunny AG's STATEMENT OF CHANGES IN EQUITY for 20X2

	German Legal Reserves	Other Earnings Reserves	Retained Earnings	Total Shareholders' Equity
Equity as at 1.01.20X1	0,00	0,00	0,00	0,00
Issue of Ordinary shares				600.000,00
Profit 20X1			580.874,18	580.874,18
Appropriation of Profit	29.043,71	275.915,23	(580.874,18)	(275.915,23)
Equity as at 31.12.20X1	*29.043,71*	*275.915,23*	*0,00*	*904.958,94*
Loss 20X2			**(200.000,00)**	**(200.000,00)**
Appropriation of Profit		**(200.000,00)**	**200.000,00**	**0,00**
Equity as at 31.12.20X2	*29.043,71*	*75.915,23*	*0,00*	*704.958,94*

Abbildung 13.3: Ausschnitt aus der Eigenkapitalveränderungsrechnung der Sunny AG für 20X2

Es ist erkennbar, dass das negative Ergebnis das Eigenkapital belastet. Es führt zunächst zu einer Minderung i.H.v. 200.000,00 EUR. Die Sunny beschließt zur Deckung des Verlusts die Auflösung der sonstigen Gewinnrücklagen in betragsgleicher Höhe. Der Verlust ist dadurch ausgeglichen. Ein Gewinn in 20X3 kann damit vollständig verwendet werden. Hätte die Sunny AG keine Rücklagen aufgelöst, würde ein Verlustvortrag als negativer Saldo des Bilanzgewinnkontos gezeigt. Ein Gewinn im nächsten Geschäftsjahr würde in dieser Situation zuerst zur Deckung des Verlustvortrags verwendet. Die Ausschüttung an die Anteilseigner wäre dadurch in 20X3 niedriger.

13.3 Kapitalerhöhung (Issue of Shares)

Eine Veränderung der Bilanzposition gezeichnetes Kapital führt in der Eigenkapitalveränderungsrechnung zu einem Eintrag. Aktien können ausgeschüttet (issue of shares) oder eingezogen (redemption of shares) werden. Die Vorschriften zur Aktienausschüttung und dem Einziehen von Aktien sind in §§ 182 bis 220 AktG geregelt. Die Darstellung in der Eigenkapitalveränderungsrechnung wird am Beispiel der Sunny AG erläutert.

Sunny AG (Case Study Sunny AG)

Die Sunny AG wird zu Beginn von 20X1 mit einem Eigenkapital i.H.v. 600.000,00 EUR gegründet. Die Abbildung 13.1 →vgl. S. 311 hat die Aktienausschüttung der Sunny AG gezeigt. Darin ist in der zweiten Zeile eine Mehrung des gezeichneten Kapitals i.H.v. 600.000,00 EUR ausgewiesen.

Die Sunny AG schüttet in 20X5 weitere Stammaktien und Vorzugsaktien aus. Dies ist in Abbildung 13.4 dargestellt.

Sunny AG's STATEMENT OF CHANGES IN EQUITY for 20X5

	Issued Capital	Share Premium	Earnings Reserves	Retained Earnings	Total Shareholders' Equity
Equity as at 1.01.20X1	0,00	0,00	0,00	0,00	0,00
Issue of Ordinary shares	600.000,00				600.000,00
Profit 20X1				580.874,18	580.874,18
Appropriation of Profit			304.958,94	(580.874,18)	(275.915,23)
Equity as at 31.12.20X1	*600.000,00*	*0,00*	*304.958,94*	*0,00*	*904.958,94*
Profit 20X2				581.098,52	581.098,52
Appropriation of Profit			305.076,72	(581.098,52)	(276.021,80)
Equity as at 31.12.20X2	*600.000,00*	*0,00*	*610.035,67*	*0,00*	*1.210.035,67*
Profit 20X3				581.337,00	581.337,00
Appropriation of Profit			291.619,18	(581.337,00)	(289.717,82)
Equity as at 31.12.20X3	*600.000,00*	*0,00*	*901.654,85*	*0,00*	*1.501.654,85*
Profit 20X4				581.590,51	581.590,51
Appropriation of Profit			290.795,26	(581.590,51)	(290.795,26)
Equity as at 31.12.20X4	*600.000,00*	*0,00*	*1.192.450,11*	*0,00*	*1.792.450,11*
Issue Pref. Shares 1.03.20X5	**30.000,00**	**30.000,00**			**60.000,00**
Issue of Ordinary Shares	**120.000,00**	**187.200,00**			**307.200,00**
Profit 20X5				581.859,99	581.859,99
Div. Preference Shares (10/12)				**(1.750,00)**	**(1.750,00)**
Div Ordinary Shareholders				(290.054,99)	(290.054,99)
Reinvestment			290.054,99	(290.054,99)	0,00
Equity as at 31.12.20X5	***750.000,00***	***217.200,00***	***1.482.505,10***	***0,00***	***2.449.705,10***

Abbildung 13.4: Eigenkapitalveränderungsrechnung der Sunny AG für 20X5

Die Ausschüttung von 6.000 Vorzugsaktien zu 5,00 EUR/Stk. führt zu einer Mehrung des Eigenkapitals i.H.v. 60.000,00 EUR am 1.03.20X5. Die Vorzugsaktien sind zu 10,00 EUR/Stk. ausgeschüttet worden, obwohl der Nennbetrag 5,00 EUR/Stk. beträgt. In der Eigenkapitalveränderungsrechnung ist daher der Zuwachs an Eigenkapital zu 30.000,00 EUR in der Spalte gezeichnetes Kapital und zu weiteren 30.000,00 EUR in der Spalte Kapitalrücklage zu erkennen. Da die Vorzugsaktien einen Dividendenanspruch von 7 % auf den Nennwert beinhalten, ist die Dividende an die Vorzugsaktionäre zu berücksichtigen. Wegen der Ausschüttung der Vorzugsaktien zum 1.03.20X5 besteht nur ein Dividendenanspruch für zehn Monate. Die Dividende an die Vorzugsaktionäre wird als Minderung des Eigenkapitals unmittelbar berücksichtigt. Die Reduktion des Eigenkapitals um die Dividende an die Vorzugsaktionäre muss vor der Bestimmung der Dividende an die Stammaktionäre in Abzug gebracht werden, da die Vorzugsaktionäre in der Pecking Order Vorrang haben. Unter Pecking Order versteht man die Reihenfolge, in der die Kapitalgeber bei der Gewinnverwendung oder bei einer Liquidation berücksichtigt werden. In der Regel ist sie bei Liquidation: Gläubiger – Vorzugsaktionäre – Stammaktionäre – Inhaber von Nachrangaktien.

Weiter hat die Sunny AG 24.000 Stammaktien zu einem Nennbetrag von 5,00 EUR/Stk. ausgeschüttet. Die Aktien wurden jedoch zu einem Bezugskurs i.H.v. 12,80 EUR/Stk. ausgegeben, so dass sich ein Agio i.H.v. 12,80 – 5 = **7,80 EUR** ergibt. Entsprechend hat die Sunny AG 7,80 · 24.000 = **187,200,00 EUR** in die Kapitalrücklage eingestellt.

13.4 Bildung von Neubewertungsrücklagen (Raising Revaluation Reserves)

Die Neubewertung von Vermögen führt zu einer Habenbuchung direkt ins Eigenkapital. Direkt bedeutet ohne erfolgswirksame Buchung und ohne anschließende Berücksichtigung bei der Gewinnverwendung unter Umgehung des Kontos Bilanzgewinn. Es ist deshalb erforderlich, dass die Eigenkapitalveränderungsrechnung eine Spalte für die Neubewertung von Vermögen ausweist. Die **NEUBEWERTUNGSRÜCKLAGE** → GLOSSAR wird am Beispiel der Sunny AG demonstriert.

Sunny AG (Case Study Sunny AG)

In Kapitel 7 → vgl. S. 169 ist gezeigt worden, wie die Konfigurationsarbeitsplätze in 20X6 neu bewertet wurden. Zur Erinnerung werden die Buchungssätze gemäß der Net Replacement Method noch einmal dargestellt:

```
DR P, P, E at Valuation ......... 42.000,00 EUR
DR Acc. Depr. ................... 30.000,00 EUR
CR P, P, E at Cost .............. 60.000,00 EUR
CR Revaluation Reservers ........ 12.000,00 EUR

DR Rev. Res. .....................  3.621,00 EUR
CR Deferred Tax Liab. ...........   3.621,00 EUR
```

Die Buchung in die Neubewertungsrücklage (revaluation reserves) wird in der Eigenkapitalveränderungsrechnung sichtbar. Die Abbildung 13.5 → vgl. S. 315 zeigt die Eigenkapitalveränderungsrechnung für 20X6 mit dem Vergleichszeitraum 20X5. Sie weist eine Neubewertungsrücklage i.H.v. 12.000 – 3.621 = **8.379,00 EUR** aus.

Aus Übersichtsgründen sind in Abbildung 13.5 wieder die Spalten für das gezeichnete Kapital und die Kapitalrücklage ausgeblendet.

In 20X6 ist eine Zeile dargestellt, die die Neubewertung der Konfigurationsarbeitsplätze zeigt. Die Zeile Revaluation kann keinen Bilanzgewinn zeigen, da die Neubewertung ergebnisneutral ist. Sie führt zu einer Mehrung des Eigenkapitals, jedoch bleibt die Spalte Bilanzgewinn in dieser Zeile frei. Die Eigenkapitalveränderungsrechnung zeigt, dass die Neubewertung zu keiner Veränderung des Periodenerfolgs führt und dass keine Ausschüttung aus der Neubewertung resultiert. Bei Abschreibung der Konfigurationsarbeitsplätze muss die Neubewertungsrücklage sukzessive aufgelöst

Sunny AG's STATEMENT OF CHANGES IN EQUITY for 20X6

	German Legal Reserves	Other Earnings Reserves	Revaluation Reserves	Retained Earnings	Total Shareholders' Equity
Equity as at 31.12.20X4	*60.000,00*	*1.132.450,11*	*0,00*	*0,00*	*1.792.450,11*
Issue Pref. Shares 1.03.20X5					60.000,00
Issue of Ordinary Shares					307.200,00
Profit 20X5				581.859,99	581.859,99
Div. Preference Shares (10/12)				(1.750,00)	(1.750,00)
Div Ordinary Shareholders				(290.054,99)	(290.054,99)
Reinvestment		290.054,99		(290.054,99)	0,00
Equity as at 31.12.20X5	*60.000,00*	*1.422.505,10*	*0,00*	*0,00*	***2.449.705,10***
Profit 20X6				582.146,44	582.146,44
Div. Preference Shares (12/12)				(2.100,00)	(2.100,00)
Div Ordinary Shareholders				(290.023,22)	(290.023,22)
Revaluation			**8.379,00**		**8.379,00**
Reinvestment		290.023,22		(290.023,22)	0,00
Equity as at 31.12.20X6	*60.000,00*	*1.712.528,32*	*8.379,00*	*0,00*	***2.748.107,32***

Abbildung 13.5: Ausschnitt aus der Eigenkapitalveränderungsrechnung der Sunny AG für 20X6

werden. Sie ist dann durch entsprechend negative Beträge zu zeigen. Dies war in Kapitel 7 → vgl. S. 170 dargestellt worden.

Es ist wenig sinnvoll, Neubewertungen einzeln in der Eigenkapitalveränderungsrechnung aufzuführen. Stattdessen wird ein Sammeleintrag vorgenommen, der alle Neubewertungen und die Auflösung der Neubewertungsrücklage saldiert zeigt. Seine Zusammensetzung ist in den Notes im Detail zu erläutern.

Das Eigenkapitel in der Bilanz muss mit der Summe in der Eigenkapitalveränderungsrechnung übereinstimmen. Dies ist erfüllt, denn Abbildung 13.6 → vgl. S. 316 zeigt ein Eigenkapital von 2.449.705,10 EUR zum 31.12.20X5 und von 2.748.107,32 EUR zum 31.12.20X6.

SUNNY AG's BALANCE SHEET as at 31.12.20X6

	20X6 [EUR]	**20X5** [EUR]
Non-Current Assets		
Property, Plant and Equipment	2.170.000,00	2.372.000,00
Investment Property		
Intangible Assets		
Financial Assets		
Investment Accounted [...]		
Total of non-current Assets	*2.170.000,00*	*2.372.000,00*
Current assets		
Inventories		
Trade and Other Receivables	1.002.000,00	1.002.000,00
Cash and Cash Equivalents	2.897.583,22	2.344.840,06
Prepaid Expenses		
Total of Current Assets	*3.899.583,22*	*3.346.840,06*
Total of Assets	*6.069.583,22*	*5.718.840,06*
Liabilities		
[...] Interest Bearing Liabilities	264.156,05	271.078,12
Trade and Other Payables	2.802.123,22	2.746.604,99
Provisions		
Liabilities and Assets [...] IAS 12	251.575,64	251.451,85
Deferred Tax Liabilities [...] IAS 12	3.621,00	
Deferred Income		
Total of Liabilities	*3.321.475,90*	*3.269.134,96*
Capital		
ISSUED CAPITAL		
Ordinary Share Capital		
- 144.000 Ordinary Shares at 5,00 EUR each, in 20X4: 120.000	720.000,00	720.000,00
Preference Share Capital		
- 6.000 7% Preference Shares at 5,00 EUR each	30.000,00	30.000,00
RESERVES		
Capital Reserves	217.200,00	217.200,00
German Legal Reserves	60.000,00	60.000,00
Other Earnings Reserves	1.712.528,32	1.422.505,10
Revaluation Reserves	8.379,00	0,00
RETAINED EARNINGS	0,00	0,00
Total of Shareholder's Equity	***2.748.107,32***	***2.449.705,10***
Total of Equity and Liabilities	*6.069.583,22*	*5.718.840,06*

Abbildung 13.6: Bilanz der Sunny AG zum 31.12.20X6

Zusammenfassung (Summary)

Die Eigenkapitalveränderungsrechnung gehört nach IAS 1 zum handelsrechtlichen Jahresabschluss.

Sie zeigt die gesamten Veränderungen eines Abrechnungszeitraums für das Eigenkapital während der Berichtsperiode differenziert nach den Eigenkapitalpositionen der Bilanz.

Aufgabe (Exercise)

Eigenkapitalveränderungsrechnung (Exercise on Statement of Changes in Equity)

Die Wesuve GmbH hat am 3.07.20X2 eine Maschine für 12.000,00 EUR (brutto) angeschafft. Es war erforderlich, die Maschine zu montieren und Steuerungssoftware zu installieren. Dies dauerte drei Monate direkt nach dem Kauf. Die Kosten der Inbetriebnahme betrugen 3.000,00 EUR (Bruttowert). Der Lieferant hat der Wesuve GmbH einen Rabatt i.H.v. 3 % nur auf die Maschine gewährt. Die Maschine wird linear über 5 Jahre abgeschrieben. Am Ende von 20X4 bucht die Wesuve GmbH eine Neubewertungsrücklage von 1.000,00 EUR. Am 1.1.20X6 ist eine außerplanmäßige Abschreibung auf 50 % des Buchwerts zu berücksichtigen.

Erstellen Sie eine Eigenkapitalveränderungsrechnung für 20X6, die berücksichtigt, dass die Wesuve GmbH in 20X0 mit 50.000,00 EUR gegründet wurde und dass sie einen Gewinn nach Steuer i.H.v. 20.000,00 EUR in jedem Jahr erwirtschaftet hat. Die Gewinnverwendung ist 50:50 wie Dividende : Rücklagen. Die Wertänderung der Maschine ist in der Eigenkapitalveränderungsrechnung zu berücksichtigen, sie ist jedoch ins Jahresergebnis bereits eingerechnet.

14 **Schulden** (Liabilities)

Lernziele

Schulden teilen sich in Verbindlichkeiten und Rückstellungen auf. Schulden werden i.d.R. zum Erfüllungsbetrag ausgewiesen, der mit dem Marktzinssatz zu diskontieren ist.

Da nach IFRSs zwischen kurz- und langfristigen Schulden zu differenzieren ist, ergibt sich in jedem Geschäftsjahr die Notwendigkeit den jeweils als nächstes fälligen Betrag unter kurzfristigen Schulden auszuweisen.

Im Weiteren wird auf Rückstellungen eingegangen. Rückstellungen werden gebildet, um unsichere Schulden zu berücksichtigen. Es werden die wichtigsten Arten von Rückstellungen vorgestellt.

(1) Kennenlernen der wesentlichen Fremdkapitalpositionen in der handelsrechtlichen Bilanz → vgl. Abschnitt 14.1, S. 321
(2) Verstehen der Buchungssätze beim Übertragen von langfristige in kurzfristige Schulden → vgl. Abschnitt 14.1, S. 320
(3) Wissen über die Ansatz- und Bewertungsvorschriften für das Fremdkapital nach IAS 1 und IAS 37 → vgl. Abschnitt 14.1, S. 321
(4) Kennen der wichtigsten Rückstellungen im handelsrechtlichen Jahresabschluss → vgl. Abschnitt 14.2, S. 326
(5) Verstehen der Berechnungen und Buchungssätze für das Bilden von Rückstellungen → vgl. Abschnitt 14.2, S. 327
(6) Kennen des Unterschieds zwischen einer Verbindlichkeit und einer Rückstellung → vgl. Abschnitt 14.1, S. 321

14.1 **Ausweis von Schulden** (Disclosure of Liabilities)

Unter **SCHULDEN** → GLOSSAR werden (1) **VERBINDLICHKEITEN (LIABILITY)** → GLOSSAR als sichere Schulden und (2) **RÜCKSTELLUNGEN (PROVISIONS)** → GLOSSAR als unsichere Schulden in einer Bilanz nach IAS 1.68 zusammengefasst. Beide sind auf der Passivseite der Bilanz (claims side) unter der Überschrift Schulden zu zeigen. Rückstellungen werden als unsicher klassifiziert, weil ihre Höhe und/oder der Zeitpunkt der Erfüllung der Schuld unsicher sind. Die Definitionen stehen u. a. in IAS 37.10: [. . .] „A provision is a liability of uncertain timing or amount. A liability is a present obligation of the enterprise arising from past events, the settlement of which is expected to result in an outflow from the enterprise of resources embodying economic benefits. [. . .]“.

Nach deutschem Handelsgesetzbuch zählen Rückstellungen nicht zu den Verbindlichkeiten, es wird in § 266 Abs. 3 HGB ein eigener Bilanzposten gefordert. Dasselbe gilt für den Sonderposten mit Rücklageanteil.

Nach IAS 1.60 werden kurzfristige und langfristige Schulden unterschieden. Allgemein kann als kurzfristig bezeichnet werden, was innerhalb des nächsten Abrechnungszeitraums fällig ist → Genaues regelt IAS 1.60f. Der Umgang mit kurz- und langfristigen Schulden erfordert Umbuchungen von langfristigen zu kurzfristigen Schulden wie bereits bei Leasingverhältnissen in Kapitel 7 → vgl. S. 141 gezeigt wurde. Das Thema wird hier noch einmal aufgegriffen und am folgenden Beispiel demonstriert:

Die Hörstel GmbH nimmt ein Darlehn von ihrer Hausbank am 1.01.20X3 auf. Der Darlehnsauszahlungsbetrag ist 100.000,00 EUR. Es ist vereinbart, dass die Hörstel GmbH den Betrag inkl. Zinsen in einem Zeitraum von 10 Jahren jeweils zum Jahresende zurückzahlt. Der Nominalzins beträgt 6,8 %. Der jährlich fällige Betrag ist entsprechend der Barwertformel (present value formula) für eine nachschüssige (post numerando) regelmäßige Zahlung:

$$100000 \cdot \frac{(1 + 6{,}8\%)^{10} \cdot 6{,}8\%}{(1 + 6{,}8\%)^{10} - 1} = 14.106{,}41 \text{ EUR}$$

Dieser Betrag enthält 6.800,00 EUR Zinsen. Die im nächsten Jahr fällige Tilgung beträgt 14.106,41 – 6,800 = **7.306,41 EUR**. Die Hörstel GmbH bucht am 1.01.20X3 die Darlehnsauszahlung durch die Bank und teilt bereits die Schulden in kurz- und langfristige Schulden auf.

```
DR Cash ............................ 100.000,00 EUR
CR Liabilities (short-term) ....  92.693,59 EUR
CR Liabilities (long-term) .....   7.306,41 EUR
```

Am 31.12.20X3 wird die Zahlung für Zinsen und Tilgung fällig. Die Buchungssätze zum Jahresende enthalten die Zahlung an die Hausbank der Hörstel GmbH. Weiter werden die im nächsten Jahr fälligen Schulden in die kurzfristigen Verbindlichkeiten umgebucht:

```
DR Liabilities (short-term) ....  7.306,41 EUR
DR Interest ....................  6.800,00 EUR
CR Cash ........................ 14.106,41 EUR

DR Liabilities (long-term) .....  7.803,25 EUR
CR Liabilities (short-term) ....  7.803,25 EUR
```

Der in 20X4 fällige Tilgungsanteil ist höher als im Vorjahr, da der Zinsbetrag sich auf die aktuelle Restschuld bezieht. Die in 20X4 von der Hörstel GmbH zu zahlenden Zinsen betragen 6,8 % · 92.963,59 = 6.303,16 EUR. Entsprechend ergibt sich für den fälligen Tilgungsanteil ein Betrag i.H.v. 14.106,41 - 6.303,16 = **7.803,25 EUR**. Anders als nach deutschem HGB ist nach IAS 1.60 der kurzfristige Schuldbetrag gesondert zu zeigen. Das HGB fordert eine ähnliche Darstellung, jedoch mit anderen Fälligkeitsfristen und im Verbindlichkeitsspiegel.

Die Darstellung von Fremdkapital (liability disclosure) in der Bilanz wird in Abbildung 14.1 gezeigt.

BALANCE SHEET as at 31.12.20XX	20XX [EUR]
...	
[...] Interest Bearing Liabilities	
Trade and Other Payables	
Provisions	
Liabilities and Assets [...] IAS 12	
Deferred Tax Liabilities [...] IAS 12	
Deferred Income	
Total of Liabilities	**0,00**

Abbildung 14.1: Ausweis von Schulden in der Bilanz nach IAS 1

Das Fremdkapital wird in der Bilanz unter Schulden (liabilities) gezeigt. Darin sind die zinspflichtigen Verbindlichkeiten, z. B. Bankdarlehn, Anleihen etc, die kurzfristigen Verbindlichkeiten aus Lieferungen und Leistungen (trade liability), die i.d.R. zinsfrei (interest free) sind, die Rückstellungen (provisions), z. B. Rückstellungen für den Abbruch von Anlagen oder für Pensionsverpflichtungen etc., Steuerschulden nach IAS 1.68, für die gem. § 249 Abs. 1 HGB eine Steuerrückstellung zu bilden ist, und **LATENTE STEUERN (DEFERRED TAX LIABILITIES)** → GLOSSAR. Ferner ist ein Posten Vorauszahlungen (deferred income) als Rechnungsabgrenzung auszuweisen, dem der in § 250 Abs. 2 HGB geforderte passivische Rechnungsabgrenzungsposten, z. B. für im Voraus erhaltende Miete oder als Anzahlungen erhaltene Zahlungen entspricht. Die Unterscheidung zwischen transitorischen und antizipativen Passiva, die nach HGB vorzunehmen sind, sind für die IFRSs nicht relevant. Beide werden als Schuld ausgewiesen.

Beim Ausweis von Rückstellungen ist zu beachten, dass sich die Regelungen des deutschen HGB und diejenigen nach IFRSs unterscheiden. Hierauf wird in diesem Kapitel detailliert eingegangen.

Im Jahresabschluss werden niemals **EVENTUALVERBINDLICHKEITEN (CONTINGENT LIABILITY)** → GLOSSAR ausgewiesen. Eine Eventualverbindlichkeit entsteht z. B. wenn ein Unternehmen für sein Tochterunternehmen bürgt. Da diese Information jedoch für den Bilanzadressaten wichtig ist, wird eine Angabe in den Notes gefordert.

Dem Fremdkapital wird in den IFRSs kein eigener Standard gewidmet. Vielmehr sind die wichtigsten Definitionen im Framework und in IAS 1 aufgeführt. Für Rückstellungen, Eventualverbindlichkeiten und Eventualforderungen ist der Standard IAS 37 aufgestellt worden. Es gilt: (1) Liabilities werden nach F.49b und IAS 37.10 definiert (gleicher Wortlaut). Sie sind gegenwärtige und aus vergangenen Ereignissen resultierende Verpflichtungen, die bei der Erfüllung mit einem Ressourcenabfluss verbunden sind. (2) Rückstellungen sind nach IAS 37.7 Schulden, die bezüglich ihrer Fälligkeit oder Höhe ungewiss sind. Ihre Bewertung regeln IAS 37.5f. Es sind insbesondere Rückstellungen für Restrukturierungsmaßnahmen und für Rückbaumaßnahmen zulässig (3) Unter Eventualschulden versteht man gem. IAS 37.10 mögliche Verpflichtungen, die an das Eintreten von Ereignissen geknüpft sind, z. B. Bürgschaften. Eventualschulden werden nicht ausgewiesen → vgl. IAS 37.27. Aufwandsrückstellungen werden z. B. für den in nachfolgenden Jahren erwarteten Abbruch von Sachanlagen, für unsichere Forderungen (bad debts) oder für schwebende Gerichtsverfahren mit ungewissem Ausgang gebildet.

Nach deutschem HGB bestehen die folgenden Vorschriften: (1) Die Struktur des Fremdkapitals wird in dem Bilanzgliederungsschema festgelegt. Für Kapitalgesellschaften gilt § 266 Abs. 3 HGB. Ansonsten regelt § 247 Abs. 1 HGB den Ausweis von Schulden. (2) Die Höhe der Verbindlichkeiten schreibt § 253 Abs. 1 HGB vor. Verbindlichkeiten sind zu ihrem Rückzahlungsbetrag anzusetzen. Das HGB in der Fassung nach BilMoG fordert, dass Finanzinstrumente zum Marktpreis (fair market value) darzustellen sind. (3) Rückstellungen werden in § 249 HGB geregelt: Rückstellungen werden für ungewisse Verbindlichkeiten, für Gewährleistungen ohne rechtliche Verpflichtung, für bestimmte Instandhaltungsmaßnahmen in der Zukunft und für Drohverluste gebildet. Weitere Rückstellungen sind nicht zulässig. Für Rückstellungen wird nach 2009 gefordert, dass die Diskontierung nach dem Marktzins vorzunehmen ist. Dies entspricht den internationalen Rechnungslegungsstandards. Vgl. § 253 Abs. 1 HGB.

14.2 Bewertung und Buchung von Schulden (Accounting for Liabilities)

14.2.1 Zinspflichtige Schulden (Interest Bearing Liabilities)

Zinspflichtige Schulden enthalten sowohl Bankdarlehn als auch Fremdkapitaltitel (financial liability). Schuldtitel können öffentlich gehandelt werden, z. B. Bonds, Debentures. Sind Vorzugsaktien einziehbar (redeemable preference share) zählen sie nicht zum Eigenkapital, sondern sind Fremdkapital für das ausgebende Unternehmen (issuer). Finanzinstrumente (financial instrument) wurden in Kapitel 7 → vgl. S. 177 aus der Sicht des Unternehmens, das die Titel als finanziellen Vermögenswert hält, in Zusammenhang mit Anlagevermögen behandelt.

Nach IAS 32.11 gilt: „A financial instrument is any contract that gives rise to a financial asset of one entity and a financial liabilitiy of another entity.“ Hier werden finanzielle Verbindlichkeiten behandelt.

Eine zinspflichtige Schuld, z. B. ein Bankdarlehn, ist hinsichtlich Bewertung und Ausweis eindeutig geregelt. Es besteht Ausweispflicht und die Schuld ist zum Rückzahlungsbetrag zu zeigen. Der Rückzahlungsbetrag ist entsprechend des Marktzinssatzes zu diskontieren, außer für Steuerschulden.

Die Unterscheidung in kurz- und langfristige Schulden demonstriert das folgende Beispiel.

Beispiel

Die Eschberg AG nimmt bei ihrer Hausbank am 1.01.20X5 ein Darlehn in Höhe von 20.000,00 EUR auf. Der Zinssatz beträgt 7,25 % und die Rückzahlung soll am 31.12.20X8 ebenfalls in Höhe von 20.000,00 EUR stattfinden. Nach IFRSs muss der Rückzahlungsbetrag diskontiert werden. Da der Marktzinssatz 7 % beträgt, ist der Barwert des Schuld $20.000 \cdot 1{,}07^{-4}$ = **15.257,90 EUR** zu Beginn des Jahres. Die Schuld muss aber während 20X5 aufgezinst werden, so dass die diskontierten Schulden zum Ende von 20X5 betragen: $15.257{,}90 \cdot 1{,}07$ = **16.325,96 EUR**. Demnach bucht die Eschberg AG am 1.01.20X5:

```
DR Cash .............................  20.000,00 EUR
CR Liabilities (long-term) .....  16.325,96 EUR
CR Reserves (extra Rev) ........   3.674,04 EUR
```

Zum 31.12.20X5 bucht die Eschberg AG den fälligen Zinsbetrag i.H.v. $20.000 \cdot 7{,}25\,\%$ = **1.450,00 EUR**:

```
DR Interest .........................  1.450,00 EUR
CR Cash .............................  1.450,00 EUR

DR Reserves (extra Exp) .........  1.142,81 EUR
CR Liabilities (long-term) .....  1.142,81 EUR
```

Am 31.12.20X7 bucht die Eschberg AG den Zinsaufwand und den gesamten Schuldbetrag in kurzfristige Schulden:

```
DR Interest .........................   1.450,00 EUR
CR Cash .............................   1.450,00 EUR

DR Reserves .........................   1.308,42 EUR
DR Liabilities (long-term) .....  18.691,58 EUR
CR Liabilities (short-term) ....  20.000,00 EUR
```

Bei der Rückzahlung des Darlehns am 31.12.20X8 muss die Eschberg AG die Zinsen und den kompletten Rückzahlungsbetrag überweisen:

```
DR Interest .........................   1.450,00 EUR
DR Liabilities (short-term) ....  20.000,00 EUR
CR Cash .............................  21.450,00 EUR
```

Die Behandlung von Schulden wird am Beispiel der Sunny AG vertieft.

Sunny AG (Case Study Sunny AG)

Die Sunny AG nimmt am 1.01.20X1 ein Annuitätendarlehn i.H.v. 300.000,00 EUR auf. Die Annuität beträgt 24.000,00 EUR, der Zinssatz beträgt 6,3 %. Der Tilgungsplan ist in Abbildung 14.1 gezeigt.

Sunny AG's BANK LOAN PAYMENT PLANNING	Carrying Amount [EUR]	Interest [EUR]	Pay off [EUR]	Annual Paym. (8 %) [EUR]
20X1	300.000,00	18.900,00	5.100,00	24.000,00
20X2	294.900,00	18.578,70	5.421,30	24.000,00
20X3	289.478,70	18.237,16	5.762,84	24.000,00
20X4	283.715,86	17.874,10	6.125,90	24.000,00
20X5	277.589,96	17.488,17	6.511,83	24.000,00
20X6	271.078,12	17.077,92	6.922,08	24.000,00
20X7	264.156,05	16.641,83	7.358,17	24.000,00
20X8	256.797,88	16.178,27	7.821,73	24.000,00
20X9	248.976,14	15.685,50	8.314,50	24.000,00
20X0	240.661,64	15.161,68	8.838,32	24.000,00

Abbildung 14.2: Tilgungsplan des Bankdarlehns der Sunny AG

Die Sunny AG stellt in den Notes dar, dass sie Schulden zum Nominalwert angibt (vgl. zum Ausweisen nach dem Nominalwert von Schulden: FLYNN, D.; KOORNHOF, C. [2005]). Entsprechend ist der Buchungssatz am 1.01.20X1:

```
DR Cash ............................... 300.000,00 EUR
CR Liabilities (long-term) ........ 294.900,00 EUR
CR Liabilities (short-term) .......   5.100,00 EUR
```

Die Sunny AG bucht am 31.12.20X1:

```
DR Interest ........................... 18.900,00 EUR
DR Liabilities (short-term) .......  5.100,00 EUR
CR Cash ............................... 24.000,00 EUR

DR Liabilities (long-term) ........  5.421,30 EUR
CR Liabilities (short-term) .......  5.421,30 EUR
```

Das Ausgeben von Schuldverschreibungen entspricht zinspflichtigen Schulden, da ein festgelegter Zins zu zahlen ist. Der Besitzer zeigt dafür ein fixed interest Investment. Finanzielle Verbindlichkeiten (financial liability) werden von einem Unternehmen ausgegeben und werden nach einem vereinbarten Zeitraum zurückgezahlt oder können z. B. gegen Aktien getauscht werden (Optionen). Das folgende Beispiel gibt einen Eindruck über die Buchung von Schuldtiteln am Beispiel einziehbarer Vorzugsaktien [vgl. HOUZET/ROWLANDS/RIEMER, 2007]

Die Misburg AG schüttet am 2.01.20X1 eine Million einziehbare Vorzugsaktien (redeemable preference shares) zum Nennwert von 2,00 EUR aus. Der Bezugskurs ist ebenfalls 2,00 EUR. Die Misburg AG zieht entsprechend den Ausschüttungsvereinbarungen (terms of issue) die Vorzugsaktien nach drei Jahren zu einem Preis von 2,10 EUR ein. Die Dividende der Vorzugsaktien ist mit 6 % des Nennwerts festgelegt. Da die Vorzugsaktien eingezogen werden, repräsentieren sie für die Misburg AG Fremdkapital. Die Misburg AG bucht am 2.01.20X1:

```
DR Cash ............................ 2.000.000,00 EUR
CR Liability (pref. share) ..... 2.000,000,00 EUR
```

Die fälligen Zinsen betragen in jedem Jahr 6 % · 2.000.000 = **120.000,00 EUR**. Sie sind als Verbindlichkeit zu buchen. Die Misburg AG zeigt die Vorzugsaktien im Fremdkapitalbereich der Bilanz (liability section of balance sheet) zum Marktwert. Es ist der Barwert (present value) der Schulden und der Zinszahlungen zum Zeitpunkt 2.01.20X1 zu bestimmen. Für den Schuldausweis ist der Rückzahlungsbetrag der Vorzugsaktien i.H.v. 210.000,00 EUR relevant. Mit der folgenden Gleichung wird der Zinssatz für die Vorzugsaktien berechnet:

$$2.000.000 \cdot (1 + i)^3 - 120.000 \cdot \frac{(1 + i)^3 - 1}{i} = 2.100.000$$

Das Auflösen der Gleichung liefert einen Zinssatz von i = 7,55 %. Man löst die Gleichung i.d.R. nicht auf, sondern bestimmt den Zinssatz über einen Taschenrechner mit finanzmathematischen Funktionen oder über die Zielwertsuche-Funktion von MS-Excel. Die Gleichung ist ein Vergleich der Rückzahlung mit dem verzinsten Ausgabewert der Aktien abzüglich der erfolgen Vorzugsdividenden zum Zeitpunkt 31.12.20X3. Die Dividende wird hier als Rückzahlung der Vorzugsaktien interpretiert. Die Misburg AG bucht am 31.12.20X1:

```
DR Interest (pref. div.) ....... 150.939,59 EUR
CR Liability (pref. share) .....  30.939,59 EUR
CR Cash ........................ 120.000,00 EUR
```

Die Buchung erhöht die Schulden entsprechend der Verzinsung mit dem internen Zinssatz der Vorzugsaktien. In den nachfolgenden Jahr beträgt der Zinsaufwand (2.000.000 + 30.938) · 7,5469 % = **153.272,86 EUR**. Die Misburg AG bucht am 31.12.20X2:

```
DR Interest (pref. div.) ....... 153.274,59 EUR
CR Liability (pref. share) .....  33.274,59 EUR
CR Cash ........................ 120.000,00 EUR
```

Am 31.12.20X3 wird gebucht:

```
DR Interest (pref. div.) ....... 155.785,82 EUR
CR Liability (pref. share) .....  35.785,82 EUR
CR Cash ........................ 120.000,00 EUR
```

Ebenfalls wird die Schuld zu diesem Zeitpunkt als kurzfristig gebucht. Sie beträgt 2.000.000 + 30.939,59 + 33.274,59 + 35.785,82 = **2.100.000,00 EUR**. Es ist mit dem genauen Zinssatz i.H.v. 7,5469794 % gerechnet worden. Die Misburg AG bucht den Rückzahlungsbetrag der Vorzugsaktien gem. des Vertrags als kurzfristige Schulden:

```
DR Liability (pref. share) .....  2.100.000,00 EUR
CR Cash ........................  2.100.000,00 EUR
```

Die Umbuchung in kurzfristige Verbindlichkeiten ist bei den Vorzugsaktien nicht geboten, da vereinbart ist, dass die Misburg AG sie am 31.12.20X3 einzieht. Das Konto repräsentiert ab dem Beginn des Geschäftsjahrs 20X3 kurzfristige Verbindlichkeiten.

14.2.2 Verbindlichkeiten aus Lieferungen und Leistungen (Trade Liabilities)

Verbindlichkeiten aus Lieferungen und Leistungen sind i.d.R. nicht zinspflichtig. Sie werden zum Nennbetrag, der dem Rückzahlungsbetrag entspricht, gebucht.

Die Heessel GmbH kauft am 12.11.20X4 bei ihrem Lieferanten Waren auf Rechnung für 6.000,00 EUR. Die Rückzahlung findet vereinbarungsgemäß am 3.01.20X5 statt. Die Heessel GmbH bucht:

```
DR Purchase ........................ 5.000,00 EUR
DR VAT ............................. 1.000,00 EUR
CR Creditors ....................... 6.000,00 EUR
```

Für den Abschluss 20X4 weist die Heessel GmbH eine Schuld aus Lieferungen und Leistungen i.H.v. 6.000,00 EUR aus.

In Fällen, in denen sehr spät die Schuld beglichen wird, muss die Schuld zum diskontierten Betrag ausgewiesen werden und aus dem Betrag für die bezogene Leistung (hier Purchase) einen Zinsanteil herausgerechnet werden. Wenn die Zahlung erst am 1.01.20X6 fällig wird und der Marktzinssatz beträgt 6,5 %, sind die folgenden Buchungen von der Heessel GmbH vorzunehmen:

```
DR Purchase ........................ 4.694,84 EUR
DR Interest ........................   305,16 EUR
DR VAT ............................. 1.000,00 EUR
CR Creditors ....................... 5.633,80 EUR
CR Reserves ........................   366,20 EUR
```

Die Kreditorenverbindlichkeit und der Einkaufswert werden zum diskontierten Wert gebucht. Da der Zinsaufwand in 20X5 anfällt, muss eine Abgrenzung zum Zeitpunkt der Beschaffung gebucht werden.

```
DR Prepaid expenses .............. 305,16 EUR
CR Interest ...................... 305,16 EUR
```

Unabhängig von der Abgrenzung des Zinsaufwands sind im Jahresabschluss der Heessel GmbH zum 31.12.20X4 die Kreditorenverbindlichkeiten mit 5.633,80 EUR darzustellen.

14.2.3 Rückstellungen (Provisions)

Rückstellungen werden für unsichere Schulden gebildet. Nach LÜDENBACH/HOFFMANN [2008] unterscheidet man vier Stufen der Unsicherheit:

(1) Verbindlichkeiten aus Lieferungen und Leistungen – **sicher**
(2) Abgrenzungen – **fast sicher**
(3) Rückstellungen – **wahrscheinlich**

(4) Eventualverbindlichkeiten – **unsicher**

Eine Rückstellung wird nach IAS 37.10 für eine Schuld, die hinsichtlich Höhe und Zeitpunkt unsicher ist, gebildet. IAS 37.14 legt die Kriterien für das Bilden einer Rückstellung fest: „A provision shall be recognised when:

(a) an entity has a present obligation (legal or constructive) as a result of a past event
(b) it is probable that an outflow of resources embodying economic benefits will be required to settle the obligation; and
(c) a reliable estimate can be made of the amount of the obligation

If these conditions are not met, no provision shall be recognized."

Rückstellungen werden am Beispiel einer Pensionsrückstellung erläutert.

Beispiel

Die Löhne AG bildet für das Vorstandsmitglied Meringhoff eine Pensionsrückstellung. Die Rückstellung wird ab dem Geschäftsjahr 20X2 gebildet und soll ratierlich angespart werden, so dass Meringhoff ab dem Geschäftsjahr 20X9 eine zehnjährige Pensionszahlung in Höhe von jährlich 12.000,00 EUR erhält. Alle Buchungen und Zahlungen sollen vereinfacht zum Jahresende stattfinden. Der Zinssatz für die Berechnung beträgt 6,5 %.

Der Barwert der Pensionsverpflichtung der Löhne AG beträgt zum Zeitpunkt 1.01.20X9:

$$12.000 \cdot \frac{1{,}065^{10} - 1}{1{,}065^{10} \cdot 6{,}5\%} = 86.265{,}96 \text{ EUR}$$

Die Löhne AG bildet eine Rückstellung, die nach sieben Jahren, am 31.12.20X8 einen Betrag von 86.265,96 EUR hat. Da vereinbart ist, dass für Meringhoff jährlich ein konstanter Betrag rückzustellen ist, beträgt die jährlich zu bildende Rückstellung:

$$86.265{,}96 \cdot \frac{6{,}5\%}{1{,}065^{7} - 1} = 10.121{,}70 \text{ EUR}$$

Die Löhne AG bucht bei der Rückstellungsbildung am 31.12.20X2:

```
DR Labour-Meringhoff ............ 10.121,70 EUR
CR Provision-Meringhoff ........ 10.121,70 EUR
```

Am Ende von 20X3 wird derselbe Betrag gebucht. Ebenfalls ist die Aufzinsung der bereits in 20X2 bestehenden Rückstellung zu berücksichtigen.

```
DR Labour-Meringhoff ............ 10.121,70 EUR
CR Provision-Meringhoff ........ 10.121,70 EUR

DR Labour-Meringhoff ............    657,91 EUR
CR Provision-Meringhoff ........    657,91 EUR
```

14.2.4 Steuerschulden und latente Steuern
(Tax Liabilities and Deferred Taxes)

Die Steuerschulden gelten nach IAS 12 als so sicher, dass für sie eine Verbindlichkeit auszuweisen ist. Der Bilanzposten wird Tax Liabilities along IAS 12 genannt. In diesem Posten werden nur solche Steuerschulden ausgewiesen, die aus Einkommensteuer resultieren. Es wäre falsch unter der Position die Umsatzsteuerschuld darzustellen. Sie muss als Verbindlichkeit aus Lieferungen und Leistungen (trade payables) ausgewiesen werden. Dasselbe gilt für die in Deutschland von dem Unternehmen geschuldete Kapitalertragsteuer und den darauf entfallenden Solidaritätszuschlag, obwohl die Kapitalertragsteuer eine Einkommensteuer darstellt. Sie fällt aber im Namen des Anteilseigners an und stellt deshalb keine Unternehmenssteuer dar.

Sunny AG (Case Study Sunny AG)

Die Sunny AG erwirtschaftet im Geschäftsjahr 20X2 einen Vorsteuergewinn i.H.v. 832.221,30 EUR, der in der Gewinn- und Verlustrechnung ausgewiesen wird. Der Steuersatz für Osnabrück beträgt in 20X2 30,18 %, so dass die geschuldete Unternehmenssteuer 832.221,30 · 30,175 % = **251.122,78 EUR** beträgt.

Sunny AG's INCOME STATEMENT for 20X2

	20X2 [EUR]	**20X1** [EUR]
Revenue	8.350.000,00	8.350.000,00
Other income		
Changes in inventory of finished goods and work in progress		
Work performed by the entity and capitalized		
Total	*8.350.000,00*	*8.350.000,00*
Raw material and consumables used	(3.000.000,00)	(3.000.000,00)
Employee benefits expense	(3.680.000,00)	(3.680.000,00)
Depreciation and amortisation expense	(214.000,00)	(214.000,00)
Impairment of property, plant and equipment		
Other expenses	(605.200,00)	(605.200,00)
Finance costs	(18.578,70)	(18.900,00)
Share of profit of associates		
Profit before taxation	832.221,30	831.900,00
Income tax expenses	**(251.122,78)**	**(251.025,83)**
Deferred tax income/expense		
Profit for the period	*581.098,52*	*580.874,18*

Abbildung 14.3: Gewinn- und Verlustrechnung der Sunny AG für 20X2

Die Sunny AG bucht im Rahmen der Abschlussarbeiten:

```
DR Tax Expenses .................... 251.122,78 EUR
CR Tax Liabilities ............... 251.122,78 EUR
```

Entsprechend der obigen Buchung erscheinen die Steuerschulden in der Bilanz der Sunny AG für das Geschäftsjahr 20X2, wie in Abbildung 14.4 gezeigt.

SUNNY AG's BALANCE SHEET as at 31.12.20X2	20X2 [EUR]	20X1 [EUR]
Non-current assets		
Property, plant and equipment	2.738.000,00	2.952.000,00
Investment property		
Intangible assets		
Financial assets		
Investment accounted [...]		
Total of non-current assets	*2.738.000,00*	*2.952.000,00*
Current assets		
Inventories		
Trade and other receivables	1.002.000,00	1.002.000,00
Cash and cash equivalents	796.658,94	149.600,00
Prepaid expenses		
Total of current assets	*1.798.658,94*	*1.151.600,00*
Total assets	*4.536.658,94*	*4.103.600,00*
Liabilities		
[...] Interest bearing liabilities	289.478,70	294.900,00
Trade and other payables	2.786.021,80	2.652.715,23
Provisions		
Liabilities and assets [...] IAS 12	**251.122,78**	**251.025,83**
Deferred tax liabilities [...] IAS 12		
Deferred income		
Total of liabilities	*3.326.623,28*	*3.198.641,06*
Capital		
Issued capital	600.000,00	600.000,00
Other reserves	610.035,67	304.958,94
Retained earnings		
Total of shareholder's equity	*1.210.035,67*	*904.958,94*
Total equity and liabilities	*4.536.658,94*	*4.103.600,00*

Abbildung 14.4: Bilanz der Sunny AG zum 31.12.20X2

Steuerlatenz entsteht grundsätzlich, wenn das handelsrechtliche und das steuerliche Ergebnis einer Periode voneinander abweichen Dies ist auch erfüllt, wenn Sachanlagevermögen neu bewertet wird → vgl. IAS 12.16. Das Bilden und der Ausweis von latenten Steuern wurden am Beispiel der Sunny AG für eine Neubewertung in Kapitel 7 → vgl. S. 167 gezeigt.

Sunny AG (Case Study Sunny AG)

Die Bilanz für 20X6 der Sunny AG ist in Abbildung 14.5 gezeigt. Sie enthält latente Steuerschulden. Die latenten Steuern entstehen durch den erwarteten Steueranteil beim Verkaufserlös der Konfigurationsarbeitsplätze und betragen 12.000 · 30,175 % = 3.621,00 EUR.

SUNNY AG's BALANCE SHEET as at 31.12.20X6	20X6 [EUR]	20X5 [EUR]
Non-Current Assets		
Property, Plant and Equipment	2.170.000,00	2.372.000,00
Investment Property		
Intangible Assets		
Financial Assets		
Investment Accounted [...]		
Total of non-current Assets	*2.170.000,00*	*2.372.000,00*
Current assets		
Inventories		
Trade and Other Receivables	1.002.000,00	1.002.000,00
Cash and Cash Equivalents	2.897.583,22	2.344.840,06
Prepaid Expenses		
Total of Current Assets	*3.899.583,22*	*3.346.840,06*
Total of Assets	*6.069.583,22*	*5.718.840,06*
Liabilities		
[...] Interest Bearing Liabilities	264.156,05	271.078,12
Trade and Other Payables	2.802.123,22	2.746.604,99
Provisions		
Liabilities and Assets [...] IAS 12	251.575,64	251.451,85
Deferred Tax Liabilities [...] IAS 12	**3.621,00**	
Deferred Income		
Total of Liabilities	*3.321.475,90*	*3.269.134,96*
Capital		
ISSUED CAPITAL		
Ordinary Share Capital		
- 144.000 Ordinary Shares at 5,00 EUR each, in 20X4: 120.000	720.000,00	720.000,00
Preference Share Capital		
- 6.000 7% Preference Shares at 5,00 EUR each	30.000,00	30.000,00
RESERVES		
Capital Reserves	217.200,00	217.200,00
German Legal Reserves	60.000,00	60.000,00
Other Earnings Reserves	1.712.528,32	1.422.505,10
Revaluation Reserves	**8.379,00**	0,00
RETAINED EARNINGS	0,00	0,00
Total of Shareholder's Equity	*2.748.107,32*	*2.449.705,10*
Total of Equity and Liabilities	*6.069.583,22*	*5.718.840,06*

Abbildung 14.5: Bilanz der Sunny AG zum 31.12.20X6

Im Bereich der Schulden zeigt die Bilanz der Sunny AG die Steuerschulden nach IAS 12, die das Vorsteuerergebnis der Gewinn- und Verlustrechnung multipliziert mit dem Gesamtsteuersatz der Sunny AG: 833.722,08 · 30,18 % = **251.575,64 EUR** betragen. Darunter sind die Steuerschulden für latente Steuern zu erkennen. Sie betragen wie oben berechnet 3.621,00 EUR. Da die Sollbuchung für die latenten Steuern in einem Bestandskonto stattfindet, kann sie an der Bilanz nachvollzogen werden. Die Neubewertungsrücklage wurde um die latente Steuerschuld vermindert und beträgt 12.000 – 3.621 = **8.379,00 EUR**. Die Neubewertungsrücklage ist eine Eigenkapitalposition.

Zusammenfassung (Summary)

Der Ausweis von Schulden findet grundsätzlich zum Rückzahlungsbetrag statt. Der Rückzahlungsbetrag ist mit dem Marktzinssatz zu diskontieren.

Schulden werden in Verbindlichkeiten und Rückstellungen aufgeteilt. Rückstellungen sind unsichere Schulden, bei denen der Eintritt oder der Zeitpunkt nicht bestimmt sind. Beispiele für Rückstellungen sind Drohverlustrückstellungen, Pensionsverpflichtungen und Aufwandsrückstellungen, wie z. B. für den Rückbau von Anlagen.

Schulden werden nach IAS 1 in kurzfristige und langfristige Schulden aufgeteilt.

Nach deutschem HGB als Rückstellungen auszuweisende Steuerschulden gelten nach IFRSs als sicher, daher werden sie nach IAS 12 als Verbindlichkeit ausgewiesen.

Aufgabe (Exercise)

Darlehnsbewertung (Exercise on Loan Valuation)

Das Unternehmen Rickling AG nimmt am 1.01.20X4 ein Annuitätendarlehn i.H.v. 200.000,00 EUR auf. Die Annuität beträgt 11 %. Die anfängliche Tilgung ist 1 %.

Wie hoch sind die lang- und kurzfristigen Schulden für die Geschäftsjahre 20X4 bis 20X8, wenn die Schulden zum Rückzahlungsbetrag bewertet werden? Berücksichtigen Sie die Unterteilung in kurz- und langfristige Schulden nach IAS 1. Zeigen Sie die Buchungssätze in 20X4 der Rickling AG.

Lösungen

Kapitel 4

Aufgabe 1: Trial Balance (Exercise on Trial Balance)

```
DR Cash ........................................ 50.000,00 EUR
CR Capital ..................................... 50.000,00 EUR

DR P, P, E ..................................... 40.000,00 EUR
DR VAT .........................................  8.000,00 EUR
CR Cash ........................................ 48.000,00 EUR

DR Depreciation ................................  5.000,00 EUR
CR Acc. Depreciation ...........................  5.000,00 EUR

DR Other Expenses .............................. 30.000,00 EUR
CR Cash ........................................ 30.000,00 EUR

DR Cash ........................................ 50.400,00 EUR
CR VAT .........................................  8.400,00 EUR
CR Revenue ..................................... 42.000,00 EUR
```

TRIAL BALANCE

Account	Total of DRs	Total of CRs
Revenue		42.000,00
Depreciation	5.000,00	
Other Expenses	30.000,00	
P,P,E	40.000,00	
Acc. Depr.		5.000,00
Capital		50.000,00
Cash	22.400,00	
VAT		400,00
Total	*97.400,00*	*97.400,00*

Abbildung 1: Trial Balance

Das Trading Account hat in der Aufgabe nur einen Eintrag: Revenue 42.000,00 EUR:

D	Trading Account		C
20X1	[EUR]	20X1	[EUR]
Gr. Profit	42.000,00	Revenue	42.000,00
	42.000,00		42.000,00

Abbildung 2: Trading Account

Der Rohertrag wird in das GuV-Konto übertragen und führt zu folgendem Ergebnis:

D	Profit and Loss Account		C
20X1	[EUR]	20X1	[EUR]
Expenses	30.000,00	Gr. Profit	42.000,00
Depr.	5.000,00		
EBT (c/d)	7.000,00		
	42.000,00		42.000,00
Tax (30%)	2.100,00	Bal. b/d	7.000,00
EAT	4.900,00		
	7.000,00		7.000,00

Abbildung 3: Trading Account

Die letzten Einträge für den Steueraufwand und die Buchung des Jahresüberschusses (earnings after taxes) in die Bilanz stellen Buchungen im Double Entry System dar:

DR P&L (Tax (30%) .... 2.100,00 EUR
CR Tax Liabilities (IAS 12) .... 2.100,00 EUR

DR P&L EAT .... 4.900,00 EUR
CR B/S Retained Earnings .... 4.900,00 EUR

Aus dem GuV-Konto kann direkt die Gewinn- und Verlustrechnung abgeleitet werden:

INCOME STATEMENT for 20X1	
	[EUR]
Revenue	42.000,00
Depreciation	(5.000,00)
Other Expenses	(30.000,00)
EBT	**7.000,00**
Income Tax Expenses	(2.100,00)
EAT	**4.900,00**

Abbildung 4: Gewinn- und Verlustrechnung für 20X1

Die Adjusted Trial Balance zeigt die Saldierung der Aufwandskonten und die Anpassung der Eigenkapitalkonten, hier des Retained Earnings Account.

ADJUSTED TRIAL BALANCE

Account	Total of DRs	Total of CRs
~~Revenue~~		
~~Depreciation~~		
~~Other Expenses~~		
P,P,E	40.000,00	
Acc. Depr.		5.000,00
Capital		50.000,00
Retained Earnings		4.900,00
Tax Liabilities		2.100,00
Cash	22.400,00	
VAT		400,00
Total	*62.400,00*	*62.400,00*

Abbildung 5: Adjusted Trial Balance

Die Posten der Adjusted Trial Balance werden in die Bilanz übertragen:

A	B/S as at 31.12.20X1		C,L
Non-cur, Assets	[EUR]	***SH's capital***	[EUR]
P,P,E	35.000	Issued capital	50.000
Int. Assets		Other Reserves	
Financial Assets		Retained Ear.	4.900
Current Assets		***Liabilities***	
Inventory		Int. bear. liab.	
A/R		A/P	400
Perpaid exp.		Provisions	
Cash	22.400	Def. income	
		Tax liabilities	2.100
	57.400		57.400

Abbildung 6: Balance Sheet zum 31.01.20X1

Aufgabe 2: Aufstellen des Jahresabschlusses (Exercise on Deriving Financial Statements)

D CASH/BANK C

20X1	[EUR]	20X1	[EUR]
(1)	60.000	(2)	1.200
(7)	5.040	(4)	24.000
		(5a)	1.000
		(5b)	800
		c/d	38.040
	65.040		65.040
b/d	38.040		

D CAPITAL C

20X1	[EUR]	20X1	[EUR]
c/d	60.000	(1)	60.000
		b/d	60.000

D VAT C

20X1	[EUR]	20X1	[EUR]
(2)	200	(6)	840
(3)	300		
(4)	4.000	c/d	3.660
	4.500		4.500
b/d	3.660		

D PURCHASES C

20X1	[EUR]	20X1	[EUR]
(2)	1.000	c/d	1.000
b/d	1.000		

D REVENUE C

20X1	[EUR]	20X1	[EUR]
c/d	4.200	(6)	4.200
		b/d	4.200

D P,P,E C

20X1	[EUR]	20X1	[EUR]
(3)	1.500		
(4)	20.000	c/d	21.500
	21.500		21.500
b/d	21.500		

D CREDITORS C

20X1	[EUR]	20X1	[EUR]
(5a)	1.000	(3)	1.800
(5b)	800		
	1.800		1.800

D DEBTORS C

20X1	[EUR]	20X1	[EUR]
(6)	5.040	(7)	5.040

Abbildung 7: Konten

TRIAL BALANCE

Account	T/B	Adj. T/B
Revenue	(4.200)	
Purchases	1.000	0
P,P,E	21.500	21.500
Debtors	0	0
VAT	3.660	3.660
Cash	38.040	38.040
Capital	(60.000)	(60.000)
Creditors	0	0
Tax Liabilities		(960)
Retained Earnings		(2.240)
Total	0	0

Abbildung 8: Balance im DR(CR)-Format

HOMEPAGE GmbH's
B/S as at 31.12.20X1

A		C,L	
Non-cur. Assets	[EUR]	***SH's capital***	[EUR]
P,P,E	21.500	Issued capital	60.000
Int. Assets		Other Reserves	
Financial Assets		Retained Ear.	2.240
Current Assets		***Liabilities***	
Inventory		Int. bear. liab.	
A/R	3.660	A/P	
Perpaid exp.		Provisions	
Cash	38.040	Def. income	
		Tax liabilities	960
	63.200		63.200

Abbildung 9: Bilanz zum 31.01.20X2

INCOME STATEMENT

	[EUR]
Revenue	4.200,00
Material Expenses	(1.000,00)
EBT	**3.200,00**
Income Tax Expenses	(960,00)
EAT	**2.240,00**

Abbildung 10: Income Statement

Aufgabe 3: Gewinn- und Verlustrechnung (Exercise on Profit and Loss Statement)

D	Trading Account		C
20X1	[EUR]	20X1	[EUR]
Purchase	45.000,00	Sales	100.000,00
GP (c/d)	55.000,00		
	100.000,00		100.000,00

Abbildung 11: Trading Account

D	P&L Account		C
20X1	[EUR]	20X1	[EUR]
Build. Rent	3.000,00	GP	55.000,00
Labour	26.000,00		
Energy	13.000,00		
Other Exp.	1.000,00		
NP (c/d)	12.000,00		
	55.000,00		55.000,00

Abbildung 12: P&L Account

INCOME STATEMENT for 20X1	
	[EUR]
Revenue	100.000
Raw Material used	45.000
Employee expense	26.000
Other Expenses	17.000
Profit before Taxes	**12.000**
Income Tax Expenses	3.600
Deferred Tax	
Profit for the Period	**8.400**

Abbildung 13: Gewinn- und Verlustrechnung für 20X1

A	B/S as at 31.12.20X1		C,L
Non-current Ass	[EUR]	*SH's capital*	[EUR]
P,P,E		Subscribed Ca	40.000
Int. Assets		Other Reserves	
Financial Assets		Retained Ear.	18.400
Current Assets		*Liabilities*	
Inventory		Loans	35.000
Debtors	80.000	Creditors	15.000
Perpaid exp.		Provisions	
Cash	32.000	Def. income	
		Tax liabilities	3.600
	112.000		112.000

Abbildung 14: Bilanz zum 31.01.20X2

Aufgabe 4: Sammelbuchungen (Exercise on Books of Original Entry)

	PURCHASE JOURNAL	net	VAT	gross
(1)	200 DigiCams - Steinbeck	22.000	4.400	26.400
(2)	500 Camcorders - Steinbeck	100.000	20.000	120.000
(5)	100 Drucker - Paltenkamp	3.325	665	3.990
		125.325	25.065	150.390

Abbildung 15: Purchase Journal

	CASH BOOK	Discount	Cash	Bank
(3)	Steinbeck			(146.400)
(4)	10 DigiCams		2.000	
(6)	34 Camcorders		9.826	
(7)	46 Printers		3.174	
	Balance c/d	0	(15.000)	146.400
	Total	*0*	*15.000*	*146.400*
	Balance b/d		15.000	(146.400)

Abbildung 16: Cash Book

D	PURCHASE		C
20X1	[EUR]	20X1	[EUR]
PJ	125.325	c/d	125.325
b/d	125.325		

D	VAT		C
20X1	[EUR]	20X1	[EUR]
PJ	25.065	CB	2.500
		c/d	22.565
	25.065		25.065
b/d	22.565		

D	P'KAMP (A/P)		C
20X1	[EUR]	20X1	[EUR]
c/d	3.990	PJ	3.990
	3.990		3.990
		b/d	3.990

D	REVENUE		C
20X1	[EUR]	20X1	[EUR]
c/d	12.500	CB	12.500
		b/d	12.500

D	STEINBECK (A/P)		C
20X1	[EUR]	20X1	[EUR]
CB	146.400	PJ	26.400
		PJ	120.000
	146.400		146.400

Abbildung 17: Hauptbuch- und Kreditorenkonten

TRIAL BALANCE

Account	Total of DRs	Total of CRs
Revenue		12.500
Purchase	125.325	
VAT	22.565	
Cash	15.000	
Bank		146.400
Steinbeck A/P		
Paltenkamp A/P		3.990
Total	162.890	162.890

Abbildung 18: Trial Balance

Aufgabe 5: Einkaufsjournal und Kassenbuch (Exercise on Purchase Journal and Cash Book)

Die Buchungen finden zuerst in den Journals und in den Konten des Hauptbuchs statt.

PURCHASE JOURNAL	net	VAT	gross
January			
100 · A - Merzig	10.000	2.000	12.000
200 · B - Merzig	40.000	8.000	48.000
250 · C - Neuenkirchen	12.500	2.500	15.000
	62.500	12.500	75.000
April			
R: 200 · B - Merzig	(40.000)	(8.000)	(48.000)
	(40.000)	(8.000)	(48.000)

Abbildung 19: Purchase Journal

CASH BOOK	Discount	Cash	Bank
Opening Value			100.000
Payment Merzig			(60.000)
Payment Neuenkirchen	(750)		(14.250)
Lengerich		24.000	
DISCOUNT REC	750		
Bal c/d	0	(24.000)	(25.750)
	750	24.000	100.000
Bal b/d	0	24.000	25.750

Abbildung 20: Cash Book der Aufgabe im DR(CR)-Format

Das Ausbuchen des Rabatts aus dem Cash Book hat hier nur didaktische Gründe. Die Aufteilung des Rabatts findet in einem T-Konto Discount Rec. statt.

D — ISSUED CAPITAL — C

20X1	[EUR]	20X1	[EUR]
c/d	100.000	(0)	100.000
		b/d	100.000

D — MERZIG (A/P) — C

20X1	[EUR]	20X1	[EUR]
CB	60.000	PJ	60.000
PJ-4	48.000	c/d	48.000
	108.000		108.000
b/d	48.000		

D — N'KIRCHEN (A/P) — C

20X1	[EUR]	20X1	[EUR]
CB	15.000	PJ	15.000

D — DISCOUNT REC — C

20X1	[EUR]	20X1	[EUR]
(4)	125	CB	750
(4)	625		
	750		750

D — VAT — C

20X1	[EUR]	20X1	[EUR]
PJ-1	12.500	PJ-4	8.000
		(3)	4.000
		(4)	125
		c/d	375
	12.500		12.500
b/d	375		

D — REVENUE — C

20X1	[EUR]	20X1	[EUR]
c/d	20.000	(6)	20.000
		b/d	20.000

D — PURCHASE ACC — C

20X1	[EUR]	20X1	[EUR]
PJ-1	62.500	PJ-4	40.000
		(4)	625
		c/d	21.875
	62.500		62.500
b/d	21.875		

Abbildung 21: Konten

TRIAL BALANCE

Account	Total of DRs	Total of CRs
Revenue		20.000
Purchases	21.875	
VAT	375	
Cash	24.000	
Bank	25.750	
Issued Capital		100.000
Discount		
MERZIG A/P	48.000	
N'KIRCHEN A/P		
Total	120.000	120.000

Abbildung 22: Trial Balance

Aufgabe 6: Trial Balance (Exercise on Trial Balance)
Die Summe der adjusted Trial Balance beträgt 668.900,00 EUR

TRIAL BALANCE

Account	Total of Debit Entries	Total of Credit Entries
Sales		300.000,00
Purchases	173.000,00	
Returns inwards	18.000,00	
Building Rent	3.680,00	
Labour	20.000,00	
Services	600,00	
Energy expenses	17.500,00	
Other expenses	44.500,00	
Inventories (OV)	98.000,00	
Debtors	291.400,00	
Creditors		183.600,00
VAT		21.680,00
Loans		34.000,00
Cash	2.220,00	
Bank		6.600,00
Capital		
Subscribed cap.		100.000,00
Retaines Earnings		23.020,00
Total	*668.900,00*	*668.900,00*

Abbildung 23: Trial Balance

D	Trading Account		C
20X1	[EUR]	20X1	[EUR]
Purchase	173.000,00	Sales	300.000,00
R.I.	18.000,00		
OV	98.000,00		
GP c/d	11.000,00		
	300.000,00		300.000,00

Abbildung 24: Trading Account

D	P&L Account		C
20X1	[EUR]	20X1	[EUR]
Build.	3.680,00	GP b/d	11.000,00
Labour	20.000,00		
Service	600,00		
Energy	17.500,00		
Other Exp.	44.500,00	NL c/d	75.280,00
	86.280,00		86.280,00

Abbildung 25: Gewinn- und Verlustrechnungskonto

ADJ. TRIAL BALANCE

Account	Total of Debit Entries	Total of Credit Entries
Debtors	291.400,00	
Creditors		183.600,00
VAT		21.680,00
Loans		34.000,00
Cash	2.220,00	
Bank		6.600,00
Capital		
Subscribed cap.		100.000,00
R/E	52.260,00	
Total	*345.880,00*	*345.880,00*

Abbildung 26: Adjusted Trial Balance

Aufgabe 7: Petty Cash Book (Exercise on Petty Cash Book)

(DR)CR

PETTY CASH BOOK

Details	Gross Amount	VAT	Net amount	Off. Exp.	Clean	Postage	Travel Exp.
Cash	(1.000,00)						
(1)	50,00	8,33	41,67				41,67
(2)	10,00	1,67	8,33	8,33			
(3)	1,00		1,00			1,00	
(4)	15,00	2,50	12,50		12,50		
(5)	20,00	3,33	16,67	16,67			
(6)	300,00	50,00	250,00				250,00
(7)	5,00		5,00			5,00	
(8)	60,00	10,00	50,00				50,00
(9)	10,00	1,67	8,33				8,33
(10)	25,00	4,17	20,83	20,83			
(11)	12,00	2,00	10,00	10,00			
(12)	20,00	3,33	16,67		16,67		
(13)	60,00	10,00	50,00				50,00
(14)	30,00	5,00	25,00				25,00
Cash	(618,00)						
c/d	1.000,00						
Total	**1.618,00**	**102,00**		**55,83**	**29,17**	**6,00**	**425,00**
b/d	(1.000,00)						

Abbildung 27: Petty Cash Book

D — VAT — C

20X6	[EUR]	20X6	[EUR]
PCB	102,00		

D — OFFICE MAT. — C

20X6	[EUR]	20X6	[EUR]
PCB	55,83		

D — CLEANING — C

20X6	[EUR]	20X6	[EUR]
PCB	29,17		

D — POSTAGE — C

20X6	[EUR]	20X6	[EUR]
PCB	6,00		

D — TRAVEL EXP. — C

20X6	[EUR]	20X6	[EUR]
PCB	425,00		

Abbildung 28: Buchungen im Hauptbuch

DR(CR)

Cash Book	Cash	Bank
Opening Value		???
Withdrawl	1.000,00	(1.000,00)
PCB	(1.000,00)	
Withdrawl	618,00	(618,00)
PCB	(618,00)	

Abbildung 29: Cash Book

Kapitel 5

Aufgabe: Bilanzanalyse (Exercise on Financial Statement Analysis)

(1) Liquiditätsanalyse

Ratio	20X6	20X5	Industry
Current ratio	1,90	2,27	2,00
Acid test ratio	0,80	1,13	1,00
Inventory turnover	4,08	5,00	6,00
Debtors' collection days	52,09	49,11	40,00

Abbildung 30: Liquiditätsanalyse der Brooks Ltd. für 20X6

Die Liquiditätsposition des Unternehmens hat im Zeitverlauf nachgelassen. In 20X5 war die Liquidität des Unternehmens noch oberhalb des Branchendurchschnitts. In

20X6 sind die Kennzahlen unter den Branchendurchschnitt gesunken. Je niedriger die Current ratio ist, desto schlechter ist das Vorratsmanagement des Unternehmens. Das Vorratsvermögen nimmt einen bedeutenden Teil des Umlaufvermögens ein. Da gleichzeitig der Vorratsumschlag unterhalb des Branchendurchschnitts liegt, ist davon auszugehen, dass Brooks Ltd. erhebliche Mengen unverkaufter Ware am Lager hält. Das Unternehmen braucht ebenfalls länger als der Branchendurchschnitt, um die Forderungen einzubringen. Die Situation hat sich in 20X6 verschlechtert. Daraus kann vermutet werden, dass wahrscheinlich einige Forderungen uneinbringlich sind und zu einer Wertminderung in 20X7 führen können.

(2) Fremdkapitalverwendung

Ratio	20X6	20X5	Industry
Debt ratio [%]	64,05	60,49	50,00
Interest cover	3,26	5,09	6,00

Abbildung 31: Fremdkapitalanalyse der Brooks Ltd. für 20X6

Das Unternehmen hat eine hohe Verschuldung, die sich in 20X6 noch erhöht hat. Die Zinsdeckung (interest cover) ist im Vergleich zum Branchendurchschnitt nur halb so lang und liegt deutlich unterhalb des Vorjahreswerts. Das Risiko von Brooks Ltd. ist im Vergleich zum Branchendurchschnitt als hoch einzustufen. Die Bilanz macht deutlich, dass die Erhöhung der Vorräte und der Forderungen durch kurzfristige Kredite finanziert wurde. Ebenso wurde die Investition in das Sachanlagevermögen durch kurzfristige Verbindlichkeiten finanziert. Besser und risikoärmer wäre eine langfristige Finanzierung des Sachanlagevermögens gewesen.

(3) Marktkennzahlen
EPS = 0,40
EY = 8,5%
DY = 1,3%

Kapitel 6

Aufgabe 1: Darstellung der Gewinn- und Verlustrechnung (Exercise on Income Statement Presentation)

Die Berechnung der Gewinn- und Verlustrechnung ist in Abbildung 32 gezeigt.

MOSSIE Ltd's INCOME STATEMENT for 20X5

	Note	20X5	
Revenue			600.000,00
Cost of sales			(200.000,00)
Gross profit			400.000,00
Other income			57.000,00
Disposal of MV		5.000,00	
Disposal of land		40.000,00	
Payment for breach in contract		4.000,00	
Debts written back		8.000,00	
Other expense			(261.000,00)
Other expenses		(200.000,00)	
Hail damage		(9.000,00)	
Expropriation of land		(15.000,00)	
Loss on construction contract		(20.000,00)	
Goodwill impairment		(5.000,00)	
Investment written off		(12.000,00)	
Profit before taxation	2		196.000,00
Income tax expense			(55.200,00)
See task		(60.000,00)	
Disposal of vehicle - 5.000		(1.500,00)	
Hail damage - (9.000)		2.700,00	
Debts written back - 8.000		(2.400,00)	
Loss on construction contract - 20.000		6.000,00	
Profit for the period			*140.800,00*

Abbildung 32: Berechnung des Periodenerfolgs

MOSSIE Ltd's INCOME STATEMENT for 20X5

	Note	20X5
Revenue		600.000,00
Cost of sales		(200.000,00)
Gross profit		400.000,00
Other income		57.000,00
Other expense		(261.000,00)
Profit before taxation	2	196.000,00
Income tax expense		(55.200,00)
Profit for the period		*140.800,00*

Abbildung 33: Gewinn- und Verlustrechnung der Mossie Ltd. für 20X5

Notes: Vorsteuergewinn

Der Vorsteuergewinn wird bestimmt unter Berücksichtigung der folgenden Werte:

(1)	Operating Leasingaufwendungen für die Büros	20.000,00 EUR
(2)	Abschreibungen (IAS 1.93)	40.000,00 EUR
(3)	Honorar der Wirtschaftsprüfer	40.000,00 EUR

Gesondert zu berichtende Positionen:

(1)	Erfolg aus der Veräußerung eines Fahrzeugs	5.000,00 EUR
(2)	Kompensation für das Zuschreiben vormals zweifelhafter Forderungen	4.000,00 EUR

(3)	Rückstellungen für das Zuschreiben vormals zweifelhafter Forderungen	8.000,00 EUR
(4)	Verlust aus dem langfristigen Fertigungsauftrag	(20.000,00 EUR)
(5)	Erfolg aus dem Verkauf von Land	40.000,00 EUR
(6)	Goodwillabschreibung (außerplanm.)	(5.000,00 EUR)
(7)	Beteiligungsabschreibung	(12.000,00 EUR)
(8)	Verlust aus einem Hagelschaden an Vorräten	(9.000,00 EUR)
(9)	Buchwert des enteigneten Lands Der Verlust ist einzeln auszuweisen nach IAS 16.66 und IAS 16.74	(70.000.00 EUR)
(10)	Umsatz aus der Enteignung des Lands 70.000 – 15.000 = 55.000,00 EUR	55.000,00 EUR

Aufgabe 2: Jahresabschlusserstellung (Exercise on Setting up Financial Statements)
Die Geschäftsvorfälle führen zu den folgenden Buchungssätzen:

```
(1)   DR P, P, E ........................... 100.000,00 EUR
      DR VAT ................................  20.000,00 EUR
      CR Cash ...............................  60.000,00 EUR
      CR A/P ................................  60.000,00 EUR

      DR P, P, E ...........................       850,00 EUR
      DR VAT ................................      170,00 EUR
      CR Cash ...............................    1.020,00 EUR

      DR Depreciation (3/4 a) ........        9.454,69 EUR
      CR Acc. Depr. ......................    9.454,69 EUR

(2)   DR Cash ............................... 150.000,00 EUR
      DR A/R ................................ 150.000,00 EUR
      CR VAT ................................  50.000,00 EUR
      CR Revenue ........................... 250.000,00 EUR

(3)   DR Labour ............................  50.000,00 EUR
      CR Bank ..............................  50.000,00 EUR

(4)   DR Inventories ....................... 150.000,00 EUR
      DR VAT ................................  30.000,00 EUR
      CR Cash ............................... 180.000,00 EUR

(5)   DR Other Expenses ..................  10.000,00 EUR
      CR Provisions ......................  10.000,00 EUR

(6)   DR Material Expenses ............ 158.000,00 EUR
      CR Inventories ....................... 158.000,00 EUR
```

Die Buchung (7) ist erst nach Erstellen des P&L Account möglich. Die folgende Abbildung zeigt die Konten des Unternehmens:

D **P,P,E** C

20X6	[EUR]	20X6	[EUR]
OV	130.000,00		
(1)	100.000,00		
(1)	850,00	c/d	230.850,00
	230.850,00		230.850,00
b/d	230.850,00		

D **A/R** C

20X6	[EUR]	20X6	[EUR]
(2)	150.000,00	c/d	150.000,00
b/d	150.000,00		

D **INT. BEAR. LIAB** C

20X6	[EUR]	20X6	[EUR]
c/d	40.000,00	OV	40.000,00
		b/d	40.000,00

D **PROVISIONS** C

20X6	[EUR]	20X6	[EUR]
c/d	10.000,00	(5)	10.000,00
		b/d	10.000,00

D **INVENTORIES** C

20X6	[EUR]	20X6	[EUR]
OV	20.000,00	(6)	158.000,00
(4)	150.000,00	c/d	12.000,00
	170.000,00		170.000,00
b/d	12.000,00		

D **CASH** C

20X6	[EUR]	20X6	[EUR]
OV	15.000,00	(1)	60.000,00
(2)	150.000,00	(1)	1.020,00
		(3)	50.000,00
c/d	126.020,00	(4)	180.000,00
	291.020,00		291.020,00
		b/d	126.020,00

D **A/P** C

20X6	[EUR]	20X6	[EUR]
		OV	5.000,00
c/d	65.000,00	(1)	60.000,00
	65.000,00		65.000,00
		b/d	65.000,00

D **Acc DEPR.** C

20X6	[EUR]	20X6	[EUR]
c/d	9.454,69	(1)	9.454,69
		b/d	9.454,69

D **RESERVES** C

20X6	[EUR]	20X6	[EUR]
c/d	10.000,00	OV	10.000,00
		b/d	10.000,00
c/d	22.890,86	R/E	12.890,86
	22.890,86		22.890,86
		b/d	22.890,86

D **VAT** C

20X6	[EUR]	20X6	[EUR]
(1)	20.000,00	(2)	50.000,00
(1)	170,00		
(4)	30.000,00	c/d	170,00
	50.170,00		50.170,00
b/d	170,00		

D **INT. BEAR. LIAB** C

20X6	[EUR]	20X6	[EUR]
c/d	40.000,00	OV	40.000,00
		b/d	40.000,00

D **OTHER EXP.** C

20X6	[EUR]	20X6	[EUR]
(5)	10.000,00	c/d	10.000,00
b/d	10.000,00		

D **TAX LIAB.** C

20X6	[EUR]	20X6	[EUR]
c/d	6.763,59	P&L	6.763,59
		b/d	6.763,59

D **ISSUED CAP.** C

20X6	[EUR]	20X6	[EUR]
c/d	100.000,00	OV	100.000,00
		b/d	100.000,00

D **R/E** C

20X6	[EUR]	20X6	[EUR]
c/d	10.000,00	OV	10.000,00
Res	12.890,86	b/d	10.000,00
SHs	12.890,86	P&L	15.781,72
	25.781,72		25.781,72

D **DEPR.** C

20X6	[EUR]	20X6	[EUR]
(1)	9.454,69	c/d	9.454,69
b/d	9.454,69		

D **LABOUR** C

20X6	[EUR]	20X6	[EUR]
(3)	50.000,00	c/d	50.000,00
b/d	50.000,00		

D **MATERIAL EXP.** C

20X6	[EUR]	20X6	[EUR]
(6)	158.000,00	c/d	158.000,00
b/d	158.000,00		

Abbildung 34: Konten

Aus den Buchungssätzen und der Eröffnungsbilanz ergibt sich die Trial Balance.

Account	T/B	Adj. T/B
Revenue	(250.000,00)	
Depreciation	9.454,69	
Labor	50.000,00	
Other Expenses	10.000,00	
P,P,E	230.850,00	230.850,00
Acc. Depr.	(9.454,69)	(9.454,69)
Inventories	170.000,00	12.000,00
A/R	150.000,00	150.000,00
Cash	(126.020,00)	(126.020,00)
Interest bear. Liab.	(40.000,00)	(40.000,00)
A/P	(65.000,00)	(65.000,00)
Provisions	(10.000,00)	(10.000,00)
VAT	170,00	170,00
Issued Capital	(100.000,00)	(100.000,00)
Reserves	(10.000,00)	(22.890,86)
Retained Earnings	(10.000,00)	0,00
Tax Liabilities		(6.763,59)
Liab. to SHs		(12.890,86)
Total	0	0

Abbildung 35: Trial Balance

D	Trading Account		C
20X6	[EUR]	20X6	[EUR]
Purchase	150.000,00	Revenue	250.000,00
Inv. OV	20.000,00	Cl. Stock	12.000,00
Gr. Profit	92.000,00		
	262.000,00		262.000,00

Abbildung 36: Trading Account

D	Profit and Loss Account		C
20X6	[EUR]	20X6	[EUR]
Depr.	9.454,69	Gr. Profit	92.000,00
Labour	50.000,00		
Other Exp	10.000,00		
EBT (c/d)	22.545,31		
	92.000,00		92.000,00
Tax (30%)	6.763,59	Bal. b/d	22.545,31
EAT	15.781,72		
	22.545,31		22.545,31

Abbildung 37: GuV-Konto

BALANCE SHEET as at 31.12.20X6

	20X6 [EUR]	20X5 [EUR]
non-current assets		
property, plant and equipment	221.395,31	130.000,00
investment property		
intangible assets		
financial assets		
investment accounted [...]		
total of non-current assets	**221.395,31**	**130.000,00**
current assets		
inventories	12.000,00	20.000,00
trade and other receivables	150.170,00	
cash and cash equivalents	0,00	15.000,00
prepaid expenses		
total of current assets	**162.170,00**	**35.000,00**
Total assets	**383.565,31**	**165.000,00**
liabilities		
[...] interest bearing liabilities	166.020,00	40.000,00
trade and other payables	77.890,86	5.000,00
provisions	10.000,00	
liabilities and assets [...] IAS 12	6.763,59	
deferred tax liabilities [...] IAS 12		
deferred income		
total of liabilities	**260.674,45**	**45.000,00**
Capital		
issued capital	100.000,00	100.000,00
other reserves	22.890,86	10.000,00
retained earnings		10.000,00
total of shareholder's equity	**122.890,86**	**120.000,00**
Total equity and liabilities	**383.565,31**	**165.000,00**

Abbildung 38: Bilanz

INCOME STATEMENT for 20X6

	20X2 [EUR]
Revenue	250.000,00
Other income	
Changes in inventory of finished goods and work in progress	
Work performed by the entity and capitalized	
	250.000,00
Raw material and consumables used	158.000,00
Employee benefits expense	50.000,00
Depreciation and amortisation expense	9.454,69
Impairment of property, plant and equipment	
Other expenses	10.000,00
Finance costs	
Share of profit of associates	
Profit before Taxation	**22.545,31**
Income tax expenses	6.763,59
Deferred tax income/expense	
Profit for the Period	**15.781,72**

Abbildung 39: Gewinn- und Verlustrechnung

STATEMENT OF CHANGES IN EQUITY as at 31.12.20X6

	Subscribed capital	Reserves	Retained earnings	Shareholder's equity
as at 1.01.20X6	**100.000,00**	**10.000,00**	**10.000,00**	**110.000,00**
Profit 20X6			15.781,72	15.781,72
Appropriation of Profit		12.890,86	(25.781,72)	(12.890,86)
as at 31.12.20X6	**100.000,00**	**22.890,86**	**0,00**	**122.890,86**

Abbildung 40: Eigenkapitalveränderungsrechnung

CASH FLOW STATEMENT for 20X6

	20X6
	[EUR]
CF from operating activities	
Proceeds	150.000,00
Labour	(50.000,00)
Departments	(180.000,00)
VAT	
Taxation	
	(80.000,00)
CF from investing activities	
Investment	(61.020,00)
	(61.020,00)
CF from financing activities	
Issue of Shares	
Bank Loan	
Interest and Pay off	
Dividend to SHs	
	0,00
total cash flow:	**(141.020,00)**

Abbildung 41: Kapitalflussrechnung

Kapitel 7

Aufgabe 1: Aktivierung (Exercise on Recognition)

(1) Die Buchungssätze sind:

```
DR P, P, E at Cost ....................  87.719,30 EUR
DR Interest (14%) .....................  12.280,70 EUR
CR Cash Book ..........................  100.000,00 EUR
DR P, P, E at Cost ....................  17.200,00 EUR
CR Delivery Expenses .................    3.000,00 EUR
CR Installation ......................    6.000,00 EUR
CR Testing (5000-500) ................    4.500,00 EUR
CR Pre Production Exp. ...............    2.000,00 EUR
CR Provision Exp. ....................    1.700,00 EUR
```

Der Buchwert der NC-Maschine beträgt am 1.01.20X3 87.719,30 + 17.200 = **104.919,30 EUR**.

(2) Die Abschreibung beträgt pro Jahr (104.919,3 - 7.000) / 8 = **12.239,91 EUR**.
Der Buchwert am 31.12.20X3 beträgt 104.919,3 - 12.239,91 = **92.679,39 EUR**.

Bemerkung: Der Buchungssatz für die Rückstellung lautet, da die Rückstellung nur zum Barwert i.H.v. 1.700,00 EUR ausgewiesen wird:

```
DR Provision Exp. .................. 3.500,00 EUR
CR Provisions ...................... 1.700,00 EUR
CR Reserves extra ordn. ............ 1.800,00 EUR
```

Aufgabe 2: Rückgängigmachen einer Wertminderung (Exercise on Reversal Impairment Loss)

(1) Die Brockbach AG bucht:

```
DR P, P, E at Cost ................. 126.000,00 EUR
DR VAT .............................. 25.200,00 EUR
CR Bank ............................ 151.200,00 EUR

DR Depr. (20X2) ..................... 15.750,00 EUR
CR Acc. Depr. ....................... 15.750,00 EUR

DR Depr. (20X3) ..................... 21.000,00 EUR
CR Acc. Depr. ....................... 21.000,00 EUR

DR Depr. (20X4) ..................... 21.000,00 EUR
CR Acc. Depr. ....................... 21.000,00 EUR

DR Depr. (20X5) ...................... 5.250,00 EUR
CR Acc. Depr. ........................ 5.250,00 EUR

DR IL. (20X5) ....................... 31.500,00 EUR
CR Acc. IL. ......................... 31.500,00 EUR

DR Repair Exp. (20X5) ............... 19.166,67 EUR
DR VAT ............................... 3.833,33 EUR
CR Bank ............................. 23.000,00 EUR

DR Acc. IL. ......................... 14.580,00 EUR
CR IL. (20X5) ....................... 14.580,00 EUR

DR Depr. (20X5) ..................... 11.520,00 EUR
CR Acc. Depr. ....................... 11.520,00 EUR

DR Depr. (20X6) ..................... 15.360,00 EUR
CR Acc. Depr. ....................... 15.360,00 EUR

DR Depr. (20X7) ...................... 3.840,00 EUR
CR Acc. Depr. ........................ 3.840,00 EUR
```

```
DR Bank ................................ 16.200,00 EUR
DR Acc. Depr. ......................... 93.720,00 EUR
DR Acc. IL. ........................... 16.920,00 EUR
DR Loss on Disposal ................... 1.860,00 EUR
CR VAT ................................ 2.700,00 EUR
CR P, P, E at Cost .................... 126.000,00 EUR
```

(2) Wenn die Maschine nicht verkauft wird, beträgt die Abschreibung in 20X7 15.360,00 EUR. In den Notes zum 31.12.20X7 wäre eine Zeile im Anlagespiegel zu zeigen und eine Überleitungsrechnung vorzutragen:

Item	Cost/ Valuation	Acc. Depreciation	Acc. Impairm. Loss	Carrying Amount
	[EUR]	[EUR]	[EUR]	[EUR]
Machine	126.000,00	(105.240,00)	(16.920,00)	3.840,00

Abbildung 42: Auszug aus dem Anlagespiegel am 31.12.20X7

	20X7	20X6
	[EUR]	[EUR]
Carrying Amount beginning of year	19.200,00	34.560,00
Revaluation	0,00	0,00
Impairment Loss	0,00	0,00
Depreciation	(15.360,00)	(15.360,00)
Carrying Amount as at 31.12.	3.840,00	19.200,00

Abbildung 43: Überleitungsrechnung des Buchwerts am 31.12.20X7

(3) Der Erfolg beim Verkauf der Maschine am 3.04.20X7 ist die Differenz aus dem Buchwert zu diesem Zeitpunkt und dem Nettowert des Erlöses.

Nettowert beim Verkauf:	16.200 / 1,2	= **13.500,00 EUR**
Buchwert der Maschine:	19.220 – 3.840	= **15.360,00 EUR**
Profit on Disposal:	15.360 – 13.500 =	**1.860,00 EUR**

Aufgabe 3: Abschreibungen (Exercise on Depreciation)
Damit die jeweiligen Buchwerte abgelesen werden können, werden die Habenbuchungen bei den Abschreibungen ins P, P, E Account gebucht.

D	P,P,E		C
20X2	[EUR]	20X2	[EUR]
(1)	180.000,00	(2)	33.000,00
		c/d	147.000,00
	180.000,00		180.000,00
b/d	147.000,00	(3)	36.000,00
		c/d	111.000,00
	147.000,00		147.000,00
b/d	111.000,00	(4)	15.000,00
		(5)	76.000,00
		(6)	4.375,00
		c/d	15.625,00
	111.000,00		111.000,00
b/d	15.625,00	(7)	625,00
		c/d	15.000,00
	15.625,00		15.625,00
b/d	15.000,00	(10)	34.375,00
(8)	57.000,00		
(9)	3.000,00	c/d	40.625,00
	75.000,00		75.000,00
b/d	40.625,00	(11)	15.625,00
		c/d	25.000,00
	40.625,00		40.625,00
b/d	25.000,00		

Abbildung 44: Konto P, P, E

Die einzelnen Geschäftsvorfälle sind:
(1) Anschaffung
(2) Abschreibung in 20X2
(3) Abschreibung in 20X3
(4) Abschreibung in 1 ... 5/20X4
(5) Impairment Loss in 6/20X4
(6) Verminderte Abschreibung 6 ... 12/20X4
(7) Verminderte Abschreibung 1/20X5
(8) Reverse Impairment Loss in 1/20X5
(9) Revaluation in 1/20X5
(10) Abschreibung für 2 ... 12/20X5
(11) Abschreibung für 1 ... 5/20X6

Der Buchungssatz beim Verkauf lautet:

```
DR Bank ............................... 44.000,00 EUR
DR Revaluations Reserves ..........  1.625,00 EUR
CR P, P, E ........................... 25.000,00 EUR
CR Profit on Disposal ............. 19.000,00 EUR
CR R/E ...............................  1.625,00 EUR
```

Aufgabe 4: Ersetzen von Teilen (Exercise on Replacements)
Die Wartung wird als Aufwand gebucht.

```
DR Maintenance ...................... 1.500,00 EUR
CR Bank ............................. 1.500,00 EUR
```

Ersetzen des alten Getriebes:

```
DR Acc. Depr. (Toyota) ............. 1.400,00 EUR
DR Loss on Disposal ................ 2.100,00 EUR
CR P, P, E at Cost (Toyota) ...... 3.500,00 EUR

DR P, P, E at Cost (Toyota) ...... 3.900,00 EUR
CR Bank ............................. 3.900,00 EUR

DR Depr. (gear box) ................ 1.300,00 EUR
CR Acc. Depr. (Toyota) ............. 1.300,00 EUR
```

Da das Auto eine Nutzungsdauer von fünf Jahren hat, wird das neue Getriebe über die Restnutzungsdauer von drei Jahren abgeschrieben – 3.900/3.

Kapitel 8

Aufgabe: Konzernabschluss (Exercise Group Statement)
Die Lösung enthält eine (1) Kapitalkonsolidierung für die 60%-tige Beteiligung an dem Tochterunternehmen Subsidiary. Dabei werden das zu Beginn des Geschäftsjahrs vorhandene gezeichnete Kapital (SCap) und die Rücklagen (Reserves) des Tochterunternehmens gelöscht. Sie werden zu 60% mit der Beteiligung i.H.v. 120 verrechnet und zu 40% als Minority Interest gebucht. M.I. ist 32 + 48 = 80.

Bei der Schuldenkonsolidierung werden die aus dem innerkonzernlichen Verkaufsgeschäft bestehenden Verbindlichkeiten von Parent i.H.v. 250 und die Forderungen bei Subsidiary gegeneinander konsolidiert.

Bei der Erfolgskonsolidierung wird der konzerninterne Profit, den das Tochterunternehmen ausweist, gelöscht. Er entsteht aus der Differenz zwischen Verkaufs- und Einkaufspreis. 250 - 180 = 70. Gleichzeitig werden die Vorräte, die noch am Lager sind, zu den Anschaffungskosten gezeigt, mit denen sie in den Konzern hineingekommen sind: 180.

Abbildung 45 zeigt die Erstellung der Summenbilanz und der Konzernbilanz tabellarisch.

Trial Balance	PARENT	SUBSIDIARY	AGGR.	CAP. CONS	LIAB. CONS	PROFIT CONS	CONS. F/S
n-c Assets							
P,P,E	280	200	480				480
Investments	120	0	120	(120)			0
current Assets							
Inventories	250	0	250			(70)	180
A/R	0	250	250		(250)		0
Cash	0	160	160				160
total	650	610	1.260	(120)	(250)	(70)	820
SH's Equity							
SCap	(100)	(80)	(180)	80			(100)
Reserves	(300)	(120)	(420)	120			(300)
Profit after Taxes	0	(70)	(70)			70	0
M.I.				(80)			(80)
Liabilities							
Loans, A/P	(250)	(340)	(590)		250		(340)
	(650)	(610)	(1.260)	120	250	70	(820)

Abbildung 45: Berechnung

Bei der Aufgabe ist neben der Konzernbilanz ebenso die Konzern-Gewinn- und Verlustrechnung darzustellen. Auch diese kann in einer tabellarischen Übersichtstabelle entwickelt werden → vgl. Abbildung 46.

I/S Items	PARENT	SUBSIDIARY	PROFIT CONS.	CONS. I/S
Revenue	0	250		250
Changes in Inventory	0		(70)	(70)
less: Material Expenses	0	(180)		(180)
EBT	*0*	*70*	*(70)*	*0*

Abbildung 46: Konzern-GuV

CONS BALANCE SHEET as at ...

A		C,L	
N-cur Assets	[EUR]	***SH's capital***	[EUR]
P,P,E	480	Issued capital	100
Int, assets		Reserves	300
Fin, assets		Retained ear.	0
		M.I.	80
cur Assets		***Liabilities***	
Inventory	180	Int. bear. liab.	340
Receivables	0	Payables	
Prepaid exp.		Provisions	
Cash	160	Def. income	
		Tax liabilities	
	820		*820*

Abbildung 47: Konzern-Bilanz

Die Konzern-Gewinn- und Verlustrechnung entspricht der letzten Spalte der Abbildung 47.

Kapitel 9

Aufgabe 1: Bestand von Fertigerzeugnissen (Exercise on Valuation of Finished Goods)

Bewertung der Räder
Da die Reihenfolge FIFO anzuwenden ist, sind die noch am Lager befindlichen Fahrräder diejenigen, die zuletzt produziert worden sind. Es sind keine Materialbestände (Rohmaterial) am Lager, so dass die Fertigerzeugnisse die zuletzt beschafften Räder montiert bekommen haben. 168 Fahrräder benötigen 336 Räder.
Nebenrechnung: Materialaufwand der Räder = 60 · 23 + 276 · 20 = 6.900,00 EUR
(1 ... 10):

Stock Valuation 168 Bicycles for STAPELSKOTTEN AG

Item	Cost	Unit Cost
(1) Material - Wheels	6.900,00	41,07
Material - Frames	5.796,00	34,50
(2) Depr. on Plant	1.848,00	11,00
(3) Direct Labor	6.132,00	36,50
(4) expensed		
(5) expensed		
(6) expensed		
(7) Quality Management	2.100,00	12,50
(8) Development Cost	252,00	1,50
(9) expensed		
(10) Factory Building	1.118,88	6,66
	24.146,88	*143,73*

Abbildung 48: Bestandsbewertung von 168 Fahrrädern zum 31.12.20X3

Aufgabe 2: Bestandsbewertung (Exercise on Changes in Inventory)

Bei der Bestandsbewertung ist ein Endbestand von Go-Karts von 220 Stk. zu berücksichtigen.

(1) Bewertung der Rahmen gem. FIFO:

Anfangsbestand:	200 · 12,00 = 2.400,00 EUR
1. Lieferung:	800 · 12,80 = 10.240,00 EUR
2. Lieferung:	320 · 15,60 = 4.992,00 EUR

Nach der Produktion von 1.120 Go-Karts sind noch 200 Rahmen am Lager. Bewertung des Endbestands:

Endbestand Rahmen:	200 · 15,60 = 3.120,00 EUR
Endbestand Go-Karts (Rahmen):	120 · 15,60 = 1.872,00 EUR plus
	100 · 12,80 = 1.280,00 EUR

(2) Bewertung der Räder gem. FIFO:

Anfangsbestand:	0
1. bis 6. Lieferung:	6 · 400 · 1,20 = 2.880,00 EUR
7. bis 12. Lieferung:	6 · 480 · 1,10 = 3.168,00 EUR

Insgesamt wurden 5.280 Räder beschafft. Die verbrauchten Räder sind 4.480 Stück, von denen 880 Stück an den am Lager befindlichen Go-Karts montiert sind.

Endbestand Räder:	800 · 1,10 = 880,00 EUR
Endbestand Räder an Go-Karts:	220 · 1,10 = 968,00 EUR

(3) Bewertung des Endbestands an Rohmaterial:

– Rahmen:	3.120,00 EUR
– Räder:	880,00 EUR
	4.000,00 EUR

(4) Bewertung der Go-Karts am Lager:

(a) Material	
– Rahmen:	3.152,00 EUR
– Räder:	968,00 EUR
(b) Entwicklungsaufwand:	1.100,00 EUR
(c) Gebäudeaufwand:	2.356,20 EUR
(d) als Aufwand zu buchen	
	7.576,20 EUR

Aufgabe 3: Manufacturing Summary Account (Exercise in Manufacturing Summary Account)

D	Manufacturing Summary Acc.		C
20X4	[EUR]	20X4	[EUR]
Dir RM	400.000,00		
Dir Labour	600.000,00		
Fac Plant	6.000,00		
Consum.	4.000,00		
Elect+Wtr	6.000,00		
fixed OH	111.200,00	c/d C.O.M.	1.127.200,00
	1.127.200,00		1.127.200,00

Abbildung 49: Manufacturing Summary Account der Elana Ltd. zum 31.12.20X4

Die Einzelmaterialkosten (direct raw materials) i.H.v. 400.000,00 EUR und die Lohneinzelkosten (direct labour) i.H.v. 600.000,00 EUR werden im Manufacturing Account als Einzelkosten gebucht. Die Aufwendungen für die Produktionsstätte (factory plant) betragen 40% · 15.000 = **6.000,00 EUR**. Der Aufwand für Verbrauchsmaterial (consumable stores) i.H.v. 4.000,00 EUR ist einzeln zurechenbar, ebenso der Aufwand für Strom und Wasser, der auf die Fabrik bezogen ist. Er beträgt 6.000,00 EUR. Die Summe der variablen Aufwendungen beträgt 1.016.000,00 EUR.

Die Fixkosten, die in der Produktion anfallen, enthalten die Abschreibung auf die Produktionsstätte i.H.v. 20.000,00 EUR, die Fabrikverwaltungskosten i.H.v.

19.000,00 EUR, die Reparatur- und Wartungskosten zu 60% · 15.000 = **9.000,00 EUR** und die zurechenbaren Löhne i.H.v. 65% · 140.000 = **91.000,00 EUR**. Damit beträgt die Summe der Fixkosten, die produktionsnah sind, 20.000 + 19.000 + 9.000 + 91.000 = **139.000 EUR**. Der Aufwand ist nach IAS 2.13 auf die Normalkapazität zu beziehen. Entsprechend werden 139.000/10.000 = **13,90 EUR/Stk**. als proportionalisierte Stückkosten angesehen. Multipliziert man den Aufwand pro Stück mit der tatsächlichen Produktionsmenge, ergeben sich absolute Fixkosten i.H.v. 13,90 · 8.000 = **111.200,00 EUR**. Sie werden im Manufacturing Account gezeigt. Die verbleibenden Fixkosten i.H.v. 139.000 – 111.200 = 27.800,00 EUR sind Leerkosten und dürfen nicht den Erzeugnissen zugerechnet werden. Sie werden als Aufwand in der Gewinn- und Verlustrechnung dargestellt:

```
DR P&L ................................ 27.800,00 EUR
DR Manufacturing Account .......... 111.200,00 EUR
CR Overhead Summary Account ....... 139.000,00 EUR
```

Die Aufwendungen für die Herstellung der Erzeugnisse werden ins Trading Account übertragen.

Trading Summary Account

D			C
20X4	[EUR]	20X4	[EUR]
C.O.M.	1.127.200,00	Sales	2.500.000,00
c/d GP	1.598.240,00	Cl.St.FG	225.440,00
	2.725.440,00		2.725.440,00

Abbildung 50: Trading Summary Account der Elana Ltd. zum 31.12.20X4

Der Wert für den Endbestand von 1.600 Fertigerzeugnissen ergibt sich aus den variablen plus den zugerechneten fixen Gemeinkosten zu 1.600 · [(1.016.000/8.000) + 13,90] = **225.440,00 EUR**.

Alle weiteren Aufwendungen werden in dem Gewinn- und Verlustrechnungskonto von dem Rohertrag (gross profit, GP) abgezogen. Darunter sind auch die Leerkosten aus der Verrechnung der Fixkosten (underabsorption).

Profit&Loss Account

D			C
20X4	[EUR]	20X4	[EUR]
Advert.	10.000,00	GP	1.598.240,00
Depr.	9.000,00		
Electr.+Wtr	9.000,00		
Remuneration	23.000,00		
Rep.+ Maint.	3.000,00		
Sal/Wages	59.000,00		
Telephone	5.000,00		
underabsorpt.	27.800,00		
c/d NP	1.452.440,00		
	1.598.240,00		1.598.240,00

Abbildung 51: Gewinn- und Verlustrechnungskonto der Elana Ltd. zum 31.12.20X4

Kapitel 10

Aufgabe 1: Kapitalflussrechnung (Exercise on Cash Flow Statement)

(a) **Direkte Methode**: Für die direkte Methode sind allein die zahlungsrelevanten Buchungen zu berücksichtigen:

(1)	DR P, P, E	80.000,00 EUR
	CR Cash	80.000,00 EUR
(3)	DR Cash	200.000,00 EUR
	CR Revenue	200.000,00 EUR
(4)	DR Labour	100.000,00 EUR
	CR Cash	100.000,00 EUR
(5)	DR Cash	70.000,00 EUR
	CR Bank Loan	70.000,00 EUR
(6)	DR Cash	45.000,00 EUR
	CR Share Capital	45.000,00 EUR

Das Cash Account enthält alle Einträge und repräsentiert den Saldo des Zahlungsmittelbestands.

D			C
20X3	[EUR]	20X3	[EUR]
OV	40.000	(1)	80.000
(3)	200.000	(4)	100.000
(5)	70.000		
(6)	45.000	c/d	175.000
	355.000		355.000
b/d	175.000		

Abbildung 52: Cash Account

Der Zahlungsmittelbestand abzüglich des Anfangsbestands (= Opening Value) ergibt den gesamten Cash Flow für 20X3, hier: 175.000 – 40.000 = 135.000,00 EUR. Das Cash Flow Statement splittet den Gesamt-Cash Flow in die Bereiche operativ, investitionsbezogen und finanziell auf:

CFS for 20X3	
	[EUR]
CF from Operating Activities	
Revenue (3)	200.000,00
Labour (4)	(100.000,00)
	100.000,00
CF from Investing Activities	
Investment (1)	(80.000,00)
	(80.000,00)
CF from Financing Activities	
Bank Loan (5)	70.000,00
Share Issue (6)	45.000,00
	115.000,00
Total Cash Flow:	***135.000,00***

Abbildung 53: Kapitalflussrechnung für 20X3

(b) **Indirekte Methode:** Für die Ableitung des Cash Flow nach der indirekten Methode muss der Net Profit (= EBT) berechnet werden. Für die Erstellung des Gewinn- und Verlustrechnungskontos ist der Geschäftsvorfall (2) – die Abschreibung der Maschine – jetzt zu buchen:

(2)

```
DR Depreciation ..................... 20.000,00 EUR
CR Acc. Depr. ....................... 20.000,00 EUR
```

Das Profit and Loss Account ist in Abbildung 54 gezeigt.

D	P&L		C
20X3	[EUR]	20X3	[EUR]
(2)	20.000	(3)	200.000
(4)	100.000		
c/d	80.000		
	200.000		200.000
TAX	24.000	b/d	80.000
R/E	56.000		
	80.000		80.000

Abbildung 54: Gewinn- und Verlustrechnungskonto für 20X3

Der Cash Flow ergibt sich aus dem Jahresüberschuss i.H.v. 56.000,00 EUR, der hier wegen der nicht Zahlungsrelevanz der Unternehmenssteuern um 24.000,00 EUR zu erhöhen ist plus der Abschreibungen i.H.v. 20.000,00 EUR. Damit beträgt der indirekt ermittelte Cash Flow 100.000,00 EUR. Man erkennt, dass dieser Cash Flow der CF from Operating Acitivities ist.

(c) **Derivative Methode:** Es ist erforderlich, aus den Geschäftsvorfällen die Abschlussbilanz für 20X3 zu entwickeln. Sie ist in Abbildung 55 dargestellt.

A	B/S as at 31 Dec 20X3		C,L
N-cur Assets	[EUR]	***SH's capital***	[EUR]
P,P,E	60.000	Issued capital	85.000
Int, assets		Reserves	
Fin. assets		Retained ear.	56.000
cur Assets		***Liabilities***	
Inventory		Int. bear. liab.	70.000
Receivables		Payables	
Prepaid exp.		Provisions	
Cash	175.000	Def. income	
		Tax liabilities	24.000
	235.000		*235.000*

Abbildung 55: Bilanz zum 31.12.20X3

Die Bewegungsbilanz (Delta Balance Sheet) ist in Abbildung 56 dargestellt.

A	Δ-B/S for 20X3		C,L
	[EUR]		[EUR]
Assets (+)		***SH's capital (+)***	
Δ P,P,E	60.000	Δ Issued capital	45.000
Δ Cash	135.000	Δ R/E	56.000
		Liabilities (+)	
		Δ Int. bear. liab.	70.000
		Δ Tax liabilities	24.000
	195.000		*195.000*

Abbildung 56: Bewegungsbilanz für 20X3

Die Bewegungsbilanz wird um die Kontoumsätze aus der Anschaffung und Abschreibung der Maschine erweitert, wie in Abbildung 57 gezeigt.

A	Δ-B/S for 20X3		C,L
	[EUR]		[EUR]
Assets (+)		***SH's capital (+)***	
~~Δ P,P,E~~	~~60.000~~	Δ Issued capital	45.000
Δ Cash	135.000	Δ R/E	56.000
Acquisition	80.000	***Liabilities (+)***	
		Δ Int. bear. liab.	70.000
		Δ Tax liabilities	24.000
		Asset (-)	
		Depreciation	20.000
	215.000		*215.000*

Abbildung 57: Bewegungsbilanz für 20X3 nach Einbezug des Anlagespiegels

In die Bewegungsbilanz wird anschließend die Gewinn- und Verlustrechnung einbezogen. Dies ist in Abbildung 58 durch Löschen der Veränderung des Retained Earnings Account und Ausweisen von Erträgen und Aufwendungen zu erkennen.

A	Δ-B/S for 20X3		C,L
	[EUR]		[EUR]
Assets (+)		***SH's capital (+)***	
~~Δ P,P,E~~	~~60.000~~	Δ Issued capital	45.000
Δ Cash	135.000	~~Δ R/E~~	~~56.000~~
Acquisition	80.000	***Liabilities (+)***	
		Δ Int. bear. liab.	70.000
Expenses		Δ Tax liabilities	24.000
Labour	100.000		
Depreciation	20.000	***Asset (-)***	
Tax expenses	24.000	Depreciation	20.000
		Revenues	
		Revenue	200.000
	359.000		*359.000*

Abbildung 58: Bewegungsbilanz nach Einbezug des GuV-Kontos

Nach Saldierung der nicht gezahlten Unternehmenssteuern und der Abschreibungen ergibt sich die endgültige Bewegungsbilanz wie in Abbildung 58, aus der dasselbe Cash Flow Statement wie in Abbildung 59 gezeigt abzuleiten ist.

A	Δ-B/S for 20X3		C,L
	[EUR]		[EUR]
Assets (+)		***SH's capital (+)***	
~~Δ P,P,E~~	60.000	Δ Issued capital	45.000
Δ Cash	135.000	~~Δ R/E~~	~~56.000~~
Acquisition	80.000	***Liabilities (+)***	
		Δ Int. bear. liab.	70.000
Expenses		~~Δ Tax liabilities~~	~~24.000~~
Labour	100.000		
~~Depreciation~~	~~20.000~~	***Asset (-)***	
~~Tax expenses~~	~~24.000~~	~~Depreciation~~	~~20.000~~
		Revenues	
		Revenue	200.000
	315.000		*315.000*

Abbildung 59: Bewegungsbilanz nach Saldierung

Aufgabe 2: Derivative Methode (Exercise on Derivative Method)

Aus den Geschäftsvorfällen ergibt sich die Gewinn- und Verlustrechnung, wie in Abbildung 60 durch das GuV-Konto dargestellt wird:

D	P&L		C
20X3	[EUR]	20X3	[EUR]
(1)	35.000	(5)	300.150
(3)	5.000		
(4)	6.000		
(6)	20.000		
(7)	3.000		
c/d	231.150		
	300.150		300.150
TAX	69.345	b/d	231.150
R/E	161.805		
	231.150		231.150

Abbildung 60: Gewinn- und Verlustrechnungskonto

Das Buchen der Geschäftsvorfälle führt auf die Bilanz in Abbildung 61:

A	B/S as at 31 Dec 20X3		C,L
N-cur Assets	[EUR]	***SH's capital***	[EUR]
P,P,E	17.000	Issued capital	100.000
Int, assets		Reserves	80.903
Fin. assets		Retained ear.	
cur Assets		***Liabilities***	
Inventory		Int. bear. liab.	98.000
Receivables	180.090	Payables	42.000
Prepaid exp.		Provisions	
Cash	171.843	VAT liabilities	48.030
		Tax liabilities	
	368.933		*368.933*

Abbildung 61: Bilanz zum 31.12.20X3

Das horizontale Subtrahieren liefert die Delta-Bilanz in Abbildung 62:

A	Δ-B/S for 20X3		C,L
	[EUR]		[EUR]
Assets (+)		***SH's capital (+)***	
Δ P,P,E	17.000	Δ Reserves	80.903
Δ A/R	180.090		
Δ Cash	71.843	***Liabilities (+)***	
		Δ Int. bear. liab.	98.000
		Δ A/P	42.000
		Δ VAT liabilities	48.030
	268.933		*268.933*

Abbildung 62: Delta-Bilanz für 20X3

Die Delta-Bilanz wird im Weiteren um die jeweiligen Kontoumsätze aus dem Anlagespiegel, der Gewinnverwendung und der Gewinn- und Verlustrechnung erweitert:

A	Δ-B/S for 20X3		C,L
	[EUR]		[EUR]
Assets (+)		***SH's capital (+)***	
~~Δ P,P,E~~	~~17.000~~	Δ Reserves	80.903
Δ A/R	180.090		
Δ Cash	71.843	***Liabilities (+)***	
Investment	25.000	Δ Int. bear. liab.	98.000
		Δ A/P	42.000
		Δ VAT liabilities	48.030
		Assets (-)	
		Depreciation	5.000
		Imp. Loss	3.000
	276.933		*276.933*

Abbildung 63: Delta-Bilanz nach Einbezug des Anlagespiegels

A	Δ-B/S for 20X3		C,L
	[EUR]		[EUR]
Assets (+)		***SH's capital (+)***	
~~Δ P,P,E~~	~~17.000~~	~~Δ Reserves~~	~~80.903~~
Δ A/R	180.090		
Δ Cash	71.843	***Liabilities (+)***	
Investment	25.000	Δ Int. bear. liab.	98.000
		Δ A/P	42.000
Undo Appropriation		Δ VAT liabilities	48.030
Dividend	80.903		
		Assets (-)	
		Depreciation	5.000
		Imp. Loss	3.000
		Undo Appropriation	
		R/E	161.805
	357.835		*357.835*

Abbildung 64: Deltabilanz nach Einbezug des Anlagespiegels und Rückgängigmachen der Gewinnverwendung

A	Δ-B/S for 20X3		C,L
	[EUR]		[EUR]
Assets (+)		***SH's capital (+)***	
~~Δ P,P,E~~	~~17.000~~	~~Δ Reserves~~	~~80.903~~
Δ A/R	180.090		
Δ Cash	71.843	***Liabilities (+)***	
Investment	25.000	Δ Int. bear. liab.	98.000
VAT from Inv.	5.000	Δ A/P	42.000
		Δ VAT liabilities	48.030
Undo Appropriation		VAT from Inv	5.000
Dividend	80.903	VAT from Pur.	7.000
		Assets (-)	
Expenses		Depreciation	5.000
Purchase	35.000	Imp. Loss	3.000
VAT from Pur.	7.000		
Depreciation	5.000	***P&L Account***	
Imp. Loss	3.000	R/E	161.805
Labour	20.000		
Interest	6.000	***Revenue***	
Tax Expenses	69.345	Revenue	300.150
	508.180		*508.180*

Abbildung 65: Delta-Bilanz nach Einbezug der Gewinn- und Verlustrechnung

A	Δ -B/S for 20X3		C,L
	[EUR]		[EUR]
Assets (+)		***SH's capital (+)***	
~~Δ P,P,E~~	~~17.000~~	~~Δ Reserves~~	~~80.903~~
~~Δ A/R~~	~~180.090~~		
Δ Cash	71.843	***Liabilities (+)***	
Investment	30.000	Δ Int. bear. liab.	98.000
incl. VAT		~~Δ A/P~~	~~42.000~~
		~~Δ VAT liabilities~~	~~48.030~~
Undo Appropriation		~~VAT from Inv~~	~~5.000~~
Dividend	80.903	~~VAT from Pur.~~	~~7.000~~
Expenses		***Assets (-)***	
~~Purchase~~	~~42.000~~	~~Depreciation~~	~~5.000~~
incl. VAT		~~Imp. Loss~~	~~3.000~~
~~Depreciation~~	~~5.000~~		
~~Imp. Loss~~	~~3.000~~	***P&L-Account***	
Labour	20.000	~~R/E~~	~~161.805~~
Interest	6.000		
Tax Expenses	69.345	***Revenue***	
		Revenue	180.090
	278.090		278.090

Abbildung 66: Delta-Bilanz nach Saldierung

Als Ergebnis der derivativen Ermittlung ergibt sich die in Abbildung 67 gezeigte Kapitalflussrechnung.

CFS for 20X3

	[EUR]
CF from Operating Activities	
Revenue (5)	180.090,00
Labour (6)	(20.000,00)
Tax Payment	(69.345,00)
	90.745,00
CF from Investing Activities	
Investment (2)	(30.000,00)
	(30.000,00)
CF from Financing Activities	
Bank Loan (4)	98.000,00
Interest (4)	(6.000,00)
Dividend (9)	(80.902,50)
	11.097,50
Total Cash Flow:	*71.842,50*

Abbildung 67: Cash Flow Statement für 20X3

Kapitel 11

Aufgabe 1: Eigenkapitalausweis (Exercise on Equity Presentation)

D	Profit and Loss Account		C
20X4	[EUR]	20X4	[EUR]
Purchase	1.000.000,00	Cl. stock	99.550,00
GP c/d	1.341.670,50	Sales	2.242.120,50
	2.341.670,50		2.341.670,50
Other exp.	100.000,00	GP b/d	1.341.670,50
Interest	70.000,00		
NP c/d	1.171.670,50		
	1.341.670,50		1.341.670,50
Tax (30%)	351.501,15	NP c/d	1.171.670,50
R/E	820.169,35		
	1.171.670,50		1.171.670,50

Abbildung 68: Gewinn- und Verlustrechnungskonto der Handorf AG für 20X4

Capital	
ISSUED CAPITAL	
Ordinary Share Capital	
- 150.000 Ordinary Shares at 1,00 EUR each	150.000,00
Preference Share Capital	
- 200.000 12,5% Preference Shares at 1,00 EUR each	200.000,00
RESERVES	
Capital Reserves	140.000,00
German Legal Reserves	8.750,00
Other Earnings Reserves	483.834,68
RETAINED EARNINGS	
Total of Shareholder's Equity	*982.584,68*

Abbildung 69: Eigenkapital der Handorf AG zum 31.12.20X4

Lösungshilfe: In 20X4 beträgt der Jahresüberschuss 820.169,35 EUR. Nach Abzug der Vorzugsdividende verbleiben 801.419,35 EUR, von denen die Hälfte ausgeschüttet und die andere Hälfte in die Gewinnrücklagen eingestellt wird. Der Jahresüberschuss in 20X3 führt zu einer gesetzlichen Gewinnrücklage von 8.750,00 EUR und einer sonstigen Gewinnrücklage i.H.v. 83.125,00 EUR. In 20X3 beträgt das gezeichnete Kapital nur 100.000,00 EUR.

Aufgabe 2: Eigenkapitalausweis und Gewinnverwendung (Exercise on Equity Presenation and Appropriation of Profit)

McWRITE AG's BALANCE SHEET as at 31.12.20X8

	20X8 [EUR]	**20X7** [EUR]
Non-current assets		
Property, plant and equipment	23.562,50	
Total of non-current assets	*23.562,50*	*0,00*
Current assets		
Inventories	7.000,00	
Cash and cash equivalents	87.600,00	50.000,00
Prepaid expenses	15.000,00	
Total of current assets	*109.600,00*	*50.000,00*
Total assets	**133.162,50**	**50.000,00**
Liabilities		
[...] Interest bearing liabilities	28.800,00	
Trade and other payables	53.813,50	
Liabilities and assets [...] IAS 12	228,75	
Total of liabilities	*82.842,25*	*0,00*
Capital		
Issued capital	50.000,00	50.000,00
Retained earnings	320,25	
Total of shareholder's equity	*50.320,25*	*50.000,00*
Total equity and liabilities	***133.162,50***	***50.000,00***

Abbildung 70: Bilanz

STATEMENT OF CHANGES IN EQUITY as at 31.12.20X8

	Subscribed capital	Reserves	Retained earnings	Shareholder's equity
as at 1.01.20X8	**50.000,00**	**0,00**	**0,00**	**50.000,00**
Profit 20X8			533,75	533,75
Appropriation of Profit			(213,50)	(213,50)
as at 31.12.20X8	**50.000,00**	**0,00**	**320,25**	**50.000,00**

Abbildung 71: Eigenkapitalveränderungsrechnung

McWRITE AG's INCOME STATEMENT for 20X8

	20X8 [EUR]
Revenue	220.000,00
Changes in Inventory of Finished Goods and Work in Progress	10.000,00
	230.000,00
Raw Material and Consumables Used	(20.000,00)
Employee Benefits Expense	(180.000,00)
Depreciation and Amortization Expense	(5.437,50)
Impairment of Property, Plant and Equipment	
Other Expenses	(22.000,00)
Finance Costs	(1.800,00)
Profit Before Taxation (EBT)	*762,50*
Income Tax Expenses	(228,75)
Profit for the Period (EAT)	*533,75*
APPROPRIATE SECTION:	
Dividend to Ordinary Shareholders	(213,50)
Retained Earnings	(320,25)
Appropriated Profit	*0,00*

Abbildung 72: Gewinn- und Verlustrechnung

McWRITE AG's CFS 20X8

	20X8 [EUR]
CF from operating activities	
Proceeds	264.000,00
Purchases	(24.000,00)
Labour	(195.000,00)
Other expenses	(22.800,00)
	22.200,00
CF from investing activities	
P,P,E	(11.600,00)
	(11.600,00)
CF from financing activities	
Contribution	50.000,00
Bank loan	30.000,00
Interest and Pay off	(3.000,00)
	77.000,00
Total cash flow:	*87.600,00*

Abbildung 73: Kapitalflussrechnung

Kapitel 12

Aufgabe 1: Manufacturing Summary Account (Exercise on Manufacturing Summary Account)

(1) bis (3):

D — P&L Account — C

20X7	[EUR]	20X7	[EUR]
Purchase	700.000,00	Cl. Stocks	33.251,00
Op.Val.	15.376,00		
Assembl.	231.500,00		
Qual.Mgt.	177.600,00	Manuf c/d	1.091.225,00
	1.124.476,00		1.124.476,00
Manuf b/d	1.091.225,00	Sales	1.778.250,00
Op. Val.	53.826,25	Cl. Stocks	48.034,25
GP c/d	681.233,00		
	1.826.284,25		1.826.284,25
Admin	250.000,00	GP b/d	681.233,00
Distrib.	136.128,00		
Interest	20.000,00		
NP c/d	275.105,00		
	681.233,00		681.233,00
Tax Exp.	82.531,50	NP b/d	275.105,00
R/E	192.573,50		
	275.105,00		275.105,00

Abbildung 74: Gewinn- und Verlustrechnungskonto der Wienkötter AG für 20X7

(4):

Wienkötter AG's INCOME STATEMENT for 20X7

	20X7
	[EUR]
Revenue	1.778.250,00
Other Income	0,00
	1.778.250,00
Cost of Sales for Printer and Scanner	(1.097.017,00)
Administration	(250.000,00)
Distribution	(136.128,00)
Finance Costs	(20.000,00)
Share of Profit of Associates	
Profit Before Taxation (EBT)	*275.105,00*
Income Tax Expenses	(82.531,50)
Deferred Tax Income/Expense	
Profit for the Period (EAT)	*192.573,50*

Abbildung 75: Gewinn- und Verlustrechnung der Wienkötter AG für 20X7

Aufgabe 2: Gewinn- und Verlustrechnung nach dem Gesamtkostenverfahren (Exercise on Income Statement along Nature of Expense Format)

Die Gewinn- und Verlustrechnung zeigt 76.

Billerbeck AG's INCOME STATEMENT for 20X6

	20X6
	[EUR]
Revenue	7.920,00
Changes in Inv. of Finished Goods	4.597,00
	12.517,00
Materials	(7.869,00)
Labour	(2.700,00)
Depreciation	(1.000,00)
Profit Before Taxation (EBT)	*948,00*
Income Tax Expenses	(284,40)
Profit for the Period (EAT)	*663,60*

Abbildung 76: Gewinn- und Verlustrechnung der Billerbeck AG für 20X6

Aufgabe 3: Bestimmung des Periodenergebnisses in einem Produktionsunternehmen (Determination of Profit for a Manufacturing Business)

D	**MSA Account**		C
20X7	[EUR]	20X7	[EUR]
OV A	750,00	ClSt A	155,00
OV B	5.250,00	ClSt B	3.500,00
OV WIP A	250,00	ClSt WIP A	620,00
OV WIP B	7.000,00	ClSt WIP B	3.500,00
Purch A-1	900,00		
Purch A-2	1.100,00		
Purch A-3	1.000,00		
Purch A-4	1.200,00		
Purch A-5	1.000,00		
Purch B	105.000,00	Manuf c/d	115.675,00
	123.450,00		123.450,00
Manuf b/d	115.675,00		
Depr.	18.000,00		
Dir. Lab.	200.000,00		
Lighting	130.000,00	C.O.S. c/d	463.675,00
	463.675,00		463.675,00

Abbildung 77: Manufacturing Summary Account

D	Trading Account		C
20X7	[EUR]	20X7	[EUR]
C.O.S.	463.675,00	Sales	1.000.000,00
OV	20.325,00	ClSt	44.000,00
GP c/d	560.000,00		
	1.044.000,00		1.044.000,00

Abbildung 78: Trading Account

D	P&L Account		C
20X7	[EUR]	20X7	[EUR]
Manager	68.000,00	GP b/d	560.000,00
Depr. SO	100.000,00		
Sales mgr	53.800,00		
Other exp.	118.200,00		
NP c/d	220.000,00		
	560.000,00		560.000,00

Abbildung 79: Gewinn- und Verlustrechnungskonto

Kapitel 13

Aufgabe: Eigenkapitalveränderungsrechnung (Exercise on Statement of Changes in Equity)

WESUVE GmbH's STATEMENT OF CHANGES IN EQUITY for 20X6

	Issued Capital	Earnings Reserves	Revaluation Reserves	Retained Earnings	Total Shareholders' Equity
Equity as at 1.01.20X0	50.000,00	0,00	0,00	0,00	50.000,00
Profit 20X0				20.000,00	20.000,00
Appropriation of Profit		10.000,00		(20.000,00)	(10.000,00)
Equity as at 31.12.20X1	*50.000,00*	*10.000,00*	*0,00*	*0,00*	*60.000,00*
Profit 20X1				20.000,00	20.000,00
Appropriation of Profit		10.000,00		(20.000,00)	(10.000,00)
Equity as at 31.12.20X1	*50.000,00*	*20.000,00*	*0,00*	*0,00*	*70.000,00*
Profit 20X2				20.000,00	20.000,00
Appropriation of Profit		10.000,00		(20.000,00)	(10.000,00)
Equity as at 31.12.20X2	*50.000,00*	*30.000,00*	*0,00*	*0,00*	*80.000,00*
Profit 20X3				20.000,00	20.000,00
Appropriation of Profit		10.000,00		(20.000,00)	(10.000,00)
Equity as at 31.12.20X3	*50.000,00*	*40.000,00*	*0,00*	*0,00*	*90.000,00*
Profit 20X4				20.000,00	20.000,00
Revaluation			1.000,00		1.000,00
Appropriation of Profit		10.000,00		(20.000,00)	(10.000,00)
Equity as at 31.12.20X4	*50.000,00*	*50.000,00*	*1.000,00*	*0,00*	*101.000,00*
Profit 20X5				20.000,00	20.000,00
Revaluation			(200,00)		(200,00)
Appropriation of Profit		10.000,00		(20.000,00)	(10.000,00)
Equity as at 31.12.20X5	*50.000,00*	*60.000,00*	*800,00*	*0,00*	*110.800,00*
Profit 20X6				20.000,00	20.000,00
Revaluation			(480,00)		(480,00)
Appropriation of Profit		10.000,00		(20.000,00)	(10.000,00)
Equity as at 31.12.20X6	*50.000,00*	*70.000,00*	*320,00*	*0,00*	*120.320,00*

Abbildung 80: Eigenkapitalveränderungsrechnung der Wesuve GmbH für 20X6

Kapitel 14

Aufgabe: Darlehnsbewertung (Exercise on Loan Valuation)

	20X4	20X5	20X6	20X7
Long-term Liability	195.800,00	193.380,00	190.718,00	187.789,80
Short-term Liability	2.200,00	2.420,00	2.662,00	2.928,20

Abbildung 81: Verbindlichkeitsentwicklung aus dem Annuitätendarlehn

Buchungssätze in 20X4:

```
DR Bank ................................ 200.000,00 EUR
CR Long-term Liability ............. 200.000,00 EUR

DR Interest ...........................  20.000,00 EUR
CR Bank ................................  20.000,00 EUR

DR Long-term Liability .............   2.000,00 EUR
CR Bank ................................   2.000,00 EUR

DR Long-term Liability .............   2.200,00 EUR
CR Short-term Liability ...........   2.200,00 EUR
```

Glossar

4.3-GEWINNERMITTLUNG (COMPUTATION OF PROFIT ALONG 4.3-METHOD)
Ermittlung des Erfolgs einer Abrechnungsperiode durch Gegenüberstellung von Einnahmen und Ausgaben. Die 4.3-Gewinnermittlung wird in § 4 Abs. 3 EStG geregelt.

ABSCHREIBUNGSMETHODE (METHOD OF DEPRECIATION)
Vorschrift zur Allokation der Abschreibungsbeträge auf die Perioden der → **NUTZUNGSDAUER**. Beispiele für Abschreibungsmethoden sind → **LINEARE** oder → **DEGRESSIVE ABSCHREIBUNG**.

ABSTIMMKONTO (RECONCILIATION ACCOUNT)
Konto, auf das die Salden aller Konten einer → **NEBENBUCHFÜHRUNG** gebucht werden. Das Abstimmkonto für die Kreditorenbuchhaltung ist z. B. das Accounts Payables Account (A/P account).

ANLAGENBUCHHALTUNG (ASSET MANAGEMENT)
Nebenbuchhaltung, in der für jeden → **SACHANLAGEVERMÖGENSGEGENSTAND** ein einzelnes Konto geführt wird. Das → **ABSTIMMKONTO** für die Anlagenbuchhaltung ist das Konto Sachanlagen (Property, Plant and Equipment). Es ist üblich, für jeden → **VERMÖGENSWERT** in der Anlagenbuchhaltung ein Konto P, P, E at Cost/Valuation und Accumulated Depreciation zu führen.

ANLAGESPIEGEL (REGISTER OF FIXED ASSETS)
Liste, in der nach IFRSs für eine Gruppe von Sachanlagen, nach deutschem HGB für jeden einzelnen Vermögensgegenstand, die historischen Anschaffungskosten (P, P, E at cost/valuation), das Anschaffungsjahr, die kumulierten Abschreibungen (accumulated depreciation) und der → **RESTBUCHWERT** (carrying amount) dargestellt werden.

ANSATZVORSCHRIFTEN (REGULATIONS FOR RECOGNITION)
Regelungen, die die Aktivierung (recognition) von Jahresabschlusspositionen festlegen.

ARITHMETISCH DEGRESSIVE ABSCHREIBUNG (ARITHMETIC DEPRECIATION)
→ **ABSCHREIBUNGSMETHODE**, bei der der Abschreibungsbetrag jede Abrechnungsperiode um denselben absoluten Betrag reduziert wird.

AUFWAND (EXPENSES)
Geschäftsvorfall, der zu einer Minderung des Periodenerfolgs führt. Aufwand wird in die Gewinn- und Verlustrechnung gebucht.

AUFWANDS- UND ERTRAGSKONSOLIDIERUNG (CONSOLIDATION OF REVENUE AND EXPENSES)
Eliminieren des konzerninternen Zwischenergebnisses bei der → **KONZERNRECHNUNGSLEGUNG**.

Barwert (Present Value)
Auf den Gegenwartszeitpunkt diskontierte Beträge von Zahlungen, die in der Zukunft stattfinden. Der Barwert wird bestimmt, indem durch den Faktor $(1 + i)^T$ dividiert wird. Dabei ist i der Kalkulationszinssatz (häufig der Marktzinssatz) und T die Anzahl der Perioden, um die abgezinst wird.

Barwerttest (Present Value Test)
Zur Unterscheidung von operating und finance Leasing wird der → **Barwert** aller Leasingzahlungen mit den Anschaffungskosten verglichen. Entsprechend sich die beiden Größen annähernd, liegt finance Leasing vor.

Benchmarks (Benchmarks)
Vergleichen von Unternehmenskennzahlen mit anderen Unternehmen oder mit dem Branchendurchschnitt.

Bestandskonto (Balance Sheet Account)
Konto, das den Wert von Vermögen, → **Eigenkapital** oder → **Schulden** repräsentiert.

Bestandsveränderungen (changes in inventory)
Weicht während einer Abrechnungsperiode die Produktionsmenge von der Absatzmenge ab, entsteht eine Erhöhung oder Verminderung des Bestands an fertigen Erzeugnissen und/oder → **Halbfabrikaten**. Eine Bestandsveränderung wird in der Gewinn- und Verlustrechnung nach dem → **Gesamtkostenverfahren** ausgewiesen und führt in dem Konto → **Vorräte** zu einer Gegenbuchung.

Bestätigungsvermerk (Statement of Auditor)
Testat der positiven Prüfung des → **Jahresabschlusses** durch den Abschlussprüfer. Der Bestätigungsvermerk sagt aus, dass der Jahresabschluss und evtl. der zugehörige → **Lagebericht** den Grundsätzen ordnungsmäßiger Buchhaltung entspricht und ein den tatsächlichen Verhältnissen entsprechendes Bild der Vermögens-, Finanz- und Ertragslage vermittelt. Bei Prüfung eines Jahresabschlusses nach IFRSs bestätigt der Abschlussprüfer, dass die Financial Statements den Standards und den Interpretations nicht widersprechen.

Beteiligung (Investment)
Halten von i.d.R. mehr als 20 % der Anteile eines anderen Unternehmens. Eine Beteiligung wird als Asset im → **Jahresabschluss** gezeigt.

Bewegungsbilanz (Delta-Balance Sheet)
Darstellung der Veränderung von Bilanzpositionen während eines Vergleichszeitraums. Bei einer Bewegungsbilanz wird z. B. die Mehrung von Vermögen als Zahlungsmittelverwendung, die Mehrung von → **Eigenkapital** als Zahlungsmittelherkunft dargestellt.

Bewertung at equity (At Equity Valuation)
Bestimmung des Beteiligungsbuchwerts unter Berücksichtigung der Anschaffungskosten und einer Mehrung oder Minderung des → **Eigenkapitals** des Unternehmens, an

dem die → **Beteiligung** gehalten wird. Wird z. B. durch den Periodenerfolg und die Rücklagenbildung das Eigenkapital des Unternehmens, an dem die Beteiligung gehalten wird, erhöht, steigt ebenfalls der Wert der Beteiligung, der in der Bilanz desjenigen Unternehmens gezeigt wird, das die Beteiligung hält. Die At Equity Bewertung ist für assozierte Unternehmen im Konzernabschluss anzuwenden. Im → **Einzelabschluss** nach deutschem HGB ist sie verboten, da sie gegen das → **Realisationsprinzip** nach § 252 Abs. 1 HGB verstößt.

Bewertungsvorschrift (Regulations for Valuation)
Regelung, mit der der Wertansatz von Vermögen, → **Eigenkapital** und → **Schulden** bestimmt wird. Wesentliche Bewertungsvorschriften enthalten z. B. die §§ 252ff. HGB und IAS 2, 16, 17, 36, 38 und 40.

Bilanzgewinn (Retained Earnings)
Wird gem. deutschen HGBs der → **Jahresabschluss** nach teilweiser Verwendung des Ergebnisses aufgestellt, wird der Teil des Periodenergebnisses, der nicht verwertet wurde, als Bilanzgewinn/-verlust ausgewiesen. Nach IFRSs wird sofort in das Konto Retained Earnings gebucht, so dass eine Übersetzung des Bilanzgewinns mit Retained Earnings zulässig ist, umgekehrt Retained Earnings nicht immer Bilanzgewinn ist, sondern auch als → **Jahresüberschuss**/-fehlbetrag plus Gewinnvortrag/-verlust sein kann. Retained Earnings oder auch Retained Income ist als sinngemäße Übersetzung für Bilanzgewinn und Jahresüberschluss/-fehlbetrag plus Gewinnvortrag/-verlust üblich.

Bilanzkurs (Book Value)
Quotient aus der Summe des → **Eigenkapitals** und dem gezeichnetem Kapital.

Bilanzierungshilfen
Ausweis eines Nicht-Vermögensgegenstands in einer HGB-Bilanz auf der Aktivseite. Eine Bilanzierungshilfe ist z. B. der Ausweis von aktivischen latenten Steuern nach § 274 Abs. 1 HGB oder der aktivische Rechnungsabgrenzungsposten. Bilanzierungshilfen erfüllen nicht die → **Ansatzvorschriften** für Vermögensgegenstände und dürfen deshalb nicht als solche ausgewiesen werden. Nach IFRSs ist der Asset-Begriff weiter gefasst, so dass keine Notwendigkeit zum Ausweisen von Bilanzierungshilfen bestehen. Prepaid Expenses werden z. B. unter current Assets dargestellt. Daher wird der Begriff nicht übersetzt. Ein pass. RAP ist ebenfalls eine Bilanzierungshilfe.

Bilanzstichtag (balance sheet date)
Tag, zu dem die Bilanz aufgestellt wird. Das ist der Tag, an dem das Geschäftsjahr beginnt/endet oder zu dem eine → **Zwischenbilanz** aufgestellt wird.

Bilanztheorie (Theory of Financial Accounting)
Grundlage der Bilanzierung ist die Bilanztheorie. Man unterscheidet die statische Auffassung, nach der die Bewertung von Vermögen und Kapital zu einem bestimmten Zeitpunkt im Vordergrund stehen, und die dynamische Bilanztheorie, gemäß der die Bilanzierung der Ermittlung des Erfolgs des Unternehmens dient.

BUCHFÜHRUNGSPFLICHT (OBLIGATIONS TO KEEP BOOKKEEPING RECORDS)
Verpflichtung eines Unternehmens zum Aufzeichnen der finanziell relevanten und erfolgswirksamen Vorgänge in Konten. Buchführungspflichtigkeit begründet in der Regel die Verpflichtung zum Aufstellen eines handelsrechtlichen → **JAHRESABSCHLUSSES**.

BUSINESS PLAN (BUSINESS PLAN)
Integrierte Unternehmensplanung die aus einem Umsatz-, Kosten-, Erfolgs- und Liquiditätsplan besteht. In letzter Zeit hat sich für den Begriff Business Plan die Unternehmensplanung eines Existenzgründers etabliert, der mit dem Business Plan bei einem Fremdkapitalgeber, z. B. einer Bank, sein Unternehmenskonzept darstellt. Entsprechend enthält der Business Plan dann weitere Angaben, z. B. über die Person des Existenzgründers oder die Geschäftsidee.

BUCHUNGSSATZ (BOOKKEEPING ENTRY)
Darstellung einer → **SOLL**- und → **HABENBUCHUNG** für das Buchen eines Geschäftsvorfalls. Entsprechend der → **DOPPIK** muss ein Buchungssatz mindestens aus einer Soll- und einer Habenbuchung bestehen.

DEBIT BALANCED
Ein Konto ist debit balanced, wenn der Saldovortrag auf der Soll-Seite steht. Ist z. B. das Bankkonto debit balanced, weist es Guthaben aus.

DEBTORS' COLLECTION DAYS
Durchschnittliche Anzahl von Tagen, die vergeht bis Kunden ihre Forderungen gegenüber dem Unternehmen ausgleichen.

DEGRESSIVE ABSCHREIBUNG (REDUCING BALANCE METHOD, DECLINING METHOD)
→ **ABSCHREIBUNGSMETHODE**, bei der der Abschreibungsaufwand im Zeitverlauf sukzessive sinkt.

DIVIDENDENAUSBEUTE (DIVIDEND YIELD)
Verhältnis aus Dividende und Aktienkurs. Die Dividendenausbeute spiegelt ein Ergiebigkeitsmaß wider, das den Rückfluss aus Aktienerwerb während eines Jahrs repräsentiert.

DOPPIK (DOUBLE ENTRY SYSTEM)
Prinzip der Buchhaltung, nach dem jeder Geschäftsvorfall durch mindestens eine → **SOLL**- und eine → **HABENBUCHUNG** repräsentiert wird.

EIGENKAPITAL (EQUITY)
Summe aus → **GEZEICHNETEM KAPITAL**, → **RÜCKLAGEN** und Retained Earnings.

EIGENKAPITALBEDARF (EQUITY REQUIRED)
Der Eigenkapitalbedarf ist das → **EIGENKAPITAL**, das aus der Sicht des → **RISIKOMANAGEMENTS** zur Verfügung gestellt werden muss, um das Risiko zu decken.

Eigenkapitalrentabilität (Return on Equity)
Verhältnis aus Vorsteuergewinn und gesamten → **Eigenkapital**. Die Eigenkapitalrentabilität repräsentiert die Verzinsung des Eigenkapitals für den Anteilseigner unabhängig von der Ausschüttungsentscheidung.

Eigenkapitalveränderungsrechnung (Statement of Changes in Equity)
Die Eigenkapitalveränderung repräsentiert die langfristige Unternehmensentwicklung. Die Eigenkapitalveränderungsrechnung ist eine Matrix, deren Zeilen die Abrechnungsperioden repräsentieren und deren Spalten die Eigenkapitalpositionen der Bilanz darstellen. Alle Veränderungen des → **Eigenkapitals** werden nach Typen zusammengefasst abgebildet. Die Eigenkapitalveränderungsrechnung zählt nach IAS 1.8 zum → **Jahresabschluss**.

Einheitsprinzip (One Entity Theory)
Prinzip für die → **Konzernrechnungslegung** nach der der Konzern für den Konzernabschluss so zu behandeln ist, als wäre er ein einziges Unternehmen.

Einzelabschluss (Single Statement)
→ **Jahresabschluss** für ein einzelnes Unternehmen.

Einzelkosten (Direct Cost)
Kosten, die einem Produkt direkt zurechenbar sind. Direkte Zurechenbarkeit bedeutet, dass keine Schlüsselung von Kosten auf Produkte notwendig ist. Beispiele für Einzelkosten sind Material- und Lohneinzelkosten (z. B. Akkordlohn).

Einzelunternehmen (Single Propriatorship)
Unternehmen, da einem einzelnen Inhaber gehört und für das dieser persönlich haftet.

Equity-Methode
→ **At Equity Methode**

Erfolgskonto (Expense Account or Revenue Account)
Konto, das entweder ein Aufwands- oder Ertragskonto darstellt. Die Erfolgskonten werden bei der Bestimmung des Periodenerfolgs über das Gewinn- und Verlustrechnungskonto abgeschlossen.

Erlöse (revenue, Sales Revenue)
Zahlungsanspruch aus dem Verkauf von Erzeugnissen oder Dienstleistungen eines Unternehmens.

Erstbewertung (Initial Valuation)
Bewertung zum Zeitpunkt des Zugangs. Die Erstbewertung findet zu historischen Anschaffungs- und Herstellungskosten statt.

Ertrag (Profit)
Monetär bewerteter Wertzuwachs eines Unternehmens. Ertrag ist das Gegenteil von → **Aufwand**. Als weiterer Ertragsbegriff wird der → **Rohertrag** (gross profit) und Vorsteuergewinn (net profit) verwendet.

Eventualverbindlichkeiten (contingent liability)
→ **Verbindlichkeiten**, die aus einer Zusage für die Übernahme von Risiko resultieren können. Sie werden jedoch noch nicht als drohend angesehen, so lange kein Hinweis für die Notwendigkeit einer Haftungsübernahme besteht. Eventualverbindlichkeiten entstehen z. B. durch das Begeben einer Bürgschaft. Eventualverbindlichkeiten werden nicht in der Bilanz ausgewiesen.

Fertigerzeugnisse (Finished Goods)
Lagerfähige Produkte eines Unternehmens, deren Herstellung abgeschlossen ist. Fertigerzeugnisse werden bis zu ihrem Verkauf als → **Vorräte** in der Bilanz dargestellt. So lange Fertigerzeugnisse nicht als Bestand gebucht werden, stellen sie Work in Progress dar.

Finanzielles Vermögen (Financial Assets)
Teile eines → **Finanzinstruments,** das auf der Aktivseite der Bilanz dargestellt wird. Beispiele für Financial Assets sind Aktien oder Schuldverschreibungen, die an einem anderen Unternehmen gehalten werden.

Finanzierungsleasing (Finance Leasing)
Mietvertrag, bei dem Risiken und Chancen auf den Leasingnehmer übertragen werden. Bei finance Leasing werden die Leasingraten zur Finanzierung des geleasten Vermögens verwendet.

Finanzinstrumente (Financial Instruments)
Verträge, die nach IAS 32 in einem Unternehmen zu einem Financial Asset und in einem anderen Unternehmen zu einem Eigen- oder Fremdkapitaltitel führen.

Firmenwert (Goodwill)
Übersteigt der gezahlte Kaufpreis für eine → **Beteiligung** den anteiligen Unternehmenswert der Beteiligung, entsteht ein derivativer Geschäftswert. Eine Unternehmenswertsteigerung durch selbst geschaffenen Goodwill ist nicht bilanzierungsfähig.

First-in-first-out (First-in-first-out)
Verbrauchsfolgefiktion, bei der die zuerst zugegangenen → **Vorräte** zuerst verbraucht werden.

Folgebewertung (Subsequent Valuation)
Jede Bewertung, die nach der → **Erstbewertung** stattfindet. Zu Folgebewertung zählt Abschreibung, Impairment Loss und → **Neubewertung**.

Forschungsaufwand (Development Expenses)
Jeder → **Aufwand**, der für Forschungszwecke anfällt. Forschungsaufwand enthält z. B. Personalaufwand für den Forscher, Materialaufwand und Drittmittelleistungen. Im Unterschied zu Entwicklungsaufwand ist Forschungsaufwand nicht auf die Entwicklung von vermarktungsfähigen Produkten bezogen. Forschungsaufwand wird als Aufwand in der Periode ausgewiesen, für die er anfällt.

Freiberufliche Tätigkeiten (Freelancer)
Berufliche Tätigkeit, die keine Kaufmanns- oder Produktionseigenschaft besitzt. I.d.R. wird für freiberufliche Tätigkeiten nur das Wissen des Freiberuflers als Ressource verwendet. Freiberufliche Tätigkeiten werden in § 18 EStG beschrieben. Beispiele für Freiberufler sind Ingenieure, Ärzte, Rechtsanwälte, Unternehmensberater etc.

Gearing (Gearing)
Verhältnis von zinspflichtigem Fremdkapital und Bilanzsumme.

Gemeinkosten (Overheads)
Kosten, die nicht direkt einem Produkt zuzurechnen sind.

Gemeinschaftsunternehmen (Joint Venture)
Unternehmen, an dem mehrere Unternehmen beteiligt sind und per Statut gemeinsam die Kontrolle ausüben.

Gesamtkapitalrentabilität (Return on Asset)
Verhältnis zwischen Gewinn vor Steuern und Zinsen dividiert durch das Gesamtkapital. Die Gesamtkapitalrentabilität zeigt, wie effizient ein Unternehmen seine Ressourcen einsetzt. Als Performancemaß wird die Gesamtkapitalrentabilität kritisiert, da die Bewertung durch das Alter der eingesetzten Produktionspotentiale beeinflusst wird.

Gesamtkostenverfahren (Nature of Expense Method)
Methode zur Aufstellung der Gewinn- und Verlustrechnung, bei der den Verkaufserlösen alle Aufwendungen der Periode gegenübergestellt werden. Trotz der Bezeichnung Kosten wird nicht auf den Kostenbegriff der Kostentheorie abgestellt.

Gesetz zur Kontrolle und Transparenz (KonTraG)
Seit 1998 sind durch das KonTraG einzelne Artikel des HGB, AktG, GmbHG geändert worden, um dem Corporate Governance und insbesondere dem → **Risikomanagement** zu dienen. Das KonTraG ist das deutsche Pendant zum Sarbanes-Oxley Act.

Gewichtete Durchschnittsmethode (Weighted Average)
Bei der Bestimmung des gewichteten Durchschnitts werden die Einzelausprägungen mit ihrem relativen Anteil am Vorkommen in der Gesamtstichprobe multipliziert. In der Bilanzierung wird die gewichtete Durchschnittsmethode bei der Vorratsbewertung und bei der Bestimmung der → **gewichteten Kapitalkosten** verwendet.

Gewinn- oder Verlustvortrag (profit/loss carried forward)
Nicht verwendetes Ergebnis des Vorjahrs, das in das aktuelle Geschäftsjahr übertragen wird. Nimmt eine Gesellschaft z. B. keine oder keine vollständige Gewinnverwendung vor, wird der verbleibende Betrag in das nachfolgende Geschäftsjahr übertragen. Nach § 266 Abs. 3 HGB ist er dafür das Konto Gewinn-/Verlustvortrag zu buchen, international wird das Retained Earnings Account bebucht.

Gewinn pro Aktie (Earnings per Share)
Quotient aus Gewinn, der den Stammaktionären ausgeschüttet werden kann, und gewichtetem Mittelwert der Anzahl ausstehender Stammaktien. Earnings per share werden in IAS 33 geregelt.

Gewinnrücklagen (Earnings Reserves)
→ **Rücklagen**, die als Eigenkapitalposition aus der → **Thesaurierung** von Gewinnen gebildet werden. Nach deutschem HGB bestehen Gewinnrücklagen aus gesetzlichen Rücklagen, den satzungsmäßigen Gewinnrücklagen, aus Rücklagen für eigene Anteile und sonstigen Rücklagen.

gezeichnetes Kapital (issued capital)
Das gezeichnete Kapital repräsentiert die bei der Gründung einer → **Kapitalgesellschaft** ausgegebenen Anteile. Das gezeichnete Kapital einer Aktiengesellschaft heißt Grundkapital (share capital) und das einer Gesellschaft mit beschränkter Haftung Stammkapital.

Gläubigerschutz (Principle of Protection of Creditors)
Prinzip der Bilanzierung, nach dem durch gesetzliche Vorschriften grundsätzlich vorsichtig zu bewerten ist. Damit werden Fremdkapitalgeber vor überhöhten Ausschüttungen an die Eigenkapitalgeber geschützt. Bei Bilanzierung nach IFRSs wird kein Gläubigerschutz verfolgt, sondern das Ziel, alle Bilanzadressaten mit nützlichen Informationen zu versorgen, die dem → **True and Fair View-Pinciple** entsprechen.

Gliederungsschema der Bilanz (Balance Sheet's Structure)
Vorschrift zur Strukturierung der Bilanz. Nach § 266 Abs. 2 und 3 HGB werden die Bezeichnungen für die Bilanzpositionen und deren Reihenfolge bei der Darstellung vorgegeben. IAS 1.71 macht explizit, dass kein Bilanzgliederungsschema nach IFRSs vorgeschrieben wird.

Habenbuchung (Credit Entry)
Eintrag in ein Konto auf der Habenseite. Bei einem Vermögenskonto wird durch die Habenbuchung eine Minderung repräsentiert.

Halbfabrikate (Semi Finished Products)
Erzeugnisse, die noch nicht fertig gestellt sind. Im Unterschied zu WIP werden Halbfabrikate für die Zwischenlagerung auf ein → **Bestandskonto** gebucht.

Handelsbilanz II (Financial Statements II)
Der auf die Rechnungslegungs- und → **Bewertungsvorschriften** der → **Konzernrechnungslegung** angepasste → **Einzelabschluss** der Konzerngesellschaften bzw. Joint Ventures und Venturers.

Hauptbuch (general ledger)
Konten gemäß Kontenrahmen. Das Hauptbuch enthält statt der Konten der Nebenbuchhaltungen deren Abstimmkonten.

Historische Anschaffungs-/Herstellungskosten (Historical Costs)
I.d.R. auf Zahlungen zurückgeführter Wertansatz für das Vermögen. Die Anschaffungskosten enthalten den Nettoeinkaufspreis, abzüglich von z. B. Rabatten. Ebenfalls zählen nach IAS 16 Aufwendungen dazu, die für die Herstellung eines dem intendierten Nutzen entsprechenden Zustands anfallen, sowie Kosten für den Rückbau von Anlagen. Bei der Herstellung von → **Fertigerzeugnissen** und Halbfertigfabrikate regelt IAS 2 welche Kostenbestandteile der Herstellung zuzurechnen sind: Dies sind die Materialkosten, die Lohneinzelkosten, die produktionsbezogenen → **Gemeinkosten** sowie Veränderungen von WIP.

Horizontalanalyse (Horizontal Analysis)
Untersuchung der zeitlichen Entwicklung einer Unternehmenseigenschaft. I.d.R. wird die Horizontalanalyse auf den Vergleich einer Jahresabschlussgröße oder einer Unternehmenskennzahl bezogen, z. B. die Entwicklung der Kennzahl EPS über die letzten fünf Jahre.

Imparitätsprinzip (Principle of Imparity Treatment)
Das Imparitätsprinzip wird im deutschen HGB durch § 252 Abs. 1 HGB dargestellt. Es regelt, dass Gewinne und Verluste im handelsrechtlichen → **Jahresabschluss** unterschiedlich zu behandeln sind.

Informationsversorgungsfunktion (Providing Information)
Funktion des Rechnungswesens, entscheidungsrelevante Informationen für das Management zur Verfügung zu stellen.

Immaterielles Vermögen (Intangible Assets)
Anlagevermögen ohne physische Eigenschaften. Intangible Assets werden in IAS 38 geregelt.

Integriertes Rechnungswesen (Integrated Accounting)
Rechnungswesen, bei dem die in Deutschland übliche Trennung zwischen externem und internem Rechnungswesen aufgeweicht wird. Bei integriertem Rechnungswesen wird in der Finanzbuchhaltung und in der Kostenrechnung mit gleichen Wertansätzen gerechnet.

Interessentheorie (Parent Company Theory)
Nach der Interessentheorie sind die Interessen des Mutterunternehmens und der Minderheitsgesellschafter beim Konzernabschluss nicht gleichgerichtet. Minderheitsgesellschafter werden als außen stehend angesehen und begründen die Notwendigkeit zur partialen Konsolidierung (→ **Quotenkonsolidierung**). Die Interessentheorie hat in Deutschland keine Bedeutung für die Theorie des Konzernabschlusses.

Istbeschäftigung (Actual Reference Unit)
Im Unterschied zum Planwert tatsächlich erbrachte Leistung einer Organisationseinheit. Die Leistung wird häufig über zum Output proportionale Bezugsgrößen gemessen.

JAHRESABSCHLUSS (SET OF FINANCIAL STATEMENTS)
Bestandteile des Jahresabschlusses sind die Bilanz, die Gewinn- und Verlustrechnung, die → **KAPITALFLUSSRECHNUNG**, die → **EIGENKAPITALVERÄNDERUNGSRECHNUNG** und die Notes. Der → **LAGEBERICHT** gehört nicht dazu.

JAHRESÜBERSCHUSS (ANNUAL SURPLUS)
Differenz aus → **ERTRAG** und → **AUFWAND** für eine Abrechnungsperiode, die ein Jahr beträgt.

KAPITALERHÖHUNG (INCREASE OF ISSUED CAPITAL)
Mehrung des gezeichneten Kapitals. Eine Kapitalerhöhung wird z. B. im deutschen Aktiengesetz geregelt und entsteht z. B. durch die Ausschüttung von jungen Aktien. Das Gegenteil einer Kapitalerhöhung ist einer Kapitalherabsetzung.

KAPITALFLUSSRECHNUNG (CASH FLOW STATEMENT)
Aggregierte Darstellung der Zahlungsströme eines Unternehmens, i.d.R. differenziert nach Zahlungsmittelstrom aus gewöhnlicher Geschäftstätigkeit, aus Investitions- und aus Finanzierungstätigkeit. Die Kapitalflussrechnung wird in IAS 7 geregelt.

KAPITALGESELLSCHAFT (LIMITED COMPANY)
Unternehmen mit eigner Rechtspersönlichkeit, bei der die Anteilseigner das gezeichnete Kapital einbringen und dessen Haftung auf das → **EIGENKAPITAL** begrenzt ist.

KAPITALKONSOLIDIERUNG (CAPITAL CONSOLIDATION)
Konsolidierungsmaßnahme im Rahmen der → **KONZERNRECHNUNGSLEGUNG** oder des Joint Venture Accounting. Bei der Kapitalkonsolidierung wird in der → **SUMMENBILANZ** der Beteiligungswert mit dem anteiligen → **EIGENKAPITAL** des Unternehmens, an dem die → **BETEILIGUNG** gehalten wird, verrechnet.

KAPITALKOSTEN, MITTLERE GEWICHTETEN (WEIGHTED AVERAGE COST OF CAPITAL)
Gewichteter Mittelwert der Eigen- und Fremdkapitalkosten. Die WACC werden i.d.R. für die Diskontierung von Zahlungen verwendet.

KAPITALRÜCKLAGE (CAPITAL RESERVE, SHARE PREMIUM)
Die Kapitalrücklage wird i.d.R. bei Außenfinanzierung im → **EIGENKAPITAL** gebildet. Wird z. B. eine Aktie mit einem Bezugskurs oberhalb des Nennwerts emittiert, wird der Unterschiedsbetrag (Agio) in die Kapitalrücklage eingestellt. Die Kapitalrücklage unterliegt nach § 150 AktG Auflösungsrestriktionen und dient u. a. dem → **GLÄUBIGERSCHUTZ**.

KAPITALUMSCHLAG (CAPITAL TURNOVER)
Quotient aus Nettoumsatzerlös und Kapitalsumme.

KENNZAHLANALYSE (RATIO ANALYSIS)
Bestimmung von Verhältniszahlen zur Beurteilung von Unternehmen im Rahmen der Jahresabschlussanalyse.

KONSOLIDIERTER ABSCHLUSS (CONSOLIDATED FINANCIAL STATEMENTS)
Konzernabschluss oder Abschluss, der durch Joint Venture Accounting entsteht.

Konsolidierung (Consolidation)
Aufrechnung der bei der → **Summenbilanz** doppelt gezählten Bilanz- und Gewinn- und Verlustrechnungsposten gegeneinander. Die Konsolidierung besteht aus der → **Kapitalkonsolidierung**, der Konsolidierung von Forderungen und → **Verbindlichkeiten** zwischen Konzernunternehmen und der Eliminierung von konzerninternen Ergebnisbestandteilen in der Konzernbilanz und Konzern-Gewinn- und Verlustrechnung.

Konsolidierungsausgleichsposten (difference on consolidation)
Differenz aus Buchwert der → **Beteiligung** und dem anteiligen → **Eigenkapital** des Unternehmens, an dem eine Beteiligung besteht. Der Konsolidierungsausgleichsposten entsteht bei der → **Kapitalkonsolidierung**.

Konsolidierungskreis (Consolidated Companies)
Unternehmen, die in den Konzernabschluss einbezogen werden, werden im Konsolidierungskreis zusammengefasst.

Konzernbilanztheorie
Theorie über die Bilanzierung von Unternehmenszusammenschlüssen. Die Konzernbilanztheorie bestimmt wesentliche Grundsätze für die Bestimmung des Konzernabschlusses, z. B. die Bildung des → **Konsolidierungskreises**, die Konsolidierungsmaßnahmen oder die Behandlung von Minderheitsanteilen.

Konzernrechnungslegung (Group Statements)
Die Konzernrechnungslegung ermittelt einen → **Jahresabschluss** für alle zu einem Konzern zugehörige Unternehmen, als wären sie ein einziges Unternehmen.

Kurs-Gewinn-Verhältnis (Price/Earnings Ratio)
Quotient aus dem Börsenkurs einer Aktie zum → **Bilanzstichtag** und dem zur Ausschüttung an die Stammaktionäre verfügbaren Ergebnis. Es gibt unter Negierung des Barwertkalküls an, wie lange die Amortisationsdauer für einen Aktionär wäre, wenn die Gesellschaft eine vollständige Gewinnausschüttung vornehmen würde. I.d.R. wird das Kurs-Gewinn-Verhältnis als Vergleichskennzahl für die Bewertung einer Aktie durch die potentiellen Aktionäre gewertet.

Lagebericht (Management Report)
Der Lagebericht enthält Informationen zur Situation eines Unternehmens während des Berichtszeitraums und für die Zukunft.

Lagerumschlagshäufigkeit (Inventory Turnover)
Quotient aus Nettoumsatzerlös und im → **Jahresabschluss** ausgewiesenem Vorratsvermögen i.d.R. der → **Fertigerzeugnisse**. Die Kennzahl misst die Höhe des erforderlichen Lagerbestands im Verhältnis zum Nettoverkaufserlös. Sie gibt an, wie oft für die Realisation des Umsatzes das Lager komplett aufgefüllt werden müsste.

latente Steuern (Deferred Taxes)
Weichen das steuerrechtliche und das handelsrechtliche Ergebnis voneinander ab, ist die Differenz zwischen den handelsrechtlich und steuerrechtlich ermittelten Steuern

als latenter Steuerertrag oder -aufwand in der Handelsbilanz zu zeigen. Steuerlatenz entsteht auch bei → **NEUBEWERTUNG** von Vermögen. Die latenten Steuern sind vom Wesen her erwartete Steuerzahlungen oder -erstattungen in der Zukunft.

LAUFZEITTEST (LEASE TERM TEST)
Bestimmung des Anteils der Leasingdauer an der gesamten → **NUTZUNGSDAUER** von Vermögen, das ge- oder verleast wird. Bei Umfassung des überwiegenden Teils der Nutzungsdauer für Leasing, wird der Vertrag als finance Leasing qualifiziert.

LEERKOSTEN (EXPENSES FOR IDLE ASSETS)
Fixkosten, die als Differenz dadurch entstehen, dass Cost of Manufacturing auf die → **NORMALKAPAZITÄT** bezogen werden. Bei Unterauslastung der Produktionskapazitäten können nicht alle Aufwendungen für bereitgestellte Kapazitäten den → **FERTIGERZEUGNISSEN** und → **HALBFABRIKATEN** zugerechnet werden. Die nicht zurechenbaren Kosten sind Leerkosten.

LEISTUNGSKENNZAHL (PERFORMANCE MEASURE)
Eine Leistungskennzahl misst den Erfolg einer Organisationseinheit (Unternehmen, Abteilung). Häufig werden Leistungskennzahlen zum Vergleichen unterschiedlich großer Organisationseinheiten auf den Ressourceneinsatz bezogen. Beispiele für Leistungskennzahlen sind Rentabilitätskalküle oder EVA, CFROI und Residual Income.

LEVERAGEEFFEKT (LEVERAGE EFFEKT)
Der Leverageeffekt bewirkt im Fall, dass die → **GESAMTKAPITALRENTABILITÄT** die Fremdkapitalkosten übersteigt, einen überproportionalen Anstieg der → **EIGENKAPITALRENTABILITÄT** durch Erhöhung des → **VERSCHULDUNGSGRADS**. Allerdings steigt mit zunehmender Verschuldung auch das Risiko.

LINEARE ABSCHREIBUNG (STRAIGHT LINE METHOD)
→ **ABSCHREIBUNGSMETHODE**, bei der ein konstanter Anteil der Anschaffungsausgaben auf eine Periode der → **NUTZUNGSDAUER** allokiert wird.

LIQUIDITÄT 3. GRADES (CURRENT RATIO)
Verhältnis aus Umlaufvermögen und kurzfristigen → **VERBINDLICHKEITEN**.

LIQUIDITÄT 2. GRADES (ACID TEST RATIO)
Verhältnis aus Umlaufvermögen abzüglich → **VORRÄTEN** und kurzfristigen → **VERBINDLICHKEITEN**.

LIQUIDATIONSBILANZ (BALANCE SHEET BASED ON LIQUIDATION)
→ **JAHRESABSCHLUSS** der mit Wertansätzen, die unter der Bedingung des Liquidierens des Unternehmens relevant sind, aufgestellt wird. I.d.R. sind bei einem anstehenden kurzfristigen Auflösen des Unternehmens die Verkaufserlöse unterhalb ihrer Buchwert zu Liquidationsansätzen zu zeigen.

Liquiditätsplanung (Liquidity Planning)
Teilplan des → **Business Plans**, mit dem die Zahlungsströme des Unternehmens geplant werden. Das Ergebnis des Liquiditätsplans ist der Bestand des Bilanzpostens Cash and Cash Equivalents zum zukünftigen → **Bilanzstichtag.**

Mittelstandsstandards (IFRs for Small and Medium Entities)
Version der IFRSs, die nur für kleine und mittelständische Unternehmen gilt.

Nebenbuchführung (subsidiary ledger)
Buchhaltung, bei der ein → **Bestandskonto** in mehrere Unterkonten aufgeteilt wird. Der Saldo aller Konten der Nebenbuchführung entspricht dem Saldo des → **Abstimmkontos.** Beispiele für Nebenbuchführungen sind die → **Anlagenbuchhaltung** und die Debitoren- und Kreditorenbuchführung. Die Lohnbuchhaltung ist ebenfalls eine Nebenbuchführung, bei der jedoch ein Aufwandskonto (Labour) aufgesplittet wird.

Net Operating Profit After Taxes (NOPAT)
Nachsteuerergebnis aus operativer Tätigkeit.

Neubewertung (Revaluation)
Bewertung auf einen beizulegenden Wert, der oberhalb der historischen Anschaffungs- und Herstellungskosten abzüglich kumulierter Abschreibungen liegt. Eine Neubewertung ist nach IFRSs geboten, nach deutschem HGB widerspricht sie dem → **Realisationsprinzip.**

Neubewertungsrücklage (Revaluation Reserve)
Eine → **Neubewertung** führt zu einem Wertzuwachs auf der Aktivseite, i.d.R. im P, P, E Account, und zu einer Steigerung des → **Eigenkapitals.** Die Neubewertung erfordert das Bilden einer Neubewertungsrücklage, damit sie erfolgsneutral gebucht werden kann. Nach IAS 12 bedingen Neubewertungen → **latente Steuern.**

Niederstwertprinzip (Lower of Cost or Market Principle)
Prinzip nach dem die Bewertung auf den niedrigeren Wertansatz vorzunehmen ist. Bei der Bewertung von Vermögen wird durch das Niederstwertprinzip geregelt, dass der beizulegende Wert der niedrigere Wert ist, der sich als Buchwerts oder Net Realisable Value ergibt.

Normalkapazität (Normal Capacity)
Die Normalkapazität ist die durchschnittliche Kapazität der Vergangenheit oder die geplante Kapazität.

Nutzungsbezogene Abschreibung (Units of Production Method)
Für die Bestimmung des Abschreibungsaufwands wird das Abschreibungspotenzial entsprechend seines relativen Verbrauchs auf die → **Nutzungsdauer** allokiert.

Nutzungsdauer (Useful Life)
Dauer, die Anlagevermögen voraussichtlich im Unternehmen genutzt wird. Die Nutzungsdauer kann kleiner als die technische Nutzungsdauer sein, wenn z. B. ein Unternehmen beabsichtigt, den Asset nach Nutzung weiterzuverkaufen.

Objekt (Entity)
In den IFRSs wird das Unternehmen grundsätzlich als Entity bezeichnet, damit von dem Standardsetter keine nationalen Unterschiede bei der Erfüllung der Unternehmenseigenschaften zu berücksichtigen sind.

operating Leasing (Operating Leasing)
Leasingvertrag, bei dem der Leasingnehmer nicht das Risiko und die Chancen des verleasten Gegenstands übernimmt.

Planbeschäftigung (Standard Output)
Geplante Leistung einer Organisationseinheit.

Planbilanz (Budgeted Financial Statements)
Unternehmensplanung nach den formalen Vorschriften des handelsrechtlichen → **Jahresabschlusses.**

planmässige Abschreibungen (Depreciation)
Allokation der Anschaffungsausgaben auf die → **Nutzungsdauer** durch z. B. lineare oder degressive → **Abschreibungsmethode.**

Prinzip der Periodenabgrenzung (accrual principle)
Nach dem Prinzip der Periodenabgrenzung werden → **Aufwand** und → **Ertrag** der Periode zugeordnet, für die sie angefallen sind. Der Zeitpunkt der Zahlung spielt keine Rolle. Das Rechnungswesen baut grundsätzlich auf dem Prinzip der Periodenabgrenzung auf. Außer der → **Kapitalflussrechnung** folgen alle Bestandteile des → **Jahresabschlusses** diesem Prinzip.

Prozentveränderungsanalyse (percentage change analysis)
→ **Horizontalanalyse**, bei der die Veränderung durch einen Prozentwert ausgedrückt wird. Dafür wird ein → **Bilanzstichtag** mit 100 % angegeben und die Werte zu den anderen Bilanzstichtagen als relativer Anteil des Werts zum Referenzzeitpunkt ausgedrückt.

Quotenkonsolidierung (Proportionate Consolidation)
→ **Konsolidierung**, bei der im Gegensatz zur → **Vollkonsolidierung** die Bilanz- und GuV-Positionen der Einzelabschlüsse mit dem Beteiligungsanteil gewichtet in die → **Summenbilanz** einbezogen werden. Die Quotenkonsolidierung wird für das Joint Venture Accounting vorgeschrieben. Bei der Bildung des Summenabschlusses für den Konzernabschluss ist dagegen in den meisten Ländern eine Vollkonsolidierung geboten.

Realisationsprinzip (Principle of Realisation)
Nach dem Realisationsprinzip muss ein → **Ertrag** realisiert sein, damit er im → **Jahresabschluss** dargestellt werden kann. Ein erwarteter Erfolg darf z. B. nach § 252 Abs. 1 HGB oder nach IAS 18 nicht dargestellt werden.

Rechnungslegung (Financial Accouting)
Bericht eines Unternehmens über seine Geschäftstätigkeit durch Erstellen und Veröffentlichen eines handelsrechtlichen → **Jahresabschlusses.**

RESTBUCHWERT (CARRYING AMOUNT)
Der Restbuchwert ist der Wertansatz, der im → **JAHRESABSCHLUSS** darzustellen ist. Er ergibt sich nach dem Kostenmodell aus den historischen Anschaffungs- und/oder Herstellungskosten abzüglich kumulierter Abschreibungen und kumulierter außerplanmäßiger Abschreibungen. Nach IFRSs bestimmt sich der beizulegende Wert nach dem Neubewertungsmodell als sein Fair Value, der z. B. durch Schätzung durch einen Gutachter oder als Net Realisable Value bestimmt wird.

RETURN ON CAPITAL EMPLOYED (ROCE)
Verhältnis aus Periodenerfolg vor Steuern und eingesetztem Kapital.

RISIKOMANAGEMENT (RISK MANAGEMENT)
Alle Maßnahmen zur systematischen Bestimmung von drohenden Risiken und deren Bewertung. Unter Risikomanagement wird ebenfalls die Simulation von Risiken auf den handelsrechtlichen → **JAHRESABSCHLUSS** verstanden.

ROHERTRAG (GROSS PROFIT)
Differenz aus Nettoumsatzerlösen und Materialaufwand.

RÜCKLAGEN (RESERVES)
Eigenkapitalpositionen, die weder → **GEZEICHNETES KAPITAL** noch Periodenerfolg darstellen. Eine Rücklage entsteht z. B. durch die Verwendung des Periodenergebnisses. Rücklagen sind → **KAPITALRÜCKLAGEN**, → **GEWINNRÜCKLAGEN** und → **NEUBEWERTUNGSRÜCKLAGEN.**

RÜCKSTELLUNGEN (PROVISIONS)
Unsichere → **SCHULDEN**, bei denen der Erfüllungszeitpunkt oder der Erfüllungsbetrag unsicher sind. Rückstellungen werden z. B. für Pensionen, für Restrukturierungsmaßahmen oder für drohende Verluste aus schwebenden Geschäften gebildet.

SACHANLAGEVERMÖGEN (PROPERTY, PLANT AND EQUIPMENT)
Materielles Vermögen, das zur Erfüllung des Betriebszwecks eingesetzt wird.

SCHULDEN (LIABILITIES)
Schulden bestehen aus → **VERBINDLICHKEITEN** und → **RÜCKSTELLUNGEN**. Sie repräsentieren sichere und unsichere Zahlungsverpflichtungen gegenüber Dritten.

SCHULDENKONSOLIDIERUNG (CONSOLIDATION OF RECEIVABLES AND PAYABLES)
Bei konsolidierten Abschlüssen werden alle → **VERBINDLICHKEITEN** und Forderungen zwischen Konzerngesellschaften vollständig oder zwischen Joint Ventures und Verturers quotal gegeneinander aufgerechnet.

SEGMENTBERICHTERSTATTUNG (SEGMENT REPORTING)
→ **TEILBILANZEN**

SOLLBUCHUNG (DEBIT ENTRY, DR)
Eintrag in ein Konto auf der → **SOLLSEITE**, d. h. der linken Seite eines Kontos. Bei einem Vermögenskonto wird durch die Sollbuchung eine Mehrung repräsentiert.

Sollseite (Debit side)
Linke Seite eines Kontos.

Sonderbilanzen (Special Purpuse Financial Statements)
→ **Jahresabschluss**, der für einen bestimmten Zweck/zu einem bestimmten Anlass aufgestellt wird. Beispiele für Sonderbilanzen sind Fusionsbilanzen, → **Liquidationsbilanzen** etc.

Stille Reserve (Hidden Reserve)
Beim deutschen HGB entsteht durch Anwendung des pagatorischen Prinzips eine Obergrenzung für die Vermögensbewertung. Übersteigt der tatsächliche Wert des Vermögens die Anschaffungs- und Herstellungskosten vermindert um kumulierte Abschreibungen und Impairment Losses, entsteht eine Stille Reserve. Die Stille Reserve ist die Differenz aus tatsächlichem und Buchwert. Der Begriff still resultiert aus der Tatsache, dass der Bilanzadressat die Unterbewertung des Vermögens nicht erkennen kann. Erst bei Realisierung übersteigt der Verkaufserlös den Buchwert des Vermögens und führt zum Ausweis eines Gewinns aus Abgang von Vermögensgegenständen. Nach IFRSs können keine Stillen Reserven gebildet werden, da Vermögen grundsätzlich zum → **True and Fair View Value** dargestellt wird.

Substanzwertmethode (Asset Valuation)
Methode für die Bewertung von Unternehmen, bei der der Unternehmenswert über die Bilanz aus der Differenz zwischen Vermögen und → **Schulden** bestimmt wird. Im Gegensatz dazu bestimmt die Ertragswertmethode den Unternehmenswert über die diskontierten Erträge, die zukünftig erzielt werden.

Summenbilanz (Aggregated balance sheet)
Für die → **Konzernrechnungslegung** oder das Joint Venture Accounting werden die auf die Abschlussvorschriften angepassten Einzelabschlüsse (→ **Handelsbilanz II**) positionsweise addiert. Das Ergebnis stellt die Summenbilanz dar.

Tageswert (Current Value)
Der Tageswert ist der zu einem bestimmten Tag (→ **Bilanzstichtag**) bestehende Wertansatz eines Vermögensgegenstands. Bei börslich gehandelten Wertpapieren wird z. B. der Stichtagskurs als Tageswert verwendet, um den beizulegenden Wert zu bestimmen.

Tauschgeschäft (Exchange Transaction)
Verkauf, bei dem eine Seite des Vertrags durch das Hingeben eines Asset, der nicht Cash oder Cash Equivalents darstellt, erfüllt wird. I.d.R. muss der hingegebene Vermögensgegenstand bewertet werden, um den Wert des ertauschten Assets bestimmen zu können.

Teilbilanzen (Segment Reporting)
Unterscheidet sich die Geschäftstätigkeit der Bereiche eines Unternehmens stark voneinander, wird zur besseren Informationsbereitstellung eine Teilbilanz aufgestellt. Die

Teilbilanz beschreibt einen Teil eines Unternehmens wie ein eigenständiges Unternehmen.

Teilkostenrechnungssystem (Marignal Costing)
Kostenrechnungssystem, bei dem zwischen proportionalen und fixen Kostenbestandteilen unterschieden wird. Ein Beispiel für ein Teilkostenrechnungsystem ist die Grenzplankostenrechnung nach Kilger und Plaut.

Thesaurierung (Retention)
Gewinnverwendung, bei der die Gewinne im Unternehmen zu Investitionszwecken verbleiben, statt an die Eigenkapitalgeber ausgeschüttet zu werden. Eine Thesaurierung kann durch Rücklagenbildung stattfinden oder kurzfristig durch das Bilden eines Gewinnvortrags.

Trading Account (Trading Account)
Das Trading Account ist der Teil des Gewinn- und Verlustrechnungskontos, das den → **Rohertrag** bestimmt.

Trial Balance (Trial Balance)
Liste außerhalb der → **Doppik**, die die Saldovorträge aller Konten enthält. Der Name Trial Balance resultiert aus der Möglichkeit, die Konsistenz mit der Doppik über die Trial Balance zu prüfen. Wird die Trial Balance nach der Bestimmung des Erfolgs über das Gewinn- und Verlustrechnungskontos an die Veränderung der Eigenkapitalkonten angepasst, bezeichnet man sie als Adjusted Trial Balance. Trial Balance wird nicht übersetzt, weil damit ein Instrument bezeichnet wird, das bei internationaler Buchhaltung eingesetzt wird.

True and Fair View Principle (True and Fair View Principle)
Prinzip der Internationalen Rechnungslegung gemäß dessen grundsätzlich der für alle Parteien gerechte Wertansatz für Vermögen und → **Schulden** anzusetzen ist. Das True and Fair View Principle unterscheidet sich vom Gläubigerschutzprinzip nach deutschem HGB.

Überleitungsrechnung (reconciliation of carrying amounts)
Nach IFRSs ist eine Überleitungsrechnung der Buchwerte für Vermögensgegenstände in den Notes zu zeigen. Die Überleitungsrechnung bestimmt den Buchwert zum Ende des Geschäftsjahrs aus seinem Anfangswert plus → **Neubewertungen** abzüglich Abschreibungen und/oder Impairment Losses.

Umsatzkostenverfahren (Cost of Sales Method)
Methode zur Aufstellung der Gewinn- und Verlustrechnung, bei der den Nettoumsatzerlösen und weiteren Erträgen nur solche Aufwendungen gegenübergestellt werden, die zu ihrer Realisierung erforderlich waren. → **Bestandsveränderungen** brauchen nicht ausgewiesen werden, weil der → **Aufwand** für das Aufbauen von Beständen erst in späteren Abrechnungsperioden zu → **Ertrag** führt.

Umsatzrendite (Profit as Percentage of Sales)
Quotient aus → **Rohertrag** (brutto) oder Vorsteuerergebnis (netto) und Nettoumsatzerlös. Die Umsatzrendite misst, wie hoch der Erfolg (Rohertrag oder Vorsteuergewinn) pro abgesetztem Euro ist, d. h. wie gut ein Unternehmen seine Produkte am Markt verkaufen kann. Bei einem guten Absatzprozess und innovativen Produkten ist die Umsatzrentabilität relativ hoch. Die Umsatzrentabilität hängt ebenfalls von der Geschäftstätigkeit ab. Sie ist z. B. im Handel verglichen mit Produktionsunternehmen geringer.

Veräusserungswert (Net Selling Price oder Net Realisable Value)
Betrag der bei einem tatsächlichen oder angenommenen Verkauf eines Vermögensgegenstands erzielt wird oder erzielt werden würde. Beim Net Selling Price liegt bereits ein Verkaufsvertrag vor, während der Net Realisable Value nur den Verkauf unter vertragswilligen, informierten und unabhängigen Vertragspartnern annimmt.

Verbindlichkeiten (Liabilities)
Zahlungsverpflichtungen gegenüber Dritten. I.d.R. unterscheidet man in der Bilanz zwischen zinspflichtigen Verbindlichkeiten, z. B. Bankdarlehn, Anleihen, und zinslosen → **Schulden**, wie Lieferantenverbindlichkeiten. Nach IFRSs zählen → **Rückstellungen** als unsichere Schulden zu den Liabilities. Das deutsche HGB fordert dagegen getrennte Bilanzpositionen für Verbindlichkeiten und Rückstellungen.

Verbrauchsabweichung (Consumption Variance)
Kostenabweichung, die durch einen höheren Ressourcenverbrauch oder eine Preisabweichung für die eingesetzten Ressourcen bedingt ist.

Vermögenswert (Asset)
Ein Vermögenswert ist eine Ressource, die dem Unternehmen zur Verfügung steht und von der wirtschaftlicher Nutzen für das Unternehmen erwartet wird. Sie muss verlässlich bewertet werden können.

Verschuldungsgrad (Debt Ratio)
Verhältnis aus → **Schulden** und Vermögen.

Vertikalanalyse (Vertical Analysis)
Bei der Vertikalanalyse werden die Jahresabschlusspositionen auf einen Referenzwert bezogen und ihr Anteil zu dem Referenzwert dargestellt. Häufig ist der Referenzwert der Bilanz ihre Summe und für das Income Statement der Nettoumsatz. Bei der Vertikalanalyse werden die Beträge der Jahresabschlusspositionen in % ausgedrückt. Der Nettoumsatz und die Bilanzsumme betragen 100 %.

Vollkonsolidierung (Full consolidation)
→ **Kapitalkonsolidierung**, bei der grundsätzlich alle Beträge vollständig in die → **Summenbilanz** übertragen werden, unabhängig davon, wie hoch das Beteiligungsverhältnis ist. In fast allen Ländern basiert die → **Konzernrechnungslegung** auf dem

Prinzip der Vollkonsolidierung. Als Konsequenz aus dem Vorgehen bei der Vollkonsolidierung entsteht ein Minderheitsanteil. Das Joint Venture Accounting basiert dagegen auf quotaler → **KONSOLIDIERUNG**.

VOLLKOSTENRECHNUNGSSYSTEM (COST ACCOUNTING BASED ON FULL COST)
Kostenrechnungssystem, bei dem nicht zwischen proportionalen und fixen Kostenbestandteilen unterschieden wird. Demnach werden bei einem Vollkostensystem grundsätzlich beide Kostenbestandteile für die innerbetriebliche Leistungsverrechnung und für die Bildung von Kostensätzen bei der Kalkulation berücksichtigt.

VORRÄTE (INVENTORY)
Bestand an Roh-, Hilfs-, Betriebsstoffen, Halb- und Fertigfabrikaten.

VORSICHTSPRINZIP (PRUDENCE)
Das Vorsichtsprinzip zwingt den Bilanzierenden nach HGB gemäß des → **GLÄUBIGERSCHUTZES** zu bilanzieren. Das Vorsichtsprinzip wird durch das → **REALISATIONS**- und → **IMPARITÄTSPRINZIP** in § 252 Abs. 1 HGB repräsentiert. Nach IFRSs versteht man unter dem Vorsichtsprinzip eine Sorgfaltspflicht, nach der die Ansätze im → **JAHRESABSCHLUSS** verlässlich bestimmt werden müssen.

WELTABSCHLUSSPRINZIP (GLOBAL CONSOLIDATION PRINCIPLE)
In konsolidierte Abschlüsse werden alle Unternehmen einbezogen, unabhängig davon, wo diese ihren Sitz haben.

WERTMINDERUNG (IMPAIRMENT LOSS)
Eine Wertminderung ist geboten, wenn der Buchwert den Recoverable Amount übersteigt, d. h. wenn Vermögen überbewertet ist. Die Buchung einer Wertminderung führt in einem Aufwandskonto Depreciation oder Impairment Loss zu einem Debit Entry. Bei Forderungen wird eine außerplanmäßige Wertminderung als Wertberichtigung bezeichnet.

WERTSTEIGERUNGSBETRAG (ECONOMIC VALUE ADDED)
Beitrag zur Wertsteigerung eines Unternehmens. Der EVA ist die Differenz aus dem Nachsteuerergebnis und dem mit den WACC multiplizierten zinspflichtigen Kapital.

WERTSTEIGERUNGSGEWINN (APPRECIATION OF CAPITAL)
Ein Wertsteigerungsgewinn entsteht durch das Halten von Vermögen und anschließenden Verkauf über dessen Buchwert. Der Wertsteigerungsgewinn wird als Kriterium für Investment Property nach IAS 40 angeführt.

WORKING CAPITAL (WORKING CAPITAL)
Das Working Capital ist im Unterschied zum Anlagevermögen das Umlaufvermögen eines Unternehmens, das zur Erfüllung des Betriebszwecks erforderlich ist. Von dem Umlaufvermögen werden Lieferantenkredite und Steuerschulden abgezogen, weil diese keinen → **ZINSAUFWAND** enthalten. Die so dargestellte Differenz zwischen Umlaufvermögen und zinspflichtigem kurzfristigem Kapital wird als absolutes Working Capital

dargestellt. Das relative Working Capital ist der Quotient aus Umlaufvermögen und zinspflichtigem kurzfristigen Kapital.

Zahlungsbemessungsfunktion (Determination of Payments)
Funktion des → **Jahresabschlusses** Zahlungen an den Fiskus und die Anteilseigner in ihrer Höhe festzulegen. In Deutschland besitzt nur der → **Einzelabschluss** eine Zahlungsbemessungsfunktion. Nach IFRSs wird allein die → **Informationsversorgungsfunktion** des Jahresabschlusses betont.

Zinsaufwand (Interest)
→ **Aufwand** für das Beanspruchen von Zahlungsmitteln.

Zinsdeckung (Interest Cover)
Bilanzanalysekennzahl, bei der der Erfolg vor Steuern und Zinsen durch den → **Zinsaufwand** dividiert wird. Der Faktor gibt an, wie oft der EBIT ausreicht, um den Zinsaufwand zu finanzieren. Die Kennzahl wird für den Vergleich zwischen Unternehmen oder bei der → **Horizontalanalyse** verwendet.

Zwischenbilanzen (Interim Reporting)
Bilanz, die für einen Zeitraum aufgestellt wird, der kleiner als ein Geschäftsjahr ist. I.d.R. werden darunter Quartalsbilanzen gefasst, die durch die SEC für in den USA öffentlich gehandelte Unternehmen vorgeschrieben werden.

Zwischenergebniseliminierung (Elimination of internal Profit)
Bei der → **Konzernrechnungslegung** und im Joint Venture Accounting gelten innerkonzernliche Ergebnisbeiträge als nicht realisiert. Erst wenn ein → **Ertrag** mit einem außerhalb des Konzerns stehenden Geschäftspartner erzielt wurde, darf er im konsolidierten Abschluss ausgewiesen werden. Daher werden innerkonzernliche Erträge vollständig und Erträge zwischen Joint Ventures und Venturers quotal aus dem konsolidierten Abschluss herausgerechnet.

Abbildungen

Abkürzungen (Abbreviations)

Die Abkürzungsliste im Buch ist umfangreich. Abkürzungen werden jedoch im Text möglichst vermieden, um die Verständlichkeit zu erhöhen.

a anno	Jahr (/a = per anno)
A	Asset side (Sollseite)
Acc.	Depr. Accumulated depreciation (Kumulierte Abschreibungen)
Acc.	IL. Accumulated impairment losses (Kumulierte außerplanmäßige Abschreibungen
AGGR.	Aggregated Balance Sheet (Summenabschluss)
AktG	deutsches Aktiengesetz
Amt.	Amount, Menge
A/P	Accounts payables (Verbindlichkeitskonten)
A/R	Accounts receivables (Forderungen)
b/d	(Balance) brought/down (Saldovortrag)
B/S	Balance sheet (Bilanz)
Bal. c/d	Balance carried down (Saldo)
Bal. b/d	Balance brought down (Saldo)
BilMoG	Bilanzrechtsmodernisierungsgesetz
C	Credit side, claims side (Habenseite)
CA	Carrying Amount (Buchwert)
CB	Cash Book (Kassenbuch)
c/d	(Balance) carried/down (Saldo)
c/f	carried forward (~Vortrag)
CF	Cash Flow, Zahlungsstrom
CFS	Cash flow statement (Kapitalflussrechnung)
C.o.M.	Cost of Manufacturing, Produktionsmengenkosten
C.o.S.	Cost of Sales, Kosten der Absatzmenge
CR	Credit entry (Sollbuchung)
d	day (/d = pro Tag)
D	Debit side (Sollseite)
Depr.	Depreciation

DoC	Difference on Consolidation, Konsolidierungsausgleichposten
DR	Debit entry (Habenbuchung)
DY	Debt yield
EBT	Earnings before taxes (Vorsteuergewinn), Income before taxation
EBIT	Earnings before interest and taxation (Kapitalgewinn), Income before interest
EBITDA	Earnings before interest, taxation, depreciation and amortisation, Income before interest
EPS	Earnings per share
EStG	deutsches Einkommensteuergesetz
EStR	deutsches Einkommensteuerrecht
EUR	€, Euro
Exp	Expenses, Aufwand
EY	Earnings yield
FA	Financial accounting (Finanzbuchhaltung)
FG	Finished Goods, Fertigerzeugnisse
FH	Fachhochschule
FI	Finanzmanagement (SAP-Modul)
F/S	Set of commercial financial statements (handelsrechtlicher Jahresabschluss)
FMV	Fair market value (Marktpreis)
FP	Factory profit = Manufacturing profit
GAAPs	Generally accepted Accounting Principles
GCC	German Civil Code (= HGB)
G/L	General ledger (Hauptbuch)
GmbH	Gesellschaft mit beschränkter Haftung
GmbHG	GmbH-Gesetz
GOB	Grundsätze ordnungsmäßiger Buchführung
GP	Gross profit (Rohertrag)
HCI	Health Care Insurance, Medical Insurance (Krankenversicherung)
HGB	Handelsgesetzbuch
HPG	HOMEPAGE GmbH
IAS	International Accounting Standards
IASB	International Accounting Standards Board

IFRSs	International Financial Reporting Standards
IKR	Industriekontenrahmen
INT	International Chart of accounts (int. Kontenrahmen)
Inv	Investment, Beteiligung
IssCap	Issued Capital
I/S	Income Statement (Gewinn- und Verlustrechnung)
JA	Jahresabschluss
KA	Konzernabschluss
KAP	Konsolidierungsausgleichposten
KonTraG	Gesetz zur Kontrolle und Transparenz
LR	Leasing Rate
m	Month (/m = per month)
MA	Management Accounting
MI	Minority Interest, Minderheitenanteil
MSA	Manufacturing Summary Account
MV	Motor Vehicle
MV-Acc	Motor Vehicle Account
NOPAT	Net operating profit after taxes
NP	Net Profit
NRV	Net Realizable Value (wahrscheinlicher Verkaufswert)
NSP	Net Selling Price (Verkaufswert)
NYSE	New York Stock Exchange
PCB	Petty Cash Book (Portokasse)
PJ	Purchase Journal (Einkaufsjournal)
P&L	Profit and loss (Gewinn- und Verlust)
P&L	Acc Profit & Loss Account (GuV-Konto)
P/L	Purchase ledger (Kreditorenbuchhaltung)
R	Ratio, Verhältnis
RAP	Rechnungsabgrenzungsposten nach § 250 HGB
R/E	Retained earnings (Bilanzgewinn)
Res	Reserves, Rücklagen
RI	Returns inwards (Retouren aus Verkäufen)
RM	Raw material, Rohmaterial

RO	Returns outwards (Retouren von Einkäufen)
ROA	Return on assets, Gesamtkapitalrentabilität
ROCE	Return on capital employed
ROE	Return on equity
ROOE	Return on owners' equity
ROSF	Return on shareholdes' funds
P	Profit
PC	Personal computer (Produkt der Sunny AG)
P,P,E	Property, plant, and equipment (Sachanlagevermögen)
Purch.	Purchase account
PV	Present value, Barwert
R	Rand
rr	Retirement rate
S	Subsidiary, Tochterunternehmen
SAP	Systeme, Anwendungen, Produkte
SCE	Statement of changes in equity (Eigenkapitalveränderungrechnung)
SCap	Share capital, Grundkapital
S_G	Gross salary (Bruttolohn)
SJ	Sales journal
S/L	Sales ledger (Debitorenbuchhaltung)
S_N	Net salary (Nettolohn)
SoliZ	Solidaritätszuschlag
SP	Share price (Aktienkurs)
TA	Trading account, trading summary account
T/B	Trial balance (Testbilanz)
uer	Unemployment rate (Arbeitslosenversicherungssatz)
UStG	Umsatzsteuergesetz
VAT	Value added tax, (Umsatzsteuer, Mehrwertsteuer)
WACC	Weighted average Cost of Capital
WOR	Workstation (Erzeugnis der Sunny AG)
Y	Yuan, Chinesische Währungseinheit
y	Year (/Y = per year)
ZAR	South African Rand

Literatur (Bibliographic References)

Die verwendete Literatur ist:

Baetge, J./**Kirsch**, H.-J./**Thiele**, St. [2004]: Konzernbilanzen, 7. Aufl., Düsseldorf.

Bieg, H./**Kussmaul**, H. [2006]: Externes Rechnungswesen 4. Aufl., München Wien.

Binnekade, C. S. et al. [2008]: Group Statements, Vol 1 and Vol. 2. 11th edition. Durban.

Brigham, E. F./**Ehrhardt**, M. C. [2007]: Financial Management: Theory and Practice, 12th edition. Mason.

Buchholz, R. [2008]: Internationale Rechnungslegung, 6. Aufl., Berlin.

Coenenberg, A. G. [2005]: Jahresabschluss und Jahresabschlussanalyse. Betriebswirtschaftliche, handelsrechtliche, steuerrechtliche und internationale Grundsätze – HGB, IFRS und US-GAAP, 20. Aufl., Stuttgart.

Correia, C. et al. [2007]: Financial Management, 6th edition, Cape Town.

Drury, C. [2007]: Management and Cost Accounting, 7th edition, Florence, KY.

Epstein, J. B./**Mirza**, A. A. [2006]: Wiley-IFRS. Interpretation and Application of IFRSs, Hoboken, NJ

Flynn, D./**Koornhof**, C. [2005]: Fundamental Accounting, 5th edition. Kenwyn.

Gräfer, H./**Scheld**, G. A. [2007]: Grundzüge der Konzernrechnungslegung, 10. Aufl., Berlin.

Heuser, P. J./**Theile**, C. [2003]: IAS-Handbuch. Einzel- und Konzernabschluss, Köln.

Houzet, N./**Rowlands**, J./**Riemer**, M. [2007]: Intermediate Accounting, 2nd edition, Port Elizabeth.

IFRS-Portal.com: International Financial Reporting Standards

Kieso, D. E./**Weygandt**, J. J./**Warfield**, T. D. [2007]: Intermediate Accounting, 12th edition, Hoboken, NJ.

Kilger, W./**Pampel**, J. R./**Vikas**, K. [2007]: Flexible Plankostenkostenrechnung und Deckungsbeitragsrechnung, 12 Aufl., Wiesbaden.

Küting, K./**Weber**, C.-P. [2006]: Die Bilanzanalyse: Beurteilung von Abschlüssen nach HGB und IFRS, 8. Aufl., Stuttgart

Küting, K./**Weber**, C.-P./**Cassel**, J. [2008]: Der Konzernabschluss. Praxis der Konzernrechnungslegung nach HGB und IFRS, 11. Aufl., Stuttgart.

Lüdenbach, N./**Hoffmann**, W.-D. [2008]: Haufe IFRS-Kommentar, 6. Aufl., Freiburg.

Männel, W. [2001]: Der Cash Flow Return on Investment (CFROI) als Instrument des wertorientierten Controlling In: KRP 45 (2001) Sonderheft 1, S. 39-51.

McLaney, E./**Atrill**, P. [2005]: Accounting. An Introduction, 3rd edition, Harlow et al.

MEGGINSON, W. L./SMART, S. B./LUCEY, B. M. [2008]: Introduction to Corporate Finance London.

NIEMAND, A. A. ET AL. [2006]: Fundamentals of Cost and Management Accounting 5th edition Pretoria.

OPPERMANN, H. R. B. ET AL. [2007]: Accounting Standards, 12th edition, Lansdowne.

PEEMÖLLER, V. H. (HRSG.) [2004]: Praxishandbuch der Unternehmensbewertung, 3. Aufl. Herne, Berlin.

PELLENS, B. ET AL. [2008]: Internationale Rechnungslegung, 7. Aufl., Stuttgart.

PERRIDON, L./STEINER, M. [2007]: Finanzwirtschaft der Unternehmung, 14. Aufl., München.

REICHMANN, T. [2006]: Controlling mit Kennzahlen und Management-Tools. Die systemgestützte Controlling-Konzeption 7. Aufl., München.

VAN RENSBURG, M. [2008]: Cost and Management Accounting, 2.nd. edition, Pretoria.

SCHMOLKE, S./DEITERMANN, M./RÜCKWART, D. [2008]: Industrielles Rechnungswesen IKR, 36. Aufl. Braunschweig.

SCHEER A.-W. [1998]: Business Process Engineering. Reference Models for Industrial enterprises, Berlin et al.

SCHEFFLER, W. [2007]: Besteuerung von Unternehmen. Ertrag-, Substanz- und Verkehrsteuern, 10. Aufl., Konstanz.

SEPPELFRICKE, P. [2007]: Handbuch Aktien- und Unternehmensbewertung: Bewertungsverfahren, Unternehmensanalyse, Erfolgsprognose, 3. Aufl., Stuttgart.

SEYFERT, W. [2008]: Operatives Prozesscontrolling mit Leistungstreibern und Kostentreibern, Osnabrück.

STAINBANK, L./OAKES, D. [2005]: A Student's Guide to International Financial Reporting, 2nd edition, KwaZulu-Natal.

TANSKI, J. S./ZEMLIN, I. [2005]: Internationale Rechnungslegungsstandards: IAS/IFRS Schritt für Schritt, 2. Aufl., München.

THOMAS, A. [2005]: Introduction to Financial Accounting, 5th edition, London et al.

WEISSENBERGER, B. [2007]: IFRS für Controller. Alles, was Controller über IFRS wissen müssen, Freiburg.

WOOD, F./SANGSTER, A [2007]: Business Accounting 1, 10th edition, Harlow et al.

WOOD, F./SANGSTER, A [2007]: Business Accounting 2, 10th edition, Harlow et al.

Index